Achim Gahr

Untersuchungen zum oxidativen Abbau von Pestiziden sowie die Entwicklung von Bestimmungsverfahren von anorganischen Folgeprodukten am Beispiel des Bromats

2., unveränderte Auflage

Herbert Utz Verlag · München

Ökologie

Zugl.: Diss., München, Techn. Univ., 1997

Bibliografische Information der Deutschen Nationalbibliothek:
Die Deutsche Nationalbibliothek verzeichnet diese Publikation in der Deutschen Nationalbibliografie; detaillierte bibliografische Daten sind im Internet über http://dnb.d-nb.de abrufbar.

ISBN 978-3-8316-8004-7

Printed in EC
Herbert Utz Verlag GmbH, München
www.utzverlag.de

Die vorliegende Arbeit wurde in der Zeit von Juni 1992 bis April 1997 am Lehrstuhl für Hydrogeologie, Hydrochemie und Umweltanalytik der Technischen Universität München durchgeführt.

Mein besonderer Dank

gilt Herrn Prof. Dr. R. Nießner für die Bereitstellung des Arbeitsplatzes, der technischen Einrichtungen und vor allem für die langjährige finanzielle Förderung. Für seine wissenschaftliche und innovative Unterstützung bin ich ihm zu großem Dank verpflichtet sowie für das mir entgegengebrachte Vertrauen. Auch sei ihm dafür gedankt, daß er meinem wissenschaftlichen Wirken allzeit großen Freiraum ließ.

Herrn Dr. L. Weil danke ich für die fachliche Betreuung und die konstruktive Kritik. Für manche Einführungen in die Wirklichkeit des wissenschaftlichen Alltags danke ich ihm ganz besonders.

Für die finanzielle Unterstützung des Forschungsvorhabens „Bromatanalytik" danke ich dem Deutschen Verein des Gas- und Wasserfaches sowie dem Bundesminister für Forschung und Technologie für die finanzielle Förderung des Vorhabens 02-WT 9146/0. Beide Projekte waren grundlegend für die Realisierung dieser Arbeit. Der Dank richtet sich auch an die Firma Wedeco Umwelttechnologie (Herford) für die gemeinsame Durchführung des Projektes sowie an die Verantwortlichen der Stadtwerke Eichstätt für die Bereitstellung eines Förderbrunnens.

Meinem damaligen Projektpartner Dr. C. Zwiener möchte ich ganz besonders danken, da er trotz wissenschaftlicher Akribie den Sinn für das Leben nicht verlor. Seine korrekte und freundschaftliche Art trugen zu einer sehr angenehmen und ebenso motivierenden Arbeitsatmosphäre bei. Hiermit möchte ich auch Frau S. Mahler danken, die uns stets sehr hilfreich zur Seite stand, sei es bei den Tätigkeiten im Labor oder der „Mondschein-Analytik" auf freiem Feld.

Herrn Dr. U. Panne und Herrn Dr. M. Weller bin ich für ihre fachkundigen Diskussionen und zahlreiche wertvolle Anregungen sehr dankbar. Besonders möchte ich mich bei Uli bedanken für manche Einblicke in die Tiefen des Instituts. Bei Michael bedanke ich mich für seine erkenntnistheoretischen Abhandlungen über die Notwendigkeit und den Überfluß wissenschaftlicher Präzision.

Herrn Dr. T. Baumann möchte ich meinen Dank aussprechen, da er in Sachen Literaturrecherche stets äußerst hilfreich war.

Meinen Diplomanden Norbert, Michael, Andi und Alex danke ich für ihren sehr tatkräftigen Einsatz und das mitunter vorbildliche Engagement.

Den Praktikanten Harry, Ruppert und Wolfgang gilt meine Anerkennung für ihre Tätigkeiten, die wesentlich zum Gelingen dieser Arbeit beigetragen haben.

Für die kompetente Hilfe bei Computerfragen danke ich vor allen Dingen Herrn R. Kotzick. In diesem Zusammenhang möchte ich mich nochmals bei Uli bedanken, der mir durch Bereitstellung von Speicherkapazität das Leben wesentlich erleichterte.

Auch Thorsten spreche ich meinen Dank dafür aus, daß er mir stets seinen Drucker bereitwillig zur Verfügung stellte.

Mit der nervenaufreibenden Arbeit des Korrekturlesens waren Petra, Norbert und in der heißen Endphase auch noch Harry betroffen. Für ihren unermüdlichen und nächtlichen Einsatz danke ich ihnen ganz besonders.

Schließliche möchte ich auch meiner Familie und vor allem meiner Frau Petra dafür danken, daß sie mich in der mitunter recht turbulenten Zeit wohlwollend ertragen hat.

Meinen Eltern danke ich für ihre jahrelange Geduld und vor allem dafür, daß sie mir diese Ausbildung ermöglicht haben.

Das Wertvollste im Leben ist die Entfaltung der Persönlichkeit und ihrer schöpferischen Kräfte.

ALBERT EINSTEIN

I. EINLEITUNG UND WISSENSWERTES

1 Das Wasser im Weltbild von Philosophie und Naturwissenschaft

Seit Anbeginn der Geschichte hat das Wasser aufgrund seiner elementaren Bedeutung für das Entstehen, die Existenz und die Weiterentwicklung des Lebens eine herausragende Rolle in der menschlichen Vorstellungswelt inne. In der ältesten Religion, von der schriftliche Überlieferungen existieren, der Religion des antiken Mesopotamiens (etwa 2000 v. Chr.) galt NAMMU, als Göttin der Urmeere, die dem Himmel und der Erde Leben verleihende Kraft. Auch die Naturforscher und Philosophen, die seit etwa drei Jahrtausenden bemüht waren, die Mannigfaltigkeit der sie umgebenden Materie auf einige wenige „Elemente" zurückzuführen, sprachen dem Wasser einen besonderen Stellenwert zu. Der griechische Philosoph THALES VON MILET (640 - 546 v. Chr.), der als Begründer der klassisch-griechischen Philosophie gilt, betrachtete das Wasser als das die Natur bestimmende fundamentale Prinzip. Etwa zwei Jahrhunderte später postulierte der griechische Philosoph PLATON (eigtl. Aristokles, 427 - 347 v. Chr.) in seinem bemerkenswerten Weltbild über den Aufbau der Materie, daß diese aus sehr kleinen, regelmäßig geformten Teilchen, aus regulären Polyedern, den platonischen Körpern bestehe. So ordnete er den im Altertum bekannten „Elementen" Feuer, Erde, Luft und Wasser die platonischen Körper Tetraeder, Hexaeder (Würfel), Oktaeder und Ikosaeder zu. Der fünfte platonische Körper, das Pentagondodekaeder, sollte der den Himmelsäther aufbauende kleinste Körper sein. Als Schüler Platons betrachtete auch ARISTOTELES (384 - 322 v. Chr.) das Wasser als eines der wichtigsten „Elemente" aller irdischen Dinge, eine Vorstellung, die bis ins Mittelalter vorherrschte. Die rein naturwissenschaftliche Betrachtung des Wassers als Molekül geht auf das 18. Jahrhundert zurück, da dem britischen Naturforscher CAVENDISH (1731 - 1810) das Verdienst zugesprochen wird, im Jahre 1784 durch Verbrennen von Wasserstoff mit Sauerstoff die chemische Natur des Wassers erstmals erkannt zu haben (Mellor 1922).

Mit zunehmender wirtschaftlicher und industrieller Aktivität des Menschen ging die ursprünglich philosophische, nach wie vor bestehende Bedeutung des Wassers als Grundlage für die Existenz von Leben immer mehr verloren. Die Benutzung der Natur als Gebrauchsgut des Menschen ist nicht nur ein historisch neues Phänomen als Folge der forcierten Industrialisierung, der wachsenden Bevölkerung und einer hochentwickelten Naturwissenschaft, sondern anthropogene Belastungen der Umwelt existieren mindestens solange, wie es den Natur- und Umweltschutzgedanken gibt. So begegnet man erst im 19. Jahrhundert einzelnen Versuchen, die direkte Entsorgung des in Städten anfallenden Abwassers in Flüsse und Seen einzuschränken und Reinigungsmaßnahmen aufzugreifen. Die zentrale Versorgung der Bevölkerung mit Trinkwasser ist hingegen bereits aus dem 15. Jahrhundert bekannt, z.B. für die Städte München, Nürnberg, Basel und Bern (Herrmann 1989). Die Auflagen für das Trinkwasser waren sehr streng, und es war verboten, Wäsche darin zu waschen, Pferde aus Brunnen zu tränken oder das Wasser mit Abfällen zu verschmutzen. Verunreinigungen von Trinkwasserbrunnen wurden streng bestraft, mancherorts sogar mit dem Tod. Weniger brachiale „Umweltschutzmaßnahmen" sind aus Paris bekannt, da handwerkliche Betriebe mit hohem Abfallaufkommen gezwungen waren, sich außerhalb der Stadt und flußabwärts anzusiedeln, um so die Bevölkerung vor Wasserverschmutzungen zu bewahren.

Im Gegensatz zur vorindustriellen Zeit hat sich diese Problematik verschärft, da vielfach naturfremde Stoffe mit unterschiedlicher Toxizität zur Wassergefährdung beitragen. Die mit dem Sammelbegriff Xenobiotika („xeno..." von *griech.*: xenos = Gast, Fremder) bezeichneten Substanzen sind in erster Linie die Pestizide (von *lat.*: pestis = Seuche, Unheil; „...zid" von *lat.*: caedere = töten, vernichten), polycyclische aromatische Kohlenwasserstoffe und nichtaromatische Chlorverbindungen. Als Folge ihrer zum Teil recht großen Persistenz, können sie sich in der Umwelt anreichern und stellen so auch langfristig ein Gefährdungspotential dar.

Das zum Teil schon ubiquitäre Vorkommen bestimmter Schadstoffe in den Kompartimenten Wasser, Boden und Luft zeigt das Beispiel der Pestizide. So berichtete die *Süddeutsche Zeitung* vom 2. Januar 1997 von jüngsten Forschungergebnissen über das Ausmaß der Belastung von Gewässern durch Pflanzenschutzmittel. Demnach sind als Hauptquelle für die Belastung der Fließgewässer mit Pestiziden die kommunalen Kläranlagen zu nennen. Etwa zwei Drittel der Pflanzenschutzmittel sollen über die Mischkanalisation in die Kläranlagen und so in die Fließgewässer gelangen. Als Grund wird die unsachgemäße Handhabung bei der Ausbringung der Pestizide und der Reinigung verwendeter Geräte angesehen. Bislang galt es als unbestrittene Tatsache, daß Pestizide überwiegend von landwirtschaftlich genutzten Flächen nach starken Regenfällen oder über Drainagen in die Oberflächengewässer abgeschwemmt werden. Als weitere Quelle galten Niederschläge, die bereits in der Atmosphäre belastet wurden. Dieses Verhalten der Pestizide, insbesondere ihre weite Verteilung in der Biosphäre, lassen sich auch auf andere Schadstoffgruppen übertragen, die natürlichen Abbaumechanismen nur sehr langsam unterliegen.

Die heutige Erkenntnis, daß als Folge der anthropogenen Auswirkungen auf die naheliegende Umwelt, die noch unberührte Natur und das globale Klima, die Weiterexistenz des Menschen ernsthaft bedroht ist, war für die Zivilisation dieser Zeit ein schockierender Gedanke. Glücklicherweise ist jedoch die Gesellschaft sowie die Industrie für Umweltfragen im allgemeinen sensibler geworden. Allerdings ist oftmals die Umsetzung naturwissenschaftlich wie ökologisch notwendiger Maßnahmen infolge der mitunter recht schwerfälligen Umweltpolitik nur langwierig möglich. Die Versöhnung des Umweltschutzes mit dem Wirtschaftswachstum gilt daher als eine der größten Herausforderungen der heutigen Politik. Solange daher die menschliche Rasse als Erdengast „ihre" Umwelt beansprucht, obliegt es zunächst jedem Einzelnen selbst, die wichtigste Lebensgrundlage für seine Nachfahren zu erhalten oder aber zum Zwecke der eigenen Nutznießung sorglos zu gebrauchen.

2 Das Trinkwasser als Lebensgrundlage

2.1 Wasserressourcen, Wasserverbrauch und Trinkwasserversorgung

Die Hydrosphäre der Erde (von *griech.*: hydor = Wasser; *lat.*: sphaira = Kugel) ist die Wasserhülle der Erde, bestehend aus Ozeanen, Seen, Flüssen, Grundwasser, Polareis und Gletschern. Die gesamten Wasservorräte der Erde, in flüssigem, festem und gasförmigem Zustand, belaufen sich auf $1385 \cdot 10^6$ km^3. Davon kommen mehr als 95 % in Ozeanen vor, während das auf den Kontinenten befindliche Süßwasserreservoir etwa $37 \cdot 10^6$ km^3 umfaßt, entsprechend einem Anteil von nur 2,7 %. Knapp vier Fünftel des Süßwassers sind in Form von Polar- und Gletschereis gespeichert. Für die Wasserversorgung des Menschen stehen etwa 23 % der gesamten Süßwasserressourcen in Form von Seen, Flüssen oder als Grundwasser zur Verfügung, das sind 8,6 Millionen km^3 oder etwa das 160fache Fassungsvermögen der Nordsee. Eine genauere Aufteilung des Wasservorkommens auf der Erde geht aus Tabelle 2-1 hervor.

Tabelle 2-1: Die Wasservorräte der Erde; insgesamt sind es $1385 \cdot 10^6$ km^3 (Greenwood und Earnshaw 1988).

Wasserreservoire	Volumen [Mio km^3]	Anteil [%]
Salzwasser		
Weltmeere	1348	97,33
Salzseen und Binnenmeere	0,105[a]	0,008
Süßwasser		
Polareis und Gletscher	28,200	2,04
Grundwasser	8,450	0,61
Oberflächenwasser (Seen und Flüsse)	0,127[b]	0,0091
Bodenfeuchtigkeit	0,069	0,005
Atmosphärischer Wasserdampf	0,0135	0,001

[a] Davon entfallen 75 % auf das Kaspische Meer.

[b] Davon entfallen mehr als 50 % auf die vier größten Seen: Baikalsee (26000 km^3), Tanganjikasee (20000 km^3), Nyassasee (13000 km^3) und Lake Superior (12000 km^3).

Die Entnahme von Grundwasser ist die älteste und auch heute noch für den Menschen bedeutendste Maßnahme zur Wasserversorgung, da Grundwasser aus Quellen oder Brunnen von Natur aus besonders rein und gleichmäßig kühl war. Dabei wird aus heutiger Sicht unter Grundwasser das durch Versickern von Niederschlägen und Oberflächenwasser (See-, Fluß- und Talsperrenwasser) in Gesteinskörper eindringende und dort zusammenhängende Hohlräume ausfüllende Wasser verstanden. Die das Grundwasser aufnehmenden, porösen oder klüftigen Gesteine werden Grundwasserleiter genannt und bestehen typischerweise aus Sandsteinen oder geklüfteten Kalken. Auf die Nutzung von Oberflächenwasser, das für Schadstoffeinträge direkt zugänglich und in der Regel höher belastet ist, wurde ursprünglich nur dann zurückgegriffen, wenn kein geeignetes Grundwasser in ausreichender Menge zur Verfügung stand.

Auch in der heutigen Zeit wird für die Trinkwassergewinnung in Deutschland größtenteils Grundwasser verwendet. Der Anteil an Oberflächenwasser ist mittlerweile gestiegen, und vergleichsweise unbedeutend sind nach wie vor Quellwasser, angereichertes Grundwasser bzw. Uferfiltrat von Flüssen. Um angereichertes Grundwasser zu gewinnen, läßt man Oberflächenwasser in das Grundwasser versickern, um so die filtrierende Wirkung des Bodens zu nutzen. Bei Uferfiltrat handelt es sich um Wasser, das vom Flußbett durch die angrenzenden Bodenschichten in nahegelegene Förderbrunnen fließt. Diese Art der Trinkwassergewinnung findet hauptsächlich in dichtbesiedelten Gebieten Anwendung, für die Grundwasserressourcen langfristig gesehen unzureichend sind. In der Bundesrepublik Deutschland beschränkt sich die Gewinnung von Uferfiltrat fast ausnahmslos auf das Einzugsgebiet von Rhein und Ruhr. Statistische Daten über die Trinkwassergewinnung für Bayern und die BRD sind in Tabelle 2-2 zusammengestellt.

Tabelle 2-2: Wassergewinnung der öffentlichen Trinkwasserversorgung in Bayern und in der Bundesrepublik Deutschland (1991)[1].

Herkunft	Wassergewinnung [%]		Volumen [Mio m³]	
	Bayern	BRD	Bayern	BRD
Grundwasser	72,3	63,1	702,9	4111,3
Quellwasser	20,5	9,0	199,3	586,4
Flußwasser	0,1	1,6	0,97	104,2
See- und Talsperrenwasser	2,4	10,8	23,33	703,7
Uferfiltrat	3,4	6,0	33,05	391,0
Angereichertes Grundwasser	1,3	9,5	12,64	619,0
Summe	100	100	972,20	6515,50

1 Herrn Dr. Beyer-Münzel vom Bayerischen Landesamt für Wasserwirtschaft München danke ich für die freundliche Überlassung der Daten (Tabelle 2-2 bis 2-4 und Abbildung 4-2 bis 4-4).

Die auf das Jahr 1991 bezogenen Angaben stellen die vom Bayerischen Landesamt für Wasserwirtschaft derzeit verfügbaren Werte dar, da sich der Erhebungszeitraum auf 4 Jahre erstreckt, und die zur Auswertung der Meßdaten erforderliche Zeitdauer mit 2 - 3 Jahren veranschlagt wird. Den Angaben zufolge ist Bayern sehr reich mit Grund- und Quellwasser gesegnet, so daß nach menschlichem Ermessen ein Wassermangel ausgeschlossen werden kann. Allerdings sagt diese ermutigende Prognose nichts über den zukünftigen Qualitätszustand des Trinkwassers aus.

Den Werten der Tabelle 2-2 steht der Wasserverbrauch entgegen, der, beginnend in der vorindustriellen Zeit, für den Menschen täglich etwa 10 - 30 Liter betrug und seitdem erheblich zugenommen hat (Bayer. Staatsministerium für Landesentwicklung und Umweltfragen 1994a). Die Entwicklung der letzten Jahre spiegelt Tabelle 2-3 wider, die den Pro-Kopf-Verbrauch in Bayern für die letzten vier Datenerhebungen zusammenfaßt. Die Angaben stützen sich auf die jeweils gültigen Einwohnerzahlen, die zum Erhebungszeitpunkt an das öffentliche Wasserversorgungsnetz angeschlossen waren. Von beispielsweise insgesamt 11 595 970 Einwohnern im Jahr 1991 wurden genau 11 348 414 erfaßt, entsprechend einem Anschlußgrad von 97,9 %. Der in Tabelle 2-3 mit Q_{max} angegebene Wasserverbrauch gilt für den verbrauchsreichsten Tag im Jahr. Demgegenüber stellen die Werte Q_{mittel} den vom personenbezogenen Jahresgesamtverbrauch abgeleiteten täglichen Wasserbedarf dar, der zusätzlich auf die Haushalte als Hauptverbraucher (Index „H“) bezogen ist.

Tabelle 2-3: Personenbezogener Wasserverbrauch (Liter pro Kopf pro Tag) in Bayern. Q_{max} gilt für den verbrauchreichsten Tag im Jahr, Q_{mittel} und $Q_{mittel,H}$ sind einwohnerbezogene Mittelwerte, wobei sich der letztgenannte nur auf die Haushalte bezieht.

Jahr	Q_{max}	Q_{mittel}	$Q_{mittel,H}$
1979	373	228	123
1983	452	240	139
1987	393	240	144
1991	368	234	144

Eine genauere Aufschlüsselung des Wasserbrauchs mit Angabe des Gesamtwasserbedarfs der öffentlichen Trinkwasserversorgung zeigt Tabelle 2-4. Daraus geht hervor, daß die Haushalte und das Kleingewerbe mit Abstand als Hauptverbraucher des Trinkwassers zu nennen sind. Betrachtet man hingegen den Gesamtwasserbedarf in der Bundesrepublik kehren sich die Verhältnisse um, da die Elektrizitäts- und Wärmekraftwerke mit einem Anteil von 60 - 70 % am Wasserverbrauch beteiligt sind. Dieses Wasser, das meist als Kühl- oder Brauchwasser verwendet wird, braucht jedoch keine hohe Qualität zu besitzen und kann Oberflächenwässern direkt entnommen werden. Der Anteil der Industrie am

Wasserverbrauch ist wesentlich geringer und liegt etwa bei 20 %, gefolgt von den Haushalten, dem Kleingewerbe und schließlich der Landwirtschaft.

Tabelle 2-4: Wasserverbrauch der öffentlichen Trinkwasserversorgung in Bayern und in der Bundesrepublik Deutschland (1991).

Wasserverbraucher (Bereich)	Wasserverbrauch [%]		Volumen [Mio m^3]	
	Bayern	BRD	Bayern	BRD
Letztverbraucher [a] (gesamt)	85,6	86,3	832,8	5745,6
Haushalte, Kleingewerbe	61,5	62,2	598,1	4136,9
Gewerbliche Unternehmen	12,6	15,5	122,4	1034,2
Sonstige Abnehmer	11,5	8,6	112,3	574,6
Wasserwerkseigenverbrauch	1,6	2,2	15,3	147,1
Wasserverluste	12,8	11,4	124,7	761,5
Summe (≙ Wassergewinnung)	100	100	972,8	6654,2

[a] Als Letztverbraucher wird die Summe der Haushalte, der Gewerbe und der sonstigen Abnehmer bezeichnet.

2.2 Chemische Beschaffenheit von Grundwasser

Die im Grundwasser gelösten Bestandteile sind Teile des geochemischen Stoffkreislaufs, der sich vom Stoffbestand der Gesteine über die Verwitterung, die Zusammensetzung der terrestrischen Gewässser bis hin zur Ausbildung des Meerwassers erstreckt. Die geochemische Beweglichkeit der Elemente in einer bestimmten chemischen Umgebung ist hauptsächlich jene, die Beschaffenheit des Grundwassers bestimmende Größe. Diese hängt ihrerseits von der Löslichkeit der Bestandteile ab, und wird daher durch ihre Ionenpotentiale, den Ionenladungen und den Ionenradien bestimmt. Ferner wird sie maßgeblich durch die Fähigkeit der Bestandteile beeinflußt, an Oberflächen adsorbiert oder bei Fällungsreaktionen im Stoffstrom mitgerissen zu werden. Das verschiedenartige Verhalten der Elemente im Stoffkreislauf äußert sich in den großen Unterschieden, welche die chemische Zusammensetzung der Grundwässer gegenüber dem Ausgangsmaterial, nämlich den magmatischen Gesteinen, aufweisen. In Abbildung 2-1 sind für das Vorkommen bestimmter Ionen die Summenkurven der Häufigkeitsverteilung gezeigt, die für Grundwässer mit Trinkwasserqualität gelten.

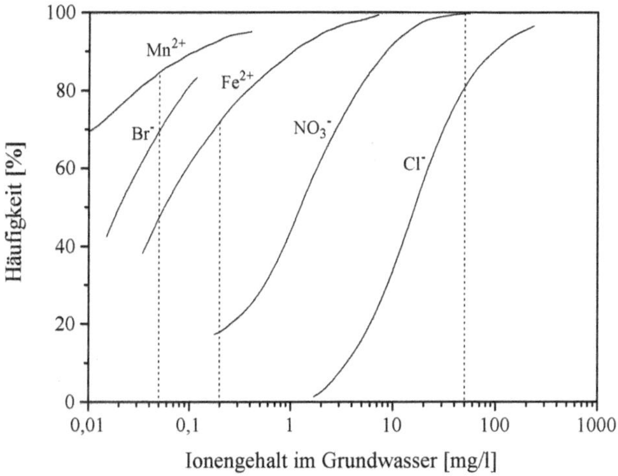

Abbildung 2-1: Summenkurven der Häufigkeitsverteilung verschiedener Bestandteile in Grundwasser von Trinkwasserqualität (Davis und de Wiest 1967). Die gestrichelten Linien kennzeichnen die Grenzwerte für Mangan, Eisen und Nitrat nach der Trinkwasserverordnung.

Je nach der geochemischen Beschaffenheit des Untergrundes reicht die Konzentration des ubiquitären Chlorids von wenigen mg/l bis zu mehreren Hundert oder gar Tausend mg/l. In chloridarmen Grundwässern deuten höhere Werte als 30 mg/l auf die Beimischung mineralisierter Wässer oder auf anthropogene Verunreinigungen hin. Hierzu zählen insbesondere der Eintrag chloridhaltiger flüssiger wie fester Abfallstoffe, der Einsatz von Düngemitteln in der Landwirtschaft und die Verwendung von Streusalzen.

Problematischer erweist sich der Einsatz N-haltiger Düngemittel, der von Anbeginn dieses Jahrhunderts ständig wächst und seither zu einer fortdauernden Erhöhung der Nitratbelastung des in landwirtschaftlich genutzten Regionen vorkommenden und sich dort neubildenden Grundwassers führt. Neben der Überdüngung verursacht vor allem die Massentierhaltung einen hohen Nitrateintrag in das Grund- und Oberflächenwasser (Armstrong und Burt 1993). Hierbei spielt die Nitratauswaschung in das Grundwasser eine entscheidende Rolle, die von zahlreichen Faktoren abhängt wie Bodenbeschaffenheit, landwirtschaftliche Düngung und metereologische Verhältnisse (Nieder 1985; Burt und Trudgill 1993; Johnes und Burt 1993). Gelegentlich vorkommende, außerordentlich hohe Nitratkonzentrationen im Grundwasser werden auch auf eine unzureichende Aufnahme des im Boden durch mikrobielle Prozesse gebildeten Nitrats zurückgeführt (Kaplan und Magaritz 1986). Flächendeckende Untersuchungen weisen auf das ubiquitäre Vorkommen vergleichbar hoher Nitratkonzentrationen und die hieraus resultierende Langzeitproblematik hin (Heathwaite et al. 1993a; Heathwaite et al. 1993b; Spalding und Exner 1993).

Die gesundheitsschädigende Wirkung hoher Konzentrationen an Nitrat, das als ionischer Bestandteil des Trinkwassers an sich nicht toxisch ist, wird in der mikrobiellen Reduktion zu Nitrit im Organismus und des damit verbundenen Bildungspotentials kanzerogener, teratogener und mutagener N-Nitrosoverbindungen gesehen (World Health Organization 1985). Außerdem führt bei Säuglingen die Resorption von Nitrit zur Oxidation und damit zur Blockierung des für die Atmung notwendigen fetalen Hämoglobins F (Methämoglobinämie) (Petri 1976). Das Vorkommen von Nitrit in oberflächennahem Grundwasser ist zwar prinzipiell möglich, aber es ist nur in sehr niedrigen Konzentrationen vorhanden. Grundwasser aus größerer Tiefe gilt in der Regel als nitritfrei. Generell weist das Auftreten von Nitrit auf eine Belastung mit organischen Abfallstoffen hin, die sich im Abbauzustand einer unvollständigen Mineralisation befinden. Nitrit wird entweder durch Denitrifikation aus Nitrat oder durch Nitrifikation von Ammoniumverbindungen gebildet.

Im Vergleich zu Chlorid und Nitrat ist Bromid in erheblich geringeren Konzentrationen in der Hydrosphäre anzutreffen. Während der Bromidgehalt im Meerwasser mit 7,3 mg/kg sehr genau bekannt ist, liegen für Grundwässser weniger systematisierte Angaben vor. Generell kann aber gesagt werden, daß der Bromidgehalt von Grundwässern in der Regel weit unter 0,1 mg/l liegt. Allerdings wurden vereinzelt auch Grundwässer mit höheren Konzentrationen gefunden. Aufgrund toxikologischer Studien wird für bromidhaltige Grundwässer in der Literatur ein Qualitätskriterium von 1 mg/l angegeben (Flury und Papritz 1993).

2.3 Gesetzliche Reglementierungen und ihre Konsequenzen

Für das Umweltmedium und Schutzgut Wasser sind eine Reihe gesetzlicher Regelungen erlassen worden, die in ihrer Gesamtheit das Wasserrecht bedeuten und neben der Wasserwirtschaft vor allem das Gewässerschutzrecht betreffen. Dabei ist unter Gewässerschutz als Sammelbezeichnung für alle Maßnahmen zu verstehen, die zum Schutz der Gewässer vor Verunreinigungen unter den Gesichtspunkten des Umwelt- und Naturschutzes getroffen werden. Im Sinne des Gewässerschutzrechts werden mit Gewässer alle oberirdischen Gewässer, wie Flüsse und Küstengewässer, sowie das im Erdinnern enthaltene Grund- und Quellwasser bezeichnet. Als Bundesgesetz ist im Rahmen des Wasserrechts vor allem das zur Ordnung des Wasserhaushalts von Gewässern geltende *Wasserhaushaltsgesetz* (WHG) zu nennen. Dieses enthält den Grundsatz, daß Gewässer so zu bewirtschaften sind, daß sie dem Wohl der Allgemeinheit und im Einklang damit auch dem Nutzen einzelner dienen und daß jede vermeidbare Beeinträchtigung zu unterbleiben hat. Neben dieser Formulierung gibt es zahlreiche weitere gesetzliche Regelungen zum Schutz der Gewässer. Davon sollen einige kurz genannt werden, zumal sie für die in dieser Arbeit zu besprechende Problematik von grundlegender Bedeutung sind.

Zum Schutz der Verbraucher vor gesundheitlichen Gefahren durch das Trinkwasser ist in erster Linie die *Trinkwasserverordnung* (TrinkwV) erlassen worden (Bundesgesundheitsamt 1990). Die Mindestanforderungen, die für den menschlichen Genuß an die Qualität des Trinkwassers gestellt werden, sind folgende (DIN 2000 1973): Trinkwasser sollte frei sein von Krankheitserregern, es darf keine gesundheitsschädigenden Eigenschaften besitzen, muß keimarm, appetitlich, farblos, kühl, geruchlos, geschmacklich einwandfrei sein und darf nur einen geringen Gehalt an gelösten Stoffen besitzen.

Die TrinkwV schreibt für zahlreiche Wasserinhaltsstoffe Grenzwerte in der Weise vor, daß selbst bei lebenslanger Aufnahme eines mit dem Schadstoff unterhalb des Grenzwertes kontaminierten Wassers keine Gesundheitsschäden zu erwarten sind. Darüber hinaus legt die TrinkwV regelmäßige Untersuchungen des abgegebenen Wasssers fest, enthält Bestimmungen über die Pflichten der Betreiber von Wasserversorgungsanlagen zur Einhaltung der geforderten Qualität, über die Aufbereitung von Trinkwasser sowie Bestimmungen zur behördlichen Überwachung.

Das *Lebensmittel- und Bedarfsgegenständegesetz* (LMG) schreibt vor, daß Lebensmittel, von denen Wasser das Wichtigste ist, bestimmten Qualitätsanforderungen genügen müssen. Im besonderen gilt diese Regelung für den Zusatz fremder Stoffe. So ist bei-spielsweise die Desinfektion von Trinkwasser mittels UV-Strahlen aufgrund des LMG durch die Lebensmittel-Bestrahlungsverordnung vom 19.12.1959 als zuverlässige Alternative zur heute noch weit verbreiteten chemischen Desinfektion zugelassen (Bundesgesundheitsamt).

Im *Bundesseuchengesetz* (BSeuchenG) wird unter anderem verlangt, daß das Trinkwasser bestimmten Qualitätsanforderungen entsprechen muß, die von den Gesundheitsämtern zu überwachen sind. Nach § 11, Abs. 2 des BSeuchenG darf durch den Genuß oder den Gebrauch von Trinkwasser keine „Schädigung der menschlichen Gesundheit“ eintreten. Wird Grundwasser als Rohstoff für die Trinkwasserbereitung verwendet, so enthält dieses im allgemeinen so wenig Krankheitserreger oder toxische Substanzen, daß die Desinfektion unproblematisch ist. Wird jedoch Oberflächenwasser (z.B. Uferfiltrat, Seewasser, Talsperrenwasser) verwendet, so müssen die vorhandenen Krankheitserreger durch chemische Oxidation mit Chlor oder Ozon entfernt werden.

Für Pestizide gelten die Regelungen der TrinkwV in der Fassung vom 22.05.1986, die einen Grenzwert von 0,1 µg/l je Einzelsubstanz und 0,5 µg/l für deren Summe festlegt. Aufgrund des von hohen Nitrat-Gehalten ausgehenden Gefährdungspotentials schreibt die TrinkwV für Nitrat eine zulässige Höchstkonzentration im Trinkwasser von 50 mg/l vor (Petri 1991). Im Gegensatz hierzu ist der EU-Richtwert auf 25 mg/l festgesetzt. Der prinzipiell gravierenderen Gefährdung durch Nitrit, das im Falle fäkalbedingter Verschmutzungen durch Denitrifikation von Nitrat auftreten kann, wird mit der Festlegung des EU-Grenzwertes von nur 0,1 mg/l Rechnung getragen. Die TrinkwV enthält diesen Wert ebenfalls.

Veränderungen der Wasserbeschaffenheit können mancherorts zur Überschreitung der festgelegten Grenzwerte führen. In diesem Fall ist mit der Vorschrift des § 4 TrinkwV die Erteilung von Ausnahmeregelungen vorgesehen, die es erlauben, die Wasserversorgung für einen bestimmten Zeitraum aufrechtzuerhalten. Dies geschieht mit dem Leitgedanken, daß die menschliche Gesundheit während der Ausnahmezeit nicht gefährdet werden darf. Die Genehmigung wird zur Durchführung technischer Abhilfen oder Sanierungsmaßnahmen für einen Zeitraum von ein bis zwei Jahren erteilt. Bei sehr hohen Belastungen sind jedoch Ausnahmeregelungen nicht möglich, und die Versorgung muß eingestellt werden, wenn der Nitratgehalt über dem 1,8fachen Grenzwert liegt, der Atrazingehalt den 30(!)fachen Grenzwert überschreitet oder bei Pflanzenschutzmitteln mit krebsauslösendem Verdacht der Grenzwert von 0,1 µg/l nicht eingehalten werden kann. Als Beispiel sei die Situation für Bayern des Jahres 1993 genannt, als von etwa 4300 öffentlichen Wasserversorgungsunternehmen für 330 Anlagen eine Ausnahmeregelung erteilt worden ist. Davon betrafen etwa 40 % die Überschreitung des Grenzwertes für Nitrat (Bayer. Staatsministerium für Landesentwicklung und Umweltfragen 1994b).

3 Trinkwassergefährdung durch Pestizide

3.1 Pestizide und ihre Anwendung

Zur Bekämpfung von Schadorganismen werden seit etwa 1950 in zunehmendem Maße Pestizide eingesetzt. Das Wort „Pestizid“ ist eine aus dem angloamerikanischen Sprachgebrauch übernommene, sich ursprünglich von der Pest ableitende Sammelbezeichnung für Mittel, die zur Bekämpfung von Schädlingen bei Pflanzen und Tieren geeignet sind. Eigentlich ist dieser Bergriff als Synonym für Schädlingsbekämpfungsmittel zu verstehen, er wird allerdings unkorrekterweise ebenso für Pflanzenschutzmittel (Pflanzenbehandlungsmittel) und mitunter sogar auch für die biologische Schädlingsbekämpfung (Autizid-Verfahren) verwendet. Nach ihrem Wirkungsspektrum teilt man die Pestizide in verschiedene Klassen ein, die in Tabelle 3-1 zuzüglich ausgewählter Stoffklassen und Beispiele zusammengefaßt sind (Industrieverband Agrar 1990). Die nicht eindeutige Begriffsbestimmung äußert sich u.a. darin, daß zu den Pestiziden oftmals auch Bakterizide (gegen Bakterien) und Viruzide (gegen Viren) gezählt werden, wobei die letztgenannte Bezeichnung obsolet ist, zumal Viren keinen eigenen, gegen potentielle Viruzide empfindlichen Stoffwechsel besitzen. Die Sammelbezeichnung „Biozide“ wäre in diesem Fall sicherlich zutreffender.

Tabelle 3-1: Einteilung wichtiger Pestizidgruppen, Anwendungsbereiche und den Wirkstoffen zugrunde liegende Stoffklassen.

Pestizidgruppe	Schadorganismus	Stoffklasse	Beispiele
Akarizide	Milben	Verschiedene	Chlorbenzilat, Fenson, Tetradifon
Algizide	Algen	Salze	Al-, Cu-Sulfat, Hypochlorite
Fungizide	Pilze	Verschiedene	Mn-, Zn-Dithiocarbamate
Herbizide	Unkraut	Harnstoffderivate	Isoproturon, Diuron
		Phenoxy-carbonsäuren	2,4-D; 2,4,5-T; MCPA, Mecoprop
		Pyridinium-verbindungen	Diequat, Paraquat[b]
		Sulfonyl-harnstoffe	Chlorsulfuron, Metsulfuron, Sulfometuron
		s-Triazine	Ametryn, Atrazin[b], Simazin, Terbuthylazin
Insektizide (inkl. Ovizide u. Larvizide)	Insekten	Halogenierte Kohlen-wasserstoffe	Aldrin[a], Chlordan[a], DDT[a], Dieldrin[a], Endosulfan, HCB Heptachlor, Lindan
		Pyrethroide	Cypermethrin, Deltamethrin, Permethrin, Pyrethrum
		Phosphorsäure-ester	Azinphos-methyl, Fenitrothion, Malathion, Parathion[b], Systox
		Carbamate	Aldicarb, Carbofuran, Pyramat
		Phenole	Sinox, Dinoseb
Molluskizide	Schnecken	Phenole	Pentachlorphenol, Dinitrophenole
Nematizide	Nematoden	Verschiedene	1,3-Dichlorpropen, Fensulfothion
		Cyclische Ester	Dimethylphthalat
Rodentizide	Nagetiere	Cumarinderivate	Cumachlor, Racumin, Warfarin

[a] Vollständiges Anwendungsverbot in der Bundesreprublik Deutschland

[b] Seit 1991 in der Bundesrepublik Deutschland nicht mehr zugelassen

Der weltweite Einsatz von Pestiziden führt zu einem beträchtlichen Eintrag in die Umwelt. So wurden beispielsweise in der Bundesrepublik Deutschland im Jahre 1989 knapp 35000 t und in der ehemaligen DDR etwa 31000 t Pflanzenschutzmittel ausgebracht. Davon waren 55 % bzw. 69 % Herbizide, 32 % bzw. 17,7 % Fungizide und 4,0 % bzw. 4,4 % Insektizide (Umweltbundesamt 1992; StBA 1992). Der flächenbezogene Eintrag von Pestiziden beläuft sich für Europa auf 0,187 g/m^2, während in den USA mit 0,149 g/m^2 etwas weniger ausgebracht wurde. Der flächenmäßig größte Einsatz von Pestiziden wird für Japan mit 1,079 g/m^2 angegeben.

Die gesetzliche Regelung der Ausbringung von Pestiziden ist für die Bundesrepublik Deutschland in dem *Pflanzenschutzgesetz* mit der dazugehörigen Anwendungsverordnung verankert, das hinsichtlich des Grundwasserschutzes darauf abzielt, nur solche Mittel einzusetzen, die aufgrund ihrer Eigenschaften und ihres Abbauverhaltens keine Nachteile für das Grundwasser erwarten lassen, wenn sie sachgerecht, d.h. zur richtigen Zeit, in der richtigen Menge und mit einwandfreiem Gerät ausgebracht werden. Bodengängige Pflanzenschutzmittel, bei deren Anwendung die Gefahr der Grenzwertüberschreitung im Grundwasser besteht, dürfen in Wasserschutzgebieten und anderen grundwasserempfindlichen Bereichen nicht angewendet werden. Dieser Sachverhalt wird im speziellen durch das Wasserhaushaltsgesetz geregelt.

3.2 Pestizide im Grundwasser

Die chemischen Eigenschaften der Pestizide, vor allem ihre Wasserlöslichkeit, ihre Sorptionsfähigkeit und allgemein gesagt, ihre Persistenz, sind für ihr Eindringen in das Grundwasser durch einsickernde Niederschläge oder auf dem Umweg über Oberflächenwasser verantwortlich und tragen so zur potentiellen Gefährdung des Trinkwassers bei (Croll 1991; Ferrando et al. 1992; Montgomery 1993; Pritchard 1993). Vor allem beim wiederholten Anbau von Monokulturen mit dem Einsatz derselben Wirkstoffe wirken sich die Anreicherungs- und Abbauprozesse in der Bodenschicht langfristig gesehen besonders ungünstig auf das Grundwasser aus (Pestemer und Nordmeyer 1993). Da Pestizide in der Regel großflächig ausgebracht werden, liegen im Gegensatz zu punktuellen Belastungen, wie z.B. bei Undichtigkeiten von Leitungssystemen oder Störfällen bei Industrieanlagen, flächige, auch als diffus bezeichnete Stoffeinträge in das Grundwasser vor. Der Schutz vor flächigen Belastungen, geschweige denn die Sanierung kontaminierter Grundwasservorkommen, bereitet jedoch ungeachtet der wirtschaftlichen Konsequenzen erheblichste Schwierigkeiten. Langfristig wird die Pestizidproblematik in jedem Fall strengere Kontrollen hinsichtlich der Ausbringung von Pestiziden sowie der Verteilung und der Beseitigung belasteter Abfälle erfordern (Foster et al. 1991; Solomon und Powrie 1994).

Das Transportverhalten von Pestiziden in der ungesättigten Bodenzone äußert sich in ihrer strukturbedingten Mobilität (Weil und Haberer 1992). Die geringste Mobilität weisen die chlorierten Kohlenwasserstoffe auf, gefolgt von den Phenylharnstoffen und *s*-Triazinen mit mittlerer Mobilität und schließlich den organischen Säuren, welche die größte Mobilität besitzen. Adsorptionseffekte an organischen Verbindungen spielen hierbei eine erhebliche Rolle (Huber et al. 1992). So haben Untersuchungen gezeigt, daß durch Wechselwirkungen von Huminstoffen mit an sich sehr schlecht löslichen Pestiziden, wie DDT, PCBs, Trichlorbenzol und Lindan (γ-HCH), die Löslichkeit und damit die Mobilität erhöht werden (Chiou et al. 1986).

Besonders häufig gelangte das im Maisanbau als Herbizid eingesetzte Atrazin in das Grundwasser (Roth 1987; Werner 1987). Naturgemäß gefährdete Regionen stellen die Karst-Grundwässer der Schwäbischen Alb dar, in denen neben Atrazin auch das strukturell verwandte Simazin oberhalb des heutigen Grenzwertes nachgewiesen werden konnte (Giessl und Hurle 1984). Trotz ihrer geringen Mobilität wurden zudem die chlorierten Phenoxycarbonsäuren Mecoprop und Dichlorprop sowie Lindan und dessen Begleitkomponente α-HCH gefunden (Hurle et al. 1987). Ähnliche Grundwasserbelastungen ergaben sich auch für die Fränkische Alb und Schleswig-Holstein (Simmleit und Herrmann 1987; Stock et al. 1987).

Der Einsatz von Bodenentseuchungsmitteln, wie das Nematizid Dichlorpropen und Aldicarb, sowie deren Metabolite, kann besonders bei oberflächennahen Grundwässern zu erheblichen Belastungen führen. Als Beispiel sei das Pestizid Aldicarb genannt, dessen Metabolisierungsprodukte unter günstigen Bedingungen als hoch persistente Schadstoffe im Grundwasser bestehen (Priddle et al. 1988).

Die Aufklärung der Bindungsverhältnisse zwischen Huminsäuren und Pestiziden ist vor allem im Hinblick auf die andauernde Kontamination von Grundwasser durch Auswaschungseffekte im Boden gebundener Rückstände interessant und betrifft besonders das Atrazin, zumal es in der Bundesrepublik Deutschland seit 1991 nicht mehr zugelassen ist. Dennoch wird Atrazin als nahezu allgegenwärtiges Pestizid in zum Teil erheblichen Konzentrationen im Grund- sowie im Trinkwasser gefunden (Gustafson 1993; von Moos 1993). Nach neueren Studien mittels UV/VIS-, FT-IR- und ESR-Spektroskopie liegen offenbar schwache Wechselwirkungen, z.B. Wasserstoff-Brückenbindungen, vor. Die Beobachtungen stehen auch mit der Tatsache in Einklang, daß abiotische Abbauprozesse nur bei sehr niedrigen pH-Werten von Bedeutung sind und erklären letztlich die hohe Persistenz von Atrazin in der Umwelt (Martin-Neto et al. 1994).

3.3 Natürliche Abbauvorgänge von Pestiziden

Die Pestizide können entsprechend ihren chemischen Eigenschaften im Grundwasser selbst oder auf dem Weg dorthin durch natürliche Abbauprozesse metabolisiert werden. In der ungesättigten Bodenzone laufen neben chemischen Reaktionen auch mikrobielle sowie enzymatische Vorgänge ab, wobei der Huminstoffgehalt als Einflußgröße ebenso bedeutend ist wie die Bodenfeuchte, die Temperatur, der pH-Wert, die Korngrößenzusammensetzung und das Sorptionsverhalten. Die komplexen Zusammenhänge wurden in der Literatur bereits vielfach beschrieben (Herzel und Schmidt 1988; Domsch 1992; Scheunert 1993; Hassink et al. 1994).

Bei der hydrolytischen Zersetzung scheinen adsorptive Effekte besonders ausschlaggebend zu sein, zumal sich die Adsorption an Tonminerale beschleunigend auf Abbauprozesse auswirkt (Voudrais und Reinhard 1986). Dieses Reaktionsverhalten wurde bereits in früheren Arbeiten für Atrazin und Simazin unter aciden Bedingungen untersucht (Armstrong und Konrad 1974). Die Hydrolyse zu den entsprechenden Hydroxyderivaten und die davon ausgehenden Abbaureaktionen ist mehr denn je Gegenstand eingehender Studien (Mandelbaum et al. 1993). Auch die Gegenwart von Huminstoffen führten zu einem schnelleren Abbau von Triazinen. In diesem Zusammenhang konnte für Atrazin und Desethylatrazin der mobilisierbare Anteil im Ackerboden immunologisch bestimmt werden (Schneider et al. 1992).

Darüber hinaus werden Triazin-Pestizide auch als Folge mikrobieller Aktivitäten durch oxidative Desalkylierung oder reduktive Desaminierung metabolisiert (Mills und Thurman 1994). Ebenso finden enzymatische Reaktionen unter der Beteiligung von Monooxygenasen, Peroxidasen und der Glutathion-S-Transferase statt (Aizawa 1982; Hassall 1982; Lamoureux et al. 1973). Dadurch ist letztlich eine Mineralisation von Triazinen möglich (Bollag et al. 1992).

4 Aufbereitungstechnologien für die Trinkwasserversorgung

4.1 Allgemeine Anforderungen

In der Praxis sind neben den gesetzlichen Regelungen auch wirtschaftliche Aspekte der Trinkwassergewinnung zu betrachten. Dies trifft insbesondere dann zu, wenn die direkte Entnahme einwandfreien Grundwassers langfristig nicht in ausreichender Menge gewährleistet ist und Trinkwasserversorgungsunternehmen auf die Anwendung von Wasseraufbereitungstechnologien angewiesen sind. Diese Situation gewinnt gerade in der heutigen Zeit als Folge der zunehmenden Kontamination des Grundwassers mit gesundheitsgefährdenden Stoffen vielerorts an Bedeutung. Unabhängig von der verfügbaren Wasserqualität muß im Rahmen der Bereitstellung von Trinkwasser die erforderliche Wasserbeschaffenheit uneingeschränkt den strengen Kriterien und Grenzwerten der Trinkwasserverordnung genügen. Da die Rohwasserbeschaffenheit weniger aufgrund der geochemischen Prozesse als vielmehr durch die unterschiedliche Schadstofffracht grundsätzlich sehr verschieden sein kann, ergeben sich für Wasseraufbereitungsanlagen standortspezifische Anforderungen an das technologische Konzept. Bei hohem Schadstoffgehalt sind die Anforderungen gerade dann besonders hoch, wenn strenge Grenz- und Richtwerte einzuhalten sind. Dies trifft sicherlich für die Trinkwassergewinnung aus anthropogen belastetem Rohwasser zu. In jedem Falle muß unter möglichst ökonomisch akzeptablen Bedingungen Trinkwasserqualität erreicht werden.

Wie in Abbildung 4-1 veranschaulicht wird, muß in der Praxis neben einer wirtschaftlichen Verfahrensweise insbesondere die toxikologische Sicherheit des Aufbereitungsprozesses gewährleitet sein, was letztlich eine regelmäßige Kontrolle der Wasserqualität erforderlich macht. Dabei muß die Beurteilung gereinigter Wässer hinsichtlich gesundheitsschädigender Wasserinhaltsstoffe einerseits die Identifizierung und Quantifizierung der Schadstoffe umfassen, die auf eine anthropogene Wasserverschmutzung zurückzuführen sind. Andererseits muß die Betriebskontrolle ebenso auf Stoffe ausgerichtet sein, die während des Aufbereitungsprozesses entweder in das Wasser eingebracht oder durch chemische Reaktionen im Wasser selbst gebildet werden.

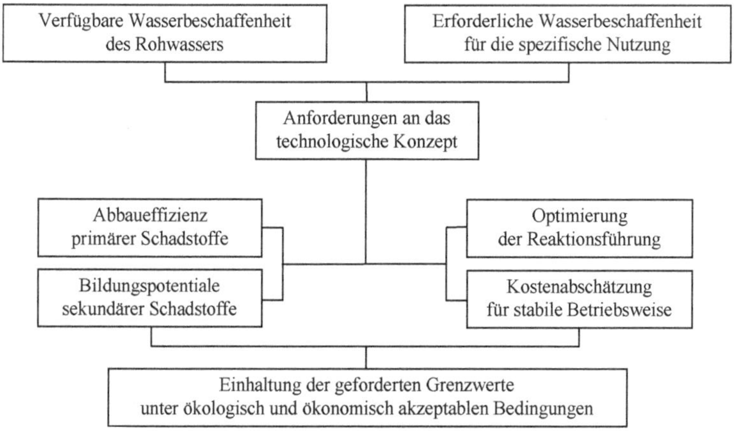

Abbildung 4-1: Wirkungsgefüge zur ökologisch und ökonomisch sinnvollen Realisierung von Aufbereitungsanlagen für die Bereitstellung von Trinkwasser.

Die angesprochene Problematik soll anhand der Belastung des in Bayern zur Trinkwassergewinnung verwendeten Rohwassers durch anthropogene Schadstoffe dargelegt werden. Die Nitratbelastung des geförderten Rohwassers für die Jahre 1987 bis 1994 geht aus Abbildung 4-2 hervor. Demnach hat etwa 80 % des für die Trinkwassergewinnung genutzten Rohwassers einen Nitratgehalt von < 25 mg/l, während etwa 15 % einen mittleren Nitratgehalt von 25 - 50 mg/l aufweisen. Knapp 5 % der Rohwassermenge liegt über dem Grenzwert, wovon zwei Drittel durch Zumischen von nitratärmerem oder nitratfreiem Zusatzwasser verdünnt und letztlich 1,4 % des Trinkwassers trotz Grenzwertüberschreitung in das Trinkwassernetz eingespeist werden. Eine solche Abgabe unterliegt nach der TrinkwV einer zeitlich befristeten Ausnahmegenehmigung, die einen erfolgsversprechenden Sanierungsplan voraussetzt. Zeitlich gesehen treten keine signifikanten Schwankungen der Nitratbelastung auf.

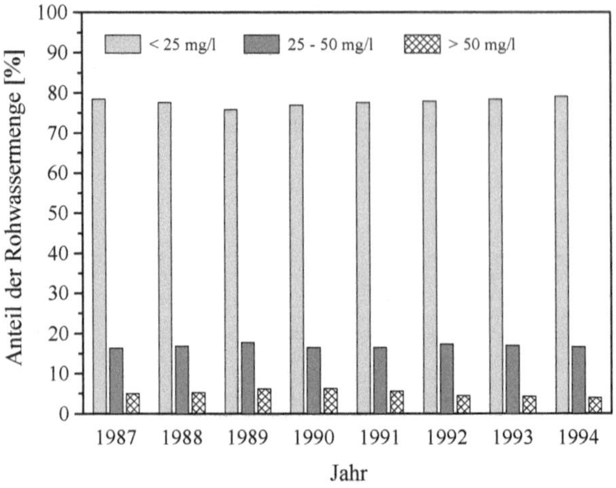

Abbildung 4-2: Nitratbelastung in Bayern des für die Trinkwassergewinnung herangezogenen Rohwassers. Die prozentualen Angaben beziehen sich auf die insgesamt geförderte Rohwassermenge.

Die Belastung des Rohwassers durch Pestizide geht aus Abbildung 4-3 hervor. Hierbei bezieht sich die prozentuale Angabe für die untersuchten Anlagen auf die in Bayern insgesamt zur Verfügung stehenden Wasserversorgungsbetriebe, während im Falle einer Belastung der prozentuale Anteil auf die Zahl der untersuchten Anlagen bezogen ist. Demnach konnten in dem angegebenen Zeitraum bei etwa 30 - 40 % der überprüften Anlagen Pestizide nachgewiesen werden. In etwa 10 - 14 % der Fälle wurden Überschreitungen des Summengrenzwertes von 0,5 µg/l gefunden.

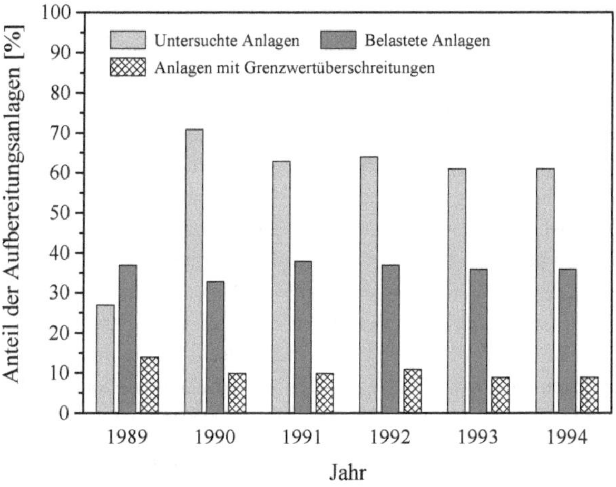

Abbildung 4-3: Pestizidbelastung in Bayern des für die Trinkwassergewinnung herangezogenen Rohwassers. Die Angaben beziehen sich für den Fall, daß eine Belastung vorliegt, auf die Anzahl der untersuchten Versorgungsbetriebe.

4.2 Konventionelle Verfahren

Etwa 35 % des in Bayern von den Wasserversorgungsunternehmen abgegebenen Trinkwassers muß einer vorherigen Aufbereitung unterzogen werden. Die hierfür erforderlichen technologischen Maßnahmen sind in der Literatur vielfach beschrieben und sollen im folgenden, nach verschiedenen Schadstoffgruppen aufgeschlüsselt, durch weiterführende Literatur ergänzt werden.

Die natürliche Zusammensetzung eisen- und manganhaltigen Rohwassers kann zu technischen Problemen führen, z.B. zur Ablagerung von Eisen- und Manganpräzipitaten oder zur Korrosion. Für die Entfernung von Eisen- und Manganverbindungen reicht meist die Belüftung des Grundwassers aus, wobei gleichzeitig der dem Korrosionsschutz dienende Sauerstoff eingetragen wird. Im Gegensatz hierzu wird zur Enthärtung die Entfernung von Magnesium- und Calciumionen in der Regel mit Ionenaustauschern durchgeführt.

Desweiteren lassen sich einfache Verfahren zur Beseitigung im Wasser suspendierter Teilchen und kolloidaler Partikel durchführen, z.B. die Sandfiltration bzw. die Flockung oder Fällung (Hahn 1987). Zur Flockung werden dem Wasser Aluminium- und Eisensalze zugesetzt, um eine Koagulation von $Al(OH)_3$ bzw. $Fe(OH)_3$ herbeizuführen. Die Zugabe von schwach ionischen Polyacrylamiden bewirkt eine vollständigere Erfassung der suspendierten Teilchen und der Kolloide.

Das Grundwasser ist oftmals auch aus hygienischer Sicht nicht einwandfrei. Somit ist eine Desinfektion erforderlich, die mit Chlorgas und dem Natrium-, Calcium- oder Magnesiumsalz der unterchlorigen Säure durchgeführt werden kann. Der Einsatz dieser Stoffe als Oxidationsmittel, z.B. zur Oxidation von Fe(II) zu Fe(III), Oxidation von Ammonium und organischen Stoffen, ist jedoch wegen der Bildung von gesundheitlich bedenklichen Trihalogenmethanen nicht mehr zulässig (Petri und Stabel 1994; Symons et al. 1994a; Symons et al. 1996). Daher ist zunehmend die Anwendung von Chlordioxid zu verzeichnen, wobei als Nebenprodukte die Anionen Chlorit und Chlorat gebildet werden (Leitner et al. 1996). In einem nachfolgenden Verfahrensschritt sind diese dem Wasser wieder zu entziehen, beispielsweise durch Aktivkohleadsorption (Gonce und Voudrias 1994). Kinetische Untersuchungen über das chemische Verhalten von ClO_2 in belasteten Wässern zeigen, daß auch organische Verbindungen wie Phenole zu Reaktionen mit dem Desinfektionsmittel befähigt sind (Hoigné und Bader 1994; Tratnyek und Hoigné 1994).

Als alternatives Desinfektionsmittel wird ferner Ozon eingesetzt (Lev und Regli 1992; van der Verr et al. 1994; Weinberg und Glaze 1996). Nach früheren Untersuchungen kann es bei der Ozonanwendung auch zur Bildung umwelttoxikologisch bedenklicher Spurenstoffe kommen (Gilbert 1984). Aus mechanistischer Sicht spielen hierbei organische Verbindungen als Vorläufersubstanzen für radikalische Abbauprozesse eine wichtige Rolle (Xiong et al. 1992).

Eine weitere Indikation zur Grundwasseraufbereitung liegt vor, wenn geogene Stoffe in zu hohen Konzentrationen vorhanden sind, beispielsweise Nitrat. Für dessen Entfernung stehen großtechnisch einsetzbare Verfahren zur Verfügung, allen voran biologische oder auf Umkehrosmose und Ionenaustausch beruhende Verfahren. Nachteilig wirken sich aber die hohen Investitions- und Betriebskosten aus sowie das Auftreten zusätzlicher Entsorgungsprobleme des Rückstandsmaterials. In der Entwicklung befindet sich ein neuartiges Verfahren, die sog. katalytische Nitrat-Reduktion (KNR-Verfahren), bei dem an heterogenen Edelmetallkatalysatoren in Gegenwart von Sauerstoff die selektive Reduktion stattfindet (Tacke und Vorlop 1993). Diese Methode wurde bereits in zahlreichen Laboruntersuchungen und Pilotstudien erfolgreich geprüft (Sell et al. 1992; Hall und Croll 1993; Hoerold et al. 1993).

Besonders problematisch wirken sich anthropogene Belastungen des Grundwassers durch toxikologisch bedenkliche Verbindungen aus, z.B. Pflanzenschutzmittel und organische Lösungsmittel. Zur Aufbereitung lassen sich zwar technologisch ausgereifte Verfahren einsetzen, wie die Filtration über Aktivkohle für unpolare Pestizide, allerdings ergeben sich auch in diesem Fall die von den geogenen Belastungen her bekannten ökonomischen Problemstellungen (Kurz 1991; Heymann und Nissing 1993). Außerdem weist die Aktivkohlebehandlung bei höherer Belastung des Rohwassers sowie für polare Wirkstoffe Grenzen auf (Baldauf 1992; Baldauf 1993). Auch die Anwesenheit von Huminstoffen ist von Nachteil, da sie die Adsorptionskapazität wesentlich herabsetzen (Haist-Gulde et al. 1993).

Abbildung 4-4 spiegelt die Situation der bayerischen Trinkwasserversorgung für das Jahr 1991 wider. In Abhängigkeit von der Herkunft des zur Trinkwassergewinnung verwendeten Rohwassers zeigt die Darstellung aufgeschlüsselt nach der eingesetzten Aufbereitungstechnologie bzw. der relevanten Schadstoffgruppe den entsprechenden Rohwasseranteil. Dabei beziehen sich die prozentualen Werte auf die Angaben der Tabelle 2-2, d.h entweder auf die Summe von Grund- und Quellwasser (903 Mio m^3), auf die Summe von Fluß-, See- und Talsperrenwasser (24 Mio m^3) oder auf die Summe von Uferfiltrat und angereichertem Grundwasser (45 Mio m^3). Mehrfachnennungen sind möglich, da ein und dasselbe Rohwasser mehreren Aufbereitungsverfahren unterzogen werden kann.

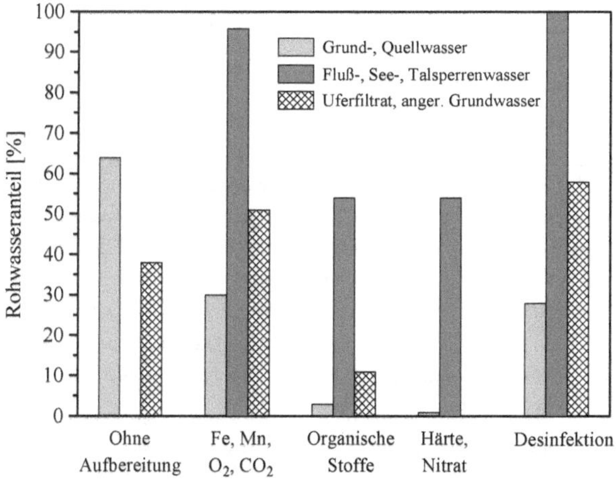

Abbildung 4-4: Aufschlüsselung der Trinkwassergewinnung in Bayern (1991) hinsichtlich der Herkunft des Rohwassers und der Aufbereitungsmethode. Die prozentualen Angaben beziehen sich auf die Gesamtfördermenge der jeweiligen Gewinnungsart (Grund- und Quellwasser, Oberflächenwasser sowie Uferfiltrat und angereichertes Grundwasser).

Demnach wird Oberflächenwasser grundsätzlich desinfiziert und in den meisten Fällen zur Entfernung von Eisen und Mangan behandelt. In etwa 50 - 60 % des verwendeten Oberflächenwassers liegen die Belastungen an organischen Schadstoffen und an Nitrat so hoch, daß eine Aufbereitung erforderlich wird. Nur Grund- und Quellwasser besitzt zu einem erheblichen Anteil von Natur aus Trinkwasserqualität und kann ohne jegliche Aufbereitung dem Verbraucher angeboten werden. Belastungen durch Nitrat und organische Verbindungen treten hierbei in vergleichbar wenigen Fällen auf. Wichtiger ist hingegen die Desinfektion sowie die Enteisenung und Entmanganung. Wie man der Tabelle entnehmen kann, gelten für Uferfiltrat und angereichertes Grundwasser analoge Aussagen. Allerdings werden so nur 4,7 % des insgesamt gewonnenen Trinkwassers bereitgestellt, während Oberflächenwasser mit einem Förderanteil von 2,5 % geringfügig unbedeutender ist und der Hauptanteil von 92,8 % aus Grund- und Quellwasser stammt.

4.3 Anwendungen der UV-Technologie

Nach den Ausführungen in Kapitel 2.3 stellt auch die Desinfektion von Trinkwasser mit UV-Strahlen eine zugelassene und zuverlässige Alternative zur heute noch weit verbreiteten chemischen Desinfektion dar (von Sonntag 1990; Wolfe 1990; von Sonntag und Schuchmann 1992; Hengesbach et al. 1993; Parys 1996). Die UV-Desinfektion wird in der Bundesrepublik Deutschland und in anderen Ländern überwiegend bei kleineren Wasserversorgungsunternehmen eingesetzt, die Trinkwasser aus bakteriologisch kaum belasteten Wässern, wie Grund- und Quellwasser, gewinnen. Demgegenüber ist zwar die großtechnische Bereitstellung von Trinkwasser durch UV-Desinfektion mehr oder minder kontaminierter Oberflächenwässer, wie z.B. Talsperrenwasser, bislang noch nicht realisiert, aber grundsätzlich möglich (Bernhardt et al. 1992). Sogar für die Grundwassersanierung soll die UV-Technologie einsetzbar sein, sowie zu Desinfektionszwecken im Rahmen der Abwasserbehandlung (Pfeiffer 1991; Trageser und Seikl 1993; Gschloel 1994). Bei geeigneter Technologisierung der UV-Desinfektion scheint diese Methode gegenüber dem Einsatz herkömmlicher Desinfektionsmittel, wie Chlordioxid, vorteilhaft zu sein (Carnimeo et al. 1995). Dies betrifft auch Verfahren, die auf der Chlorbehandlung bei gleichzeitiger Bestrahlung mit UV-Licht beruhen (Sobotka 1993).

Im Verlauf der UV-Behandlung von kontaminiertem Wasser finden neben der eigentlichen Desinfektion zusätzlich photolytische Reaktionen mit zahlreichen Wasserinhaltsstoffen statt. Hierzu zählen prinzipiell alle Verbindungen, die im kurzwelligen Spektralgebiet bei der Bestrahlungswellenlänge absorbieren, also überwiegend Verbindungen mit aromatischen Strukturelementen, wie Huminstoffe (Zepp et al. 1981; Minero et al. 1992), Pestizide (Peterson et al. 1990; Hessler et al. 1993; Lopez et al. 1995) und PAHs (Moriske und Rüden 1990). Dies wird bei der Entwicklung moderner Wasseraufbereitungstechnologien genutzt, die darauf ausgerichtet sind, neben der einwandfreien Qualität von Trinkwasser auch ein minimales toxisches Potential von Problemabwässern zu garantieren und gesundheitsschädigende Wasserinhaltsstoffe auf photodissoziativem Weg zu eliminieren (Legrini et al. 1993; von Sonntag et al. 1993). Zum Abbau persistenter organischer Schadstoffe wird daher die UV-Bestrahlung oft als Kombinationsverfahren mit dem gleichzeitigen Einwirken von Ozon und/oder Wasserstoffperoxid als Oxidationsmittel durchgeführt (Paillard et al. 1992; Prados et al. 1993). Für eine gesetzliche Zulassung solcher Verfahrensweisen als Routineverfahren der Wasseraufbereitung muß allerdings noch erhebliche Forschungsarbeit geleistet werden, da vor allem mechanistische Aspekte der Abbaureaktionen oft nur unzureichend bekannt sind.

Der gegenüber Wasserstoffperoxid bestehende Vorteil des Ozons liegt in der vergleichbar hohen Absorptionsfähigkeit ultravioletter Strahlung im UV-C-Bereich und der hierdurch bedingten, sehr effektiven Bildung reaktiver Radikale. Das Ausmaß der Radikalbildung hängt im Betrieb einerseits von anlagenspezifischen Parametern ab, wie die Leistung des Ozongenerators, der Reaktorüberdruck und die Strahlerleistung, und wird andererseits auch durch wasserspezifische Faktoren bestimmt, die zur Ozonzehrung beitragen, wie der Huminstoffanteil, die Gesamthärte oder der gesamte Kohlenstoffgehalt. In jedem Fall wirkt sich der Huminstoffanteil sowohl im UV/Ozon- als auch im UV/H_2O_2-Prozeß günstig aus, da die Bildung von Nebenprodukten, insbesondere das Auftreten von Trihalogenmethanen, kontrolliert und durch geeignete verfahrenstechnische Maßnahmen reduziert werden kann (Kusakabe et al. 1990; Symons et al. 1994b).

Im Zusammenhang mit der humantoxikologischen Verträglichkeit von UV-Anlagen zur Trinkwassergewinnung ist die gesetzliche Festlegung der maximal zulässigen Nitritkonzentration nach der TrinkwV auf 100 µg/l besonders relevant, da durch Wechselwirkung der ultravioletten Strahlung mit Nitrat auf photoreduktivem Weg Nitrit in zum Teil sehr hohen Konzentrationen entsteht. Ähnliches gilt für Wasserstoffperoxid, das bei der Anwendung von Ozon als Nebenprodukt der Ozonphotolyse im Rohwasser gebildet wird (Guittonneau et al. 1990a). Der niedrige Grenzwert von 100 µg/l spiegelt unter Einbeziehung eines Sicherheitsfaktors von etwa 3 die zytotoxische Wirkungsschwelle von H_2O_2 wider, die bei etwa 10 µmol/l liegt, entsprechend 34 µg/l. Während oberhalb dieser Konzentration H_2O_2 über den Weg der Radikalbildung ein sehr potentes Zellgift ist und zur DNA-Schädigung führt, laufen unterhalb dieses Schwellenwertes die physiologischen Entgiftungsmechanismen nachweislich effektiv ab. Daher nimmt unter den Oxidationsmitteln vornehmlich H_2O_2 aus ökologischer Sicht die dominierende Problemstellung ein, da im Gegensatz hierzu vorhandenes Restozon wesentlich leichter reduktiv oder katalytisch eliminierbar ist. Gesundheitsgefährdende Aspekte von Wasserstoffperoxid wurden im Hinblick auf die Ozonung von Trink- und Badewasser früher schon eingehend untersucht (Dieter 1988). Auch Ozon wird entsprechend des TVO-Grenzwertes von 50 µg/l schon in geringen Konzentrationen als toxisch eingestuft. Daher muß bei allen Aufbereitungsverfahren mit integrierter Ozonstufe das Ablaufwasser auf den Restozongehalt hin überprüft und nach der Aufbereitung aus gesundheitlichen sowie korrosionstechnischen Gründen gegebenenfalls eine Nachbereitung durchgeführt werden.

Ähnlich wie die photochemische Reduktion von Nitrat zu Nitrit bei der Anwendung von UV-lichtunterstützten Aufbereitungsverfahren, findet unter oxidativen Bedingungen bei der Behandlung bromidhaltiger Wässer die Bildung von Bromat als Nebenreaktion statt. Aufgrund der toxikologischen Eigenschaften kommt der Bromatbildung ein ganz besonderer Stellenwert zu, weshalb dieser Thematik ein eigenes Kapitel gewidmet werden soll.

5 Bromat im Trinkwasser

5.1 Bromatproblematik

Seit einigen Jahren steht die Bildung von Bromationen im Mittelpunkt der Grenzwertdiskussion, da Bromat nach neueren Studien kanzerogene und mutagene Eigenschaften besitzt. Bromat hat zwar bei Konzentrationen von < 100 µg/l keine akute Toxizität, allerdings führte die orale Applikation von Kaliumbromat bei Ratten und Hamstern zu Nierentumoren (Fawell und O'Neill 1993). In einer anderen Studie über die Toxizität von Bromat bei Ratten zeigte Kaliumbromat nach einer Versuchsdauer von sieben Wochen eine letale Wirkung (Wilbourn 1993). Trotz dieses Gefährdungspotentials ist in den meisten Ländern bislang kein verbindlicher Grenzwert für Bromat gesetzlich erlassen worden. Vielmehr sind einige vorläufige Regelungen im Gespräch. So wurde von der WHO zunächst ein Maximalwert von 0,5 µg/l und schließlich ein vorläufiger Richtwert von 25 µg/l vorgeschlagen (World Health Organization 1993), während sich die US-EPA für eine Höchstkonzentration von 0,8 µg/l ausspricht und die Gesundheitsämter in den Niederlanden die Einhaltung eines Grenzwertes von 5 µg/l in Erwägung ziehen (Kruithof und Meijers 1993). Demgegenüber schlägt die Europäische Gemeinschaft eine höchstzulässige Kontamination von 10 µg/l vor (Commission of the European Communities 1994).

Geht man beim Menschen von einem Krebsbildungspotential aus, würde unter der Annahme, daß über einen Zeitraum von 70 Jahren täglich zwei Liter Trinkwasser konsumiert werden, ein Grenzwert von 0,5 µg Bromat pro Liter Trinkwasser ein Lebenszeitrisiko von 10^{-5} (bezogen auf 70 kg Körpergewicht) bedeuten, d.h. es wird als sozial tolerierbar angesehen, daß sich in einer Population von 100000 Menschen ein Krebstumor aufgrund des Konsums von Trinkwasser ausbildet (World Health Organization 1993). Infolge des potentiellen Krebsrisikos wird zukünftig mit der gesetzlichen Festlegung eines zulässigen Höchstwertes von ≤ 1 µg/l zu rechnen sein. Für diese Forderung reicht allerdings die Nachweisstärke der derzeit etablierten analytischen Standardverfahren nicht aus.

Das Vorkommen von Bromat im natürlichen Wasserkreislauf ist unbedeutend. Selbst in stark belasteten Gewässern, wie z.B. im Rhein, liegen die Bromatkonzentrationen unter 2 µg/l, so daß von keiner unmittelbaren Gefährdung auszugehen ist (Kruithof et al. 1993). Bromidhaltige Wässer stellen ein indirektes Gefahrenpotential dar, wenn sie einem Aufbereitungsprozeß unterzogen werden, der die Bildung von Bromat nach sich zieht. Zu solchen Wässern zählt z.B. Meerwasser mit einem durchschnittlichen Bromidgehalt von 7,3 mg/l, dessen Uferfiltrat der Trinkwassergewinnung dient. Desweiteren wird Süßwasser durch Auswaschungsprozesse von Mineralien oder aber durch industrielle Aktivitäten, z.B. durch die Sodaproduktion oder den Kali- bzw. Kohlebergbau, mit Bromid angereichert. So nimmt der Bromidgehalt des Rheinwassers von 6 µg/l im Zürichsee auf 0,28 mg/l im Niederrhein zu, also um das 27fache.

Das Ausmaß der Bromatbildung bei der Anwendung verschiedener Aufbereitungsverfahren wurde vielfach untersucht (Westerhoff et al. 1994; Lefebvre et al. 1995). In Pilotstudien konnte beispielsweise bei der Ozonung von Wasser mit einer Bromidkonzentration von 180 µg/l die Bildung von 8 - 100 µg/l Bromat beobachtet werden, entsprechend einem Reaktionsumsatz von 3 - 35 % (Kruithof und Schippers 1993). Aus neuesten Studien geht hervor, daß bei Bromidkonzentrationen im Bereich von 35 - 130 µg/l im O_3/H_2O_2-Prozeß 42 µg/l Bromat gebildet werden. Verglichen mit der Ozonung zeigte sich, daß beim Kombinationsverfahren das Bromatbildungspotential größer ist (von Gunten et al. 1996).

Im Gegensatz zur Bromatbildung als unerwünschte Nebenreaktion bei der Wasseraufbereitung ist die Verwendung von Bromat in der Lebensmittelindustrie, z.B. zur Behandlung von Mehl bei der Brotproduktion bekannt. Die Grenzwerte liegen für diesen Anwendungszweck im ppm-Bereich, da in diesem Fall das Bromat durch den Backvorgang einer vollständigen Reduktion zu Bromid unterliegt. Für das Reaktionsprodukt Bromid in Lebensmitteln wurde als maximal tolerierbarer Wert der sog. *Acceptable Daily Intake* auf 1 mg pro kg Körpergewicht festgelegt (World Health Organization 1989).

5.2 Bildung von Bromat

Die Bildung von Bromationen spielt bei der oxidativen Aufbereitung bromidhaltiger Wässer mit Ozon eine entscheidende, bei der Verwendung der Oxidationsmittel Chlor und Chlordioxid dagegen eher eine untergeordnete Rolle (Fielding und Hutchison 1993; Fielding und Hutchison 1995). Die Reaktionsmechanismen, die beim Einsatz von Ozon zur Bildung von Bromat führen, sind bereits vielfach untersucht worden (Legube et al. 1993; Kruithof und Meijers 1995; Siddiqui et al. 1995). Eine sehr anschauliche Darstellung der komplexen Reaktionen bietet das Reaktionsschema von VON GUNTEN und HOIGNÉ in Abbildung 5-1 (von Gunten und Hoigné 1994; von Gunten et al. 1995).

Demnach kann die Bildung von Bromat auf molekularem Weg durch Reaktionen des Ozons (durchgezogene Linie in Abbildung 5-1) sowie durch OH-Radikale initiiert auf radikalischem Weg (gestrichelte Linie in Abbildung 5-1) gebildet werden. Beiden Mechanismen ist gemeinsam, daß für die Bromatentstehung das Auftreten von intermediären Hypobromitionen BrO^- als entscheidender Teilschritt verläuft. Etwa 77 % reagieren jedoch wieder zum Edukt zurück. Die eigentliche Bromatbildung erfolgt ausgehend vom Hypobromition, das bei Ozonüberschuß zunächst zu Bromit als Zwischenstufe reagiert. Dieses tritt aber nur in sehr geringen Konzentrationen auf und wird unmittelbar nach dessen Entstehung zu Bromat weiteroxidiert. Hierbei wird die Bromatbildung auf molekularem Weg durch geringe Mengen an H_2O_2 durch eine synergetische Wirkung mit Ozon beschleunigt. Hohe Konzentrationen an Wasserstoffperoxid begünstigen dagegen den Ozonabbau und führen daher zu einer reduzierten Bromatbildung. In Abwesenheit von Hydroxylradikalen ist die Oxidation des Hypobromitions stark pH-abhängig, da nur dieses zur Umsetzung mit Ozon befähigt ist und die hypobromige Säure mit $pK_S = 8,8$ im Trinkwasser (pH 7 - 8) nur zu 1,6 - 15,8 % dissoziiert vorliegt.

Bedeutender ist der radikalische Reaktionsweg, der über die intermediäre Bildung von $BrO^{\bullet}$-Radikalen zu Bromitionen führt (Yates und Stenstrom 1993). Ob dieser Reaktionsweg beschritten wird, hängt vor allem von der Konzentration an Radikalfängern ab. Einerseits zählen hierzu im Wasser gelöste organische Verbindungen (DOC), andererseits fungieren auch CO_3^{2-}- und HCO_3^--Ionen als Radikalfänger. Reagieren letztgenannte mit OH-Radikalen, werden $^{\bullet}CO_3^-$-Radikale gebildet, die ihrerseits als sekundäre Oxidantien in der Lage sind, Hypobromitionen zu den entsprechenden Radikalen zu oxidieren.

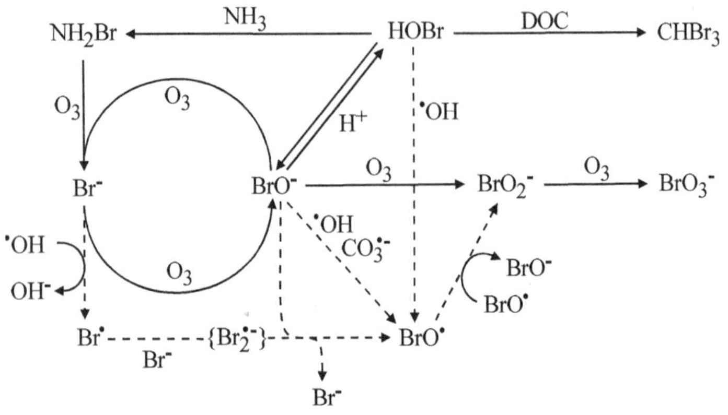

Abbildung 5-1: Reaktionsschema zur Bildung von Bromat.

5.3 Vermeidung der Bromatbildung

Die Zerstörung von gebildetem Bromat im aufbereiteten Wasser, dessen nachträgliche Entfernung sowie vorbeugende Maßnahmen zur Bromatvermeidung sind aufgrund der toxikologischen Bedenken Gegenstand intensiver Untersuchungen (Gordon 1995; Kruithof und Schippers 1993; Marbaha und Medlar 1994; Siddiqui et al. 1994; Siddiqui et al. 1996). Somit beschäftigen sich die Studien einerseits mit den Einflüssen von Prozeßparametern des Aufbereitungsverfahrens auf die Bromatbildung und die Einstellung einer in dieser Hinsicht optimierten Betriebsführung. Aus verfahrenstechnischer Sicht sind jene Arbeiten besonders interessant, die die Abhängigkeit der Bromatbildung von der Hydrodynamik verschiedener Reaktionsapparate untersuchen (Roustan et al. 1996). Andererseits besteht die Möglichkeit zur nachträglichen Entfernung von gebildetem Bromat, z.B. durch Reduktion mit Sulfit oder Eisen(II)-Ionen, durch Adsorption an Aktivkohle, durch Bestrahlung mit Elektronenstrahlen oder durch Nanofiltration (Pradoz-Ramirez et al. 1995; Miller et al. 1996). Zusätzliche Verfahrensschritte erfordern aber neben einem größeren apparativen Aufwand auch höhere Betriebskosten, so daß letztlich eine Prozeßkontrolle prinzipiell vorzuziehen ist. Dabei sind alle Parameter zu berücksichtigen, die zur Bromatbildung beitragen, also die Bromidionenkonzentration, die Ozondosis, der Gehalt an Ammonium- und Carbonat-Ionen, der DOC-Gehalt sowie der pH-Wert. Kinetische Studien sowie Modelle zur Simulation der Bromatbildung in Abhängigkeit von verschiedenen Reaktionsbedingungen können hierbei sehr hilfreich sein (von Gunten und Hoigné 1992). So lassen sich das Ausmaß und die Bedeutung der durch OH-Radikale induzierten Reaktionen im Vergleich zu den Umsetzungen von molekularem Ozon besser bewerten, die mechanistischen Zusammenhänge genauer verstehen und Präventivmaßnahmen gezielter einsetzen (von Gunten und Hoigné 1996; Westerhoff et al. 1996).

Die Bildung von Bromat ist in einer realen Matrix als Konkurrenzreaktion zu verstehen, da auch gelöstes Ozon und vor allem Hydroxylradikale eine Vielzahl sehr schneller Reaktionen eingehen können (s. Kapitel II.1). Damit hängt die Bromatbildung wesentlich von der Ozonzehrung des zu behandelnden Wassers ab, die insbesondere bei huminstoffhaltigen Oberflächenwässern recht hoch ist (Kruithof et al. 1995; Legube und Koudjonou 1995). In diesem Fall kann die Dosierung des Ozons sehr einfach mit der spektralen Absorption korreliert, eine Überdosierung vermieden und die Bromatentstehung zurückgedrängt werden. Diese Vorgehensweise ist umso effektiver, je schneller die Reaktion des Ozons mit den organischen Stoffen im Vergleich zur Oxidation des Bromitions verläuft. In diesem Zusammenhang haben Laboruntersuchungen gezeigt, daß bei einer für die Desinfektion notwendigen Ozonkonzentration von 1,4 mg/l, einem DOC von 2,7 mg/l und einer Bromidionenkonzentration von 0,6 mg/l die Bromatkonzentration den Wert von 10 µg/l auch nach mehrstündiger Behandlung nicht übersteigt (Baumgardt et al. 1995). Anderen Studien zufolge ergibt sich für die Bromatkonzentration eine lineare Abhängigkeit von dem Verhältnis Ozondosis/DOC (Croué et al. 1996).

Aufgrund des pH-abhängigen Dissoziationsgleichgewichtes der hypobromigen Säure HOBr nimmt mit fallendem pH-Wert ihre Konzentration zu. So liegen bei pH 8 etwa 16 % Hypobromitionen vor, während sich ihr Anteil bei pH 6,8 auf 1 % erniedrigt und die hypobromige Säure nahezu undissoziert ist. Diese reagiert aber nicht mit Ozon unter Bildung von Bromat, sondern führt zur vermehrten Freisetzung von bromierten organischen Verbindungen, wie Bromamine und Tribrommethan (Haag und Hoigné 1983). Übereinstimmend mit dieser Beobachtung konnte gezeigt werden, daß bei vollständigem Erhalt der desinfizierenden Wirkung des Ozons durch Herabsetzung des pH-Wertes die Bromatbildung eingeschränkt werden kann (Daniel et al. 1993). Allerdings liegen zu diesem Effekt auch konträre Studien vor (Croué et al. 1996).

Mit der Variation des pH-Wertes ändert sich auch die Konzentration an Carbonationen, welche in den Reaktionsmechanismus der Abbildung 5-1 eingreifen und damit den Bromatgehalt des aufbereiteten Wassers beeinflussen. Diese Tatsache beruht darauf, daß die Geschwindigkeitskonstante für die Umsetzung von Hydroxylradikalen mit Carbonationen etwa zwölfmal größer ist als der entsprechende Wert für die Reaktion mit Hydrogencarbonationen. Unter Berücksichtigung des zugrunde liegenden Dissoziationsgleichgewichtes ($pK_S = 10,3$) wirken daher abnehmende pH-Werte der Bromatbildung entgegen.

Ferner verliert die Bromatbildung in Anwesenheit von Ammoniumionen an Bedeutung, was auf die Entstehung von Monobromamin NH_2Br durch Reaktion mit HOBr zurückgeführt wurde (Siddiqui und Amy 1995). Die weitere Reaktion des gebildeten Monobromamins beruht auf der Oxidation durch Ozon und der verhältnismäßig langsam ablaufenden Freisetzung von Nitrat und Bromid. Auch in diesem Fall hängt der Konzentrationseinfluß der Ammoniumionen in entscheidendem Maße von der Bromidionenkonzentration und dem pH-Wert ab. Es zeigte sich, daß unter praxisrelevanten Reaktionsbedingungen mit 0,2 ppm Ammoniumionen eine effektive Reduzierung der Bromatbildung erzielt werden konnte.

5.4 Bildung weiterer Nebenprodukte

Bei der Ozonung bromidhaltiger Wässer, wie sie vielerorts zu Desinfektionszwecken zum Einsatz kommt, wird die Bildung organischer Nebenprodukte nicht nur durch den Gehalt der natürlich vorkommenden organischen Verbindungen beeinflußt, sondern Huminstoffe haben auch aufgrund ihrer chemischen Natur als Vorläufersubstanzen einen großen Einfluß auf den Reaktionsverlauf (Shukairy et al. 1994; Andrews und Huck 1996; Krasner et al. 1996). Dabei entstehen neben nicht bromierten Verbindungen, z.B. Aldehyden (Form-, Acet-, Benz- und Heptaldehyd), organischen Säuren und dicarbonylischen Verbindungen, auch zahlreiche bromhaltige Reaktionsprodukte, und zwar vor allem Monobrom- und Dibromessigsäure, Bromoform sowie Dibromacetonitril (Najm und Krasner 1994). In früheren Arbeiten wurden bei der Ozonbehandlung verschiedener Oberflächenwässer außerdem zahlreiche bromsubstituierte Alkohole gefunden (Cavanagh et al. 1992).

Aus toxikologischer Sicht sind die halogenierten Derivate der Essigsäure besonders relevant (Bull 1993). Interessanterweise wird die Bildung der Dibromessigsäure bei der Ozonung begünstigt, während das Entstehen chlorierter Nebenprodukte offenbar einer Hemmung unterliegt (Schmidt et al. 1995). Der Einfluß des Oxidationsmittels auf die Nebenproduktbildung äußert sich auch im sog. Peroxon-Prozeß ($O_3 + H_2O_2$). So geht die Bildung organischer Nebenprodukte zurück, während eine merkliche Zunahme der Bromatkonzentration zu verzeichnen ist (Amy und Siddiqui 1991). Durch Zusatz von NH_3 konnte dieser nachteilige Effekt weitgehend unterdrückt werden.

Insbesondere die Behandlung von Oberflächenwässern ist mit der Bildung von organischen und anorganischen Reaktionsprodukten verbunden. Eine vollständige Vermeidung der betreffenden Nebenreaktionen ist aber nicht immer erforderlich, zumal dies von der Weiterverwendung des aufbereiteten Wassers abhängt sowie von dem Gefährdungspotential der gebildeten Nebenprodukte und deren Konzentrationen. Eine regelmäßige Kontrolle des aufbereiteten Wassers ist daher auf jeden Fall erforderlich, um im Bedarfsfall rechtzeitig Gegenmaßnahmen zu ergreifen (Weinberg und Glaze 1996).

5.5 Stand der Bromatanalytik

Die Nachweismethoden für Bromat beruhen entweder auf der direkten Detektion mittels Ionenchromatographie oder sie erfolgen indirekt durch Derivatisierung des Analyten. In Anbetracht des zu erwartenden Grenzwertes von < 1 µg/l ist die Standardionenchromatographie nicht nachweisstark genug, zumal die Nachweisgrenzen mit 10,3 µg/l für die photometrische Detektion und mit 7,3 µg/l für die Leitfähigkeitsdetektion angegeben werden (Hautman und Bolyard 1992). Eine Herabsetzung der Nachweisgrenzen auf 0,5 µg/l bzw. 1 µg/l ist durch Anreicherung des Analyten mit einer Konzentriersäule und mehrmaliges Injizieren der Probe möglich (Joyce und Dhillon 1993; Joyce und Dhillon 1994; Weinberg 1994). Die Probenvorbereitung umfaßt in diesem Fall zusätzlich den Einsatz einer Silberionen-Vorsäule zur Abtrennung des im allgemeinen großen Chloridüberschusses sowie eine weitere Säule zum Schutz der analytischen Säule vor ausgewaschenen Silberionen.

Jüngste Arbeiten zur ionenchromatographischen Spurenanalyse von Bromat berichten über die erfolgreiche Kopplung der Ionenchromatographie mit der Tandemmassenspektrometrie (Charles et al. 1996). Die Bromatbestimmung mittels IC-MS/MS zeichnet sich durch hohe Selektivität und Sensitivität aus, die Nachweisgrenze wird mit 0,1 µg/l angegeben. Zur Probenvorbereitung dient die Festphasenextraktion, um Hauptbestandteile der Matrix, wie Sulfat-, Chlorid- und Hydrogencarbonationen, zu entfernen. Für die anschließende chromatographische Trennung wird eine AG9-SC Anionenaustauschersäule verwendet.

Darüber hinaus wurde unlängst über ein ionenchromatographisches Verfahren berichtet, das die parallele Bestimmmung von Bromat und Bromid in natürlichen Matrizes erlaubt (Böhme et al. 1997). Die Innovation dieser Methode besteht in der Anwendung und Konditionierung spezieller Reversed-Phase-Materialien, welche den Einsatz einer Silberionen-Vorsäule zur Abtrennung von Chlorid überflüssig machen. Allerdings wird bei dem Verfahren die Probe zur Aufkonzentrierung eingeengt. Die resultierenden Nachweisgrenzen liegen je nach der wässerigen Matrix im Bereich von 1,5 µg - 2,0 µg/l.

Indirekte Bestimmungsmethoden ohne Anreicherungsverfahren beruhen hauptsächlich auf fluorimetrischer sowie UV-VIS-spektroskopischer Detektion. So kann die Oxidation der nicht fluoreszierenden Verbindung Benzyl-2-pyridylketon-2-chinolylhydrazon zu einem fluoreszierenden Produkt zur Bromatbestimmung ausgenutzt werden (Sánchez et al. 1989), die Nachweisgrenze von 76 µg/l Bromat ist jedoch für spurenanalytische Zwecke zu hoch. Eine wesentlich niedrigere Nachweisgrenze mit 5,0 µg/l ergibt sich für die Oxidation von

1,2,4-Trihydroxyanthrachinon-3-carbonsäure durch Bromat in schwefelsaurer Lösung (Salinas et al. 1984). Der lineare Bereich erstreckt sich hierbei von 5 - 80 µg/l.

Ferner lassen sich für den indirekten Nachweis von Bromat Methoden zur Bestimmung von Bromid bzw. Brom nutzen, da Bromat durch Komproportionierung mit Bromid in elementares Brom überführt werden kann. Erste Arbeiten zu dieser Verfahrensweise beschreiben die colorimetrische Bestimmung von Brom mittels Fluorescein (Wright et al. 1978). Als Nachweisgrenzen werden 7 µg/l (Oosting und Reijnders 1980) bzw. 2 µg/l (Axelrod et al. 1971) angegeben, was unter Berücksichtigung der Komproportionierung einer auf Bromat bezogenen Nachweisgrenze von 2,2 µg/l bzw. 0,6 µg/l entspricht. Eine vielversprechende Methode basiert auf der Chemolumineszenz von Luminol (Pilipenko et al. 1982; Pilipenko et al. 1989). Die Nachweisgrenze beträgt 1 µg/l, entsprechend einer auf Bromat bezogenen Nachweisgrenze von 0,3 µg/l. Ein anderes Verfahren beruht auf der Umsetzung von 2,3,7-Trihydroxy-9-dibromhydroxyphenylfluoron mit Br_2 zur Bestimmung von Bromid. Die Nachweisgrenze für Bromid wird mit 10 µg/l angegeben, entsprechend 3,2 µg/l Bromat (Gong et al. 1994).

Die Chemilumineszenzreaktion von H_2O_2 mit Luminol wird auch in einer Fließanalyse zur Bromidbestimmung genutzt. Dadurch konnte die Nachweisgrenze für Bromid auf 0,06 µg/l gesenkt werden, entsprechend einer Bromatkonzentration von 0,02 µg/l (Shakir und Faizullah 1989). Ein anderes Fließinjektionsverfahren beruht auf der Oxidation des Heterozyklus Chlorpromazin durch Bromat und UV-Detektion des hierdurch gebildeten Radikal-Kations (Gordon et al. 1994). Da die Methode ohne ionenchromatographischen Schritt ausgelegt ist, müssen Nitrit- und Chloritionen durch spezielle Reagenzien maskiert werden. Als Nachweisgrenze wird ein Wert von 0,8 µg/l Bromat angegeben.

II. GRUNDLAGEN UND THEORIE

1 Photochemische Prinzipien in der Wasseraufbereitung

1.1 Allgemeines zur angewandten Photochemie

Mit der erstmaligen Formulierung des *Grundprinzips der photochemischen Aktivierung* im Jahre 1818 durch GROTTHUS und DRAPER, nämlich (Moore und Hummel 1983):

***„Nur das von einem Stoff absorbierte Licht
kann eine photochemische Veränderung hervorrufen“,***

wurde die erste Grundlage der heutigen Photochemie geschaffen (1. Gesetz der Photochemie). Ausgehend von der Quantentheorie wandten STARK 1908 und EINSTEIN 1912 die Vorstellung des Energiequantums auf photochemische Reaktionen an und führten mit dem *Prinzip der Quantenaktivierung* die Lichtabsorption als Primärschritt eines jeden photochemischen Prozesses ein (2. Gesetz der Photochemie):

***"Beim Primärschritt eines photochemischen Prozesses wird
jeweils ein Molekül durch ein absorbiertes Strahlungsquant aktiviert".***

Dieses Prinzip darf nicht so verstanden werden, daß für jedes absorbierte Lichtquant ein angeregtes Molekül gezwungenermaßen eine nachfolgende chemische Veränderung erfährt, sondern es heißt, daß ein angeregter Zustand aus der Absorption von einem Lichtquant resultiert. Ausnahmen vom STARK-EINSTEIN-Gesetz treten z.B. in der Zweiphotonenspektroskopie auf, allerdings liegen solchen Prozessen nichtlineare optische Effekte zugrunde, deren Auftreten für die notwendigerweise hohe Lichtintensität typisch ist (Demtröder 1991). Im Jahre 1913 betonten STARK und EINSTEIN, daß das Prinzip der Quantenaktivierung nur auf primäre Prozesse angewendet werden darf, da beim Auftreten sekundärer Kettenreaktionen Quantenausbeuten > 1 die Folge sein können. Damit lautet das *2. Gesetz der Photochemie:*

***„Die Absorption von Licht durch ein Molekül ist ein Ein-Quantenprozeß,
so daß die Summe der Quantenausbeuten der Primärprozesse gleich Eins ist.“***

Seit diesen fundamentalen Erkenntnissen über die Wechselwirkung von Licht und Materie hat sich die moderne Photochemie als anwendungsorientierte Disziplin in weiten Bereichen der industriellen Fertigung und chemischen Technik etabliert. Das Verständnis über die Mechanismen der Lichtabsorption und über das Verhalten elektronisch angeregter Zustände hat hierzu entscheidend beigetragen. Die einschlägige Fachliteratur mag dem interessierten Leser einen detaillierten Einblick in dieses Gebiet gewähren (Calvert und Pitts Jr. 1966; Bünau und Wolff 1987; Klessinger und Michl 1989). Die verfahrenstechnische Realisierung photochemischer Prozesse ist aber nur zum Teil das Resultat der konsequenten Erforschung lichtinduzierter Vorgänge und beruht ebenso auf der Konzipierung der für photochemische Reaktionen möglichst zweckmäßig ausgelegten Photoreaktoren und Strahlenquellen (Fischer und Barzynski 1973). Die Fortschritte dieser Entwicklung dokumentiert sich u.a. in zahlreichen photosynthetischen Reaktionen, wie die Oxidation, Chlorierung, Sulfoxidation und Sulfochlorierung von Kohlenwasserstoffen oder die lichtinduzierte Polymerisation, die schon vor einigen Jahrzehnten großtechnische Bedeutung erlangt haben (Schenk 1957; Braun und do Nascimento 1991).

Eine ebenso rasche technische Realisierung photochemischer Prinzipien hat die Entwicklung moderner Wasseraufbereitungstechnologien erfahren, deren Ziel darin besteht, durch Kombination von UV-Licht und Oxidationsmitteln Wasserinhaltsstoffe zu entfernen (Legrini et al., 1993). Das Prinzip dieser, im englischen Sprachgebrauch als Advanced Oxidation Processes (AOP) bezeichneten Verfahren beruht auf der Erzeugung hochreaktiver Hydroxylradikale, die im Aufbereitungsprozeß als oxidierende Komponente eine fundamentale Rolle spielen. Ihre hohe Reaktivität ist nach Tabelle 1-1 auf das Reduktionspotential zurückzuführen, das in saurer Lösung mit 2,85 V sehr groß ist, während sich im basischen Milieu ein etwas geringerer Wert ergibt. Den Angaben zufolge stellt das Hydroxylradikal in wässeriger Umgebung die Spezies mit dem größten Oxidationsvermögen dar.

Tabelle 1-1: Standardreduktionspotentiale E° in V für die molekularen Oxidantien Ozon (*a*) und Wasserstoffperoxid (*b*, *c*) bzw. für das OH-Radikal (*d*) und das HO_2-Radikal (*e*) (Greenwood und Earnshaw 1988).

	Saure Lösung (pH 0)		Alkalische Lösung (pH 14)	
	E° [V]	Reaktion	E° [V]	Reaktion
a	+ 2,08	$O_3 + 2\,H^+ + 2\,e^- \rightleftharpoons O_2 + H_2O$	+ 1,24	$O_3 + H_2O + 2\,e^- \rightleftharpoons O_2 + 2\,OH^-$
b	+ 1,78	$H_2O_2 + 2\,H^+ + 2\,e^- \rightleftharpoons 2\,H_2O$	+ 0,88	$HO_2^{\bullet} + H_2O + 3\,e^- \rightleftharpoons 3\,OH^-$
c	+ 0,71	$H_2O_2 + H^+ + e^- \rightleftharpoons {}^{\bullet}OH + H_2O$	- 0,25	$HO_2^- + H_2O + e^- \rightleftharpoons {}^{\bullet}OH + 2\,OH^-$
d	+ 2,85	${}^{\bullet}OH + H^+ + e^- \rightleftharpoons H_2O$	+ 2,02	${}^{\bullet}OH + e^- \rightleftharpoons OH^-$
e	+ 1,49	$HO_2^{\bullet} + H^+ + e^- \rightleftharpoons H_2O_2$	+ 0,41	${}^{\bullet}O_2^- + H_2O + e^- \rightleftharpoons HO_2^- + OH^-$

Je nachdem, durch welches Kombinationsverfahren die Erzeugung der OH-Radikale erfolgt, lassen sich die „AOPs“ in nachstehender Weise klassifizieren. Dabei werden auch heterogene Prozesse an Photokatalysatoren berücksichtigt, die aufgrund ihrer besonderen oberflächenchemischen Eigenschaften und ihrer Bedeutung zur Ausnutzung des Sonnenlichtes in einem eigenen Kapitel abgehandelt werden sollen. Anwendungsbeispiele für die unterschiedlichen Verfahren finden sich vielfach in der Literatur und werden in Kapitel II.3 zusammenfassend dargestellt:

i. Ozon und Wasserstoffperoxid; „Peroxon-Prozeß“ (O_3/H_2O_2)
ii. UV-Strahlung und Wasserstoffperoxid (UV/H_2O_2)
iii. UV-Strahlung und Ozon (UV/O_3)
iv. UV-Strahlung, Wasserstoffperoxid und Ozon ($UV/H_2O_2/O_3$)
v. Fenton- und Photo-Fenton-Reaktion
vi. UV-Strahlung und Titandioxid (UV/TiO_2)
vii. UV-Strahlung, Titandioxid und Wasserstoffperoxid($UV/TiO_2/H_2O_2$)
viii. Titandioxid und Wasserstoffperoxid (TiO_2/H_2O_2)

Die Auflistung macht deutlich, daß das Akronym „AOP“ den gegenwärtigen Kenntnisstand nicht vollständig zu beschreiben vermag, da auch bei der reinen UV-Photolyse sowie im Ozon-Prozeß OH-Radikale als intermediäre Reaktanden auftreten und das Reaktionsgeschehen mehr oder weniger stark beeinflussen. Der Begriff „AOP“ ist nicht per se der Garant für eine hohe Effizienz des angewandten Verfahrens, da der Wirkungsgrad immer davon abhängig ist, wieviel OH-Radikale im räumlichen und zeitlichen Mittel tatsächlich für die Reaktion zur Verfügung stehen. Optimierungsstrategien vielversprechender Technologien werden daher in Zukunft mehr denn je zu berücksichtigen sein (Yue und Legrini 1992; Braun et al. 1993).

In der Praxis werden in Abhängigkeit von der Rohwasserbeschaffenheit und der Zielsetzung unterschiedliche Strahlungsquellen verwendet. So kommen für die Desinfektion, sei es für Trinkwasser, Brauchwasser (Getränkeindustrie) und Prozeßwasser (Elektronik, Pharmazie) oder für die Luftentkeimung (Steril- und Lagerräume), vornehmlich Hg-Niederdruckstrahler zum Einsatz, die hauptsächlich die Hg-Resonanzlinie bei 254 nm emittieren. Die keimabtötende Wirkung beruht auf der Absorption der UV-Strahlung durch die Nukleobasen der Mikroorganismen, da die Strahleremission zufällig im Bereich des Absorptionsmaximums und damit nahezu im Maximum der Desaktivierungskurve für Mikroorganismen liegt. Die Strahlungsausbeute von Hg-Niederdruckstrahlern ist unter der Voraussetzung optimaler Betriebsweise und Umgebungsbedingungen, d.h. bei einer Wandtemperatur des Strahlers von 40 - 50 °C, entsprechend eines Hg-Partialdrucks von etwa 10^{-5} bar, mit ca. 40 % sehr hoch. Dennoch wird für hohe Bestrahlungsstärken der Einsatz mehrerer Strahler erforderlich, da die Leistungsdichte vergleichsweise gering ist.

Im Gegensatz hierzu ist auf dem Gebiet des photolytischen Schadstoffabbaus zunehmend der Einsatz von Hg-Mitteldruckstrahlern zu verzeichnen, da sich deren Emission im UV-Bereich zwischen 190 nm bis 350 nm erstreckt und somit auch Schadstoffe mit kurzwelligen Absorptionsmaxima anregbar sind. Trotz der im Vergleich zu Niederdruckstrahlern geringen UV-C-Strahlungsausbeute von nur etwa 18 % werden mit Mitteldruckstrahlern aufgrund des großen Leistungsbereiches von 100 W bis 60 kW um mehr als 100fach höhere Bestrahlungsstärken erreicht.

1.2 Mechanistische Betrachtungen

Die mechanistischen Betrachtungen betreffen im folgenden wichtige Reaktionen der eingesetzten Oxidationsmittel mit Bestandteilen des Rohwassers und ebenso die Bildung reaktiver Radikale. Die Überlegungen zur Radikalerzeugung werden im Unterschied zu anderen Arbeiten nicht in Anlehnung an die oben genannte Klassifizierung durchgeführt, sondern sie werden unabhängig vom Aufbereitungsprozeß weitgehend allgemein gehalten. Diese Vorgehensweise ergibt sich aus dem Aspekt, daß das OH-Radikal durch eine Reihe von Folge- und Parallelreaktionen gebildet wird, mit Zwischenprodukten ebenso reagiert wie mit den eingesetzten Oxidationsmitteln und letztendlich die sich einstellende, für den Abbauprozeß ausschlaggebende Steady-State-Konzentration enorm von den experimentellen Randbedingungen abhängig ist. Für verschiedene Verfahren unterschiedliche Reaktionsmechanismen der Radikalerzeugung anzugeben, trägt nicht zu einem besseren Verständnis der tatsächlich ablaufenden Reaktionen bei. Statt dessen kann es als sinnvoll erachtet werden, allgemein bekannte chemische Prinzipien unter Berücksichtigung der lichtinduzierten Vorgänge auf ein bestimmtes Aufbereitungsverfahrens anzuwenden.

Von den genannten Aufbereitungstechnologien stellt der UV/Ozon-Prozeß das am meisten eingesetzte Verfahren zur oxidativen Beseitigung schwer abbaubarer Verbindungen dar, obwohl die Handhabung und die Erzeugung von Ozon technisch schwieriger und kostspieliger ist als die Verwendung von Wasserstoffperoxid. Allerdings ist die Ozonerzeugung mittlerweile ebenso ausgereift wie der Eintrag gasförmigen Ozons in die wässerige Phase (Francis 1988; Leitzke 1992).

Der intensive Einsatz der UV/O_3-Technologie wird überwiegend darauf zurückgeführt, daß die Absorption von Ozon im UV-C-Bereich des Strahlerspektrums im Vergleich zu Wasserstoffperoxid wesentlich größer ist. So sind die molaren dekadischen Extinktionskoeffizienten mit $\varepsilon(O_3) = 2900\ l\ mol^{-1}\ cm^{-1}$ und $\varepsilon(H_2O_2) = 18{,}6\ l\ mol^{-1}\ cm^{-1}$ für eine Bestrahlungswellenlänge von 254 nm anzugeben. Innere Filtereffekte, wie sie vor allem bei huminstoffhaltigen Oberflächenwässern oder generell bei Wässern mit hoher optischer Dichte durch Absorption der eingestrahlten Lichtintensität auftreten, wirken sich besonders bei der Anwendung von H_2O_2 verlangsamend auf die Abbauraten aus.

1.2.1 Reaktionen des Ozons

Bei der Anwendung von Ozon für den Schadstoffabbau beruht dieser einerseits auf den nicht selektiven Umsetzungen des OH-Radikals (zur Bildung von OH-Radikalen s. Kapitel 1.2.2) und andererseits auf den direkten Reaktionen der Wasserinhaltsstoffe mit molekularem Ozon. Der zuletzt genannte Reaktionspfad läuft als Dunkelreaktion auch bei der reinen Ozonung im Zuge der Wasserdesinfektion ab. In diesem Zusammenhang wird oftmals der Ozonzerfall in Wasser mechanistisch diskutiert (Staehelin und Hoigné 1982). Die ideale Vorstellung für „reines" Wasser geht davon aus, daß gelöstes Ozon mit Hydroxidionen zum HO_2-Radikal und der deprotonierten Form, also zum radikalischen Superoxidanion, reagiert:

$$OH^- + O_3 \longrightarrow {}^{\bullet}O_2^- + HO_2^{\bullet}$$

Dieses bildet mit Ozon das Ozonidradikal, das schließlich die Freisetzung von OH-Radikalen nach sich zieht (Chelkowska et al. 1992):

$${}^{\bullet}O_2^- + O_3 \xrightarrow{-\,O_2} {}^{\bullet}O_3^- \xrightarrow{H^+} O_2 + {}^{\bullet}OH$$

Analog zur ersten Reaktion setzt sich Ozon mit OH-Radikalen zu Sauerstoff und dem HO_2-Radikal um, das seinerseits mit der deprotonierten Form im Gleichgewicht steht ($pK_s = 4{,}8$). Auf diese Weise wird im Idealfall die Reaktionsfolge aufrechterhalten. Unter realen Bedingungen finden jedoch zahlreiche Nebenreaktionen statt, die zu einem erheblich komplexeren Mechanismus führen. Als wichtigstes Resultat der Studien über das Verhalten von Ozon in Wasser gilt somit die Aussage, daß auch ohne UV-Licht die Erzeugung von OH-Radikalen möglich ist. Dabei zeichnet sich Ozon bei kleinem pH-Wert durch eine höhere Stabilität aus, so daß als Folgereaktionen hauptsächlich Umsetzungen mit molekularem Ozon in Betracht zu ziehen sind.

Molekulares Ozon reagiert fast ausnahmslos mit ungesättigten Verbindungen nach dem Criegee-Mechanismus zu Carbonylverbindungen. Die Reaktion führt zunächst durch Cycloaddition eines O_3-Moleküls an die Doppelbindung zur Ausbildung eines 1,2,3-Trioxolan-Adduktes (Ozonid), das als instabile und hochenergetische Zwischenstufe (Symbol „*") spontan insgesamt zwei Carbonylverbindungen und zwei Criegee-Biradikale liefert:

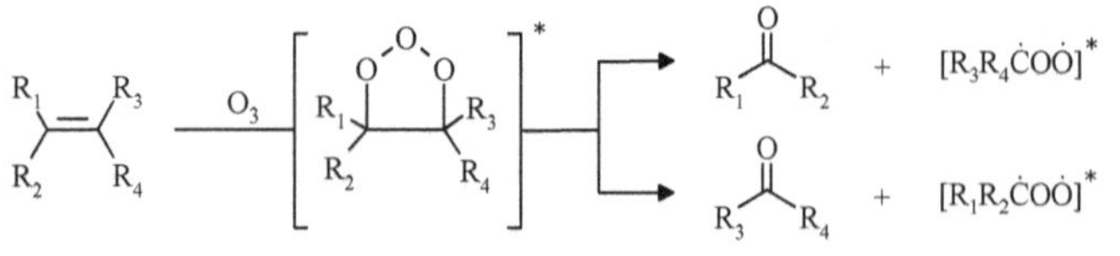

Diese Criegee-Biradikale sind ihrerseits sehr reaktiv und können in Folgereaktionen durch bimolekulare Stoßprozesse in den Grundzustand relaxieren, sofern sie keine anderen Umsetzungen mit reaktiven Bestandteilen der Matrix eingehen. Vom Grundzustand aus sind prinzipiell intramolekulare Umlagerungen zu Carbonsäureestern sowie Carbonsäuren ($R_2 = H$) möglich:

$$\left[R_1R_2\dot{C}O\dot{O}\right]^* \xrightarrow{M} R_1R_2\dot{C}O\dot{O} \longrightarrow R_1-\overset{\overset{\displaystyle O}{\|}}{C}-OR_2$$

$$\left[R_1\dot{C}HO\dot{O}\right]^* \xrightarrow{M} R_1\dot{C}HO\dot{O} \longrightarrow R_1-\overset{\overset{\displaystyle O}{\|}}{C}-OH$$

Letztendlich erhält man ein komplexes Gemisch aus Ketonen, Aldehyden, Carbonsäuren und eventuell auch CO_2.

Zusätzlich findet auch ein elektrophiler Angriff des Ozons statt, der vor allem bei substituierten Aromaten von Bedeutung ist. Da beispielsweise die NH_2-Gruppe im nicht protonierten Zustand ein Substituent mit relativ kleinem (-)I, aber großem (+)M-Effekt ist, läuft die Reaktion des Ozons bevorzugt in *o*- und *p*-Stellung ab. Den gleichen dirigierenden Effekt übt die OH-Gruppe in aromatischen Verbindungen aus. Demgegenüber wirkt die NO_2-Gruppe als starker (-)I- und (-)M-Substituent extrem elektronenziehend, so daß das Ozon letztlich in *m*-Stellung reagiert, wie es auch bei COOH-substituierten Aromaten der Fall ist. Mit Alkoholen, Ethern, Aldehyden und Carbonsäuren reagiert Ozon hauptsächlich am nucleophilen O-Atom zu entsprechenden Peroxo-Verbindungen. Die Umsetzung mit Aminen führt zur direkten Oxidation am N- oder am α-C-Atom bzw. zur Spaltung der C-N-Bindung.

Die Reaktivität des Ozons gegenüber organischen Verbindungen ist sicherlich einem effektiven Abbau stark belasteter Wässer dienlich. Allerdings wirkt sich eine hohe Ozonzehrung auch nachteilig auf den Gesamtprozeß aus, da so weniger Ozon zur Erzeugung von OH-Radikalen zur Verfügung steht. Dieser Fall liegt meist bei Oberflächenwässern vor, deren Schadstoffgehalt in Anwesenheit von Huminstoffen zu reduzieren ist. Eine Vorozonung des Wassers kann daher von großem Nutzen sein.

1.2.2 Bildung von OH-Radikalen

Die Bildung von OH-Radikalen durch Anwendung von Ozon und Wasserstoffperoxid mit und ohne UV-Bestrahlung wird anhand des Reaktionsschemas in Abbildung 1-1 in allgemeiner Form illustriert. In der Praxis ist das Reaktionsgeschehen komplexer, zumal auch die in Tabelle 1-1 gezeigten Redoxreaktionen vollständig zu berücksichtigen sind.

Beim Einsatz des UV/O_3-Verfahrens beruht die Bildung von OH-Radikalen auf der direkten Photolyse des Ozons, die im Unterschied zur Gasphase nicht zur Freisetzung von zwei OH-Radikalen führt, sondern primär zu Wasserstoffperoxid (Peyton und Glaze 1988). Mechanistisch gesehen wird dieses durch Insertion eines O-Atoms in ein Wassermolekül gebildet (Taube 1957; Peyton und Glaze 1987). Da im O_3/H_2O_2-Prozeß das Wasserstoffperoxid dem aufzubereitenden Wasser zugegeben wird, sind die Folgereaktionen für die beiden genannten Verfahren analog. Entsprechend Abbildung 1-1 stehen dem Wasserstoffperoxid prinzipiell drei Reaktionswege zur Verfügung, und zwar die lichtinduzierte Homolyse sowie die Umsetzung von Wasserstoffperoxid und dessen Anion mit gelöstem Ozon. Das Auftreten der angegebenen Protolysegleichgewichte mit $pK_s = 11{,}8$ für H_2O_2 bzw. $pK_s = 4{,}8$ für $HO_2^{\bullet}$ erklärt die starke Abhängigkeit der Bildung von Wasserstoffperoxid vom pH-Wert. In Übereinstimmung mit dem Reaktionsschema wurde bei kleinen pH-Werten das Ozon nahezu quantitativ in Wasserstoffperoxid überführt, während dessen Anteil bei höheren pH-Werten kleiner ist (Guittonneau et al. 1990).

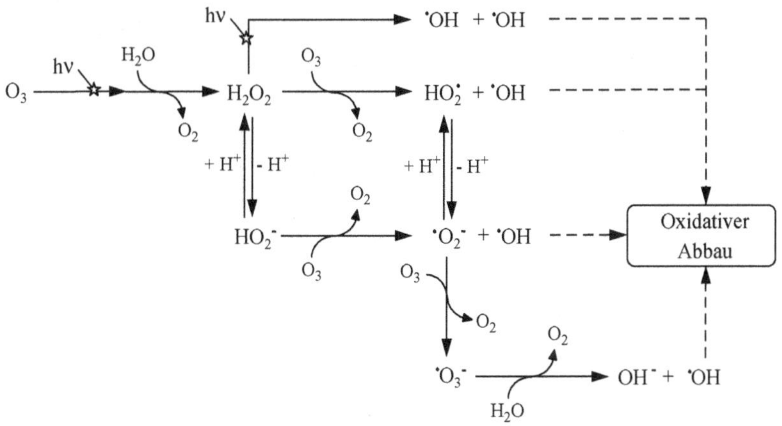

Abbildung 1-1: Allgemeines Reaktionsschema für die Bildung von OH-Radikalen aus Ozon bzw. Wasserstoffperoxid mit und ohne UV-Bestrahlung.

Die Reaktion von Ozon mit Wasserstoffperoxid trägt nur unwesentlich zur Erzeugung von OH-Radikalen bei, da sie verglichen mit der Umsetzung des entsprechenden Anions sehr langsam verläuft. Letztgenanntes führt zu einem OH-Radikal und setzt dabei das radikalische Superoxidanion $^{\bullet}O_2^-$ frei, das mit Ozon zum instabilen Ozonid-Radikalanion $^{\bullet}O_3^-$ weiterreagiert. Dieses wird unter Bildung von je einem OH-Radikal und Hydroxidion durch das Lösungsmittel Wasser reduziert.

Für die Radikalerzeugung durch die Photolyse von Wasserstoffperoxid sind aufgrund des geringen Extinktionskoeffizienten hohe Konzentrationen erforderlich. Ein effektiver Abbau wird auch durch Erhöhung des pH-Wertes erzielt, da das hierdurch vermehrt gebildete HO_2^--Ion bei 254 nm einen um den Faktor 13 größeren Extinktionskoeffizienten aufweist. Zusammen mit den zuvor angegebenen Säurekonstanten kann hieraus die pH-Abhängigkeit der OH-Radikalerzeugung bei UV-lichtunterstützten Oxidationsverfahren erklärt werden.

Die maximal einsetzbare Wasserstoffperoxidkonzentration liegt je nach der Rohwasserbeschaffenheit und den verfahrenstechnischen Parametern im Bereich zwischen 20 mg/l und 350 mg/l. Bei noch größeren Werten wird der Abbau verlangsamt, da das Oxidationsmittel selbst mit OH-Radikalen reagiert (Magnard et al. 1990):

$$H_2O_2 + {}^{\bullet}OH \rightarrow HO_2^{\bullet} + H_2O$$

Allerdings muß auch in Betracht gezogen werden, daß das gebildete HO_2-Radikal nach Abbildung 1-1 nur als temporäre Senke für OH-Radikale fungiert, da es durch Umsetzungen mit Ozon diese wieder freizusetzen vermag. Inwieweit letztendlich eine Überdosierung den Abbau nachteilig beeinflußt, hängt von den experimentellen Randbedingungen und vor allem vom Zustand der Durchmischung im Reaktor ab. In gleicher Weise kann sich auch ein Überschuß an Ozon auf das Verfahren auswirken:

$$O_3 + {}^{\bullet}OH \rightarrow HO_2^{\bullet} + O_2$$

Bei der Anwendung des O_3/H_2O_2-Prozesses treten beide Reaktionen miteinander in Konkurrenz, sofern die Oxidationsmittel in ähnlichen Konzentrationen vorliegen. Eine Prozeßoptimierung ist in diesem Fall auch durch Variation des Konzentrationsverhältnisses $[O_3]/[H_2O_2]$ möglich (Meijers et al. 1993; Meijers et al. 1995).

Im Unterschied zu den UV-lichtinduzierten Verfahren zeigt die Fenton-Reaktion, daß wie im Peroxon-Prozeß auch in Dunkelreaktionen die Erzeugung von OH-Radikalen effektiv ablaufen kann. Auch bei der Fenton-Reaktion geht man von Wasserstoffperoxid aus, das im geschwindigkeitsbestimmenden Schritt durch Umsetzung von Fe(II)-Ionen zur Freisetzung von OH-Radikalen führt:

$$Fe^{2+} + H_2O_2 \longrightarrow Fe^{3+} + {}^{\bullet}OH + OH^-$$

Das entstandene Fe(III)-Ion reagiert anschließend mit Wasserstoffperoxid, das sich in einer Reihe von Folgereaktionen schließlich zu Sauerstoff und Wasser umsetzt. Dabei treten HO_2-Radikale als wichtige Zwischenstufe auf, die Fe(II)-Ionen zurückbilden:

$$Fe^{3+} + HO_2^{\bullet} \longrightarrow Fe^{2+} + O_2 + H^+$$

Die analoge Umsetzung mit gebildeten OH-Radikalen, nämlich

$$Fe^{2+} + {}^{\bullet}OH \longrightarrow Fe^{3+} + OH^-$$

stellt beim Fenton-Prozeß die wohl wichtigste Verlustreaktion dar. Zudem stören auch komplexierende Substanzen, welche die Fe-Ionen dem radikalbildenden Prozeß entziehen.

Als Variante der klassischen Fenton-Reaktion werden durch Einstrahlung von UV-Licht bei der Photo-Fenton-Reaktion OH-Radikale zusätzlich durch photochemische Reduktion von Fe(III)-Ionen gebildet und gleichzeitig Fe(II)-Ionen regeneriert:

$$Fe^{3+} + H_2O + h\nu \longrightarrow Fe^{2+} + {}^{\bullet}OH + H^+$$

Die direkte Photolyse von Wasserstoffperoxid trägt zusätzlich zur Bildung von OH-Radikalen bei.

1.2.3 Reaktionen der OH-Radikale

Der Hauptreaktionswege des OH-Radikals umfassen die Oxidation organischer Verbindungen durch den einleitenden Schritt der H-Abstraktion

$$RH + {}^{\bullet}OH \rightarrow R^{\bullet} + H_2O\,,$$

die Addition an ungesättigte aliphatische Moleküle

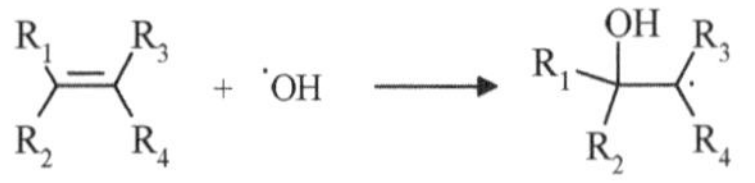

oder an aromatische Verbindungen (R = Substituent)

Wegen ihrer elektrophilen Natur werden bei der Addition von OH-Radikalen an den aromatischen Ring hauptsächlich substituierte Hydroxycyclohexadienyl-Radikale freigesetzt, während die H-Abstraktion vernachlässigbar ist. Ferner treten auch Elektronentransferreaktionen auf, wie

$$CO_3^{2-} + {}^{\bullet}OH \rightarrow CO_3^{\bullet -} + OH^- .$$

Diese Elektronenübertragung, wie die analoge Umsetzung mit dem Hydrogencarbonation, stellt bei der Behandlung natürlicher Wässer eine unerwünschte Nebenreaktion dar, da sie mit einer beachtlichen Geschwindigkeitskonstante als Konkurrenzreaktion zu OH-radikalinduzierten Abbauprozessen stattfindet (vgl. Tabelle 1-2). Obwohl die entsprechende Ratenkonstante im Vergleich zu den Umsetzungen des OH-Radikals mit organischen Verbindungen um 2 - 3 Zehnerpotenzen kleiner ist, stellen Carbonat- und Hydrogencarbonationen sehr wirksame Radikalfänger dar, da sie mit Konzentrationen von einigen mmol pro Liter mit Abstand im Überschuß vorliegen. Außerdem zeigen die gebildeten Carbonat-Radikale gegenüber organischen Verbindungen wesentlich niedrigere Geschwindigkeitskonstanten.

In Gegenwart von Sauerstoff werden die nach den oben gezeigten Reaktionen intermediär gebildeten Radikale in die entsprechenden Peroxyl-Radikale umgewandelt, sofern sie nicht mit dem Lösungsmittel oder mit Ozon Folgereaktionen eingehen. Die intermediär gebildeten Peroxyl-Radikale reagieren schließlich unter Abgabe von $^{\bullet}HO_2$- bzw. $^{\bullet}O_2^-$-Radikalen zu Ketonen, Aldehyden, Alkoholen oder Aminen weiter. Ferner wird für die Peroxyl-Radikale auch die Dimerisierung zu einem Tetroxid diskutiert, das unter Abgabe von O_2 oder H_2O_2 zu carbonylischen oder hydroxylierten Verbindungen zerfällt. Die bekannteste, nach diesem Mechanismus ablaufende Umsetzung stellt die Russell-Reaktion zu einem Keton und einem Alkohol dar (von Sonntag und Schuchmann 1991).

1.3 Kinetische Aspekte zum OH-Radikal

Kinetische Untersuchungen der Reaktionen, die bei oxidativen Aufbereitungsprozessen zum Schadstoffabbau beitragen, sind in den letzten Jahren in mannigfaltiger Weise durchgeführt worden. Mittlerweile sind die Geschwindigkeitskonstanten von mehr als 1300 Reaktionen des OH-Radikals mit verschiedenen ionischen und molekularen Verbindungen bekannt (Buxton und Greenstock 1988). Diese Datensammlung wird durch kinetische Konstanten ergänzt, die sich auf Ozon und auf weitere anorganische Radikale beziehen, die im Wasser neben dem OH-Radikal gebildet werden können (Neta et al. 1988). Zusätzliche Untersuchungen befaßten sich eingehend mit den kinetischen Eigenschaften besonderer Schadstoffgruppen, wie Pestizide oder organische Lösungsmittel (Yao und Haag 1991; Haag und Yao 1992; Chramosta et al. 1993a). In Tabelle 1-2 sind einige Geschwindigkeitskonstanten für die Reaktion mit OH-Radikalen und Ozon zusammengefaßt. Bei den Reaktanden handelt es sich um Verbindungen, die zum Teil in Rohwässern der Trinkwasserversorgung, in Brauchwasser oder in industriellen Abwässern auftreten können. Wie man der Tabelle entnehmen kann, sind im Falle der Pestizide nur die Daten für das OH-Radikal zugänglich. Da sich die Werte auf niedrige pH-Werte beziehen, können sie nur unter Vorbehalt zur Beschreibung von Reaktionen in Realwässern herangezogen werden.

Die überaus hohe Reaktivität des OH-Radikals gegenüber Ozon geht aus den Zahlenwerten klar hervor. Das im Vergleich zum OH-Radikal selektive Reaktionsverhalten des Ozons dokumentiert sich darin, daß sich die Geschwindigkeitskonstanten über einen wesentlich größeren Bereich erstrecken. Die Reaktionen von Wasserstoffperoxid können in diesem Zusammenhang vernachlässigt werden, da entsprechende Umsetzungen sehr langsam sind und Wasserstoffperoxid somit nur der Radikalerzeugung dient.

Zur formalen Beschreibung von Abbaureaktionen können verschiedene empirische Beziehungen herangezogen werden. So kann beispielsweise der OH-radikalinduzierte Abbau eines beliebigen Schadstoffes P durch folgende Gleichung charakterisiert werden:

$$-\frac{d[P]}{dt} = \frac{n\left(d\left[O_3\right]\right)}{dt} \cdot \frac{k_{OH}^{P}[P]}{k_{OH}^{P}[P] + \sum_i k_{OH}^{i}[i]} \qquad \text{(Gl. 1-1)}$$

Darin beschreibt der erste Term die Bildung der OH-Radikale durch die Photolyse von Ozon kinetisch, während der zweite Term den Anteil der OH-Radikale berücksichtigt, die mit der Geschwindigkeitskonstante k^P_{OH} zum Abbau beitragen. Die Konstante k^i_{OH} bezieht sich auf die Reaktionen der OH-Radikale mit anderen Wasserinhaltsstoffen. Aus der Gleichung geht hervor, daß die Zunahme sowohl der Konzentration an Radikalfängern als auch der entsprechenden Geschwindigkeitskonstante zu einer Verlangsamung der Abbaureaktionen führt.

Tabelle 1-2: Bimolekulare Geschwindigkeitskonstanten für die Reaktion von OH-Radikalen und gelöstem Ozon mit verschiedenen Verbindungen, die in belasteten Wässern zu finden sind, mit Angabe des pH-Wertes.

Reaktand	k_{OH} [l mol^{-1} s^{-1}]	pH	k_{O_3} [l mol^{-1} s^{-1}]	pH
		Organische Bestandteile		
Benzaldehyd	$4{,}4 \cdot 10^9$	9,0	2,5	1,7
Benzol	$7{,}8 \cdot 10^9$	7,0	2,0	1,7 - 3,0
Chlorbenzol	$4{,}5 \cdot 10^9$	9,0	0,75	2,0
2-Chlorphenol	$1{,}2 \cdot 10^{10}$	6,5 - 7,7	$1{,}1 \cdot 10^3$	1,8 - 4,0
Dichlormethan	$4{,}0 \cdot 10^7$	8,5	0,1	2,0
Dimethylsulfoxid	$6{,}6 \cdot 10^9$	2,5	8,1	7,0
Naphthalin	$1{,}2 \cdot 10^{10}$	7,0	$1{,}5 \cdot 10^3$	5,6
1,2,3-Trimethylbenzol	$7{,}0 \cdot 10^9$	7,0	$4{,}0 \cdot 10^2$	1,7
p-Xylol	$7{,}0 \cdot 10^9$	7,0	$1{,}4 \cdot 10^2$	2,0
Resorcinol	$1{,}2 \cdot 10^{10}$	9,0	$9{,}8 \cdot 10^4$	2,5 - 3,0
Salicylsäure	$2{,}2 \cdot 10^{10}$	2,0	$5{,}0 \cdot 10^2$	1,2
		Ionische Bestandteile		
Acetation	$7{,}9 \cdot 10^7$	7,0	$3{,}0 \cdot 10^{-5}$	2,5 - 5,0
Bicarbonation	$8{,}5 \cdot 10^6$	7,0 - 9,4	$1{,}0 \cdot 10^{-2}$	8,0 - 10,0
Chloridion	$4{,}3 \cdot 10^9$	2,0	$3{,}0 \cdot 10^{-3}$	2,0 - 4,0
Cyanidion	$7{,}1 \cdot 10^9$	7,3 - 11,9	$2{,}6 \cdot 10^3$	2,5 - 12,0
Formiation	$2{,}6 \cdot 10^9$	7,0	$1{,}0 \cdot 10^2$	2,0 - 4,0
		Pestizide		
Aldicarb	$8{,}1 \cdot 10^9$	3,5		
Atrazin	$2{,}6 \cdot 10^9$	3,6		
Dalapon	$7{,}3 \cdot 10^7$	3,4		
1,2-Dichlorpropan	$3{,}8 \cdot 10^8$	2,8		
Lindan	$5{,}8 \cdot 10^8$	2,9		
Simazin	$2{,}8 \cdot 10^9$	3,5		

Unter Berücksichtigung der Strahlungsintensität kann das UV/O_3-Verfahren auch als Prozeß aufgefaßt werden, bei dem sich mechanistisch verschiedenartige Teilreaktionen unterscheiden lassen, die in ihrer Gesamtheit den Abbau beschreiben. Im einzelnen handelt es sich bei diesen Teilprozessen um die UV-Photolyse des Schadstoffes, um dessen Reaktion mit molekularem Ozon, und um die Umsetzung mit OH-Radikalen. Durch Linearkombination der jeweiligen Terme kann schließlich mit der Bestrahlungsstärke I, der Konzentration an gelöstem Ozon (Index „aq") und der Ozondosis (mg Ozon pro m^3 Gasgemisch) eine formale Geschwindigkeitsgleichung für den Schadstoff P angegeben werden:

$$-\frac{d[P]}{dt} = k_\alpha I^a [P]^b + k_\beta [O_3]_{aq}^c [P]^d + k_\gamma I^e [D]^f [P]^g, \qquad \text{(Gl. 1-2)}$$

Die Koeffizienten sind die Geschwindigkeitzskonstanten für die Photolyse (k_α), die Reaktion mit Ozon (k_γ) und die Radikalreaktion (k_β); die Exponenten repräsentieren die jeweiligen Reaktionsordnungen. Im Falle einer Kinetik 1. Ordnung bzgl. des Schadstoffabbaus können die Exponenten b, c, d, f und g gleich Eins gesetzt werden. Eine weitere Vereinfachung ergibt sich für Rohwasser von geringer optischer Dichte, da die Exponenten a und e zusätzlich vernachlässigt werden können. Demnach gilt die Beziehung

$$-\frac{d[P]}{dt} = k[P], \qquad k = k_\alpha I + k_\beta [O_3]_{aq} + k_\gamma I[D]. \qquad \text{(Gl. 1-3)}$$

Sind hingegen im Rohwasser stark absorbierende Verunreinigungen enthalten, wird durch den inneren Filtereffekt die Bestrahlungsstärke I stark herabgesetzt, was durch empirische Konstanten berücksichtigt werden muß.

2 Titandioxid als Photokatalysator

2.1 Oberflächenchemisches Verhalten von Titandioxid

Viele kristalline Substanzen, die aus chemischer Sicht, sei es als heterogener Reaktionspartner oder heterogener Katalysator, interessant sind, haben ihre besonderen Eigenschaften der Oberflächenstruktur zu verdanken. Da aber die Oberfläche eines Kristalls der makroskopische Ausdruck der Kristallanisotropie ist, also der Richtungsabhängigkeit verschiedener physikalischer Größen, kommt der mikroskopischen Anordnung der einen Kristall aufbauenden Atome, Ionen oder Moleküle für das Verständnis der heterogenchemischen Eigenschaften eine ganz entscheidende Rolle zu. Im Falle des Titandioxids ist das komplexe Zusammenspiel zwischen Oberflächenstruktur und chemischer Reaktivität besonders kompliziert, zumal es in der Natur als Begleiter des Siliciums in drei verschiedenen Modifikationen, nämlich als tetragonaler *Rutil*, seltener als tetragonaler *Anatas* oder orthorhombischer *Brookit* vorkommt. Davon ist *Anatas* die aktivste der drei Modifikationen. Die Ausnutzung der photokatalytischen Effekte von Titandioxid mit Hilfe von Photohalbleiterdispersionen nimmt als alternative und zugleich vielversprechende Methode eine immer gewichtigere Rolle für den Schadstoffabbau ein (Lu et al. 1993; Das et al. 1994; Serpone et al. 1994).

Aus thermodynamischer Sicht steigt die Reaktivität der TiO_2-Oberfläche mit abnehmender Stabilität, die ihrerseits vom Ausmaß der koordinativen Sättigung der an der Oberfläche befindlichen Ionen abhängig ist. Allgemein läßt sich sagen, daß Koordinationslücken oberflächengebundener Anionen und Kationen zu einer gesteigerten Reaktivität führen, da die Ausbildung einer energetisch günstigen Koordinationssphäre mit der Tendenz verbunden ist, die maximale Koordinationszahl zu erreichen (Kung 1989).

Kristallographischen Untersuchungen an TiO_2-Oberflächen zufolge weisen die dominierenden Spaltflächen von *Rutil* und *Anatas* zum Teil erhebliche Differenzen in der Besetzungsdichte und im Koordinationszustand der Oberflächenatome auf (Cadenhead und Danielli 1976). Diese strukturellen Unterschiede führen zu verschiedenen oberflächenchemischen Eigenschaften und somit ungleichen chemischen Reaktivitäten. Aus diesem Grund muß das heterogenkatalytische Verhalten des als kristalline Mischphase aufgebauten Titandioxids P 25 als Summe von Einzelreaktivitäten verstanden werden. Dabei wird die Reaktion an der TiO_2-Oberfläche wie bei jedem heterogenen Prozeß durch einen primären Schritt, nämlich die Adsorption eines oder mehrerer Reaktionspartner an die Koordinationslücken der Oberfläche, eingeleitet. Prinzipiell lassen sich hierzu vier Möglichkeiten der Adsorption unterscheiden:

i. Molekulare, nicht dissoziative Adsorption;
ii. Dissoziative Adsorption;

iii. Abstrahierende Adsorption;

iv. Reduktive Adsorption.

Ist die Adsorption entsprechend einer Säure-Base-Reaktion nach Brönsted mit einem Protonenübergang zwischen der Festkörperoberfläche und dem Adsorbat (Base B bzw. Säure SH) verbunden (Index „ad“), so läuft diese entweder nach einem abstrahierenden (Rkt. 1) oder dissoziativen (Rkt. 2) Mechanismus ab:

$$OH_{ad} + B \xrightarrow{1} O^-_{ad} + BH^+$$

$$O^-_{ad} + HS \xrightarrow{2} OH_{ad} + S^-$$

Gemäß der ersten Reaktion können Oberflächenhydroxylgruppen, die beim Titandioxid aufgrund der Adsorption atmosphärisch vorhandenen Wasserdampfes stets vorhanden sind, unter Dissoziation und Protonierung adsorbierter Brönsted-Basen B, wie z.B. Cl^-, reagieren. Hierdurch gebildete oder vom TiO_2-Gitter stammende koordinativ ungesättigte Sauerstoffionen reagieren in einem weiteren Schritt unter heterolytischer Spaltung von Brönsted-Säuren HS, wie z.B. Wasser, Wasserstoff, Alkohole oder Alkene. Die resultierenden konjugierten Säuren und Basen stabilisieren schließlich die Oberfläche durch elektrostatische Wechselwirkung mit Ti- und O-Ionen. Findet hingegen bei der Adsorption kein Protonenübergang statt und fungieren die Ti^{4+}-Ionen der Oberfläche als Lewis-Säuren, die von elektronenreichen Liganden |B koordinativ abgesättigt werden (Rkt. 3), während die Koordination der als Lewis-Basen wirkenden O^{2-}-Ionen durch Kationen weniger stark ausgeprägt ist (Rkt. 4), liegt molekulare Adsorption vor. Auf diese Weise reagiert das Ti^{4+}-Ion bevorzugt mit Lewis-Basen, wie H_2O, OH^-, CH_3COO^-, PO_4^{3-}, SO_4^{2-}, Cl^-, F^-, CO_3^{2-} oder NH_3, während sich das O^{2-}-Ion bereitwillig mit Lewis-Säuren, wie Na^+, K^+, Ca^{2+} oder $AlCl_3$ umsetzt.

$$Ti^{4+} + \overline{B} \xrightarrow{3} Ti^{4+}\cdots B_{ad}$$

$$O^-_{ad} + S \xrightarrow{4} O^-_{ad}\cdots S$$

Die hohe Adsorptionsfähigkeit des Titandioxids P 25 äußert sich darüber hinaus in der außergewöhnlich großen Hydrophilie unter Ausbildung einer Oberfläche mit typischerweise amphoterem Charakter. Diese Eigenschaft beruht auf der Anwesenheit oberflächengebundener, koordinativ ungesättigter Ti^{4+}- bzw. O^{2-}-Ionen, die vorhandene Wassermoleküle sowohl molekular (Rkt. 5) als auch dissoziativ (Rkt. 6 bzw. Rkt. 7) adsorbieren (Boehm und Hermann 1967):

$$Ti^{4+} + H_2O \xrightarrow{5} Ti^{4+}\cdots H_2O$$

$$O^-_{ad} + H_2O \xrightarrow{6} OH_{ad} + OH^-$$

$$Ti^{4+} + OH^- \xrightarrow{7} Ti^{4+}\cdots OH^-$$

Demnach führt molekular adsorbiertes Wasser nicht zur Hydroxylierung der Oberfläche, sondern nur zur Belegung von Koordinationslücken des Titans unter Ausbildung relativ schwacher und reversibler Bindungen, während bei der dissoziativen Adsorption insgesamt zwei Hydroxylgruppen gebildet werden. Infolge ihres beträchtlichen kovalenten Bindungsanteils ziehen diese eine irreversible Koordination des Titans nach sich und verhindern somit die Anlagerung anderer Moleküle, was einer Abnahme der Reaktivität gleichbedeutend ist. Eine Möglichkeit, das amphotere Verhalten von Titandioxidsuspensionen zu charakterisieren, bietet sich mit der Messung des elektrokinetischen Potentials (Zetapotential) als Funktion des pH-Wertes an. Als charakteristische Größe ergibt sich der isoelektrische Punkt, welcher mit pH 6.5 für das Titandioxid P 25 einen fast neutralen Wert besitzt. Diese Tatsache belegt die Existenz äquimolarer Mengen saurer und basischer Hydroxylgruppen auf der TiO_2-Oberfläche.

Letztendlich wird der Mechanismus der Wasseradsorption durch den Platzbedarf und die energetischen Verhältnisse der unterschiedlichen Spaltflächen bestimmt. Aus diesem Grund ergeben sich für die einzelnen Flächen des *Rutils* und *Anatas* verschiedene Bindungszustände der Wassermoleküle bzw. Hydroxylgruppen (Tab. 2-1). Als entscheidendes Kriterium für die unterschiedlichen heterogenkatalytischen Eigenschaften der beiden Titandioxidmodifikationen kann der Mechanismus angesehen werden, dem die Adsorption von Wasser an der jeweiligen, in der Tabelle mit „*“ gekennzeichneten Spaltfläche zugrunde liegt. Demnach vermag die Modifikation *Anatas* Wasser überwiegend molekular zu adsorbieren, entsprechend einer relativ schwachen Absättigung der Koordinationssphäre, während *Rutil* hauptsächlich zur dissoziativen Wasseradsorption neigt. Damit besitzt *Anatas* im wässerigen Reaktionsmilieu eine erhöhte Adsorptionstendenz, was sich in einer relativ zu *Rutil* gesteigerten chemischen Reaktivität widerspiegelt.

Tabelle 2-1: Mechanismen der Wasseradsorption an den Spaltflächen des Titandioxids.

Rutil-Modifikation		*Anatas*-Modifikation	
Spaltfläche	Adsorptionsart	Spaltfläche	Adsorptionsart
(110)*	Dissoziativ	(101)*	Molekular
(100)	Molekular	(001)	Dissoziativ
(101)	Molekular		

In Anwesenheit oxidierbarer Verbindungen wie H_2, CO oder Kohlenwasserstoffe besteht außerdem die Möglichkeit zur reduktiven Adsorption, welche durch das Vorhandensein leerer d-Orbitale der Titanionen stark begünstigt wird. Bei diesem Vorgang werden O^{2-}-Ionen unter Reduktion von Ti^{4+}-Ionen zu Ti^{3+}-Ionen in molekularen Sauerstoff überführt und somit Sauerstoffehlstellen sowie hochgradig ungesättigte Kationen mit kleinerer Oxidationsstufe gebildet. Das Auftreten von Ti^{3+}-Ionen ist offensichtlich als Voraussetzung für eine hohe chemische Aktivität anzusehen und kann im Experiment dadurch erfüllt werden, daß man für reduzierende Bedingungen im Reaktionsmilieu sorgt.

2.2 Photoeffekte an Titandioxid

Neben der heterogenkatalytischen Natur beobachtet man beim Titandioxid eine durch Absorption elektromagnetischer Strahlung induzierte, verstärkte Tendenz zur Chemisorption. Diese photokatalytische Aktivität, die bei anderen Übergangsmetalloxiden weniger stark ausgeprägt ist, wird beim Präparat P 25 durch die kolloidale Verteilung der im wässerigen Milieu dispergierten Partikel besonders effizient ausgenutzt. Bei genauer Untersuchung der Stöchiometrie stellt man eine nichtstöchiometrische Zusammensetzung fest, da entsprechend der Summenformel TiO_{2-x} ($x < 0{,}02$) ein Sauerstoffdefizit vorliegt. Demzufolge besitzt das Gitter zur Erhaltung der Ladungsneutralität überschüssige, thermisch anregbare Elektronen, weshalb das Titandioxid, wie ZnO und Fe_2O_3, zu den Überschuß- oder Elektronenhalbleitern (n-Halbleitern) zählt. Als typischer Photoleiter lassen sich die Elektronen des Gitters aber auch durch geeignete Belichtung anregen und führen unter Erzeugung freibeweglicher Ladungsträger zu einem sprunghaften Anstieg der Leitfähigkeit. Von diesem Photoleitungseffekt, auch *innerer photoelektrischer Effekt* genannt, ist der *photogalvanische Effekt* zu unterscheiden (Bünau und Wolff 1987). Hierbei verursacht die Strahlungsabsorption in inhomogenen Systemen an Phasengrenzen das Entstehen von elektrischen Feldern, d.h. es bildet sich eine elektromotorische Kraft (EMK) aus. Die Größe und das Vorzeichen der so entstandenen Potentialgradienten bestimmen das Reaktionsgeschehen an der Oberfläche von TiO_2-Teilchen.

Das im Bändermodell formulierte Energieniveauschema des Titandioxids zeigt nach Abbildung 2-1 (links), daß bei geringfügig unterschiedlicher Lage des Valenz- bzw. Leitungsbandes die Energielücke im *Anatas* mit 3,29 eV (entsprechend 385 nm) größer ist als im *Rutil* mit 3,05 eV (entsprechend 415 nm) (Hoffmann 1987). Dennoch besitzt die Modifikation *Anatas* eine höhere photokatalytische Aktivität als *Rutil*, da in Anbetracht der im Festkörper gemessenen Lebensdauern photoinduzierter Elektronen die Rekombinationswahrscheinlichkeit der Überschußelektronen in *Anatas* im Vergleich zu *Rutil* wesentlich kleiner und damit deren Lebensdauer größer ist.

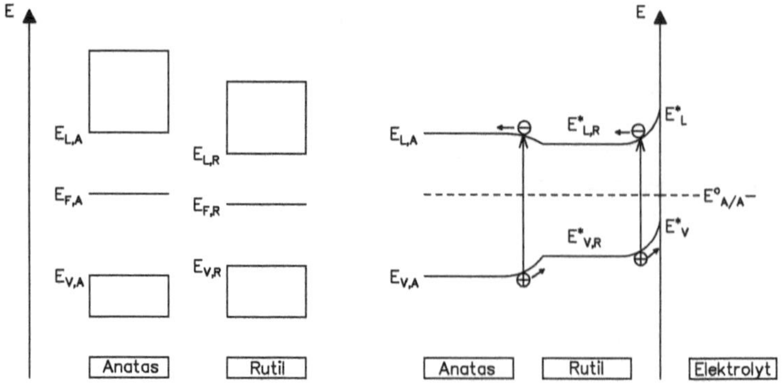

Abbildung 2-1: Energieniveauschema zur Ausbildung von Potentialgradienten im TiO_2 (Indizierung: E_V = obere Kante des Valenzbandes, E_L = untere Kante des Leitungsbandes, E = Fermi-Niveau). Das linke Schema zeigt die getrennten Modifikationen, das rechte die Mischphase bei der Kontaktierung der Phasen im P 25.

Die noch größere Effektivität der Bildung von Ladungsträgern im Titandioxid P 25 ist offensichtlich auf die herstellungsbedingte Existenz von Mischphasen und den damit verbundenen Potentialgradienten an den Phasengrenzen zurückzuführen. Dieses Phänomen läßt sich an einem *Anatas*-Partikel erläutern, dessen Oberfläche durch Umwandlung der Gitterstruktur von einer dünnen *Rutil*-Schicht bedeckt ist. Da die Schichtdicke nicht größer ist als 1 - 2 nm, wird von der eingestrahlten Lichtenergie höchstens 1 % vom *Rutil* absorbiert, so daß die Mehrheit der Überschußelektronen im *Anatas* gebildet wird. Deren Verhalten hängt vor allem von der Höhe und dem Vorzeichen der Potentialbarrieren ab, die sich nach Abbildung 2-1 (rechts) an der Phasengrenzfläche *Anatas*/*Rutil* ausbilden. Auf-grund der unterschiedlichen Lage der Energieniveaus in *Rutil* und *Anatas* erfolgt durch Kontaktierung unter Angleichung der Fermieenergien eine Potentialerhöhung der oberen Kante des Valenzbandes $E_{V,R}$ bzw. der unteren Kante des Leitungsbandes $E_{L,R}$ im thermodynamischen Gleichgewicht um jeweils den Betrag $E_{F,A} - E_{F,R}$ auf die Werte $E^*_{V,R}$ bzw. $E^*_{L,R}$. Dadurch entsteht zwischen den beiden Modifikationen im Valenzband eine zusätzliche Energiebarriere von $E^*_{V,R} - E_{V,A}$, die derjenigen an der Phasengrenze Elektrolyt/*Rutil*, nämlich $E^*_V - E^*_{V,R}$, gleichgerichtet ist, so daß die Defektelektronen im *Anatas* entsprechend der Gesamtpotentialdifferenz $E^*_V - E_{V,A}$ eine größere Triebkraft besitzen, zur Oberfläche zu diffundieren. Demgegenüber wird im Leitungsband infolge der sehr ähnlichen Energiewerte für $E_{L,A}$ und $E^*_{L,R}$ kein zusätzlicher, effektiver Potentialgradient aufgebaut, und die Überschußelektronen beider Modifikationen sind gleichermaßen bestrebt, in das Innere des *Anatas* zu wandern.

Darüber hinaus bildet sich an der Phasengrenze Halbleiter/Elektrolyt und an der Grenzschicht *Rutil/Anatas* durch Absorption elektromagnetischer Strahlung ein *photogalvanischer Effekt* aus. Dieser hat eine feldinduzierte Bewegung der Überschußelektronen in das Volumen und der Defektelektronen zur Oberfläche des Festkörpers zur Folge und führt somit zu einer zusätzlichen spontanen Ladungstrennung. Die nun räumlich voneinander getrennten Ladungsträger sind einer spontanen Rekombination entzogen und bieten verschiedene Möglichkeiten zur Reaktion. Entscheidend für einen heterogenkatalytischen Prozeß sind die an der Halbleiteroberfläche akkumulierten Defektelektronen, da sie mit einem Normalpotential von + 3,1 V äußerst starke Oxidationsmittel darstellen und daher in der Lage sind, adsorbierte Verbindungen bereitwillig zu oxidieren.

Prinzipiell gelingt die Erhöhung der photochemischen Aktivität nur, wenn sämtliche Rekombinationsvorgänge unterdrückt, d.h. die Ladungsträger stabilisiert und somit deren Lebensdauern erhöht werden. Auftretende Desaktivierungsprozesse lassen sich nicht durch höhere Energien der absorbierten Strahlung kompensieren, da bei Wellenzahlen oberhalb der Absorptionskante die in einer dünnen Schicht der Oberfläche des Festkörpers erzeugte, hohe Ladungsträgerdichte die Rekombination stark begünstigt und die Photoleitfähigkeit herabsetzt. Statt dessen wird versucht, durch Deposition von Übergangsmetallen oder Übergangsmetalloxiden auf der Titandioxidoberfläche die Ladungstrennung zu unterstützen und möglichst günstige Bedingungen für den Elektronenübergang zwischen Halbleiter und Elektrolyt zu schaffen.

2.3 Radikalbildung an der Oberfläche

Prozesse mit negativer Reaktionsenthalpie verlaufen häufig als Kettenreaktionen, deren wichtigstes Merkmal die intermediäre Bildung hochreaktiver Radikale ist. In der Regel beruht das Auftreten freier Radikale auf der homolytischen Spaltung einer σ-Bindung, allerdings läßt sich ihre Bildung auch durch Ladungsübertragung auf neutrale Moleküle erzwingen. In diesem Falle zeigt sich in zweierlei Hinsicht die Besonderheit des Titandioxids, da es einerseits in der Lage ist, negative und positive Ladungen räumlich getrennt zur Verfügung zu stellen und diese andererseits bereitwillig auf adsorbierte Moleküle überträgt und so eine äußerst komplexe radikalische Oberflächenchemie einleitet. Damit wird die photoinduzierte Erzeugung von Elektronen im Leitungsband (e^-_{LB}) und Defektelektronen (h^+_{VB}) im Valenzband des Titandioxids zum fundamentalen Prozeß der photokatalytischen Zersetzung:

$$TiO_2 + h\nu \xrightarrow{8} TiO_2\left(e^-_{LB} + h^+_{VB}\right)$$

Die Ladungsträger werden in vielfältiger Weise durch Reaktionszyklen meist radikalischer Art verbraucht und durch Absorption elektromagnetischer Strahlung immer wieder neu gebildet. Die Bedeutung der heterogenen Natur des Titandioxids, nämlich als photoaktives Material die eingestrahlte Lichtenergie chemisch nutzbar zu machen und dabei möglichst viel Oberfläche mit aktiven Adsorptionsstellen für zahlreiche Substrate zur Verfügung zu stellen, ist aus thermodynamischer Sicht besonders bemerkenswert. Titandioxid begünstigt im angeregten Zustand die Chemisorption und erschließt für viele Oberflächenreaktionen Reaktionswege mit kleinerer Aktivierungsenergie; es fungiert also als Photokatalysator. Da ein Katalysator aber auch stets die Rückreaktion beschleunigt, kann im Reaktionsmilieu ebenso die Desorption überwiegen. Welcher Prozeß letztendlich dominiert, hängt von vielen Faktoren ab, z.B. von den experimentellen Bedingungen, den strukturellen und elektrostatischen Eigenschaften der TiO_2-Oberfläche, und nicht zuletzt von der Vorbehandlung des Katalysators.

Die große Neigung des Titandioxidpräparates P 25, Sauerstoff und Wasser zu adsorbieren, spielt für die Oberflächenchemie eine sehr wichtige Rolle, da die photoinduzierten Ladungsträger im einleitenden Reaktionschritt mit diesen Verbindungen reagieren und die sehr reaktiven Hydroxyl- bzw. Peroxyl-Radikale bilden. Besondere Bedeutung kommt dem $^{\bullet}OH$-Radikal zu, da es, bedingt durch eine rasche Rekombination an der Oberfläche, als freies Radikal eine größere Lebensdauer besitzt als im gebundenen Zustand. Die relativ schwache Adsorption dieses Radikals an die Oberfläche ermöglicht einen leichten Übergang in die flüssige Phase, in der schließlich auch die Umsetzung nicht adsorbierter Edukte stattfinden kann. Grundsätzlich kann die Bildung der $^{\bullet}OH$-Radikale auf zwei Wegen erfolgen: Entweder durch Reaktion der Defektelektronen mit oberflächengebundenem Wasser, das sowohl molekular (Rkt. 9) als auch dissoziativ (Rkt. 10) adsorbiert vorliegen kann, oder durch Überschußelektronen, die adsorbierten Sauerstoff zum Hyperoxid-Ion reduzieren (Rkt. 11). Dieses radikalische Anion wird in einer Folgereaktion verbraucht und kann damit nicht, entsprechend der Vernichtung eines Elektron-Loch-Paares, wieder zu Sauerstoff oxidiert werden (Rkt. 12):

$$h^+ + H_2O \xrightarrow{9} {}^{\bullet}OH + H^+$$

$$h^+ + OH^- \xrightarrow{10} {}^{\bullet}OH$$

$$e^- + O_2 \xrightarrow{11} {}^{\bullet}O_2^-$$

$$h^+ + {}^{\bullet}O_2^- \xrightarrow{12} O_2$$

So reagiert das $^{\bullet}O_2^-$-Radikal durch Abstraktion von Protonen aus Wasser (Rkt. 13) bzw. durch direkte Protonierung (Rkt. 14) zu $HO_2^{\bullet}$-Radikalen, die durch Reduktion in das entsprechende Anion überführt werden (Rkt. 15). Die anschließende Protonierung liefert

H_2O_2 (Rkt. 16), das auch durch Rekombination von $HO_2^{\cdot}$- (Rkt. 17) oder $^{\cdot}OH$-Radikalen entsteht (Rkt. 18):

$$^{\cdot}O_2^- + H_2O \xrightarrow{13} HO_2^{\cdot} + OH^-$$

$$^{\cdot}O_2^- + H^+ \xrightarrow{14} HO_2^{\cdot}$$

$$^{\cdot}O_2^- + HO_2^{\cdot} \xrightarrow{15} HO_2^- + O_2$$

$$HO_2^- + H^+ \xrightarrow{16} H_2O_2$$

$$2\,HO_2^{\cdot} \xrightarrow{17} H_2O_2 + O_2$$

$$2\,^{\cdot}OH \xrightarrow{18} H_2O_2$$

Wasserstoffperoxid ist an der TiO_2-Oberfläche nicht stabil. Es wird entweder unter Mitwirkung von Elektronen (Rkt. 19) bzw. Hyperoxid-Ionen (Rkt. 20) heterolytisch gespalten oder unterliegt einer durch Licht induzierten Homolyse (Rkt. 21). Allen drei Reaktionen ist gemeinsam, daß sie mit der Bildung von $^{\cdot}OH$ -Radikalen verbunden sind und so den radikalischen Mechanismus fortpflanzen:

$$H_2O_2 + e^- \xrightarrow{19} {}^{\cdot}OH + OH^-$$

$$H_2O_2 + O_2^- \xrightarrow{20} {}^{\cdot}OH + OH^- + O_2$$

$$H_2O_2 \xrightarrow{21} 2\,^{\cdot}OH$$

Demgegenüber werden Radikale in Abbruchreaktionen durch Reduktion in die unreaktiven Anionen überführt (Rkt. 22 bzw. Rkt. 23), die allerdings als Edukte auch wieder in das Reaktionsgeschehen einfließen können (Rkt. 10 bzw. Rkt. 16). In jedem Falle führen diese Reaktionen, wie die Freisetzung von Wasserstoff (Rkt. 24), zur Abnahme der Elektronendichte und greifen auf diese Weise desaktivierend in den primären Schritt, nämlich in die Sauerstoffreduktion ein:

$$e^- + {}^{\cdot}OH \xrightarrow{22} OH^-$$

$$e^- + HO_2^{\cdot} \xrightarrow{23} HO_2^-$$

$$e^- + H^+ \xrightarrow{24} \frac{1}{2}H_2$$

Die bei der oxidativen Zersetzung organischer Verbindungen relevanten reaktiven Spezies sind Hydroxid- und Peroxid-Ionen sowie Defektelektronen, die in der einleitenden Reaktion von einem adsorbierten Substrat SH ein Proton abstrahieren und auf diese Weise weitere Radikale bilden (Rkt. 25 bis Rkt. 27). Das Oxidationsvermögen der Radikale und damit ihre Bedeutung in der Photolyse sinkt hierbei in der angegebenen Reihenfolge von oben nach unten, d.h. die größte Aktivität hat das $^{\cdot}OH$ -Radikal:

$$^{\cdot}OH + SH \xrightarrow{25} H_2O + S^{\cdot}$$

$$HO_2^{\cdot} + SH \xrightarrow{26} \frac{1}{2}O_2 + H^+ + e^- + {}^{\cdot}OH + S^{\cdot}$$

$$h^+ + SH \xrightarrow{27} H^+ + S^{\cdot}$$

2.4 Kinetische Beschreibung der Photokatalyse

Die exakte Beschreibung der bei heterogenkatalysierten Prozessen an der TiO_2-Oberfläche oder im wässerigen Reaktionsmilieu ablaufenden Elementarreaktionen durch Messung der einzelnen Geschwindigkeitskonstanten und Charakterisierung der intermediär gebildeten Produkte gestaltet sich überaus schwierig. Der genaue Reaktionsmechanismus komplexer Reaktionen ist nun aber gerade dann völlig belanglos, wenn es darum geht, chemische Umsetzungen hinsichtlich der Reaktionsgeschwindigkeit, der Ausbeute oder des Umsatzes zu untersuchen, zu vergleichen oder zu optimieren. Wie im Falle der Mineralisierung von Chloroform erscheint es daher sinnvoll, im Gegensatz zur explizit mechanistischen oder rein formalkinetischen Vorgehensweise teilweise aufgeklärte Elementarschritte bei der Ermittlung von Ratengleichungen dadurch zu berücksichtigen, daß ein geeignetes reaktionsmechanistisches Modell zugrundegelegt wird und zu prüfen, ob das abgeleitete Zeitgesetz mit dem experimentell gefundenen Konzentrationsverlauf in Einklang steht. Zu diesem Zweck betrachtet man die Grenzflächenreaktion als Reaktionsfolge von Adsorption und chemischer Reaktion und beschreibt den Adsorptionsschritt durch eine Gesetzmäßigkeit, die die Abhängigkeit der Oberflächenbelegung von der Eduktkonzentration berücksichtigt. Eine geeignete und generell zur Beschreibung von Flüssig/Fest-Systemen herangezogene quantitative Theorie geht von der Adsorption nach LANGMUIR aus, deren Herleitung allerdings an eine Reihe von Annahmen gebunden ist:

i. Die Oberfläche verfügt über eine bestimmte Anzahl von Adsorptionsstellen.
ii. Jede dieser Stellen kann nur durch *ein* Molekül des Reaktanden besetzt werden. Daher ist maximal eine monomolekulare Bedeckung möglich.

iii. Für jeden Gasdruck p stellt sich bei konstanter Temperatur ein Adsorptionsgleichgewicht ein, wobei der Bruchteil Θ der Adsorptionsstellen durch den Reaktanden besetzt ist, während der Bruchteil $(1 - \Theta)$ frei bleibt.

iv. Die Adsorptionsenthalpie ist für alle Reaktionszentren gleich und unabhängig vom Wert für Θ.

v. Zwischen den adsorbierten Molekülen besteht keine Wechselwirkung, d.h. die Wahrscheinlichkeit, mit der ein Molekül adsorbiert oder wieder desorbiert wird, hängt nicht von der Besetzung benachbarter Adsorptionsstellen ab.

Die LANGMUIRsche Adsorptionsisotherme kann aus der kinetischen Betrachtung des Adsorptions- und Desorptionsvorganges der Eduktmoleküle an der Katalysatoroberfläche abgeleitet werden. Nach LANGMUIR stellt sich ein dynamisches Gleichgewicht zwischen Adsorption und Desorption ein, das erreicht ist, wenn die Geschwindigkeiten der beiden Prozesse gleich geworden sind und mit Einführung der Desorptionskonstante k_d bzw. Adsorptionskonstante k_a wie folgt beschrieben werden kann:

$$k_a \, p \, (1-\Theta) = k_d \, \Theta \qquad \text{(Gl. 2-1)}$$

Mit Definition des Adsorptionskoeffizienten K ergibt sich für den Belegungsgrad Θ die LANGMUIRsche Adsorptionsisotherme:

$$\Theta = \frac{k_a \, p}{k_d + k_a \, p} = \frac{K \, p}{1 + K \, p} \quad \text{mit } K = \frac{k_a}{k_d} \qquad \text{(Gl. 2-2)}$$

Im Grenzfall kleiner Drücke oder bei sehr kleinen Adsorptionskoeffizienten ($\Rightarrow K\,p \ll 1$) ist der Belegungsgrad mit $\Theta = Kp$ eine lineare Funktion des Druckes, während bei hohen Drücken oder bei hohen Adsorptionskoeffizienten ($\Rightarrow K\,p \gg 1$) die Oberfläche entsprechend des Belegungsgrades $\Theta = 1$ vollständig bedeckt ist. Werden von einem Katalysator gleichzeitig mehrere Komponenten i mit den Adsorptionskoeffizienten K_i adsorbiert, dann muß die Gleichung für den Belegungsgrad Θ_A einer beliebigen Spezies A erweitert werden:

$$\Theta_A = \frac{K_A \, p_A}{1 + \sum_i K_i \, p_i} \qquad \text{(Gl. 2-3)}$$

Dieser Gleichung entsprechend wird die Adsorption einer Komponente durch die Anwesenheit weiterer adsorbierbarer Substanzen gehemmt.

Unter den Voraussetzungen, daß der geschwindigkeitsbestimmende Schritt die chemische Reaktion der adsorbierten Reaktionspartner an der Oberfläche ist, die Rückreaktion des adsorbierten Produktes ausgeschlossen werden kann und die Reaktionsgeschwindigkeit dem Belegungsgrad Θ proportional ist, läßt sich nun die Grenzflächenkatalyse (Kontaktkatalyse) an TiO_2 kinetisch beschreiben. Ferner sei angenommen, daß grundsätzlich die Adsorption der Edukte an Gitterplätzen G sowie die Desorption der Produkte P_i als eine der eigentlichen chemischen Umsetzung vor- bzw. nachgelagerten Gleichgewichtsreaktion erfolge.

Die Zweckmäßigkeit der kinetischen Beschreibung der Adsorption anhand eines reaktionsmechanistischen Modells besteht darin, die Reaktionsgeschwindigkeit r durch einen allgemeingültigen Produktansatz auszudrücken. Dieser ergibt sich unter Berücksichtigung der Tatsache, daß auch nicht chemisorbierte Spezies mit adsorbierten Edukten reagieren und nicht gleichartige Adsorptionsstellen vorhanden sein können, aus der direkten Proportionalität des Reaktionsfortschrittes zur Ratenkonstante k_r, zu den Belegungsgraden Θ_i der Adsorbenten A_i und zu den Konzentrationen der ohne Adsorption reagierenden Komponenten B_i. Dabei wird mit der Molekularität m die Anzahl der gleichzeitig am Aufbau des reaktiven Übergangskomplexes beteiligten Reaktionspartner bezeichnet, die sich dementsprechend aus n_α adsorbierten und n_β nicht adsorbierten Edukten summarisch zusammensetzt:

$$r = k_r \cdot \prod_{i=1}^{n_\alpha} \Theta_i \cdot \left(\prod_{i=n_\alpha+1}^{n_\alpha+n_\beta} [B_i] \right)^{\chi} \qquad \text{(Gl. 2-4)}$$

$$\Theta_i = \frac{K_i[A_i]}{1+\sum_{j=1}^{m} \gamma_j K_j [A_j]} \quad \text{für} \quad \chi \vee \gamma_j = 0 \wedge 1 \qquad \text{(Gl. 2-5)}$$

$$m = n_\alpha + n_\beta \quad \text{mit} \quad n_\alpha \geq 1 \qquad \text{(Gl. 2-6)}$$

Die Besonderheit dieser Formulierung ergibt sich mit der Definition des Exponenten χ sowie des Faktors γ_j, die eine reaktionsmechanistische Fallunterscheidung ermöglichen:

$$\chi \rightarrow \begin{cases} 0\,, & \text{falls } n_\alpha + 1 > m, \text{ d.h. } [B_i] = 0 \\ 1\,, & \text{falls } n_\alpha + 1 \leq m, \text{ d.h. } [B_i] \neq 0 \end{cases}$$

$$\gamma_i \rightarrow \begin{cases} 0\,, & \text{falls } \Theta_i \neq f(A_j) \\ 1\,, & \text{falls } \Theta_i = f(A_j) \end{cases}$$

Demzufolge kann man die monomolekulare Adsorption nach LANGMUIR als Grenzfall für m = 1 wie folgt beschreiben:

$$r = k_r\,\Theta_1 = \frac{k_r\,K\,[A_1]}{1 + K\,[A_1]} \qquad \text{(Gl. 2-7)}$$

Die bimolekulare Adsorption kann im Gegensatz hierzu entsprechend der mechanistischen Vorstellung zu verschiedenartigen Ansätzen führen, da mit m = 2 die Parameter n_α bzw. n_β sowie χ und γ_j wählbar sind. So läßt sich beispielsweise der klassische LANGMUIR-HINSHELWOOD-Mechanismus durch Angabe dieser Parameter mit Tabelle 2-2 vollständig charakterisieren:

Tabelle 2-2: Beschreibung der bimolekularen Adsorption anhand mechanistischer Parameter.

m	n_α	χ	γ_j für i=1	γ_j für i=2
2	2	0	$\gamma_1 = 1 \vee \gamma_2 = 1$	$\gamma_1 = 1 \vee \gamma_2 = 1$

Diese Schreibweise ist der expliziten Formulierung der Ratengleichung vollkommen äquivalent:

$$r = k_r\,\Theta_1\,\Theta_2 = \frac{k_r\,K_1\,K_2\,[A_1]\,[A_2]}{\left(1 + K_1\,[A_1] + K_2\,[A_2]\right)^2} \qquad \text{(Gl. 2-8)}$$

3 Anwendungsbeispiele für Aufbereitungstechnologien

Das photochemische Verhalten von Pestiziden und anderen Xenobiotika bei der Wasseraufbereitung hat in den letzten Jahren zunehmend an Bedeutung gewonnen. Mit besonderer Aufmerksamkeit interessieren sich Umweltbehörden vornehmlich für die Photostabilität und die Identifizierung von Photoprodukten kommerzieller Chemikalien in belasteten Gewässern, gerade im Hinblick auf Zulassungsverfahren und zur Überwachung bereits zugelassener Stoffe (Croll 1991; Hoertig 1993). Vielfach befassen sich daher Untersuchungen mit der photolytischen Behandlung von Xenobiotika in Trink-, Grund- und auch Abwasser sowie mit mechanistischen und kinetischen Untersuchungen über die Entstehung von Abbauprodukten. Übersichtsartikel zu dieser Thematik finden sich daher zahlreich in der Literatur (Foster et al. 1991; Zepp 1991; von Sonntag und Schuchmann 1992; Yue 1992; Baldauf 1993; Sato 1993; Bahnemann et al. 1994; von Sonntag 1996).

Zur Behandlung schadstoffbelasteter Wässer werden vermehrt Kombinationsverfahren, die sog. „Advanced Oxidation Processes (AOPs)“ eingesetzt. Nach den Erläuterungen in Kapitel II.1 werden sie mit dem Ziel durchgeführt, eine möglichst hohe Konzentration an OH-Radikalen zu erzeugen und so einen effektiven Abbau sicherzustellen. Auch für diese Thematik sollen im folgenden wichtige Arbeiten der letzten Jahre genannt werden. Die Auflistung richtet sich nach den angewandten Verfahren, wobei ein Anspruch auf Vollständigkeit sicherlich nicht erhoben werden darf. Vielmehr soll die Übersicht dem interessierten Leser den Zugang in das komplexe Themengebiet erleichtern.

3.1 UV-Photolyse

Schon vor etwa 25 Jahren wurde die Bildung polychlorierter Dioxine nach Bestrahlung einer wässerigen Lösung von 2,4,5-Trichlorphenoxyessigsäure postuliert, was schon damals die Aktualität der Bildung toxischer Nebenprodukte verdeutlicht hat (Crosby und Wong 1973). In neueren Arbeiten wird darüber berichtet, daß sich Dioxine interessanterweise durch Sonnenlicht photolysieren lassen (Friesen et al. 1990).

In zahlreichen Publikationen der letzten 10 Jahre wurden Fragestellungen zum UV-Abbau von Triazinen behandelt (Cermak und Cermakova 1992; Viehweg und Thiemann 1992). Rehberg et al. (1994) führten Untersuchungen zum Fragmentierungsweg von Atrazin in destilliertem Wasser und Grundwasser durch, während Minero et al. (1992) in Bestrahlungsexperimenten mit Wellenlängen > 340 nm den Einfluß von Huminstoffen untersuchten. Nach anderen Studien stellen 90 % der Abbauprodukte von Triazinen Hydroxylverbindungen dar, die durch Dechlorierung des Triazinrings entstanden sind (Nick et al. 1992).

Carbamatpestizide wurden in destilliertem Wasser sowie synthetischem Seewasser sowohl in Gegenwart als auch in Abwesenheit von Huminsäuren mit einer Xe-Bogenlampe und einer Hg-Hochdrucklampe bestrahlt (de Bertrand und Barceló 1991). Chlororganische Pestizide wie Lindan, Pentachlornitrobenzol und Methoxychlor wurden in methanolischer Lösung durch UV- und sichtbares Licht photolytisch abgebaut und die Reaktionsprodukte charakterisiert (Lubkowski et al. 1991). Die UV-lichtinduzierte Fragmentierung von Phosphorsäureestern wurde von Aires et al. (1992) beschrieben, während sich Gal et al. (1992) insbesondere mit dem Abbau von Parathion bei unterschiedlichen pH-Werten befaßt haben. Den Fragmentierungsweg von Parathion-methyl untersuchten Zwiener et al. (1994). Die Bestrahlung von Organophosphaten mit einer Xe-Bogenlampe in einem Methanol/Wasser-Gemisch beschrieben Barcelo et al. (1993). Weitere Untersuchungen existieren zur Photolyse von Chinolin (Kochany und Maguire 1994) und zinnorganischen Verbindungen mit einem Hg-Mitteldruckstrahler (Navio et al. 1993), ferner von Captan, Captafol und Folpet mit einem Hg-Niederdruckstrahler (Crank und Mursyidi 1992) sowie von 4-Chlorphenol, das durch Blitzlichtphotolyse abgebaut wurde (Durand et al. 1992). Ergebnisse zur photolytischen Abbaubarkeit von PAHs (Moriske und Rüden 1990) und Dioxinen sowie Furanen (Vollmuth et al. 1994) sind aufgrund ihrer Toxizität besonders relevant.

3.2 Ozon

Die Anwendung von Ozon zu Desinfektionszwecken wurde bereits in Kapitel I.4 besprochen, in dem entsprechende Literaturhinweise zu finden sind.

Einen Überblick über die Bildung von Nebenprodukten bei der Ozonbehandlung belasteter Wässer geben Weinberg und Glaze (1996). Okumura (1992) wandte die Ozonung und die Chlorung als Kombinationsverfahren an und untersuchte das Abbauverhalten von 135 Pestiziden. Adams und Randtke (1992) berichteten, daß bei der Ozonung von natürlichem und synthetischem atrazinhaltigem Wasser Desethylatrazin als Hauptabbauprodukt entsteht. Weitere Arbeiten über Triazine stammen von Xiong und Graham (1992) und Beltrán et al. (1994a), wobei die letztgenannte Gruppe die Ozonung in Gegenwart von Huminstoffen durchführte. Besonderes Interesse galt dem Triazinabbau mit Ozon, der in Anwesenheit von Cer(IV)ammoniumnitrat untersucht wurde, um mechanistische Fragestellungen zu beantworten (Bolzacchini et al. 1994).

Darüber hinaus wurde die Reaktivität des Ozons gegenüber den verschiedensten Pestiziden wie Imazapyr, Triclopyr und Diuron (Lambert et al. 1993), Bromhydrin (Collette et al. 1994) und Aldicarb (Beltrán et al. 1995) für ihren Abbau genutzt. Bei der Ozonbehandlung von Wasser mit natürlichen organischen Inhaltsstoffen haben sich insbesondere Aldehyde, α-Ketosäuren und Carbonsäuren gebildet (Andrews et al. 1993). Auch Koga et al. (1991) fanden aliphatische Aldehyde, Fettsäuren, Ketone und als Hauptprodukt Formaldehyd.

Guittonneau et al. (1992) führten ihre Ozonungsversuche mit Tetrachlorethen in Gegenwart von Fulvinsäuren durch. Ziel der Ozonbehandlung war bei Baldes (1993) die Aufbereitung von Deponiesickerwasser.

3.3 UV/Ozon

Das UV/Ozon-Verfahren („Ultrox"-Verfahren), ist die am häufigsten angewandte Technologie zur UV-lichtunterstützten oxidativen Wasseraufbereitung (Legrini et al. 1993; Masten und Davies 1994). Dementsprechend vielfältig ist die Zahl der bisher erschienenen Publikationen. Ungeachtet der Schadstoffklasse wurde Ozon für den UV-oxidativen Abbau von Xenobiotika in Grundwasser (Edwards 1993; Topudurti et al. 1993), zur Vorbehandlung von besonders toxischen Abwässern (Eckenfelder 1990) und im Rahmen der Sickerwasserreinigung eingesetzt (Steensen 1993).

Detaillierte Untersuchungen der UV/O_3-Behandlung für den Abbau von leichtflüchtigen Halogenkohlenwasserstoffen wurden von PEYTON und GLAZE durchgeführt (Peyton et al. 1982; Peyton und Glaze 1988; Glaze et al. 1982). Eine besonders erfolgreiche Anwendung dieser Technologie zur oxidativen Photolyse von flüchtigen organischen Verbindungen neben anderen Verunreinigungen wie Phenolen, Pestiziden und PCBs wird von Zeff und Barich (1990) beschrieben.

Der Abbau von *s*-Triazinen hat auch in der letzten Zeit großes Interesse gefunden, zumal die Belastung von Grund- und Oberflächenwässern nach wie vor relevant ist. Intensive Studien wurden von Beltrán et al. (1994b), Zwiener et al. (1995a, b) und Lai et al. (1995) durchgeführt, wobei sich die Forschergruppe um LAI schwerpunktsmäßig mit dem Verhalten von Simazin befaßte. Die Autoren beobachteten, daß mit zunehmender Ozondosis bei höheren pH-Werten neben desalkylierten und dechlorierten Abbauprodukten auch desaminierte Verbindungen entstanden. Die UV/O_3-Behandlung beschränkte sich dabei nicht nur auf niedrige Konzentrationen, wie sie in der Hydrosphäre gewöhnlich anzutreffen sind, sondern es konnten auch sehr hohe Belastungen von 10 - 100 mg/l erfolgreich abgebaut werden (Kearney et al. 1987).

Artemjev et al. (1993) beschrieben den Abbau von Pentachlorbenzol in Trinkwasser. Mit Hilfe eines Modellsystems wurden Spuren von sieben Organophosphaten aus Grund- und Oberflächenwasser durch Kombination von Ozon und UV-Bestrahlung entfernt (Onodera et al. 1993). Weitere Untersuchungen zum UV/Ozon-Abbau von Xenobiotika betreffen Substanzen wie Propoxur (Benitez et al. 1994) sowie Linuron, Dicamba, Prometryn, Chlorfenvinphos und Phosphamidon (Tanaka et al. 1992; Meijers et al. 1993) und Trihalomethan (Kusakabe et al. 1990). Yue und Legrini (1992) führten Bestrahlungsexperimente in einem Batchreaktor mit einer Hg-Niederdrucklampe zum Abbau von Trichlorethen, Phenol, Catechol und 4-Chlorphenol durch. Für mechanistische Abbaustudien wählten Denis et al. (1992) Oxalsäure als Modellsubstanz, da sie mit Ozon alleine nicht reagiert, aber in Verbindung mit UV-Bestrahlung einer Reaktion 0. Ordnung folgt. Bei Governal und Shadman (1992) standen organische Inhaltsstoffe im Mittelpunkt der Untersuchungen. Die Verfasser vermuteten einen synergetischen Effekt zwischen UV-Licht und Ozon, insbesondere bei Anlagen zur Herstellung von „hochreinem“ Wasser.

3.4 UV/Wasserstoffperoxid

Ein weiteres Verfahren zur Erzeugung von Hydroxyradikalen stellt die Kombination von UV-Licht und Wasserstoffperoxid dar (Lunák und Sedlák 1992). Untersuchungen über die Oxidation von Atrazin in Wasser durch den Einsatz von Niederdruckstrahlung in Kombination mit H_2O_2 liegen von Beltrán et al. (1993) vor. Der Einfluß des Huminstoffgehaltes und der Konzentration an Radikalfängern, wie Carbonat- und Hydrogencarbonationen, auf die Abbaurate stand dabei im Mittelpunkt der Diskussion. Vergleichende Messungen zum Atrazinabbau mit und ohne UV-Licht wurden von Tace et al. (1992) durchgeführt, während Cermak und Cermakova (1992) unter Laborbedingungen die unterschiedliche Reaktivität zahlreicher Pestizide wie verschiedene Triazine, Linuron, Chlorbromuron, Phenitrothion und Parathionmethyl genauer untersuchten. Hessler et al. (1993) studierten den UV-Abbau von Atrazin und Metazachlor in An- und Abwesenheit von Wasserstoffperoxid, Carbonationen und Huminstoffen.

Die Photooxidation von Lösungsmitteln wie 2-Propanol mit Hg-Niederdruckstrahlung in Gegenwart von H_2O_2 ergab zunächst Aceton, das weiter zu Ameisensäure und Essigsäure umgesetzt wurde (Kawaguchi 1993a). Das weitere Abbauverhalten von Ameisensäure wurde unter analogen Bedingungen vom gleichen Autor beobachtet (Kawaguchi 1993b). Der Einsatz des UV/H_2O_2-Kombinationsverfahrens wird häufig auch zur Eliminierung von leichtflüchtigen organischen Verbindungen und für den Abbau der BTX-Aromate (Benzol, Toluol, Xylole) eingesetzt (Bernardin 1990).

Mehr von theoretischem Interesse waren kinetische Studien zum photooxidativen Abbau der Modellsubstanz Trichlorethylen (Weir und Sundstrom 1993). Die Beseitigung von flüchtigen Kohlenwasserstoffen aus kontaminierten Grundwässern durch UV-lichtinduzierte Oxidation stellen hingegen praxisrelevante Beispiele dieser Aufbereitungstechnologie dar (Schmidt et al. 1993; Massholder und Kohimeiler 1993).

Eine aus toxikologischer Sicht besonders wichtige Stoffgruppe sind die polycyclischen Aromaten. Ihre Fragmentierung führt im Aufbereitungsprozeß von Sickerwasser teilweise zu carcinogenen Abbauprodukten wie Chlorphenole, HCB, α-HCH, die mitunter zur Erhöhung der Mutagenität der Lösung beitragen (de Silva et al. 1992). Auch formalkinetische Betrachtungen zur Oxidation von Fluoranthen sind bekannt (Frimmel et al. 1992).

3.5 Wasserstoffperoxid/Ozon

Die Kombination aus Wasserstoffperoxid und Ozon, deren oxidative Wirkung wiederum hauptsächlich auf der Bildung von OH-Radikalen beruht, wird auch als Peroxon-Prozeß bezeichnet. Gilbert (1991) untersuchten mit dem Verfahren die Eliminierung von Chloressigsäure in einem Batchreaktor und identifizierten Kohlendioxid und Chlorid als Oxidationsprodukte. Damit war eine vollständige Mineralisation der Chloressigsäure und verwandter Verbindungen möglich.

In synthetischen Lösungen, die Grundwasser und Industrieabwässer simulieren sollten, konnte durch Anwendung von H_2O_2 und O_3 der Abbau von 1,4-Dioxan erfolgreich vollzogen werden (Adams et al. 1994). Der oxidative Abbau von insgesamt 11 Pestiziden durch Anwendung von Wasserstoffperoxid und Ozon sowie durch alleinige Ozonung wurde von Roche und Prados (1995) durchgeführt. Die Resultate für beide Verfahren wurden hinsichtlich Ozonverbrauch, Matrixeffekten und Kontaktzeiten miteinander verglichen. Weitere Pestizide betrafen z.B. Lindan, Metolachlor, Mecoprop und Isoproturon (Allemane et al. 1993) und außerdem verschiedene Triazine wie Atrazin, Simazin, Terbuthylazin (Chramosta et al. 1993b; Prados et al. 1993).

In drei französischen Wasserwerken wurde das Peroxon-Verfahren unter großtechnischen Bedingungen eingesetzt (Galey und Paslawski 1993). Die Behandlung führte zu einem 80 %igen Abbau der Triazine Atrazin und Simazin. Desweiteren stellten die Autoren fest, daß Phenylharnstoffe ebenfalls stark mit Ozon reagierten. In Übereinstimmung mit diesen Ergebnissen wurde bei der Ozonung von triazinhaltigem Wasser in einer Blasensäule beobachtet, daß Wasserstoffperoxid den Abbau von Atrazin und Simazin nachhaltig verstärkt (Paillard et al. 1992).

Theoretische Arbeiten zum Atrazinabbau befaßten sich mit der Entwicklung geeigneter Software zur Simulation der Reaktionswege bei der Ozonung sowie beim Peroxon-Verfahren (Laplanche et al. 1993). Kinetische Studien zur Bestimmung der Ratenkonstante des Hydroxylradikals mit Atrazin sind in diesem Zusammenhang erforderlich (de Laat et al. 1994).

Eine interessante Variante stellt der Ozocarb-Prozeß dar, bei dem nach der Behandlung des Wassers mit O_3 und H_2O_2 der verbleibende TOC durch Adsorption an granulierter Aktivkohle vermindert wird. Dieser Prozeß hat sich in der Praxis oft bewährt, wenn die Oxidation im Peroxon-Prozeß für einen effektiven Abbau nicht ausreichend war (Godart 1993; Carbonnier et al. 1992; Duguet et al. 1992; Buoillot et al. 1991).

3.6 UV/Titandioxid

Zum Abbau von Xenobiotika in wässeriger Lösung wurden in den letzten Jahren vermehrt photokatalytische Oxidationsreaktionen an Titandioxid-Partikeln durchgeführt. Kürzlich verfaßten Wolfrum und Ollis (1994) einen Übersichtsartikel zur Verwendung von H_2O_2 bei der Photokatalyse in TiO_2-Suspensionen. Ein anderer Übersichtsartikel zur heterogenen Photokatalyse stammt von Fox und Dulay (1993) sowie von Bahnemann et al. (1994). Problematisch erweist sich das kolloidale Vorliegen suspendierter TiO_2-Partikel vor allem bei der Konstruktion geeigneter Reaktoren, da die Kolloide einerseits zu Ablagerungen führen und andererseits nach dem Aufbereitungsprozeß durch Zentrifugation oder Mikrofiltrationstechniken zu entfernen sind (Braun et al. 1993). Durch Immobilisierung des Titandioxids auf feste Träger kann diese Schwierigkeit umgangen werden.

In der Praxis lassen sich Festbett-Photokatalysatoren konstruieren, mit deren Hilfe die heterogene Katalyse für Abbaureaktionen in der Gasphase erfolgreich eingesetzt werden kann. Jardim et al. (1994) benutzten für den Abbau gasförmigen Trichlorethylens Fließbettreaktoren mit TiO_2-beschichteten Füllkörpern. Als Hauptprodukte wurden Phosgen, Chloroform, Tetrachlorkohlenstoff, Dichloracetylchlorid, Dichloressigsäure und Pentachlorethan gefunden. Derartige Festbettkatalysatoren lassen sich auch für die Bestrahlung von Wasser einsetzen (Zhang et al. 1994). Innovativ scheint auch die Beschichtung von Quarzglasfasern zu sein, zumal die Implementierung von Faserbündeln in Photoreaktoren zu schnelleren Abbauraten führten (Hofstadler et al. 1994).

Zahlreiche Publikationen über die Anwendung wässeriger TiO_2-Suspensionen erschienen insbesondere von Pelizzetti et al. So wurde beobachtet, daß der Abbau von Atrazin bei simuliertem Sonnenlicht und in Gegenwart von TiO_2-Partikeln auf verschiedenen Wegen stattfindet: Zunächst erfolgte die Hydrolyse des Chlorsubstituenten, dann eine Alkyloxidation und Desalkylierung der Seitenkette und schließlich trat die Substitution der Aminogruppen durch Hydroxygruppen ein. Damit konnte die Cyanursäure als Endprodukt des Photoabbaus identifiziert werden (Pelizzetti et al. 1992). Die Photooxidation von Phenol und Atrazin wurde in saurer wässeriger Lösung durchgeführt, um die photokatalytische Aktivität und Selektivität von Titandioxidkolloiden zu untersuchen (Pelizzetti et al. 1993a). Schon etwas früher erforschten die Autoren den Abbau von Dioxinen und Biphenylen (Pelizzetti et al. 1988). Auch 1,2,4-Trichlorbenzol war eine Zielsubstanz der Forschungsarbeiten, aus der sich toxische Nebenprodukte wie chlorierte und hydroxylierte Biphenylderivate bildeten (Pelizzetti et al. 1993b).

An der Entwicklung von praxistauglichen Verfahren für die heterogene Katalyse ist Bahnemann maßgeblich beteiligt. So wurde die Abwasserreinigung in großtechnischem Maßstab auf der *Plataforma Solar de Almeria* in Spanien mit Sonnenlicht untersucht (Bahnemann 1994). Für diesen Zweck wurden Festbettreaktoren und Parabolinnenreaktoren verwendet. Hinsichtlich eines effektiveren Abbaus werden auch ultrafeine Partikel auf ihre Eignung als Photokatalysatoren überprüft (Bahnemann 1993). Mischoxide des Titans und Eisens sind hierfür offensichtlich am besten geeignet (Bahnemann et al. 1991).

Im Rahmen des photokatalytischen Abbaus von Phenol wurde ein neuartiges TiO_2-Präparat mit hoher spezifischer Oberfläche (> 100 m^2/g) und hohem *Anatas*-Anteil synthetisiert (Fotou et al. 1994). Verglichen mit herkömmlichen Präparaten wurde eine etwas größere photokatalytische Aktivität beobachtet. Der Einfluß der TiO_2-Modifikationen *Rutil* und *Anatas* auf die Mineralisation von leichtflüchtigen chlororganischen Verbindungen wurde auch von Tanaka et al. (1996) untersucht. Übereinstimmend mit anderen Ergebnissen erwies sich die *Anatas*-Modifikation als die photokatalytisch aktivere Spezies.

Die heterogene Katalyse als Verfahren zur Eliminierung persistenter Pestizide und anderer Stoffe wurde für zahlreiche Verbindungen untersucht, etwa für Permethrin (Hidaka et al. 1992) und für 2,4,5-T bzw. 2,4,5-Trichlorophenol (Barbeni et al. 1987). Interessante Ergebnisse liegen über den photokatalytischen Abbau von 2,4-D und Propoxur vor, da die nachgewiesenen Reaktionsprodukte eine höhere Toxizität zeigten als die Edukte (Lu et al. 1993).

In Laborversuchen wurde eingehend der photokatalytische Abbau von Chlorphenolen und polychlorierten Phenolen, z.B. von PCP untersucht (D'Oliveira et al. 1990; D'Oliveira et al. 1993; Mills und Hoffmann 1993; Mills et al. 1993). Als Zwischenprodukte treten meist Hydrochinone auf, die bei sehr langen Bestrahlungszeiten zu Chlorid, CO_2, Acetat und Formiat so gut wie mineralisiert werden. Bei kondensierten Aromaten, wie den PAHs, sind wesentlich längere Reaktionszeiten für eine Mineralisation erforderlich (Das et al. 1994).

3.7 Fenton-Reaktion

Mit Hilfe der Fenton-Reaktion gelang es RUPPERT, die aromatischen Ringsysteme in Phenol, 4-Chlorphenol, Hydrochinon und 4-Chloranilin zu spalten (Ruppert et al. 1993). Der gleiche Autor stellte fest, daß sich durch die Photo-Fenton-Reaktion mit Wellenlängen > 320 nm der Abbau von 4-Chlorphenol beschleunigen ließ (Ruppert et al. 1993b). Mit Hilfe dieser lichtunterstützten Fenton-Reaktion wurde auch der Abbau von verschiedenen Triazinen sowie von Baygon, Carbaryl, Picloram, 2,4-D und 2,4,5-T studiert (Sun und Pignatello 1993).

In weiteren Untersuchungen wurden die Pestizide 2,4-D und 2,4,5-T im sauren Milieu durch die Photo-Fenton-Reaktion bis zur 40 - 70 %igen Mineralisierung abgebaut (Pignatello 1992). Als Abbauprodukte von 2,4-D wurde überwiegend 2,4-Dichlorphenol gefunden, während 2,4-Dichlorphenylformiat, 2,4-Dichlor-(chlormethoxy)-benzol und 6,8-Dichlor-2*H*-1,4-benzodioxan-3-on als Nebenprodukte entstanden. Von der gleichen Arbeitsgruppe liegen Versuche zum Abbauverhalten von PCBs vor, wonach zunächst ohne Optimierungsschritte bis zu 88 % der PCBs entfernt werden konnten. Durch Zugabe von perfluorierten Tensiden wurde die Löslichkeit der PCBs gesteigert und auf diese Weise der Abbau entscheidend verbessert (Pignatello und Chapa 1994). Weitere Experimente zur photooxidativen Eliminierung von PCBs gehen auf Li (1994) zurück.

3.8 Aufbereitungsverfahren im Vergleich

Die Effektivität verschiedener AOPs wurde im Hinblick auf die Erniedrigung des TOC für 4-Chlorphenol beschrieben, wonach sie in der Reihenfolge UV/TiO_2, $UV/H_2O_2 < UV/O_3 < UV/H_2O_2/Fe^{2+}$ zunimmt. Gegenüber dem Ultrox-Verfahren konnte der Abbau durch die Kombination $UV/O_3/Fe^{2+}$ zusätzlich erhöht werden (Ruppert et al. 1994). Vergleicht man jedoch das Ultrox-Verfahren mit dem UV/H_2O_2-Prozeß, ergeben sich beim Abbau von Phenol, 4-Chlorphenol, Catechol und Trichlorethan für die erstgenannte Technologie größere Abbauraten und Mineralisationsgrade (Yue und Legrini 1992).

Am Beispiel von natürlichen organischen Wasserinhaltsstoffen wurden die Systeme O_3, O_3/H_2O_2 mit dem O_3/TiO_2-Verfahren („Catazon"-Verfahren) verglichen. Für ihre Wirksamkeit stellte sich die Reihenfolge $O_3/TiO_2 > O_3/H_2O_2 > O_3$ heraus, wonach die katalytische Oxidation am effektivsten ist (Allemane et al. 1993).

Die Entfernung von organischen Schadstoffen in Wasser und Abwasser mit mehreren Verfahren wurde von Yue (1992) durchgeführt, wobei die Maßstabsvergrößerung und die Dimensionierung von Reaktionsapparaten im Vordergrund standen. Verschiedenste Kombinationen wie O_3, H_2O_2 und UV-Bestrahlung wurden zur Behandlung von Sickerwasser (Steensen 1993) und von industriellen Abwässern (Reißig und Fischer 1991) eingesetzt.

Für den photolytischen Abbau von Cyanazin wurde wahlweise Ozon oder Wasserstoffperoxid als Oxidationsmittel verwendet, der Einfluß verschiedener Betriebsparameter untersucht und empirische Gesetzmäßigkeiten abgeleitet, um die Kinetik zu modellieren (Benitez et al. 1995). Ähnliche Untersuchungen wurden von Meijers et al. (1995) mit 23 Pestiziden durchgeführt.

Andere Vergleichsstudien befaßten sich mit dem Abbau von Benzamid und 4-Hydroxybenzamid mit Hilfe der Verfahrenskombinationen TiO_2/UV, H_2O_2/UV und H_2O_2/Fe^{2+} (Maillard et al. 1992), desweiteren mit der Mineralisation von 1-Chlorpentan und 1,2-Dichlorethan als Modellsubstanzen für den Abbau durch O_3/UV, O_3/H_2O_2 und H_2O_2/UV (Masten und Hoigné 1992), außerdem mit der Eliminierung von Parachlornitrobenzol unter Laborbedingungen (Guittonneau et al. 1990b) und schließlich mit dem Abbauverhalten von Chlorphenolen, 2,4-D, Benzamid und Nitrobenzol (D'Oliveira et al. 1993). Weitere aromatische Verbindungen wurden hinsichtlich ihrer unterschiedlichen Reaktivität bei verschiedenen Aufbereitungsprozessen unter Angabe der jeweiligen kinetischen Konstanten von v. Sonntag (1996) eingehend betrachtet.

3.9 Neuartige Technologien

Neuartige und innovative Entwicklungen auf dem Gebiet moderner Wasseraufbereitungstechnologien umfassen den Einsatz spezieller Strahler, deren Emission im Vakuum-UV-Bereich liegt. Zu diesem Zweck sind Excimerstrahler entwickelt worden, z.B. der Xe_2-Excimerstrahler mit $\lambda = 172$ nm, die ohne Zusatz von Oxidationsmitteln durch direkte Wasserphotolyse eine sehr effektive Bildung von OH-Radikalen bewirken. Der enorme Vorteil derartiger Strahler liegt u.a. darin, daß ihre Konstruktion nicht an geometrische Vorgaben gebunden ist und prinzipiell alle denkbaren Reaktorgeometrien verwirklicht werden können.

Diese Technologie wurde z.B. für die Photomineralisierung von Chlorkohlenwasserstoffen durch Doppelbestrahlung mit einem Xe_2- bzw. KrCl-Excimerstrahler ($\lambda_1 = 172$ nm bzw. $\lambda_2 = 222$ nm) in Excimer-Durchflußreaktoren erfolgreich eingesetzt (Oppenländer und Baum 1995; Oppenländer et al. 1995). Die längerwellige Emission diente zur photolytischen Spaltung von Wasserstoffperoxid, das sich im Zuge der Wasserphotolyse durch Rekombination von zwei OH-Radikalen bildet. Auf diese Weise gelang es, die photostätionäre Konzentration an Wasserstoffperoxid zu verringern. Andere Arbeiten über die Anwendung solcher Excimerstrahler befassen sich auch mit der Photolyse von Atrazin, die analog zum Reaktionsverlauf bei der heterogenen Katalyse mit TiO_2 Cyanursäure als Hauptprodukt liefert (Gonzalez et al. 1994). Die Mineralisation von 3-Amino-5-methylisoxazol durch VUV-Bestrahlung mit $\lambda = 172$ nm wurde anhand der Abbauprodukte Nitrat, Ammonium, CO_2 und H_2O beobachtet (Gonzalez et al. 1995). Mechanistische Untersuchungen liegen über die Photolyse von Dioxinen mit einem KrCl-und XeCl-Excimerstrahler ($\lambda = 222$ nm bzw. 308 nm) vor (Nohr et al. 1994).

Darüber hinaus werden Excimerstrahler bevorzugt zur Oberflächenbehandlung verschiedener Materialien eingesetzt. Dieser Aufgabenbereich umfaßt beispielsweise die Photodeposition von Metallen, Halbleitermaterialien oder dielektrischen Stoffen auf Polymeroberflächen (Kogelschatz 1992).

Auf dem Gebiet der Wasseraufbereitung finden auch gepulste Xe-Strahler mit großen Strahlungsleistungen im kurzwelligen UV-Bereich Anwendung (Haag 1994). In diesem Zusammenhang ist die Entwicklung der sog. Wekhof-Blitzlampen zu nennen, die im Unterschied zu den nahezu monochromatischen Excimerstrahlern im Bereich von 175 nm bis 380 nm ein Quasikontinuum erzeugen (Wekhof et al. 1992). Somit werden bei der Bestrahlung neben der Photolyse des Wassers auch der direkte UV-Abbau von Schadstoffen induziert.

4 Grundlagen zur reaktionskinetischen Analyse von Photoreaktionen

4.1 Allgemeine Aspekte

Für eine detaillierte Darstellung der kinetischen Zusammenhänge von Dunkel- und Photoreaktionen sei auf die einschlägige Literatur verwiesen (Mauser 1974; Gauglitz 1989; Perkampus und Kaufmann 1991; Polster 1995). In diesem und den folgenden Abschnitten werden allgemeine Prinzipien der reaktionskinetischen Analyse zusammenfassend dargestellt, um das Verständnis der durchgeführten Untersuchungen und der angewandten Auswertungsalgorithmen zu erleichtern.

Mit der kinetischen Analyse bezeichnet man allgemein Methoden, die zur Aufklärung von Reaktionsmechanismen dienen. Während es bei bekanntem Mechanismus prinzipiell immer möglich ist, den zeitlichen Verlauf einer Reaktion numerisch zu berechnen, gibt es keinen direkten Weg zur Bestimmung des Mechanismus aus Meßdaten. Hierzu ist es erforderlich, intuitiv einen Mechanismus anzunehmen, dafür den funktionalen Verlauf der Meßgrößen zu berechnen und zu prüfen, ob die berechneten Werte mit den experimentellen Daten konsistent sind. Wird diese Bedingung nicht erfüllt, so ist die Hypothese zu verwerfen und durch eine andere zu ersetzen. Im Falle der Übereinstimmung ist jedoch der Mechanismus keineswegs bewiesen, da es viele Mechanismen gibt, die zum gleichen funktionalen Verlauf der Meßgrößen führen. Ein Mechanismus ist also umso gesicherter, je mehr Informationen über das System vorliegen. Die kinetische Analyse liefert damit keinen Beweis für die Richtigkeit eines Reaktionsmechanismus. Man kann nur zeigen, daß das Experiment und das hypothetisch angenommene Modell nicht im Widerspruch stehen. Auf dieser Erkenntnis basierend gilt das erste Theorem der Reaktionskinetik:

1. Theorem der Reaktionskinetik:

Ein Reaktionsmechanismus kann experimentell widerlegt, aber nicht bewiesen werden.

Im Idealfall sind für eine kinetische Analyse die Konzentrationen aller an der untersuchten Reaktion beteiligten Stoffe als Funktion der Reaktionszeit bekannt. Oftmals wird aber nicht die Konzentration zeitlich verfolgt, sondern eine davon abhängige charakteristische physikalische Größe. Grundsätzlich sind hierbei drei Möglichkeiten zu unterscheiden:

i. Die Meßgröße ist direkt proportional zur Konzentration. Dieser Zusammenhang tritt üblicherweise bei vielen chromatographischen Verfahren auf. Bei Kenntnis der Proportionalitätskonstanten können die Konzentrationen sehr leicht berechnet und für die kinetische Auswertung herangezogen werden.

ii. Die Meßgröße ist eine nichtlineare Funktion einer oder mehrerer Konzentrationen. Zur Bestimmung der Konzentrationen muß auf Kalibrierkurven zurückgegriffen werden, weshalb die Meßwerte für die kinetische Analyse nicht direkt eingesetzt werden können.

iii. Die Meßgröße stellt eine lineare Funktion mehrerer oder aller Konzentrationen dar. Dieser Fall liegt insbesondere dann vor, wenn die Reaktion mittels UV-VIS-Spektroskopie zeitlich verfolgt wird. Die Konzentrationen der Reaktionspartner können aus den spektroskopischen Messungen berechnet werden, sofern die Extinktionen der Reaktionslösung sowie die Extinktionskoeffizienten aller Komponenten bei möglichst vielen Wellenlängen bekannt sind.

Ungeachtet des in der Regel recht hohen numerischen Aufwandes bei der Auswertung von Extinktionsmessungen bietet sich die UV-VIS-Spektroskopie für die Untersuchung von Photoreaktionen an, da sie vorteilhafterweise bei großer Meßgenauigkeit sehr einfach durchzuführen ist und zudem in sehr kurzer Zeit Extinktionen bei einer Vielzahl verschiedener Wellenlängen gemessen werden können. Allerdings hat die Messung der Extinktion gegenüber solchen Meßwerten, die direkt proportional zur Konzentration eines bestimmten Reaktionspartners sind, den Nachteil, daß beispielsweise zwischen den Systemen $A \rightarrow B \rightarrow C$ und $A \rightarrow B$, $C \rightarrow D$ ohne Zusatzinformation nicht unterschieden werden kann, sofern die Extinktionskoeffizienten nicht bekannt sind. Generell kann sogar gesagt werden, daß durch eine rein spektroskopische Analyse nicht festgestellt werden kann, ob z.B. die Reaktionen $A \rightarrow B \rightarrow C$, $A \leftrightarrow B \rightarrow C$, $A \rightarrow B \leftrightarrow C$ oder $A \leftrightarrow B \leftrightarrow C$ ablaufen oder Parallelreaktionen mit überlagerten Gleichgewichtsreaktionen das Reaktionsgeschehen bestimmen. Auf diesen Aussagen basierend kann für die spektroskopisch-kinetische Analyse von Reaktionssystemen ein weiteres allgemeingültiges Theorem der Reaktionskinetik abgeleitet werden:

2. Theorem der Reaktionskinetik:

Zwei streng lineare Reaktionssysteme, die dieselbe Zahl von linear unabhängigen Teilreaktionen haben, können mit rein spektroskopischen Mitteln nicht unterschieden werden.

Hierbei bedeutet „streng linear", daß die Teilreaktionen monomolekular ablaufen, wobei man unter Molekularität die Anzahl der Moleküle versteht, die in der betrachteten Teilreaktion miteinander reagieren. „Rein spektroskopisch" bedeutet, daß die Extinktionskoeffizienten unbekannt sind und zusätzliche Informationen fehlen. Somit bezieht sich das 2. Theorem nur auf lineare Reaktionssysteme, d.h. bei Dunkelreaktionen laufen sämtliche Teilreaktionen nach 1. Ordnung ab. Im Fall von Photoreaktionen liegen hingegen ausschließlich quasilineare Teilschritte vor. In analoger Weise können auch Reaktionssysteme betrachtet werden, die sich aus zwei linear unabhängigen Teilschritten zusammensetzen, wobei zumindest eine Teilreaktion einem Geschwindigkeitsgesetz 2. Ordnung gehorcht. So kann man beispielsweise zeigen, daß die beiden Folgereaktionen $2A \rightarrow B \rightarrow C$ und $2A \rightarrow B \leftrightarrow C$ rein spektroskopisch nicht unterscheidbar sind. Dementsprechend läßt sich ein weiterer allgemeingültiger Lehrsatz formulieren:

3. Theorem der Reaktionskinetik:

Reaktionssysteme, die aus zwei linear unabhängigen Teilschritten bestehen, wobei mindestens ein Teilschritt eine Reaktion 2. Ordnung darstellt, können mit rein spektroskopischen Mitteln nicht unterschieden werden, wenn ihre Eigenwerte die gleiche funktionale Abhängigkeit von den Ausgangskonzentrationen haben.

4.2 Grundlegende Zusammenhänge

In diesem Abschnitt soll der Weg aufgezeigt werden, der es ausgehend von einem bekannten Mechanismus und den entsprechenden Geschwindigkeitskonstanten erlaubt, die Konzentrationen der an der Reaktion beteiligten Stoffe als Funktion der Zeit zu berechnen. Dabei kann der Mechanismus auch noch so kompliziert sein, der Weg vom Mechanismus zu den Konzentrations-Zeit-Gesetzen ist eindeutig. Diese Vorgehensweise ist für die Auswertung kinetischer Messungen unerläßlich, da nur so die Plausibilität der experimentellen Meßergebnisse hinsichtlich des angenommenen Mechanismus überprüft werden kann. Allgemein kann eine Reaktion geschrieben werden als

$$\nu_1 A_1 + \nu_2 A_2 + \ldots \longrightarrow \nu_i A_i + \ldots + \nu_n A_n$$

oder kürzer:

$$\sum_{i=1}^{n} \nu_i A_i = 0 \quad \text{mit} \quad i = 1,2,\ldots,n. \qquad \text{(Gl. 4-1)}$$

Mit ν_i bezeichnet man die stöchiometrischen Koeffizienten der Stoffe A_i und n entspricht der Gesamtzahl der an der Umsetzung beteiligten Reaktionspartner. Die stöchiometrischen Koeffizienten geben an, wieviel Mole einer Substanz während der Reaktion gebildet oder verbraucht werden. Dabei ist definitionsgemäß das Vorzeichen der ν_i für Edukte negativ und für Produkte positiv. Für die Konzentrationsänderung Δa_i eines Stoffes A_i der Konzentration a_i in einer beliebigen Reaktion gilt nachstehende Gleichung, wobei a_{io} die Konzentration des Stoffes A_i zur Zeit $t = 0$ ist und die Größe x als Reaktionslaufzahl bezeichnet wird. Diese ist ein Maß für den Formelumsatz der betrachteten Reaktion und bezieht sich auf den pro Volumeneinheit bezogenen Molumsatz:

$$\Delta a_i = a_i - a_{io} = \nu_i x \qquad \text{(Gl. 4-2)}$$

Differenziert man obige Gleichung nach der Zeit t, so erhält man einen Ausdruck für die Reaktionsgeschwindigkeit $\dot{x}$, den Molumsatz pro Zeiteinheit, bezogen auf die Komponente A_i. Als Voraussetzung für deren Gültigkeit muß die Reaktion isochor ablaufen, also mit vernachlässigbarer Volumenänderung:

$$\frac{da_i}{dt} = \dot{a}_i = \nu_i \frac{dx}{dt} = \nu_i \dot{x} \qquad \text{(Gl. 4-3)}$$

Die Reaktionsgeschwindigkeit kann aus der Anfangssteigung der Kurve erhalten werden, die sich ergibt, wenn man die Konzentration a_i gegen die Zeit t aufträgt. Laufen in einem System insgesamt r Teilreaktionen ab, so kann für die k-te Teilreaktion analog zu Gleichung (4-1) geschrieben werden:

$$\sum_{i=1}^{n} \nu_{ki} A_i = 0 \quad \text{mit} \quad k = 1,2,\ldots,r \qquad \text{(Gl. 4-4)}$$

Entsprechend wird mit Δa_{ki} der Umsatz der Komponente A_i in der k-ten Teilreaktion bezeichnet, x_k ist die dazugehörige Reaktionslaufzahl und ν_{ki} der stöchiometrische Koeffizient des i-ten Stoffes in der k-ten Teilreaktion. Ist der i-te Stoff an der k-ten Reaktion nicht beteiligt, so ist $\nu_{ki} = 0$. Damit ergibt sich für die gesamte Konzentrationsänderung des Stoffes A_i in allen Teilreaktionen:

$$a_i - a_{io} = \Delta a_i = \sum_{k=1}^{r} \nu_{ki} x_k \quad \text{mit} \quad i = 1,2,\ldots,n \qquad \text{(Gl. 4-5)}$$

Daraus erhält man durch Differentiation nach der Zeit t die Konzentrations-Differentialgleichung für die zeitliche Konzentrationsänderung von a_i:

$$\dot{a}_i = \sum_{k=1}^{r} \dot{a}_{ki} = \sum_{k=1}^{r} \nu_{ki}\,\dot{x}_k \quad \text{mit} \quad i = 1,2,\ldots,n \qquad \text{(Gl. 4-6)}$$

Die beiden letzten Gleichungen geben die Zusammenhänge zwischen den Konzentrationen a_i bzw. deren zeitlichen Änderungen $\dot{a}_i$ und den Reaktionslaufzahlen x_k bzw. den Reaktionsgeschwindigkeiten $\dot{x}_k$ an. Mit Hilfe des folgenden Rechteckschemas lassen sich diese Zusammenhänge veranschaulichen:

	A_1	A_2	…	A_i	…	A_n
x_1	ν_{11}	ν_{12}	…	ν_{1i}	…	ν_{1n}
⋮	⋮	⋮		⋮		⋮
x_k	ν_{k1}	ν_{k2}	…	ν_{ki}	…	ν_{kn}
⋮	⋮	⋮		⋮		⋮
x_r	ν_{r1}	ν_{r2}	…	ν_{ri}	…	ν_{rn}

In die erste Zeile werden sämtliche n an der Reaktion beteiligten Ausgangs-, Zwischen- und Endprodukte, in die erste Spalte die r Reaktionslaufzahlen x_k der einzelnen Teilreaktionen und in die einzelnen Zellen die entsprechenden stöchiometrischen Koeffizienten eingetragen. Diesem Rechteckschema können dann die Konzentrationsdifferenzen Δa_i sowie die zeitlichen Ableitungen $\dot{a}_i$ durch stöchiometrische Summation über die i-te Spalte entnommen werden.

Die meisten chemischen Umsetzungen setzen sich aus mehreren Teilschritten zusammen. Allerdings laufen bei Dunkelreaktionen die einzelnen Schritte in der Regel relativ einfach ab. So handelt es sich oft um mono- oder bimolekulare Reaktionen, je nachdem ob ein ($A \rightarrow$ Produkte) oder zwei ($2A$ bzw. $A + B \rightarrow$ Produkte) Edukte an der Reaktion beteiligt sind. Die Molekularität bezeichnet also die Anzahl an Molekülen, die in der betrachteten Teilreaktion miteinander reagieren. Für eine monomolekulare Reaktion gilt allgemein nachstehende Gleichung, wobei die Reaktionsgeschwindigkeit zu jedem Zeitpunkt t linear von der Konzentration des Eduktes A abhängt. Die Proportionalitätskonstante k_k ist die Geschwindigkeitskonstante mit der Einheit s^{-1}:

$$\dot{x} = k_k \cdot a\,. \qquad \text{(Gl. 4-7)}$$

Betrachtet man wieder das zuvor genannte Rechteckschema als System von r Teilreaktionen, kann für die Reaktionsgeschwindigkeit der k-ten Teilreaktion folgende allgemeine Beziehung aufgestellt werden:

$$\dot{x}_k = k_k \cdot \prod_{i=1}^{n} a_i^{|\nu_{ki}|} \quad \text{mit} \quad k = 1,2,\ldots,r \text{ und } \nu_{ki} < 0 \qquad \text{(Gl. 4-8)}$$

Die Dimension der Geschwindigkeitskonstante wird durch die Reaktionsordnung bestimmt, wobei sich der Begriff Ordnung auf die Summe der Exponenten der Konzentrationen bezieht, von denen $\dot{x}$ abhängt. Da die Reaktionsgeschwindigkeit stets in der Einheit mol/(l·s) angegeben wird, trägt die Geschwindigkeitskonstante allgemein die Einheit l^{n-1} mol^{1-n} s^{-1}. Sie ist damit eine rein empirische Größe, die experimentell zu bestimmen ist. Eine monomolekulare Reaktion ist also immer eine Umsetzung erster Ordnung. Der umgekehrte Schluß, daß eine Reaktion erster Ordnung monomolekular verläuft, ist dagegen nicht zulässig. Ferner erkennt man, daß die Reaktionsgeschwindigkeit der k-ten Teilreaktion proportional zum Produkt der mit den jeweiligen stöchiometrischen Koeffizienten potenzierten Konzentrationen der Ausgangsstoffe ist.

Für die mathematisch-kinetische Behandlung chemischer Prozesse spielen Näherungsmethoden eine sehr große Rolle, mit deren Hilfe es möglich ist, die Zusammenhänge soweit zu vereinfachen, daß eine geschlossene mathematische Behandlung der Zeitfunktionen durchgeführt werden kann. In diesem Zusammenhang ist die als Hypothese des quasistationären Zustandes bezeichnete BODENSTEIN-Hypothese besonders hervorzuheben. Diese gilt nach der Induktionszeit für intermediär auftretende Reaktionskomponenten, die in sehr kleiner Konzentration im Vergleich zu den Ausgangsstoffen und Endprodukten vorkommen. Hiervon sind meistens solche Zwischenprodukte betroffen, die sich schwer nachweisen lassen. So kann nach der Bodenstein-Hypothese z.B. die Reaktion $A \xrightarrow{k_1} C$ in Wirklichkeit auch nach dem Mechanismus $A \xrightarrow{k_1} B \xrightarrow{k_2} C$ ablaufen, wenn $k_2 >> k_1$ ist. Im einzelnen besagt die Bodenstein-Hypothese,

i. daß die Konzentrationen der Zwischenprodukte im Rahmen der Meßgenauigkeit vernachlässigbar klein sind,

ii. und daß die zeitlichen Änderungen der Konzentrationen der Zwischenprodukte gegenüber den zeitlichen Änderungen der Konzentrationen der Ausgangs- und Endprodukte zu vernachlässigen sind.

4.3 Einführung der Extinktion als Meßgröße

Die grundlegende Beziehung für die Auswertung UV-spektroskopischer Messungen ist das LAMBERT-BEERsche Gesetz. Es beschreibt die Abhängigkeit der Lichtabschwächung von der Konzentration eines in der Küvette gelösten Stoffes. Hierin ist I_o/I die Transmission der Lösung, woraus sich die Absorption oder Extinktion zu 1 - T ergibt. Die wellenlängenabhängige Proportionalitätskonstante ε_λ ist der molare dekadische Extinktionskoeffizient:

$$E_\lambda = \lg \frac{I_{\lambda o}}{I_\lambda} = \varepsilon_\lambda \cdot c \cdot d \qquad \text{(Gl. 4-9)}$$

Liegen in der Lösung n absorbierende Stoffe A_i vor, muß die Beziehung für jeden dieser Stoffe berücksichtigt werden. Die Schwächung des Gesamtlichtes entspricht dann der Summe aller n Beiträge $E_{\lambda i}$, so daß für die gemessene Extinktion E_λ gilt:

$$E_\lambda = \sum_{i=1}^{n} E_{\lambda i} = d \cdot \sum_{i=1}^{n} \varepsilon_{\lambda i} \cdot a_i \quad \text{mit} \quad i = 1,2,\ldots,n \qquad \text{(Gl. 4-10)}$$

Wird mit a_{io} die Konzentration zum Zeitpunkt t = 0 bezeichnet, und mit $E_{\lambda o}$ die dazugehörige Extinktion, ergibt sich für die zeitliche Änderung der Extinktion ΔE_λ:

$$\Delta E_\lambda = E_\lambda - E_{\lambda o} = d \cdot \sum_{i=1}^{n} \varepsilon_{\lambda i}\left(a_i - a_{io}\right) = d \cdot \sum_{i=1}^{n} \varepsilon_{\lambda i}\, \Delta a_i \qquad \text{(Gl. 4-11)}$$

Berücksichtigt man ferner den allgemeinen Fall, daß r Teilreaktionen ablaufen, erhält man nachstehende Gleichung, mit der die Extinktionsänderung für eine Lösung mit n absorbierenden Stoffen zu jedem Zeitpunkt t in einfacher Weise berechnet werden kann:

$$\Delta E_\lambda = E_\lambda - E_{\lambda o} = d \cdot \sum_{i=1}^{n} \varepsilon_{\lambda i} \sum_{k=1}^{r} \Delta a_{ki} \qquad \text{(Gl. 4-12)}$$

Im Rahmen der kinetischen Analyse von Photoreaktionen mit spektroskopischer Auswertung wird nun die Extinktion als Funktion der Wellenlänge bestimmt und zusätzlich die Spektren auch in Abhängigkeit von der Reaktionszeit registriert. Dadurch erhält man eine Schar von Einzelspektren, die als Reaktionsspektren bezeichnet werden. Das Auftreten bzw. Nichtauftreten isosbestischer Punkte, d.h. von Extinktionen, deren Wert sich während des ganzen Reaktionsablaufes nicht ändert und den gemeinsamen Schnittpunkt aller Einzelspektren darstellen, ist für die Auswertung von großer Wichtigkeit, da sie Rückschlüsse auf die sog. Einheitlichkeit der Reaktion zulassen. Nach der hier gebrauchten Definition der Einheitlichkeit einer Photoreaktion, läuft eine lichtinduzierte Umsetzung genau dann spektroskopisch-einheitlich ab, wenn sie durch genau eine linear unabhängige Reaktionslaufzahl x beschrieben werden kann. Hierbei ergibt sich x nach dem bisher Gesagten aus der Konzentrationsänderung Δa_i des Stoffes A_i und dessen stöchiometrischen Koeffizienten ν_i der Bruttoreaktionsgleichung:

$$x = \frac{\Delta a_i}{\nu_i}. \qquad \text{(Gl. 4-13)}$$

Demnach können generell folgende Fälle unterschieden werden:

i. Liegt genau ein isobestischer Punkt vor, dann ist es möglich, daß die Reaktion einheitlich abläuft und beobachtete Extinktionsänderungen von nur einer Reaktionslaufzahl abhängig sind. Dieser Fall tritt beispielsweise bei der monomolekularen Reaktion $A \rightarrow B$ bzw. bei der Konkurrenzreaktion $A \rightarrow B$, $A \rightarrow C$ auf. Beide Reaktionstypen können typischerweise für den hier zu untersuchenden Photoabbau von Pestiziden verantwortlich sein.

ii. Werden mehrere isosbestische Punkte beobachtet, so läuft die Reaktion sehr wahrscheinlich einheitlich ab.

iii. Weist das Reaktionsspektrum einen Bereich auf, in dem sich die UV-VIS-Spektren schneiden, ohne exakt durch einen isosbestischen Punkt zu gehen, so liegt mit Sicherheit eine nicht einheitliche Reaktion vor, unabhängig davon, wie viele isosbestische Punkte vorhanden sind.

iv. Schneiden sich die Spektren überhaupt nicht, so kann auf spektroskopischer Basis keine Aussage über die Einheitlichkeit der Reaktion gemacht werden.

Darüber hinaus müssen folgende zwei Grenzfälle berücksichtigt werden:

i. Pseudo-isosbestische Punkte können eine einheitliche Reaktion vortäuschen. Diese Punkte treten auf, wenn sich die Extinktion im Verlauf der Reaktion nur zufällig nicht ändert, da entweder die Extinktionen im Rahmen der Meßgenauigkeit gleich groß sind oder alle auf das erste Produkt folgenden Komponenten nicht absorbieren. Dieser Fall kann z. B. bei Folgereaktionen auftreten, die in der Regel keine isosbestischen Punkte aufweisen sollten.

ii. Quasi-isosbestische Punkte liegen vor, wenn sich die Extinktion einer Wellenlänge über einen längeren Zeitraum nur unwesentlich ändert. Dadurch können einfache Photoreaktionen vorgetäuscht werden, wenn das Zeitintervall zu kurz gewählt wird.

Allgemein kann gesagt werden, daß mit Hilfe von Reaktionsspektren beim Vorliegen einer einheitlichen Reaktion ein bestimmter Mechanismus postuliert und bestätigt werden kann. Voraussetzung ist allerdings, daß ein möglichst großer Spektralbereich berücksichtigt wird, um die Absorption aller Komponenten zu erfassen.

Im Rahmen der graphischen Ranganalyse kann die Einheitlichkeit der betreffenden Reaktion überprüft und die Anzahl der linear unabhängigen Teilreaktionen ohne großen numerischen Aufwand aus der experimentell gewonnenen Meßwertmatrix E(λ, t) bestimmt werden. Diese Vorgehensweise ist in der Literatur detailliert und sehr anschaulich beschrieben (Perkampus und Kaufmann 1991). In Tabelle 4-1 sind exemplarisch einige Reaktionen zusammengefaßt, die sich mit dieser Methode je nach der Reaktionsordnung n und dem Rang s unterscheiden lasssen.

Tabelle 4-1: Einteilung chemischer Reaktionen nach der Ordnung n und dem Rang s.

Rang s	Ordnung n	Reaktionssysteme
1	1	$A \rightarrow B$
		$A \rightleftharpoons B$
		$A \rightarrow B,\ A \rightarrow C$
2	1	$A \rightarrow B,\ C \rightarrow D$
		$A \rightarrow B \rightarrow C$
1	2	$2A \rightarrow B$
		$A + B \rightarrow C + D$
		$A + B \rightleftharpoons C$
		$A + B \rightleftharpoons C + D$
2	2	$2A \rightarrow B \rightarrow C$
		$A + B \rightarrow C \rightarrow D$
		$A + B \rightleftharpoons C \rightarrow D + A$
		$A + B \rightarrow C + D,\ A + E \rightarrow F + G$
1	3	$3A \rightleftharpoons B$

4.4 Gesetzmäßigkeiten für Photoreaktionen

Zunächst geht man von der Definition der Reaktionsgeschwindigkeit aus, die für eine *j*-te Phototeilreaktion wie folgt lautet:

$$\dot{x}_j = \varphi_j^{A_i} \, I_{A_i} \qquad \text{(Gl. 4-14)}$$

Hierin ist A_i der Stoff, der die Photoreaktion auslöst, $\varphi_j^{A_i}$ bedeutet die partielle Quantenausbeute der betrachteten Reaktion und I_{A_i} ist die von A_i pro Zeit- und Volumeneinheit absorbierte Lichtmenge. Für diese gilt:

$$I_{A_i} = \frac{N_{A_i}}{F \, l \, \Delta t}, \qquad \text{(Gl. 4-15)}$$

wobei F die Querschnittsfläche und l die Schichtdicke der Küvette ist, die bestrahlt wird. N_{A_i} ist die Molmenge an Photonen, die von dem Stoff A_i in der Zeit Δt absorbiert wird. Gemäß des LAMBERT-BEERschen Gesetzes nimmt die Lichtintensität innerhalb der Küvette ausgehend von der Intensität I_o des auf die Küvette treffenden Anregungslichtes exponentiell ab. Dabei ist I_o auf die Flächeneinheit bezogen und wird folgendermaßen definiert, wenn man mit N_o die Menge an Lichtquanten (in Moleinheiten) bei der Bestrahlungswellenlänge λ' bezeichnet, die im Zeitintervall Δt durch die Querschnittsfläche F der Küvette fällt:

$$I_o = \frac{N_o}{F \, \Delta t}. \qquad \text{(Gl. 4-16)}$$

Berücksichtigt man einerseits, daß sich bei der Bestrahlungswellenlänge die Lichtschwächung in der Küvette während der Photoreaktion aus den Beiträgen aller absorbierenden Komponenten zusammensetzt und bezieht andererseits die Angaben zur Lichtintensität grundsätzlich auf die Volumeneinheit 1 Liter, dann läßt sich zwischen den Größen I_{A_i} und I_o der folgende explizite Zusammenhang ableiten:

$$I_{A_i} = 1000 \, I_o \left(\frac{1 - 10^{-E'}}{E'} \right) \varepsilon_i' \, a_i. \qquad \text{(Gl. 4-17)}$$

Hierbei ist E' die (gemessene) Extinktion des Reaktionsgemisches bei λ' und ε_i' der Extinktionskoeffizient des Stoffes A_i bei λ', der mit der Konzentration a_i vorliegt. Führt man in diese Gleichung die oben angegebene Definition der Reaktionsgeschwindigkeit $\dot{x}_j$ ein, erhält man die wichtige *Grundgleichung der Photochemie*:

$$\dot{x}_j = 1000\, I_0\, \varepsilon_i'\, a_i\, \varepsilon_j^{A_i} \left(\frac{1-10^{-E'}}{E'} \right). \qquad \text{(Gl. 4-18)}$$

Da sich während der Photolyse die Werte für E' und a' gewöhnlich zeitabhängig ändern, verliert obige Beziehung den Charakter einer linearen Differentialgleichung. Um die Reaktionsgeschwindigkeit hinsichtlich einer möglichst einfachen Auswertung dennoch als lineare Differentialgleichung formulieren zu können, muß die Zeitachse t durch Integration in die „transformierte Zeit Θ" überführt werden. Hierfür gilt definitionsgemäß:

$$d\Theta = 1000 \left(\frac{1-10^{E'}}{E'} \right) dt\,, \qquad \text{(Gl. 4-19)}$$

Aus dieser Differentialgleichung erhält man durch Integration die transformierte Zeit Θ als unabhängige Variable der kinetischen Messung:

$$\int_0^{\Theta} d\Theta = \Theta = 1000 \int_0^{t} \left(\frac{1-10^{-E'}}{E'} \right) dt \qquad \text{(Gl. 4-20)}$$

Damit kann die Reaktionsgeschwindigkeit $\dot{x}_j$ als eine von a_i linear abhängige Differentialgleichung geschrieben werden, vorausgesetzt, daß die Quantenausbeute φ_J von der Konzentration unabhängig ist. Dabei stellt der Proportionalitätsfaktor die Geschwindigkeitskonstante k_j der j-ten Reaktion dar:

$$\dot{x}_j = \frac{dx_j}{d\Theta} = \underbrace{I_0\, \varepsilon_i'\, \varphi_j^{A_i}}_{k_j}\, a_i\,. \qquad \text{(Gl. 4-21)}$$

Gilt diese Beziehung für das gesamte Photosystem, d.h. können alle Teilreaktionen mit ihren konzentrationsunabhängigen Quantenausbeuten nach Transformation der Reaktionszeit durch lineare Gleichungen des obigen Typus beschrieben werden, liegen sog.

„quasilineare Photoreaktionen“ vor. Diese können mathematisch wie entsprechende Dunkelreaktionen 1. Ordnung behandelt werden, was die Auswertung prinzipiell vereinfacht. Für den Fall, daß eine spektroskopisch-einheitliche Reaktion des Typus A → Produkte vorliegt, ergibt sich als Basis für die mathematische Auswertung der Extinktionsmessungen folgende Beziehung. Dabei wird die transformierte Zeit als Variable zugrunde gelegt, und die Extinktion E_λ bezieht sich auf die gewählte Beobachtungswellenlänge:

$$\dot{E}_\lambda = \frac{dE_\lambda}{d\Theta} = k_1 \left(E_{\lambda\infty} - E_\lambda\right) \quad \text{mit} \quad k_1 = I_o\, \varepsilon_A'\, \varphi^A . \qquad \text{(Gl. 4-22)}$$

Als Algorithmus wurde die Methode der „Formalen Integration“ eingesetzt, da es sich hierbei um ein in der Praxis sehr bewährtes mathematisches Auswerteverfahren handelt. Außerdem bietet es die Vorteile, daß weder äquidistante Extinktionen noch die Extinktionen $E_{\lambda\infty}$ am Reaktionsendpunkt benötigt werden. Integriert man obige Beziehung „formal“ zwischen den Grenzen Θ und (Θ + ΔΘ) ergibt sich nach Umformen die endgültige Auswertungsgleichung:

$$\frac{\Delta E_\lambda}{\Delta\Theta} = k_1\, E_{\lambda\infty} - k_1 \frac{\int_{\Theta}^{\Theta+\Delta\Theta} E_\lambda\, d\Theta}{\Delta\Theta} \qquad \text{(Gl. 4-23)}$$

Hiernach erhält man aus der Auftragung von $\Delta E_\lambda / \Delta\Theta$ gegen $\Delta\Theta^{-1} \int E_\lambda\, d\Theta$ Geraden, deren wellenlängenunabhängige Steigungen direkt die Reaktionsgeschwindigkeitskonstanten k_1 liefern, während sich aus den Ordinatenabschnitten $E_{\lambda\infty}$ berechnen läßt. Als Nachteil dieses Verfahrens ist der relativ große mathematische Aufwand zu nennen, da obiges Integral ebenso wie die Definitionsgleichung für Θ zur Umrechnung der Reaktionszeit t in die transformierte Zeitskala numerisch bestimmt werden muß. Schließlich kann bei Kenntnis der Intensität I_o des Anregungslichtes bzw. des Extinktionskoeffizienten ε_A' bei der Anregungswellenlänge die Quantenausbeute φ^A berechnet werden.

Gegenüber anderen Verfahren hat die Methode der formalen Integration den entscheidenden Vorteil, daß Abweichungen vom postulierten Reaktionsmechanismus mit hoher Signifikanz erkannt werden können. Dies ist vor allem dann möglich, wenn die Integrale sowohl durch Vorwärts- als auch durch Rückwärtsintegration gelöst werden (Aufsummieren der Einzelintegrale ausgehend vom 1. Meßpunkt zum letzten mit größer werdendem Zeitintervall ΔΘ bzw. umgekehrt); denn in diesem Fall steht der Mechanismus nur dann nicht im Widerspruch mit den Meßdaten, wenn beide Methoden Teilstücke ein und derselben Geraden liefern. Außerdem werden bei diesem Verfahren „verrauschte“ Meßwerte geglättet, da es sich um eine Integralmethode handelt.

5 Aktinometrie

5.1 Allgemeines zur Aktinometrie

Die Messung von Bestrahlungsstärken (Aktinometrie, von *griech.*: aktis = Strahl) ist sowohl für die Photochemie bzw. Photokinetik als auch für industrielle Anwendungen von Bedeutung. In der Praxis werden hierfür meist physikalische Strahlungsempfänger verwendet, da sie bei Relativmessungen recht genau sind und zudem einen nur geringen meßtechnischen Aufwand verursachen. Grundsätzlich zeigen aber alle physikalischen Detektoren infolge der besonders im ultravioletten Spektralgebiet verhältnismäßig rasch erfolgenden Alterung des photoaktiven Materials eine relativ geringe Langzeitstabilität. Eine hohe Meßgenauigkeit kann demnach nur durch regelmäßiges Nacheichen gewährleistet werden. Neben der Messung von Strahlungsintensitäten lassen sich physikalische Aktinometer auch zur Bestimmung von Quantenausbeuten nutzen (Baumann et al. 1983; Behrmann et al. 1983).

Auch Photoreaktionen können als chemische Aktinometersysteme eingesetzt werden, sofern sie speziellen photokinetischen Anforderungen genügen. So muß der Mechanismus der Photoreaktion ebenso bekannt sein wie die Ratenkonstanten, die partiellen photochemischen Quantenausbeuten, sowie die spektrale Absorption der Reaktanden und die Absorptionsbedingungen bei der Bestrahlungswellenlänge während der Bestrahlungsdauer. Dabei kann es sich sowohl um einfache als auch komplizierte Photoreaktionen handeln. Allerdings muß gewährleistet sein, daß die Aktinometerreaktion kinetisch einheitlich, zumindest spektroskopisch einheitlich (bei geeigneter Wahl der experimentellen Randbedingungen) verläuft, d.h. die Konzentration eines jeden Stoffes muß eine lineare Funktion der Konzentrationen der anderen Stoffe sein. Zur Definition und Bedeutung der photokinetischen Terminologie sei auf Kapitel II.4 und die dort zitierte Literatur verwiesen.

Die Anzahl chemischer Aktinometer, ob für den Einsatz im ultravioletten Spektralgebiet oder für den Infrarotbereich, ist außerordentlich groß (Kuhn et al. 1989). In Tabelle 5-1 sind einige interessant erscheinende Aktinometersysteme der letzten Jahre mit Angabe des jeweiligen Wellenlängenbereiches zusammengestellt. Darüber hinaus finden sich in der Literatur grundlegende und umfassende Arbeiten zur Anwendung und Auswertung der chemischen Aktinometrie (Mauser 1975; Mitzner et al. 1977; Frank und Gauglitz 1978; Bunce 1981; Gauglitz und Hubig 1984). Grundsätzlich gilt, daß je nach den Absorptionsbedingungen die Intensitätsmessung als integrales oder differentielles Verfahren ausgelegt werden kann. So werden bei ausreichend hoher Konzentration der Aktinometerlösung alle pro Volumen- und Zeiteinheit auftreffenden Photonen vom Aktinometer absorbiert (Totalabsorption, d.h. Extinktion $E > 2$), d.h. durch Bestimmung des photochemischen Umsatzes werden alle eingestrahlten Photonen erfaßt (integrales Verfahren). Hingegen absorbieren verdünnte Aktinometerlösungen nur einen Teil der auftreffenden Photonen (Teilabsorption, d.h. $E < 1$). Ein Photonenzählen ist damit nicht mehr durchführbar und die

Messung beruht auf der Verfolgung der zeitlichen Konzentrationsänderung eines analytisch einfach zu erfassenden Reaktanden durch Aufnahme der Reaktionsspektren (differentielles Verfahren). Der Vorteil vollständig absorbierender Lösungen liegt darin, daß hinsichtlich einfacher Auswertegleichungen mathematische Näherungen der zum Teil sehr komplexen kinetischen Zusammenhänge gemacht werden können. Demgegenüber müssen für den Fall, daß Teilabsorption vorliegt, die expliziten Differentialgleichungen gelöst werden. Allerdings ist die spektroskopische Verfolgung der Reaktion beim integralen Verfahren prinzipiell schwieriger, während bei schwach absorbierenden Lösungen der Vorteil genutzt werden kann, daß sich bei photometrischer Messung der Reaktionskinetik Beobachtungswellenlängen mit signifikanten Extinktionsänderungen auswählen lassen.

Tabelle 5-1: Einige neue chemische Aktinometer.

Aktinometer	Anwendung	Literatur
2,4-Dimethoxy-6-phenoxy-*s*-triazin[a]	250 - 270 nm	(Murata et al. 1991)
γ-1,t-2,t-3,c-4-Tetraphenylcyclobutan[a]	250 - 270 nm	(Murata et al. 1991)
Kaliumperoxodisulfat	254 nm	(Mark et al. 1990b)
Aberchrome™ 540	310 - 370 nm	(Boule u. Pilichowski 1993)
9,10-Dimethylanthracen[b]	334 - 395 nm	(Adick et al. 1988)
Riboflavin-Na_2EDTA	350 - 450 nm	(Lingamurthy et al. 1992)
Benzophenon/Benzohydrol[c]	366 nm	(Borderie et al. 1991)
5,12-Diphenyltetracen[b]	405 - 500 nm	(Adick et al. 1988)
4-Dicyanomethylen-2-methyl-6-[*p*-(dimethylamino)styryl]-4H-pyran (DCM)[a]	> 410 nm	(Mialocq et al. 1993)
Mesodiphenylhelianthren	670 - 795 nm	(Adick et al. 1990)

[a] Aktinometer für gepulste Strahlenquellen geeignet

[b] Polychromatische Aktinometrie möglich

[c] Aktinometrie in Rührkesseln

5.2 Bedeutung für die Wasseraufbereitung

Die Aktinometrie ist ein wesentlicher Bestandteil der bei UV-Anlagen generell vorzunehmenden Typprüfung. Darunter versteht man eine Überprüfung der UV-Reaktoren auf einwandfreie und ausreichende Funktionstüchtigkeit an Prototypen, welche durch Zertifizierung nachgewiesen werden muß. Die Einzelheiten dieses Vorgehens müssen in einer Prüfvorschrift formuliert und verbindlich festgelegt werden. Hierdurch soll gewährleistet werden, daß während der Standzeit eine Mindestbestrahlungsdosis nicht unterschritten wird. Auf diese Weise lassen sich Effekte, welche die photochemisch wirksame Strahlung nachteilig beeinflussen, durch entsprechende Erhöhung der Strahlerleistung oder Verringerung des Wasserdurchsatzes kompensieren. Zu diesen Einflußgrößen zählen Faktoren wie Alterung des Strahlers, UV-induzierte Belagbildung auf den Strahlerhüllrohren sowie das Auftreten innerer Filtereffekte durch Änderung der Wasserbeschaffenheit.

Der praxisbezogene Einsatz der standardisierten Strahlungsmessung, etwa zur Bestimmung der Desinfektionswirksamkeit von UV-Entkeimungsanlagen, wird am Beispiel der sog. mikrobiologischen Dosimetrie gezeigt. Bei dieser Methode wird die Inaktivierung von Mikroorganismen für die Kalibration von Photosensoren genutzt, und die Keimabtötungsrate dient als direktes Maß für die "Desinfektionswirksamkeit" des UV-Strahlers (Zemke und Schoenen 1989; Schoenen et al. 1990). Absolute Angaben der applizierten Strahlendosis sind aber nur mit der vielfach diskutierten chemischen Aktinometrie möglich, die als laborunabhängige, sowohl zeitlich als auch räumlich integrierende und absolute Meßmethode physikalischen Verfahren vorzuziehen ist (Kryschi et al. 1988; Mark et al. 1990a; von Sonntag 1990; Hoyer et al. 1992). Besondere Schwierigkeiten ergeben sich bei Wasseraufbereitungsanlagen für den photooxidativen Schadstoffabbau, da sie in der Regel mit Hg-Mitteldruckstrahlern ausgestattet sind. Infolge der Polychromasie des Anregungslichtes war eine Beurteilung der "photochemischen Wirksamkeit" durch chemische Aktinometrie als wasserwerksrelevante Methode bislang nicht möglich.

5.3 Bedeutung für die technische Photochemie

Die Kenntnis der Bestrahlungsstärke als absolute Meßgröße ist vor allem in der technischen Chemie für die Modellierung von Photoreaktionen in Laborversuchen, für die Maßstabsvergrößeung von Pilotanlagen und letztlich für die Konstruktion großtechnischer Reaktionsapparate unentbehrlich. Wie am Beispiel der Photochlorierung gezeigt wurde, ist die Dimensionierung kontinuierlich betriebener Reaktoren für die synthetische Photochemie unter besonderer Berücksichtigung des Strahlungsfeldes keineswegs ein neues Aufgabengebiet (Cassano und Smith 1966). Interessanterweise wurden schon damals komplexe Modellierungsrechnungen angewandt, um den photolytischen Schadstoffabbau in Wasser möglichst zweckmäßig nutzbar zu machen (Matsuura und Smith 1970a; Matsuura und

Smith 1970b). Das Zusammenwirken von photochemischer Reaktion und den Transportvorgängen wurde in Abhängigkeit von der eingestrahlten Lichtintensität und der Absorption der Matrix in expliziter Form beschrieben. Allgemeine Formalismen zu dieser Thematik finden sich für verschiedene Reaktorgeometrien in der früheren Literatur (Cassano et al. 1967).

Seitdem wurden unterschiedliche Methoden vorgeschlagen, photochemische Reaktionen durch geeignete Annahmen auf einfachere Weise zu modellieren (Hartig 1970). Die spätere Beschreibung und Dimensionierung technisch genutzter Photoreaktoren durch Anwendung des BUCKINGHAM-Theorems und Definition dimensionsloser Kennzahlen stellt hierbei ein Spezialgebiet dar (Midoux et al. 1989). Von größerem Interesse war die Entwicklung geeigneter Modelle, um für beliebige Reaktorgeometrien die Intensitätsverteilung der emittierten Strahlung beschreiben zu können (Roger und Villermaux 1979; Romero et al. 1983; André et al. 1985). Vor allem neuere Arbeiten berichten über die Konzipierung möglichst zweckmäßig ausgelegter Photoreaktoren zur Wasserbehandlung (Iatridis et al. 1990; Findeling et al. 1993). Mittlerweile sind zur Berechnung der Strahlungsverteilung in photochemischen Reaktoren zahlreiche Modelle bekannt geworden (Alfano et al. 1986). Dabei haben vor allem die Emissionsmodelle besondere Bedeutung erlangt. Für annulare Reaktoren mit negativer Bestrahlungsgeometrie haben sich folgende Modelle manifestiert:

i. *LSPP-Modell (Line Source with Emission in Parallel Planes)*:
Dieses Modell beruht auf der Hypothese einer rechtwinklig von einer zweidimensionalen Strahlungsquelle ausgehenden radialen Strahlung. Die Strahlungsbilanz kann für eine bestimmte Wellenlänge in einem definierten Reaktorvolumen für ein homogenes Reaktionsystem aus dem LAMBERT-BEERschen Gesetz durch Integration über die optische Weglänge berechnet, wobei man Radialkoordinaten einsetzt. Dieses Modell ergibt recht unbefriedigende Ergebnisse.

ii. *LSSE-Modell (Line Source with Spherical Emission)*:
In diesem Modell wird die räumliche Strahlungsverteilung berücksichtigt. Man nimmt an, daß sich die Strahlungsquellen aus einzelnen zweidimensionalen Strahlern zusammensetzt, die isotrop emittieren. Jedes Segment wird mathematisch separat behandelt und die Strahldichten berechnet. Zur Berechnung der Strahlungsbilanz des Reaktors werden die einzelnen Beiträge aufsummiert.

iii. *ESVE-Modell (Extense Source with Voluminal Emission)*:
Das Modell geht von der Anschauung des LSSE-Modells aus, mit dem Unterschied, daß man eine lineare Lichtquelle mit endlichem Radius betrachtet. Die Strahlungsquelle mit zylindrischer Geometrie besitzt daher an jedem Punkt der Oberfläche konstante Emissionseigenschaften. Für Modellrechnungen wird angenommen, daß eine endliche Zahl punktförmiger Emissionsquellen im Lampenvolumen gleichmäßig verteilt ist.

6 Fließsysteme in der Analytik

6.1 Allgemeines und Klassifikation

Die Forschung und die Produktion sind immer mehr auf eine leistungsfähige Analytik angewiesen. Bei steigender Anzahl an durchzuführenden Analysen nimmt meist auch die Forderung nach höherer Präzision und Richtigkeit zu. Diese Anforderungen führten in den sechziger Jahren zum Durchbruch automatisierter Analyseverfahren (Doerffel et al. 1986; Valcarcel und Luque de Castro 1988). Dabei bezieht sich die Automatisierung nicht allein auf einzelne Verfahrensschritte, sondern auf den gesamten Prozeß von der Probennahme bis hin zur Detektion. Zur Durchführung von Analysen stehen prinzipiell zwei Methoden zur Auswahl, nämlich die stationäre Analyse, d.h. die diskontinuierliche Einzelprobenanalyse, sowie die quasi-kontinuierlich ablaufende Durchflußanalyse. Fließanalytische Verfahren zeichnen sich gegenüber diskontinuierlichen Methoden durch entscheidende Vorteile aus:

i. Die Reproduzierbarkeit ist im allgemeinen sehr hoch.
ii. Die Arbeitsproduktivität ist größer als bei der Einzelanalyse.
iii. Die hohe Flexibilität gewährleistet ein rasches Anpassen des Systems an die analytische Fragestellung.
iv. Die Verfahren lassen sich verhältnismäßig einfach automatisieren.
v. Der Reagenzienverbrauch ist gering.
vi. Die Analyse ist im geschlossenen System durchführbar.

Dementsprechend vielfältig ist mittlerweile der Anwendungsbereich von Fließsystemen geworden. So erstreckt sich ihr Einsatz von der Umweltanalytik (Wasser- und Bodenanalytik) über die Lebensmittelanalytik und Biotechnologie bis in den Pharmabereich und die klinische Chemie und ist gleichermaßen für die industrielle Analytik von großer Bedeutung.

Mit der Fließanalyse wird im weitesten Sinn jedes analytische Verfahren bezeichnet, bei dem der Analyt in einen durch das System kontinuierlich geförderten Trägerstrom eingeschleust wird. Die Probenzone durchläuft schließlich einen Durchflußdetektor und erzeugt dort ein zur Konzentration proportionales Signal. Im System selbst, d.h. zwischen der Probenaufgabe und der Detektion, kann der Analyt durch Einmischung von Reagenzien in den Trägerstrom oder, insbesondere bei reversiblen Reaktionen, durch immobilisierte Reaktanden chemischen Umwandlungen unterzogen werden. Eine solche Derivatisierung ist oftmals notwendig, um den Analyt in eine detektierbare Form zu überführen.

Obwohl die Einstellung von Volumenströmen ebenso wie die Injektion des Analyten und die Einspeisung von Reagenzien in den Trägerstrom mit sehr großer Präzision erfolgt, kann eine Verbreiterung der Probenzone, die zwischen Injektions- und Detektionsort infolge des hydrodynamischen Massentransports zwangsläufig in Erscheinung tritt, nicht vermieden werden. Dieser als Dispersion bezeichnete Effekt ist jedoch äußerst reproduzierbar und stellt bei Fließsystemen letztendlich die charakteristische Verfahrensgröße dar.

Im allgemeinen arbeiten alle chromatographischen Analysenmethoden sowie auch die Kapillarzonenelektrophorese nach diesem fließanalytischen Prinzip. Dies verdeutlicht Abbildung 6-1, in der verschiedene Fließverfahren gegenübergestellt sind. Im Gegensatz zur Hochleistungsflüssigkeitschromatographie (**h**igh **p**erformance **l**iquid **c**hromatography, HPLC), die als analytisches Standardverfahren weitgehend bekannt ist, sollen im folgenden die klassische kontinuierliche Durchflußanalyse (**c**ontinuous **f**low **a**nalysis, CFA) sowie die Fließinjektionsanalyse (**f**low **i**njection **a**nalysis, FIA) näher erläutert werden (Ruzicka und Hansen 1988; Doerffel et al. 1994).

Das Grundkonzept der kontinuierlichen Durchflußanalyse, die in ihrer ursprünglichen Form als luftsegmentiertes Fließsystem ausgelegt worden ist, geht auf das Jahr 1957 zurück. Bei dieser Art von Durchflußanalysatoren werden die Probensegmente durch eingeschleuste Luftblasen voneinander getrennt, wodurch die Identität der einzelnen Proben erhalten bleibt. Gemäß der Darstellung in Abbildung 6-1 fließt die Reaktionsmischung in zwei Strömungsarten durch das System, nämlich als luftsegmentierter Strom vom Mischstück bis zum Luftabscheider und von dort ab als nichtsegmentierter Strom bis zum Detektor.

Die geringe Dispersion in luftsegmentierten Fließsystemen kommt ausschließlich dadurch zustande, daß ein dünner, die Schlauchinnenwand benetzender Flüssigkeitsfilm eine der Fließrichtung entgegengesetzte Strömung in das dahinter liegende Probensegment ermöglicht. Die hierdurch verursachte Vermischung ist jedoch sehr gering, und man erhält ein sehr homogenes Probensegment, das vom Detektor erfaßt wird. Das Einschleusen der Luftblasen bringt allerdings auch Nachteile mit sich. So neigt der Trägerstrom infolge der Komprimierbarkeit der Luft eher zum Pulsieren als zum regelmäßigen Fließen, wodurch die Bewegung des Trägerstroms besonders beim Stoppen und Starten nicht exakt kontrolliert werden kann.

Außerdem läßt sich die Größe der Luftblasen nur schwer überwachen. Um Signalschwankungen durch Unregelmäßigkeiten im luftsegmentierten Fluß zu minimieren, wird die Probenfrequenz erniedrigt. Diese Bedingung gewährleistet außerdem, daß sich das System bezüglich der ablaufenden hydrodynamischen Prozesse im Gleichgewicht befindet. Die Luftsegmentierung hält damit zwar die Dispersion der einzelnen Proben sehr gering, ist aber an eine niedrige Probenfrequenz gebunden. Darüber hinaus ist ein CFA-System im Vergleich zur FIA wesentlich komplexer aufgebaut, da selbst bei einem einzigen Derivatisierungsschritt mit nur einem Reagenz eine Vierkanalpumpe benötigt wird. Für ein FIA-System wäre dagegen eine Einkanalpumpe ausreichend.

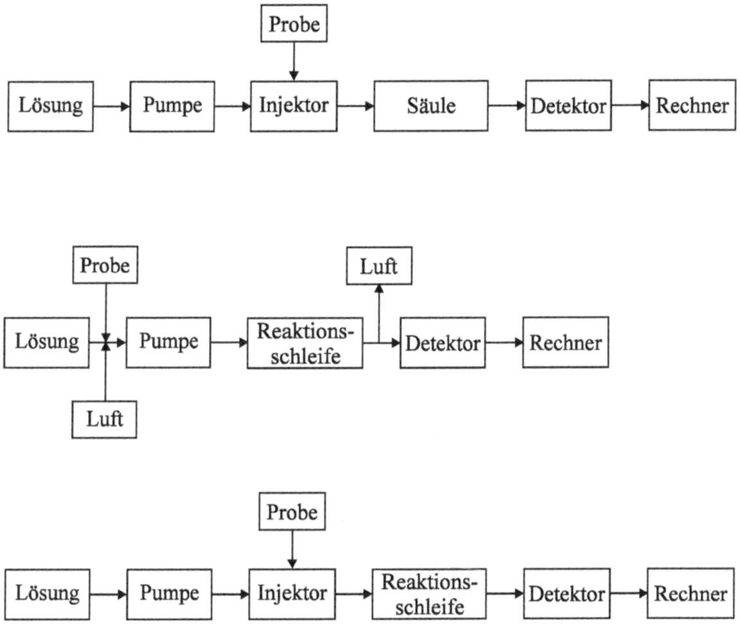

Abbildung 6-1: Schematische Darstellung von Fließsystemen: HPLC (oben), CFA (Mitte) und FIA (unten).

Bei der Fließinjektionsanalyse wird auf eine Luftsegmentierung vollkommen verzichtet. Die gelöste Probe wird in einen kontinuierlich fließenden nichtsegmentierten Trägerstrom injiziert und über eine Pumpe zum Detektor transportiert. Auf dem Weg dorthin werden verschiedene Reagenzien zugemischt, die in nachgeschalteten Reaktionsschleifen mit dem Analyt zur Umsetzung kommen. Damit beeinflussen zwei Prozesse das Detektorsignal, und zwar einerseits der physikalische Vorgang der Dispersion und andererseits die chemische Reaktion. Im Gegensatz zu luftsegmentierten Fließsystemen handelt es sich hierbei, bezogen auf die Proben- und die Trägerlösung, um ein offenes System, in dem ein stetiger Stoff- und Energieaustausch möglich ist. Der Stoffaustausch wird somit durch Diffusion, Konvektion und die ablaufenden chemischen Reaktionen bestimmt. Um die gewünschte hohe Präzision der Methode zu erreichen, muß die Dispersion innerhalb des Systems streng reproduzierbar sein. Diese Forderung wird aber gerade bei der Anwendung von Fließsystemen erfüllt.

Die Kontrolle der Dispersion erfolgt bei der FIA über die im folgenden Abschnitt diskutierten Systemparameter. Aufgrund der kontinuierlichen laminaren Strömung findet zwischen Trägerstrom und Probe auch in axialer Richtung eine gewisse Vermischung statt, wodurch sich die Dispersion erhöht. Durch den Verzicht auf die Luftsegmentierung treten keine Unregelmäßigkeiten im Strömungsverhalten auf und die Dispersion ist reproduzierbarer als im CFA-System. Vergleichend läßt sich sagen, daß mit der FIA-Technik die größten Probendurchsätze bei gleichzeitig geringstem Reagenzienverbrauch erzielt werden können.

6.2 Grundlegendes zur Dispersion

Der Analyt wird zunächst als definierte Probenzone, die idealerweise einer Rechteckbande entspricht, in das System gebracht und sodann vom Flüssigkeitsstrom mitgerissen. Während des Transportes der Probenzone im Trägerstrom vom Injektionsort zum Detektor findet so eine mehr oder weniger starke axiale Vermischung der Probenzone mit der Trägerlösung statt. Der Analyt und im Falle von Derivatisierungsschritten auch das Reaktionsprodukt werden verdünnt, und das Detektorsignal wird herabgesetzt. In der Praxis ist der Intensitätsverlust als Kombination von axialer Konvektion und radialer Diffusion zu verstehen. Aus dieser Betrachtungsweise ergibt sich zur formalen Beschreibung der Dispersion nachstehende Definition, worin c_o die Ausgangskonzentration der injizierten Probe ist, während c_{max} die Konzentration im Volumenelement der dispergierten Probenzone bedeutet, die dem Signalmaximum entspricht. Die Signalhöhen beziehen sich somit auf c_o und c_{max}. Eine veranschaulichende Darstellung zur Definition der Dispersion zeigt Abbildung 6-2.

$$D = \frac{C_o}{C_{max}} = k \frac{H_o}{H_{max}} \qquad \text{(Gl. 6-1)}$$

Bei einem linearen Zusammenhang zwischen der Konzentration C und der Signalhöhe H, wie es z.B. für das LAMBERT-BEERsche-Gesetz bei photometrischer Detektion zutrifft, kann die Dispersion D durch Bestimmung von H_o und H_{max} sehr einfach berechnet werden, da in diesem Fall $k = 1$ gilt. Aus der Definitionsgleichung ergibt sich, daß bei einer Dispersion von $D = 2$ wegen $C_{max} = \frac{1}{2} C_o$ eine Verdünnung der Probenlösung durch den Trägerstrom im Verhältnis 1:1 stattfindet. Allgemein besteht folgender Zusammenhang zwischen dem Volumenmischungsverhältnis $\gamma_v = 1{:}x$ und der Dispersion:

$$D = \frac{\gamma_V + 1}{\gamma_V} \quad \text{bzw.} \quad \gamma_V = \frac{1}{D - 1} \qquad \text{(Gl. 6-2)}$$

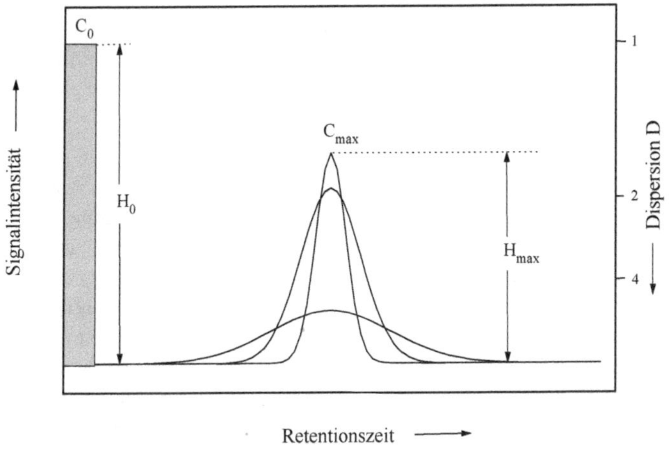

Abbildung 6-2: Veranschaulichung zur Definition der Dispersion.

Die Dispersion im Fließsystem kann durch verschiedene Betriebsparameter wirkungsvoll beeinflußt werden. Dabei bieten sich nicht bei jedem Fließverfahren alle Parameter zur Variation an, da bestimmte Größen aufgrund instrumenteller Gegebenheiten nicht verändert werden können. Prinzipiell kann die Dispersion neben dem injizierten Probenvolumen vor allem durch die Hydrodynamik variiert werden. Der zuletzt genannte Parameter wird durch den Schlauchquerschnitt, die Verweilzeit und die Fließgeschwindigkeit bestimmt.

Mit steigendem Probenvolumen nimmt die Signalintensität bis zu einem Maximalwert zu. In diesem Fall entspricht die gemessene Intensität dem Signal der unverdünnten Lösung, d.h. die Dispersion beträgt 1. Für das injizierte Probenvolumen V_p gilt unter der Voraussetzung, daß sonst alle anderen Parameter konstant gehalten werden, folgender Zusammenhang, worin k eine empirische Konstante ist:

$$\frac{C_{max}}{C_0} = 1 - e^{-kV_p} = \frac{1}{D} \qquad \text{(Gl. 6-3)}$$

Um 50 % der maximalen Intensität zu erreichen, entsprechend D = 2, wird ein bestimmtes Probenvolumen benötigt, das man als $V_{1/2}$ bezeichnet. Bei der Injektion von $V_p = 2 \cdot V_{1/2}$ erhält man 75 % der maximalen Intensität, was einer Dispersion von 1,33 entspricht bzw. einer Verdünnung der Probenzone im Verhältnis 1:3. So gesehen kann auch bei Injektion eines Vielfachen von $V_{1/2}$ eine Dispersion von genau 1 nicht erreicht werden. Üblicherweise beträgt für analytische Zwecke das Probenvolumen das ein- bis zweifache von $V_{1/2}$, womit Dispersionen zwischen 2 und 1,33 erreicht werden. Hieraus erkennt man, daß mit steigendem Probenvolumen die Dispersion sowie die Verdünnung des Analyten abnimmt, so daß die Signalintensität und damit die Empfindlichkeit der Messung steigt.

Die Größe $V_{1/2}$ kann durch den Schlauchinnendurchmesser d beeinflußt werden. Je kleiner der Wert für d gewählt wird, umso kleiner wird $V_{1/2}$, da die Probe wegen $V_p = \pi \cdot L \cdot d^2/4$ eine größere Strecke im Schlauch einnimmt und das Zentrum der Probenzone weniger von Vermischungseffekten betroffen ist. Dies bedeutet bei einer Halbierung des Schlauchinnendurchmessers d eine viermal so große Schlauchlänge L, woraus theoretischen Betrachtungen zufolge ein viermal kleinerer Wert für $V_{1/2}$ resultiert (Ruzicka und Hansen 1988). Die Probenzone unterliegt also bei der Verwendung von Schläuchen mit geringeren Innendurchmessern einer kleineren Dispersion. Ferner wird nach folgender Gleichung durch die Schlauchlänge L auch die hydrodynamische Verweilzeit τ der Probe beeinflußt, die sich im Trägerstrom mit der Fließgeschwindigkeit w bewegt. Zudem ist die Verweilzeit τ durch den Volumenstrom $\dot{V}$ und dem Volumen V_R der Reaktionsschleife festgelegt:

$$\tau = \frac{L}{w} = \frac{V_R}{\dot{V}} \qquad \text{(Gl. 6-4)}$$

Die einfachste Möglichkeit die Dispersion zu verändern, besteht daher in der Variation der Schlauchlänge und damit in der Verweilzeit. Für die Abhängigkeit der Dispersion von diesen Größen konnte folgender Zusammenhang gezeigt werden:

$$D \propto \sqrt{L} \propto \sqrt{\tau} \qquad \text{(Gl. 6-5)}$$

Die Dispersion der Probenzone steigt also mit der Quadratwurzel der Schlauchlänge bzw. der Verweilzeit an. Da mit zunehmender Schlauchlänge aber nicht nur die Dispersion größer wird, sondern auch infolge der Signalverbreiterung die Intensität abnimmt, empfiehlt es sich, ab einer bestimmten Schlauchlänge die Pumprate herabzusetzen und eine kürzere Schlauchlänge zu wählen. Mit Gleichung (6-5) kann die Änderung der Dispersion ΔD berechnet werden, die sich bei einer Änderung der Schlauchlänge ergibt:

$$\frac{D_1}{D_2} = \sqrt{\frac{L_1}{L_2}} = \sqrt{\frac{\tau_1}{\tau_2}}, \quad \text{wobei} \quad L_2 > L_1 \qquad \text{(Gl. 6-6)}$$

und mit $\Delta D = D_2 - D_1$

$$\Delta D = D_1 \left(\sqrt{\frac{L_2}{L_1}} - 1 \right). \qquad \text{(Gl. 6-7)}$$

Für praktische Zwecke wird die Dispersion in die folgenden Bereiche eingeteilt:

D = 1 – 3: Das Zentrum der Probenzone ist weitgehend unbeeinflußt von Durchmischungsprozessen mit dem umgebenden Trägerstrom (begrenzte Dispersion). Das System dient hauptsächlich dem Transport.

D = 3 – 10: Es findet eine wirksame Durchmischung der Probenzone mit dem Reagenzienstrom statt, so daß Derivatisierungen ausgenutzt werden können (mittlere Dispersion).

D > 10: Die Durchmischung der Probenzone mit dem Trägerstrom ist vollständig (hohe Dispersion). In diesem Fall werden die Konzentrationsprofile der Probenzone genutzt, z.B. für Titrationen.

6.3 Spezielle Anwendungen

Fließanalysenverfahren sind zur Automatisierung herkömmlicher naßchemischer Bestimmungsmethoden besonders geeignet, vor allem dann, wenn zahlreiche Matrixbestandteile in großen Probenserien mit hoher Analysenfrequenz unter reproduzierbaren Bedingungen zu bestimmen sind. Dieser Fall liegt in der analytischen Praxis insbesondere bei der Durchführung von Einheitsverfahren vor. Als Beispiel hierfür sei die photometrische Bestimmung von Ammonium-Stickstoff mit der Fließinjektionsanalyse und der kontinuierlichen Durchflußanalyse genannt (DIN 38 406-E23-1 1993). Weitere Methoden, die hinsichtlich der Qualitätskontrolle von Grund- oder Trinkwasser sowie von aufbereitetem Wasser Bedeutung erlangen könnten, stellen Verfahren zur Bestimmung von Oxidantien dar. Dies betrifft beispielsweise die photometrische Detektion von Ozon im Fließsystem. Die Methode beruht auf der Entfärbung des Fe(II)-Komplexes von 2-(5-Brom-2-pyridylazo)-5-(N-propyl-N-sulfopropylamino)-anilin (Onari 1994). Auch für die Bestimmung von Wasserstoffperoxid ist unlängst ein auf potentiometrischer Detektion basierendes spurenanalytisches Verfahren bekannt geworden, das die Oxidation von Bromid zu Brom unter Beteiligung von Mo(VI) ausnutzt (Ohura et al. 1996).

Desweiteren spielt bei der Überwachung der Wasserqualität die kontinuierliche Erfassung toxischer Wasserinhaltsstoffe eine erhebliche Rolle. Die fließanalytische Bestimmung von Thioharnstoff, das als karzinogene Verbindung vielfach in der Umwelt gefunden worden ist, soll in diesem Zusammenhang beispielhaft genannt werden. Das Verfahren beruht auf der Oxidation von Thioharnstoff durch Tl(III)-Ionen mit der gleichzeitigen Freisetzung von

Tl(I)-Ionen, die fluorimetrisch detektiert werden können (Tomás et al. 1995). Eine ähnliche Problematik ergibt sich aus der bereits diskutierten Bildung von Bromat, für das nach Kapitel I.5.5 einige fließanalytische Bestimmungsmethoden bekannt sind (Pilipenko et al. 1989; Shakir und Faizullah 1989; Gordon et al. 1994).

Ein spezielles Anwendungsgebiet von Fließsystemen ist die Nachsäulenderivatisierung als chemischer Schritt klassischer chromatographischer Methoden, um den Analyt in eine detektionsfähige Form zu bringen. Besonders in der Ionenchromatographie ist die Nachsäulenderivatisierung eine praxiserprobte Technik zur UV/VIS-spektroskopischen und fluorimetrischen Detektion. Dabei wird der Säulenausstrom nach erfolgter Trennung der zu untersuchenden Ionen einer Derivatisierung unterzogen. Hierzu zählt z.B. die photometrische Bestimmung von Übergangs- und Schwermetallionen durch Trennung an einem Ionenaustauscher als Oxalat- oder PDCA-Komplexe (Pyridin-2,6-dicarbonsäure) und anschließender Reaktion mit 4-(2-Pyridylazo)-resorcin (Yan und Schwedt 1987). Die Zuführung der Reagenzien kann dabei auf konventionelle Weise mit Hilfe von T-Stücken und entsprechenden Verschlauchungen erfolgen, oder durch Verwendung eines Membranreaktors mit einer für die Reagenzien semipermeablen Membran. Darüber hinaus wurde auch für Chrom(VI) durch Umsetzung mit 1,5-Diphenylcarbazid sowie für Aluminium durch Komplexbildung von $AlSO_4^+$-Ionen mit 4,5-Dihydroxy-1,3-benzoldisulfonsäure eine Nachsäulenderivatisierung entwickelt (Weiß 1991). Für die Analytik von Erdalkalimetallen ist ein äußerst selektives Verfahren bekannt, bei dem der photometrische Nachweis auf der Komplexbildung der Analyten mit [o-(1,8-Dihydroxy-3,6-disulfo-2-naphthylazo)-benzolarsonsäure] (Arsenazo I) beruht. Ein analoges Verfahren kann auch zur Bestimmung von Lanthaniden eingesetzt werden (Wang et al. 1984).

Für anorganische Komponenten beschränkt sich die Technik der Nachsäulenderivatisierung mit photometrischer Detektion im wesentlich auf die Analytik von Polyphosphaten und Polyphosphonaten (Weiß 1987). Da diese Substanzklasse als Komplexbildner in sehr komplizierten Matrizes, wie in Wasch- und Reinigungsmitteln, Verwendung findet und auch in den entsprechenden, bei ihrer Herstellung anfallenden Abwässern anzutreffen sind, wurden Bestimmungsverfahren mit hoher Selektivität entwickelt (Vaeth et al. 1987). Eine größere Bedeutung der Nachsäulenderivatisierung für die ionenchromatographische Analyse von Anionen hat die empfindlichere Fluoreszenzdetektion. So lassen sich die Analyten Nitrit, Thiosulfat und Iodid durch Oxidation mit Ce(IV) anhand der Fluoreszenz des sich bildenden Ce(III)-Ions nachweisen (Lee und Field 1984).

Eine sehr bekannte Methode der Fluoreszenzdetektion stellt die Analytik primärer Aminosäuren dar, die sich mit o-Phthaldialdehyd und 2-Mercaptoethanol zu einem intensiv blau fluoreszierenden Komplex umsetzen lassen. Eine analoge Reaktion mit Naphthalin-2,3-dialdehyd als Reagenz führt in Gegenwart von Cyanidionen zu 1-Cyanobenz[f]isoindolen, das noch empfindlicher nachgewiesen werden kann (de Montigny et al. 1987). Die Nachsäulenderivatisierung sekundärer Amine in einem zweistufigen Prozeß ist ebenso möglich und wird für das Herbizid Glyphosat eingesetzt (Weiß 1991).

III. ZIELSETZUNG UND AUFGABENSTELLUNG

Der zielgerichtete Einsatz fortschrittlicher Wasseraufbereitungstechnologien setzt nach wie vor ein beträchtliches Potential an praktischer Erfahrung voraus und beruht weniger auf der Umsetzung der grundlagenmäßig erforschten (photo-)chemischen Prozesse. Im Hinblick auf eine sinnvolle Betriebsplanung und Anlagendimensionierung sollten im Rahmen eines vom BMFT (Bundesministerium für Forschung und Technologie) geförderten Projektes zur photooxidativen Pestizideliminierung umwelttoxikologische sowie wirtschaftliche Aspekte der UV/Ozon-Verfahrenstechnik untersucht werden. Letztendlich sollte damit die Frage nach ökonomisch und ökologisch verträglichen Betriebsbedingungen geklärt werden. Besonderer Stellenwert galt dem Atrazin, das trotz des im Jahre 1991 in Kraft getretenen Anwendungsverbotes noch immer in bedenklichen Mengen in Grund- und Oberflächenwässern zu finden ist.

Aufgrund der äußerst vielschichtigen Problematik war es erforderlich, das Abbauverhalten verschiedener Pestizide sowohl durch UV-Photolyse als auch durch Anwendung von UV und Ozon mechanistisch sowie kinetisch zu betrachten. Die Untersuchungen sollten ausgehend von Experimenten im Labor auf praxisrelevante Bedingungen erweitert werden.

Zunächst bestand die Aufgabe darin, Bestrahlungsexperimente mit monochromatischer Laserstrahlung durchzuführen, um kinetische Parameter der UV-Photolyse wie Geschwindigkeitskonstanten und Quantenausbeuten explizit zu bestimmen. Dabei sollten sowohl organische als auch anorganische Abbauprodukte mit dem Ziel identifiziert werden, den Fragmentierungsweg anhand geeigneter Modelle zu beschreiben und den Grad der Mineralisation einzustufen. Mit den Vorteilen der Laserbestrahlung sollte schließlich auch die Abbaubarkeit von persistenten Stoffen untersucht werden, die sich als stabile Zwischenprodukte des Atrazinabbaus meist einer nachfolgenden Fragmentierung entziehen.

Hinsichtlich einer möglichst vollständigen Mineralisation sollten sich weitere Untersuchungen mit dem Einfluß von heterogenkatalytischen Prozessen auf das Abbauverhalten von Pestiziden befassen. Am Beispiel des Titandioxids sollte zunächst die photokatalytische Metabolisierung von Atrazin im Vordergrund stehen. Dabei war auch die Frage zu behandeln, welchen Einfluß die Laserbestrahlung auf den Abbau hat.

Der praxisgerechte Einsatz der UV/Ozon-Technologie zur Trinkwassergewinnung war Bestandteil eines weiteren Aufgabengebietes. Der Abbau von Atrazin bzw. Desethylatrazin und insbesondere die Bildung von Reaktionsprodukten sollten an einer Großanlage untersucht und die Abhängigkeit von den Betriebsparametern herausgefunden werden. Unter Berücksichtigung der Trinkwassergrenzwerte sollte dies letztendlich mit dem Ziel geschehen, neben toxikologischen Aspekten auch die Wirtschaftlichkeit der UV/Ozon-Technologie anzugeben.

Die Bestimmung von Lichtintensitäten polychromatisch emittierender UV-Strahler, die gewöhnlich für den oxidativen Schadstoffabbau Verwendung finden, war als weitere Teilaufgabe zu bearbeiten. Als absolutes Meßverfahren sollte für die chemische Aktinometrie ein praktikables Konzept zur Bestimmung von Bestrahlungsstärken für den schwer zugänglichen UV-C-Bereich geschaffen werden.

Der zweite Schwerpunkt dieser Arbeit umfaßt die Bearbeitung des vom DVGW (Deutscher Verein des Gas- und Wasserfaches) geförderten Projektes zur Bromatanalytik. Dabei sollten aufgrund der Grenzwertproblematik für Bromat selektive und empfindliche Nachweismethoden entwickelt und hinsichtlich ihrer Eignung als zuverlässige Routinemethoden untersucht werden.

Die Verfahren sollten auf der ionenchromatographischen Abtrennung des Analyten, Nachsäulenderivatisierung und anschließender Fluoreszenzdetektion beruhen. Während der Trennschritt für alle Verfahren zur Vermeidung von Matrixeffekten durchgeführt werden sollte, bestehen die Unterschiede zwischen den einzelnen analytischen Methoden in der Art des nachfolgenden Derivatisierungsschrittes. Dieser sollte einerseits als direkte Oxidation geeigneter Fluorophore durch Bromat erfolgen. Andererseits war an die Bromierung von Farbstoffen gedacht, wobei das Brom durch die vorgelagerte Komproportionierung des Analyten mit Bromid *in-situ* bereitgestellt werden sollte.

In Anbetracht einer hohen Nachweisstärke sollten die Reaktionsbedingungen der Teilschritte optimiert und die kinetischen Parameter limitierender Prozesse untersucht werden. Abschließend sollte ein instrumenteller Aufbau für ein routinemäßiges und automatisiertes Verfahren konzipiert, die Kalibration hierfür erstellt und die Nachweisgrenze für Bromat bestimmt werden.

IV. ERGEBNISSE UND DISKUSSION

1 UV-photolytischer Abbau von Pestiziden

1.1 Experimentelle Voraussetzungen

Die Bestimmung von Quantenausbeuten für die UV-Photolyse von Pestiziden nach den expliziten Gesetzmäßigkeiten der photokinetischen Analyse erfordert ein Experiment derart, daß alle Annahmen, welche zur Ableitung der Grundgleichung der Photochemie vorausgesetzt wurden, streng erfüllt sind. Angesichts dieser Bedingung bieten sich als Strahlungsquelle UV-Laser an, da sie eine in Bezug auf die Strahlungsintensität genau definierte und zudem monochromatische Photolyse erlauben. Dabei wird gewährleistet, daß das Anregungslicht infolge der äußerst geringen Divergenz des Laserstrahls exakt senkrecht auf das Küvettenfenster trifft. Für die durchgeführten Bestrahlungsexperimente wurde als UV-Lichtquelle ein gepulster KrF-Excimerlaser eingesetzt, da dessen Emissionswellenlänge mit $\lambda = 248$ nm im photochemisch relevanten UV-C-Bereich liegt. Langwelligere Emissionen, insbesondere im UV-B- und UV-A-Bereich, sind für photolytische Prozesse weitgehend uninteressant, da in diesen Spektralbereichen entweder die Absorption der abzubauenden Substanzen zu gering ist oder die Dissoziationsgrenze zur Einleitung von Abbaureaktionen nicht erreicht werden kann. Diese auf dem eingangs erwähnten Grundprinzip der photochemischen Aktivierung basierende Tatsache, ist zum einen aus der Literatur hinreichend bekannt und steht zum anderen in Übereinstimmung mit Kontrollexperimenten, die mit einem XeCl-Excimerlaser durchgeführt worden sind. Bei der entsprechenden Emissionswellenlänge von $\lambda = 308$ nm zeigte sich, daß trotz der im Vergleich zu kontinuierlichen Strahlern wesentlich höheren Photonendichte keinerlei Abbaureaktionen beobachtet werden konnten. Verallgemeinernd kann schließlich gesagt werden, daß die durch Bestrahlung mit $\lambda = 248$ nm gewonnenen Aussagen für Bestrahlungsexperimente mit herkömmlichen UV-Strahlern repräsentativ sind, zumal man davon ausgehen kann, daß mechanistische Unterschiede im Vergleich zu der charakteristischen Hg-Linie $\lambda = 253{,}7$ nm aufgrund der geringen Wellenlängendifferenz nicht zu erwarten sind. Für diese Annahme spricht, daß die Quantenausbeute für die UV-Anregung eines mehratomigen Moleküls innerhalb einer Absorptionsbande in kondensierter Phase als unabhängig von der Wellenlänge betrachtet werden kann (Calvert und Pitts Jr. 1966).

Gemäß der Darstellung der experimentellen Anordnung in Abbildung 1-1 wird der Laserstrahl mit Hilfe zweier Zylinderlinsen auf ein Strahlprofil von etwa (2 x 1,5) cm^2 aufgeweitet, um im Bestrahlungsexperiment eine möglichst gleichmäßige Ausleuchtung des Küvettenfensters zu erreichen. Der Laserstrahl durchläuft eine Strahlteilerplatte mit einem R/T-Verhältnis (Verhältnis der Reflexion zur Transmission) von $r = 0{,}149$ und trifft auf eine Blende mit einem Durchmesser von 16 mm, welche gewährleistet, daß der Anteil des belichteten Volumens pro Gesamtvolumen des Reaktionsraumes stets gleich groß ist. Die kontinuierliche Messung der Laserleistung erfolgt mit einem Leistungsmeßgerät, dessen Meßkopf wahlweise hinter dem Reaktionsraum oder in den vom Strahlteiler ausgekoppelten Strahlengang positioniert werden kann. Während mit der ersten Anordnung der nicht absorbierte Photonenfluß und prinzipiell die im Zuge der Reaktion eintretende Absorptionsänderung gemessen werden kann, ist es mit der letztgenannten Anordnung möglich, die Bestrahlungsstärke des auf die Küvette treffenden Primärstrahles zu verfolgen, um etwaige Instabilitäten der Laserpulsenergie zu registrieren. Die Meßwerte des Leistungsmeßgerätes werden schließlich über einen A/D-Wandler in einen Rechner eingelesen und stehen damit einer weiteren Auswertung zur Verfügung.

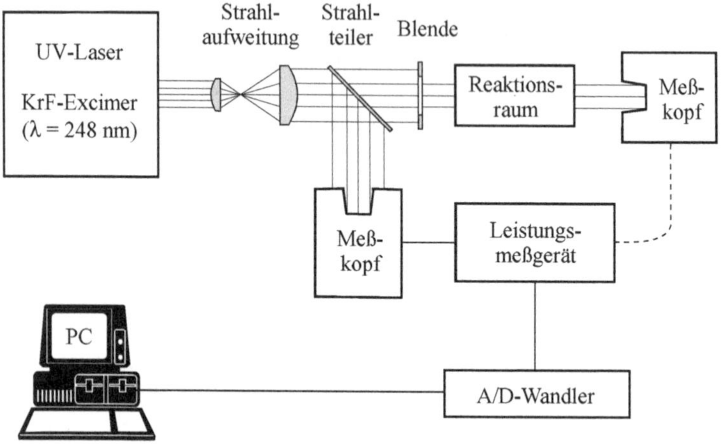

Abbildung 1-1: Experimenteller Aufbau zur Bestimmung von Quantenausbeuten für die Photolyse von Pestiziden.

Als wesentliche experimentelle Randbedingung muß die Pulsenergie genau bekannt sein und sollte sich während der Belichtungsdauer möglichst nicht ändern. Allerdings zeigten Versuche zur Stabilität der Pulsenergie, daß diese in Abhängigkeit von der Repetitionsrate zum Teil sehr hohen Schwankungen unterlag. In Abbildung 1-2 sind beispielhaft die auftretenden Fluktuationen dargestellt, wobei die Pulsenergien den Mittelwerten aus jeweils 100 Einzelmessungen und die eingetragenen Fehlerbalken den dazugehörigen Standardabweichungen entsprechen. Demnach nimmt mit Zunahme der Repetitionsrate die Streuung der Pulsenergie drastisch ab, so daß für reproduzierbare Bestrahlungsexperimente niedrige Repetitionsraten grundsätzlich zu vermeiden sind. Allerdings muß bei hohen Repetitionsraten in Betracht gezogen werden, daß die Reaktionen diffusionskontrolliert ablaufen und entgegen der Voraussetzung zu inhomogenen Konzentrationsverteilungen in der Lösung führen können.

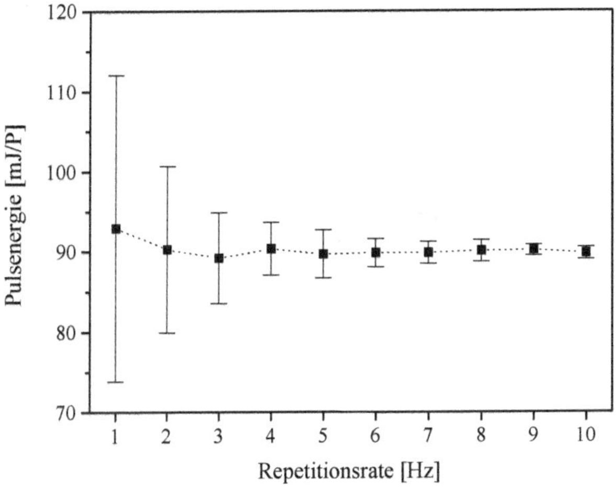

Abbildung 1-2: Fluktuationen der Pulsenergie bei Variation der Repetitionsrate (n = 100, 1s).

Letztendlich wurde für alle Bestrahlungsexperimente eine Repetitionsrate von 5 Hz gewählt, bei der einerseits der Fehler der Pulsenergie mit ± 3,35 % verhältnismäßig klein ist und andererseits keine Abhängigkeit der Abbaurate von der Rührergeschwindigkeit besteht, wie in Kontrollexperimenten gezeigt werden konnte. Einen weiteren entscheidenden Einfluß auf die Pulsenergie hat die Stand- und Betriebszeit des Lasers, da sie generell mit zunehmender Alterung des Lasergases, insbesondere während des Betriebes, also mit fortschreitender Bestrahlungszeit, ausgehend von einem anfänglichen Maximalwert verhältnismäßig rasch abnimmt. Dieser nachteilige Effekt, der in Abbildung 1-3 illustriert ist, wurde nur im Betriebsmodus „Konstante Hochspannung“ beobachtet, bei dem die Pulsenergie durch Voreinstellung einer bestimmten Hochspannung U_0 festgelegt werden mußte. Als sinnvollere Einstellung erwies sich der Betriebsmodus „Konstante Energie“, bei dem die Pulsenergie E_0 als Betriebsparameter vorgewählt und bei einem Energieabfall durch Nachregelung der Hochspannung automatisch konstant gehalten wurde.

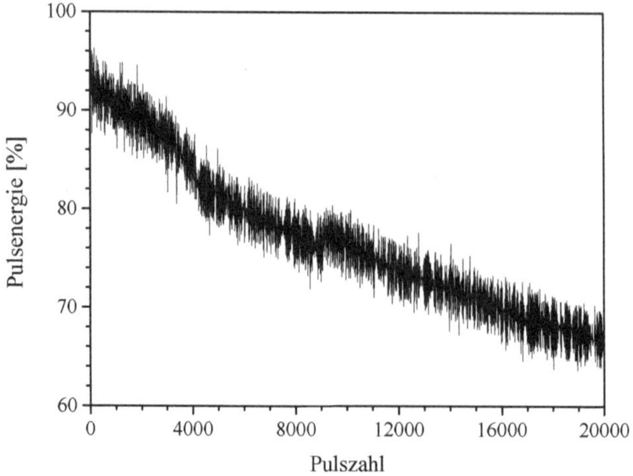

Abbildung 1-3: Fluktuation der Pulsenergie aufgrund der Alterung des Lasergases während der Bestrahlung.

Einen Vergleich dieser beiden Betriebsarten zeigt Abbildung 1-4. Daraus geht hervor, daß die vom Detektor erfaßte Pulsenergie E_D in [mJ/P] nicht unbedingt eine lineare Funktion der einstellbaren Betriebsparameter U_o bzw. E_o ist. Die angegebenen Werte für E_D entsprechen dem Detektorsignal D in [mW], bezogen auf die Repetitionsrate R, und beziehen sich als effektive Pulsenergie auf die tatsächlich bestrahlte Fläche, d.h. auf die Durchtrittsfläche F_B der Blendenöffnung. Da im Falle des Betriebsmodus „Konstante Pulsenergie" die Meßwerte E_D im Bereich von 30 - 130 mJ linear von E_o abhängig sind, kann die auf die Flächeneinheit bezogene Pulsenergie $E_B = E_D/F_B$ in [mJ P^{-1} cm^{-2}] durch entsprechende lineare Regression sehr einfach aus dem vorgegebenen Wert E_o berechnet werden. Hierfür gilt mit $F_B = 2{,}01\ cm^2$:

$$E_B = \frac{D}{R \cdot F_B} = \frac{1}{F_B}\left(0{,}4092\,E_o + 7{,}0747\right) = 0{,}2038\,E_o + 3{,}5198 \qquad \text{(Gl. 1-1)}$$

In Anlehnung an die zuvor erwähnten experimentellen Voraussetzungen muß zusätzlich berücksichtigt werden, daß die abgeleiteten photokinetischen Gesetzmäßigkeiten nur bei vollständiger Beleuchtung der Frontfläche F der Küvette gültig sind. Daher muß die Pulsenergie E_B mit $F_K = 13{,}85\ cm^2$ auf das Küvettenfenster bezogen werden, und man erhält hierfür durch Korrektur der obigen Gleichung die photokinetisch relevante Pulsenergie E_K als Funktion des Betriebsparameter E_o und der gerätespezifischen Konstanten:

$$E_K = E_B \frac{F_B}{F_K} = \frac{1}{F_K} \left(0{,}4092\, E_o + 7{,}0747\right) = 0{,}0295\, E_o + 0{,}5108 \qquad \text{(Gl. 1-2)}$$

Obwohl nach Abbildung 1-4 die Pulsenergie E_o prinzipiell zwischen 50 - 300 mJ variiert werden kann, wurden die Bestrahlungsexperimente bei einer mittleren Pulsenergie von $E_o = 200$ mJ durchgeführt, da einerseits bei geringen Pulsenergien die Fluktuationen in der Regel verhältnismäßig groß waren. Andererseits konnte bei großen Werten die automatische Nachregelung im Vergleich zur erforderlichen Photolysedauer nur für kurze Zeit aufrechterhalten werden. Infolgedessen können entsprechend den Geradengleichungen 1-1 und 1-2 für die angewandten Pulsenergien die Werte $E_B = 44{,}24$ mJ P^{-1} cm^{-2} bzw. $E_K = 6{,}42$ mJ P^{-1} cm^{-2} angegeben werden.

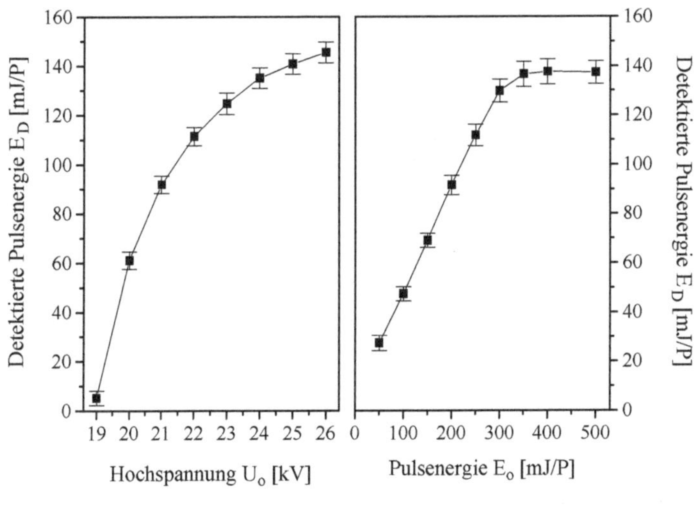

Abbildung 1-4: Abhängigkeit der vom Detektor erfaßten Pulsenergie E_D von der einzustellenden Hochspannung U_o im Betriebsmodus „Konstante Hochspannung" bzw. Pulsenergie E_o im Betriebsmodus „Konstante Energie" (R = 5 Hz; n = 100, 1s).

In der Praxis hat es sich gezeigt, daß im verwendeten Betriebsmodus „Konstante Pulsenergie“ vor allem bei aufeinanderfolgenden und sehr langen Bestrahlungsdauern nicht exakt konstante Betriebsbedingungen eingehalten werden konnten und die Pulsenergie geringfügig, aber signifikant abnahm. So wurde beispielsweise nach einem Versuchszeitraum von etwa 8 Wochen bei konstantem E_o ein Abfall der Pulsenergie um ca. 20 % registriert. Die Angaben in der Gleichung 1-2 zur Berechnung von E_K sind daher als Maximalwerte zu verstehen, so daß es unumgänglich war, während der Bestrahlungsexperimente durch kontinuierliches Einlesen des Detektorsignals D die Pulsenergie E_D zu messen und den momentanen, auf das Küvettenfenster bezogenen Wert $E_{K,real}$ zu berechnen. Zu diesem Zweck wurde das Meßgerät in einem Winkel von 90° zur Achse des Laserstrahls angeordnet und die Leistung des ausgekoppelten Teilstrahls registriert. Mit Berücksichtigung des Reflexionsfaktors r des Strahlteilers läßt sich $E_{K,real}$ in [mJ P^{-1} cm^{-2}] wie folgt berechnen:

$$E_{K,real} = \frac{D}{R \cdot F_K} \frac{1}{r} = 0{,}483 \frac{D}{R} \qquad \text{(Gl. 1-3)}$$

Für die analoge Berechnung der auf F_B bezogenen Pulsenergie $E_{B,real}$ ist die Fläche F durch F_B zu substituieren. Bei einer konstanten Repetitionsrate von 5 Hz erhält man letztlich zur Berechnung von $E_{K,real}$ und $E_{B,real}$ eine sehr einfache Beziehung, die nur vom Meßsignal D abhängig ist:

$$E_{K,real} = 0{,}0966\, D \qquad \text{(Gl. 1-4)}$$

$$E_{B,real} = E_{K,real} \cdot \frac{F_K}{F_B} = 0{,}6653\, D \qquad \text{(Gl. 1-5)}$$

Als weitere Konsequenz der gepulsten Bestrahlung muß berücksichtigt werden, daß sich im Gegensatz zu kontinuierlich emittierenden Strahlungsquellen in diesem Fall die effektive Belichtungszeit pro Puls auf die Zeitdauer eines Laserpulses, also auf die Pulsbreite von etwa 25 ns bezieht. Dementsprechend läßt sich bei den Laserexperimenten als Zeitskala die Pulszahl P, die effektive Zeitdauer t_p der Bestrahlung, d.h. ein Vielfaches der Pulsbreite oder die reale Zeitdauer t_r des Experiments (Realzeit) zugrunde legen. Geht man mit $E_o = 200$ mJ/P von der maximalen Pulsenergie E_B bzw. E_K aus, sind für die verschiedenen Zeitskalen die in Tabelle 1-1 angegebenen Strahlungsgrößen als „Lichtintensitäten“ der Laserstrahlung zugänglich. Als Bezugsfläche wurde sowohl die Blendenöffnung als auch das Küvettenfenster herangezogen.

Tabelle 1-1: Charakteristische Strahlungsgrößen und „Lichtintensitäten" der Laserstrahlung, bezogen auf die bestrahlte Fläche F_B bzw. die Frontfläche F_K der Küvette für unterschiedliche Zeitskalen.

Strahlungsgröße	Symbol	Einheit	Werte bzgl. F_B	Werte bzgl. F_K
		Pulszahl P		
Pulsenergie	E_B, E_K	mJ P^{-1} cm^{-2}	44,24	6,42
Photonenfluß	N_p	Photonen cm^{-2} P^{-1}	$5{,}51 \cdot 10^{16}$	$8{,}00 \cdot 10^{15}$
Bestrahlungsstärke	I_o	Einstein cm^{-2} P^{-1}	$9{,}16 \cdot 10^{-8}$	$1{,}33 \cdot 10^{-8}$
		Pulsbreite t_p		
Photonenfluß	N_p	Photonen cm^{-2} s^{-1}	$1{,}10 \cdot 10^{25}$	$1{,}60 \cdot 10^{24}$
Bestrahlungsstärke	I_o	Einstein cm^{-2} s^{-1}	18,32	2,66
Strahlungsleistung	P	mW cm^{-2}	$8{,}85 \cdot 10^{6}$	$1{,}28 \cdot 10^{6}$
		Realzeit t_r		
Photonenfluß	N_p	Photonen cm^{-2} s^{-1}	$2{,}76 \cdot 10^{17}$	$4{,}01 \cdot 10^{16}$
Bestrahlungsstärke	I_o	Einstein cm^{-2} s^{-1}	$4{,}58 \cdot 10^{-7}$	$6{,}66 \cdot 10^{-8}$
Strahlungsleistung	P	mW cm^{-2}	221,21	32,10

1.2 UV-Abbau von Atrazin und 2-Hydroxyatrazin

Die Verfolgung der Photolyse von Atrazin und 2-Hydroxyatrazin bei der Bestrahlung mit monochromatischem Laserlicht der Wellenlänge 248 nm beruht auf der Quantifizierung der Reaktionspartner in Abhängigkeit von der Reaktionszeit, d.h. in diesem Falle von der Pulszahl, bei verschiedenen Ausgangskonzentrationen. Als Meßgrößen kommen hierfür bei geeigneten analytischen Verfahren entweder die Konzentrationen der Reaktionspartner oder davon abhängige, im Idealfall linear abhängige Größen in Betracht. Je nachdem, welches Verfahren zugrunde gelegt wird, erhält man im Rahmen der kinetischen Analyse unterschiedliche Teilinformationen über den Mechanismus und das Zeitgesetz des photochemischen Primärprozesses sowie der weiteren Folge- und Parallelreaktionen. Für die Aufzeichnung der Konzentrationsverläufe bietet sich im Falle von Triazinen die immunologische Detektion mittels ELISA an, die aufgrund ihrer Selektivität und niedrigen Nachweisgrenze (0,01 µg/l für Atrazin bzw. 0,05 µg/l für 2-Hydroxyatrazin) bevorzugt für mechanistische Fragestellungen eingesetzt werden kann. Demgegenüber besitzt die weit weniger empfindliche UV-VIS-Spektroskopie den entscheidenden Vorzug, durch Aufnahme von Reaktionsspektren einen sehr großen Datensatz der Meßgröße $E(t, \lambda)$ zeit- und wellenlängenabhängig bereitzustellen, um schließlich mit bewährten numerischen Auswertungsalgorithmen photokinetische Größen wie Geschwindigkeitskonstanten und Quantenausbeuten explizit zu bestimmen. Weiterführende analytische Messungen, beispielsweise die Quantifizierung ionischer Abbauprodukte mittels Ionenchromatographie dienen letztlich dazu, die Konsistenz des angenommenen Mechanismus zu überprüfen. In jedem Falle kann der vorgeschlagene Abbauweg als umso gesicherter angesehen werden, je mehr verschiedene Meßgrößen ergänzend ausgewertet worden sind. Da sich aber analytische Methoden, wie die hier angegebenen Verfahren, in ihren Nachweisstärken meist erheblich voneinander unterscheiden, ist es erforderlich, die Edukte in großen Konzentrationsbereichen einzusetzen. Dementsprechend wurden für Atrazin und 2-Hydoxyatrazin Konzentrationen von 10 µg/l - 10 mg/l für die immunologische, spektroskopische sowie chromatogaphische Charakterisierung verwendet.

1.2.1 Auswertung immunologischer Messungen

1.2.1.1 Mechanistische Aspekte

Der photolytische Abbau von Atrazin und 2-Hydroxyatrazin wurde durch immunologische Bestimmung der Eduktkonzentrationen und im Falle von Atrazin zusätzlich durch Quantifizierung des photochemisch gebildeten 2-Hydroxyatrazins verfolgt. Die eingesetzten Konzentrationen und die relevanten Pulsenergien sind Tabelle 1-2 zu entnehmen.

Tabelle 1-2: Pulsenergien und daraus abgeleitete Intensitätsgrößen für die UV-Photolyse von Atrazin und 2-Hydroxyatrazin bei verschiedenen Eduktkonzentrationen.

Einwaage [µg/l]	D [mW]	$E_{K,real}$ [mJ cm^{-2} P^{-1}]	I_o [Einstein cm^{-2} P^{-1}]
		A t r a z i n	
10	65	6,279	$1{,}30\cdot10^{-8}$
100	65	6,279	$1{,}30\cdot10^{-8}$
1000	64	6,182	$1{,}28\cdot10^{-8}$
10000	64	6,182	$1{,}28\cdot10^{-8}$
		2 - H y d r o x y a t r a z i n	
25	55	5,313	$1{,}10\cdot10^{-8}$
250	56	5,410	$1{,}12\cdot10^{-8}$
1500	59	5,702	$1{,}18\cdot10^{-8}$

Die gemessenen Konzentrationsverläufe sind für verschiedene Ausgangskonzentrationen in Abbildung 1-5 bis Abbildung 1-8 für die Photolyse von Atrazin und in Abbildung 1-9 für den Abbau von 2-Hydroxyatrazin dargestellt. Im letztgenannten Fall sind die Meßergebnisse für $c_0 = 250$ µg/l der Übersichtlichkeit halber nicht eingezeichnet. In den Abbildungen sowie in allen weiteren Betrachtungen wird die Pulszahl als unabhängige und zur Belichtungszeit direkt proportionale Variable herangezogen, die sich nach Tabelle 1-1 in verschiedene Intensitätsgrößen umrechnen läßt.

Für die Auswertung des Abbauverhaltens von Atrazin mußte zunächst ein Reaktionsschema postuliert werden, das einerseits als Funktion der Eduktkonzentration das intermediäre Auftreten von 2-Hydroxyatrazin zumindest formal beschreibt, und andererseits in der Lage ist, die gemessenen Konzentrationsverläufe hinreichend genau wiederzugeben. Ferner sollte das Reaktionsschema mit den im Kapitel IV.1.2.2 zu diskutierenden Absorptionsmessungen im Einklang stehen. Hierfür mußte die Bildung von Desalkylierungsprodukten angenommen werden, die in Parallel- und Folgereaktionen aus Atrazin bzw. 2-Hydroxyatrazin entstehen können. Letztendlich wurde im Rahmen der Auswertung folgender Mechanismus als plausibel betrachtet:

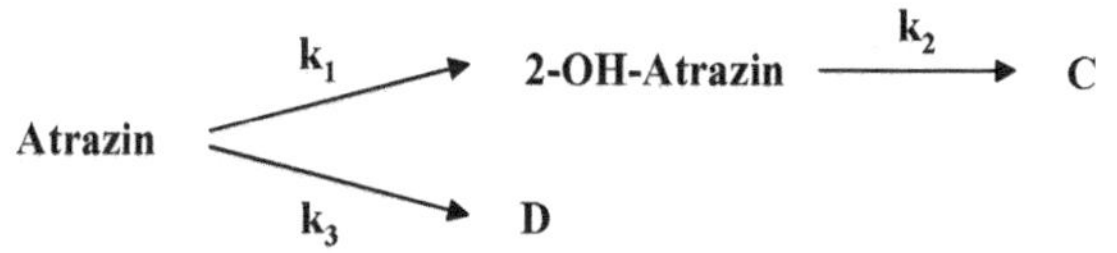

C und D: Desalkylierte Produkte

Die im folgenden durchzuführende Berechnung der Geschwindigkeitskonstanten k_1, k_2 und k_3 ermöglicht schließlich die Simulation der Konzentrationsverläufe für Atrazin und 2-Hydroxyatrazin. Darüber hinaus kann auch das Abbauverhalten der nicht identifizierten Desalkylierungsprodukte C und D modellmäßig erfaßt werden. Die jeweils berechneten Funktionen sind in Abbildung 1-5 bis Abbildung 1-8 eingezeichnet.

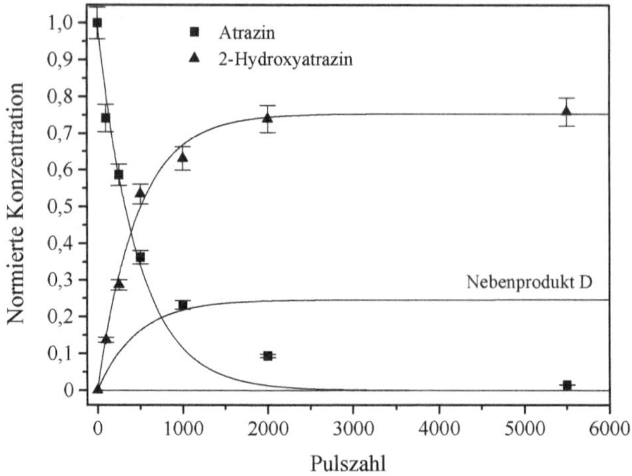

Abbildung 1-5: Gemessene Konzentrationsverläufe von Atrazin bzw. 2-Hydroxyatrazin und simulierte Funktionen für den postulierten Mechanismus (c_o = 10 mg/l; n = 4, 1s).

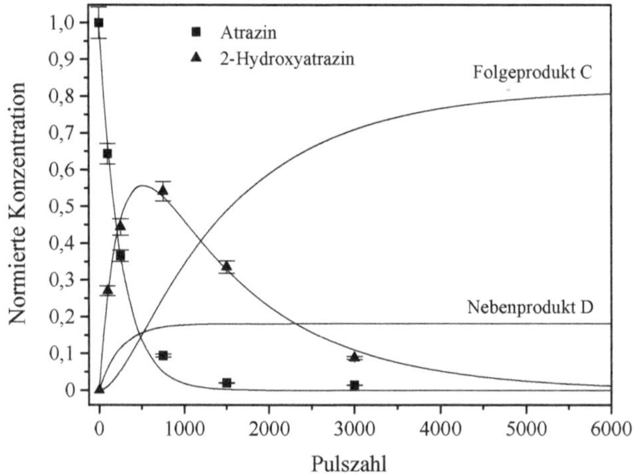

Abbildung 1-6: Gemessene Konzentrationsverläufe von Atrazin bzw. 2-Hydroxyatrazin und simulierte Funktionen für den postulierten Mechanismus (c_o = 1 mg/l; n = 4, 1s).

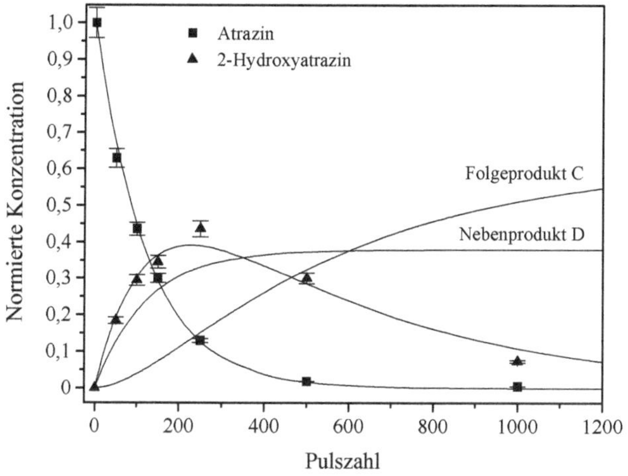

Abbildung 1-7: Gemessene Konzentrationsverläufe von Atrazin bzw. 2-Hydroxyatrazin und simulierte Funktionen für den postulierten Mechanismus (c_o = 100 µg/l; n = 4, 1s).

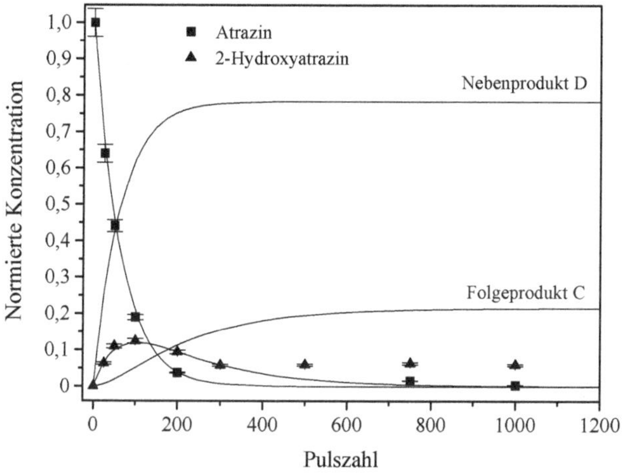

Abbildung 1-8: Gemessene Konzentrationsverläufe von Atrazin bzw. 2-Hydroxyatrazin und simulierte Funktionen für den postulierten Mechanismus (c_o = 10 µg/l; n = 4, 1s).

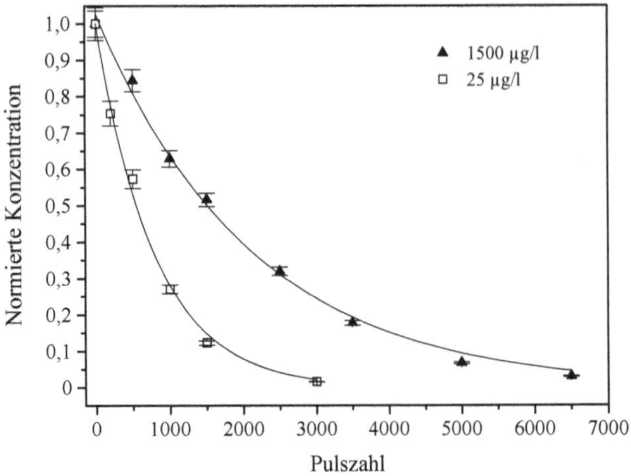

Abbildung 1-9: Gemessene Konzentrationsverläufe von 2-Hydroxyatrazin während der Laserbestrahlung für unterschiedliche Ausgangskonzentrationen und berechnete Funktionen für eine Reaktion 1. Ordnung (n = 4, 1s).

Die simultane Berechnung der Geschwindigkeitskonstanten beruht auf der Anpassung der integrierten Geschwindigkeitsgesetze des gezeigten Reaktionsschemas an die gemessenen Konzentrationswerte unterschiedlicher Pulszahlen. Die zugrunde gelegten Funktionsgleichungen lauten mit $k_a = k_1 + k_3$ wie folgt, wobei „A“ Atrazin und „B“ 2-Hydroxyatrazin bedeuten und sich der Index „o“ auf den Reaktionsstart für t = 0 bzw. P = 0 bezieht:

$$\frac{[A]}{[A]_o} = e^{-k_a P} \qquad \text{(Gl. 1-6)}$$

$$\frac{[B]}{[A]_o} = \frac{k_1}{k_2 - k_a}\left(e^{-k_a P} - e^{-k_2 P}\right) \qquad \text{(Gl. 1-7)}$$

$$\frac{[C]}{[A]_o} = \frac{k_1}{k_a}\left(1 - e^{-k_a P}\right) - \frac{k_1}{k_a - k_2}\left(e^{-k_2 P} - e^{-k_a P}\right) \qquad \text{(Gl. 1-8)}$$

$$\frac{[D]}{[A]_o} = \frac{k_3}{k_a}\left(1 - e^{-k_a P}\right) \qquad \text{(Gl. 1-9)}$$

Mit Hilfe eines Levenberg-Marquardt-Algorithmus konnten die Ratenkonstanten, welche als Fitparameter dienten, unter Verwendung der Funktionsgleichungen für A und B nach der Methode der kleinsten Fehlerquadratsumme berechnet werden. Dabei ergab sich in allen Fällen ein Korrelationskoeffizient von größer als 0,98. Als Voraussetzung für die Berechnung wurde davon ausgegangen, daß die Teilreaktionen durch eine Kinetik erster Ordnung ausgedrückt werden können. Da vor allem bei hohen Atrazinkonzentrationen diese Voraussetzung nicht für den gesamten Reaktionsablauf gültig ist, wurde die Berechnung auf die Anfangsphase der Reaktion beschränkt, die einem Gesetz 1. Ordnung gehorcht. Die so ermittelten Ratenkonstanten sind der Tabelle 1-3 zu entnehmen.

Tabelle 1-3: Berechnete Geschwindigkeitskonstanten (bezogen auf die Pulszahl P) für die Photolyse von Atrazin nach dem oben postulierten Reaktionsmechanismus mit Angabe der relativen Standardabweichung der Kurvenanpassung.

Einwaage	Ratenkonstanten $[P^{-1}]$		
[µg/l]	k_1	k_2	k_3
10	$3{,}63 \cdot 10^{-3} \pm 1{,}26 \cdot 10^{-4}$	$5{,}61 \cdot 10^{-3} \pm 5{,}39 \cdot 10^{-4}$	$1{,}32 \cdot 10^{-2} \pm 4{,}11 \cdot 10^{-3}$
100	$5{,}14 \cdot 10^{-3} \pm 4{,}88 \cdot 10^{-4}$	$1{,}92 \cdot 10^{-3} \pm 9{,}55 \cdot 10^{-4}$	$3{,}21 \cdot 10^{-3} \pm 4{,}43 \cdot 10^{-4}$
1000	$3{,}29 \cdot 10^{-3} \pm 2{,}16 \cdot 10^{-4}$	$7{,}32 \cdot 10^{-4} \pm 1{,}39 \cdot 10^{-4}$	$7{,}31 \cdot 10^{-4} \pm 2{,}20 \cdot 10^{-5}$
10000	$1{,}57 \cdot 10^{-3} \pm 2{,}08 \cdot 10^{-4}$	$6{,}38 \cdot 10^{-5} \pm 1{,}83 \cdot 10^{-5}$	$3{,}50 \cdot 10^{-4} \pm 5{,}15 \cdot 10^{-5}$

Für einen Vergleich des Abbauverhaltens von Atrazin und der Metabolitenbildung ist es zweckmäßig, entsprechend der Abbildung 1-10 das jeweilige Verhältnis der Geschwindigkeitskonstanten k_1/k_2 bzw. k_1/k_3 für die Auswertung heranzuziehen. Zusammen mit den Ergebnissen der Tabelle 1-3 kann die Schlußfolgerung gezogen werden, daß mit abnehmender Ausgangskonzentration bei nur geringfügiger Änderung von k_1 die Folgereaktion des gebildeten 2-Hydroxyatrazins zu desalkylierten Hydroxyderivaten und gleichzeitig die Bildung von Desalkylierungsprodukten aus Atrazin immer mehr an Bedeutung gewinnen. So läuft bei hohen Eduktkonzentrationen wegen $k_3 > k_2$ und $k_1 > k_3$ die Photolyse überwiegend als Parallelreaktion ab, wobei 2-Hydroxyatrazin das Hauptprodukt darstellt, und in Anlehnung an Abbildung 1-5 die Bildung des Reaktionsproduktes C offensichtlich keine Rolle spielt. Der zuvor angegebene Reaktionsmechanismus kann daher für diesen Fall vereinfacht werden (die unterschiedliche Bevorzugung der einzelnen Reaktionen wird durch verschiedene Strichstärken verbildlicht):

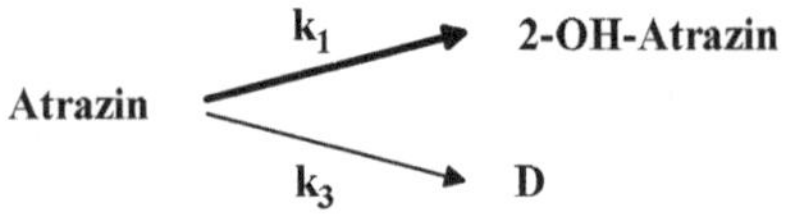

Mit abnehmender Einwaage bleibt das Verhältnis k_3/k_1 zunächst annähernd konstant, wohingegen der Wert für k_2/k_1 drastisch zunimmt. Bei Konzentrationen kleiner als 1 mg/l nehmen schließlich beide Verhältnisse signifikant in gleichem Maße ab. Dies bedeutet, daß übereinstimmend mit Abbildung 1-6 und Abbildung 1-7 2-Hydroxyatrazin als intermediäres Produkt entsteht und zusätzliche Desalkylierungsreaktionen stattfinden müssen. Der Anteil an Desalkylderivaten des 2-Hydroxyatrazins wird zugunsten der desalkylierten Atrazinderivate immer kleiner und verschiebt sich bis hin zur bevorzugten Bildung von D. Der primäre Schritt der Atrazinphotolyse zu 2-Hydroxyatrazin ist aber wegen $k_1 > k_2$ und $k_1 > k_3$ nach wie vor die schnellere der beteiligten Reaktionen.

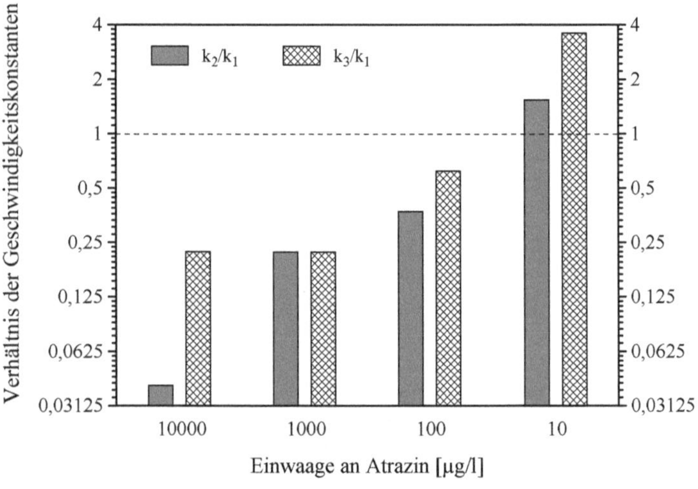

Abbildung 1-10: Verhältnis der Ratenkonstanten k_2/k_1 bzw. k_3/k_1 für die Photolyse von Atrazin. Die eingesetzten Strahlungsintensitäten sind in Tabelle 1-2 zusammengefaßt.

Für Ausgangskonzentrationen kleiner als 10 μg/l kehren sich diese Verhältnisse schließlich um, und die Desalkylierungsreaktion von Atrazin läuft entsprechend Abbildung 1-8 wegen $k_3 > k_1$ kinetisch bevorzugt ab. Gleichzeitig ist $k_2 > k_1$, d.h. 2-Hydroxyatrazin tritt als reaktives Zwischenprodukt auf, das in der Folgereaktion schneller weiter reagiert als durch die Photolyse von Atrazin nachgeliefert werden kann. Für noch kleinere Eduktkonzentrationen ist daher zu erwarten, daß $k_2 >> k_1$ gilt, d.h. es handelt sich um eine Reaktion, bei der auf das Zwischenprodukt die Bodensteinhypothese angewendet werden darf und damit insbesondere auf umweltrelevante Konzentrationen. Obgleich die Richtigkeit dieser Aussage nicht bewiesen werden kann, erscheint sie im Rahmen der kinetischen Analyse plausibel, zumal sich das Verhältnis k_2/k_1 für den unteren Konzentrationsbereich aus Abbildung 1-10 bei nicht logarithmischer Auftragung als asymptotischer Grenzfall ergibt. Unter diesen Umständen ist daher folgendes Reaktionsschema repräsentativ:

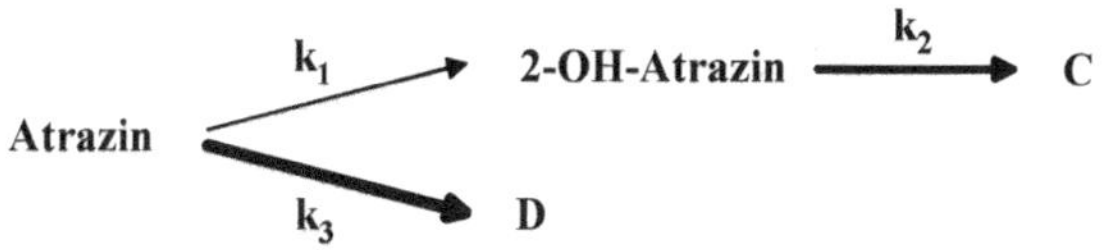

1.2.1.2 Bestimmung der Reaktionsordnung

Da die Berechnung der Geschwindigkeitskonstanten an die Voraussetzung gebunden war, daß zumindest die Anfangsphase der jeweiligen Reaktion durch ein Geschwindigkeitsgesetz 1. Ordnung beschrieben werden kann, soll im folgenden die Reaktionsordnung n explizit bestimmt und etwaige Abweichungen aufgezeigt werden. Hierfür wurde vom allgemeinen Potenzansatz $r = k\,c^n$ ausgegangen, wobei mechanistische Gegebenheiten grundsätzlich nicht berücksichtigt werden können. Mit der unabhängigen Variablen P wurden schließlich folgende Auswertegleichungen für den speziellen Fall $n = 1$ und für den allgemeinen Fall $n \neq 1$ zugrunde gelegt:

$$\frac{[A]}{[A]_0} = e^{-k\,P} \quad \text{für} \quad n = 1 \qquad \text{(Gl. 1-10)}$$

$$\frac{[A]}{[A]_0} = \left[1 + (n-1)\,c_0^{(n-1)}\,k\,P\right]^{\frac{1}{1-n}} \quad \text{für} \quad n \neq 1 \qquad \text{(Gl. 1-11)}$$

Nach der zuvor erwähnten Methodik wurden beide Funktionsgleichungen wieder mit Hilfe eines Levenberg-Marquardt-Algorithmus an die Meßwerte der Konzentrationsverläufe angepaßt. Als Ergebnis wurden neben der Reaktionsordnung die dazugehörige Geschwindigkeitskonstante k erhalten. Mit der Annahme $n = 1$ entsprechen die Werte für k in Anlehnung an Tabelle 1-3 der Summe $k_1 + k_3$. Bei der Auswertung zeigte sich generell, daß die experimentellen Konzentrationsverläufe für den gesamten Bestrahlungszyklus besonders gut durch die Funktionsgleichung für $n \neq 1$ repräsentiert werden konnten, während dies mit der Exponentialfunktion für $n = 1$ nur bei niedrigen Eduktkonzentrationen der Fall war. Die erhaltenen Ergebnisse werden in Abbildung 1-11 illustriert, worin die eingezeichneten Fehlerbereiche den Standardabweichungen der mit obigen Funktionen durchgeführten Regression entsprechen.

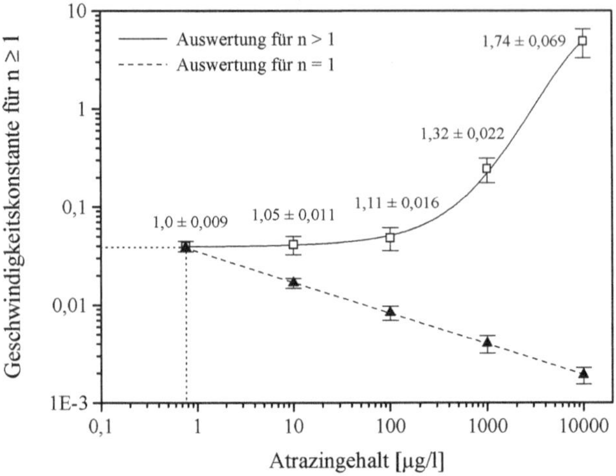

Abbildung 1-11: Berechnete Geschwindigkeitskonstanten der Atrazinphotolyse in Abhängigkeit von der Ausgangskonzentration für den speziellen Fall $n = 1$ bzw. für den allgemeinen Fall $n \geq 1$; die angegebenen Zahlenwerte entsprechen den für $n \geq 1$ erhaltenen Reaktionsordnungen.

Die für $n = 1$ erhaltenen Geschwindigkeitskonstanten hängen in der doppeltlogarithmischen Darstellung offensichtlich linear von der eingesetzten Atrazinmenge ab und werden bei sinkendem Atrazingehalt immer größer. Dieses Verhalten widerspricht der Auffassung, daß bei einer hinreichend niedrigen Konzentration für $n = 1$ der Proportionalitätsfaktor k tatsächlich eine konzentrationsunabhängige Konstante, nämlich die Geschwindigkeitskonstante ist. Demgegenüber nehmen im Falle der allgemeineren Auswertung die berechneten Werte für k in immer kleiner werdenden Intervallen signifikant ab und nähern sich asymptotisch einem Grenzwert an. Da in derselben Richtung die Reaktionsordnungen kleiner werden, kann die zu $n = 1$ gehörige „wahre" Geschwindigkeitskonstante und die entsprechende Konzentration aus den Ergebnissen der allgemeinen Funktionsgleichung durch Extrapolation exakt bestimmt werden. Daraus ergibt sich schließlich, daß für Atrazinkonzentrationen unterhalb von 0,76 µg/l die Photolyse mit $k = 3{,}98 \cdot 10^{-2}\ P^{-1} \pm 4{,}80 \cdot 10^{-3}\ P^{-1}$

streng nach 1. Ordnung verläuft. Die Umrechnung der Geschwindigkeitskonstante auf die betreffenden Zeitskalen gehen aus Tabelle 1-4 hervor. Darin sind außerdem die in analoger Weise gewonnenen Geschwindigkeitskonstanten für die Photolyse von 2-Hydroxyatrazin zusammengefaßt, das in separaten Bestrahlungsexperimenten mit Einwaagen von 25 µg/l, 250 µg/l und 1500 µg/l eingesetzt wurde. Die Auswertung der in Abbildung 1-9 gezeigten Abbaukurven ergab, daß im Gegensatz zu Atrazin die Photolyse von 2-Hydroxyatrazin bereits bei Konzentrationen kleiner als 250 µg/l streng nach 1. Ordnung verläuft und dementsprechend die erhaltenen Werte für k innerhalb der angegebenen Fehlertoleranz signifikant nicht unterschiedlich sind. Ein weiterer Unterschied zur Kinetik des Atrazins besteht darin, daß für 2-Hydroxyatrazin etwa 5mal höhere Pulszahlen erforderlich sind, um den gleichen prozentualen Abbau zu erzielen. Wie aus dem folgenden Kapitel hervorgeht, ist diese Tatsache in Anbetracht des größeren Extinktionskoeffizienten von 2-Hydroxyatrazin bei 248 nm auf die um eine Zehnerpotenz geringere Quantenausbeute zurückzuführen.

Tabelle 1-4: Geschwindigkeitskonstanten für die Photolyse von Atrazin bzw. 2-Hydroxyatrazin für unterschiedliche Eduktkonzentrationen und Angabe der extrapolierten Atrazin-Grenzkonzentration für n = 1 (unterlegte Zeile).

Einwaage	Geschwindigkeitskonstanten in $[l^{n-1}\ P^{-1}\ mol^{1-n}]$ bzw. $[l^{n-1}\ s^{-1}\ mol^{1-n}]$		
[µg/l]	Zeitskala P	Zeitskala t_p	Zeitskala t_r
		Atrazin	
0,76	$3{,}98\cdot10^{-2} \pm 4{,}80\cdot10^{-3}$	$0{,}20 \pm 2{,}39\cdot10^{-2}$	$1{,}59\cdot10^{6} \pm 1{,}92\cdot10^{5}$
10	$4{,}14\cdot10^{-2} \pm 8{,}79\cdot10^{-3}$	$0{,}21 \pm 4{,}39\cdot10^{-2}$	$1{,}66\cdot10^{6} \pm 3{,}52\cdot10^{5}$
100	$4{,}85\cdot10^{-2} \pm 1{,}27\cdot10^{-2}$	$0{,}24 \pm 6{,}36\cdot10^{-2}$	$1{,}94\cdot10^{6} \pm 5{,}09\cdot10^{5}$
1000	$0{,}25 \pm 6{,}70\cdot10^{-2}$	$1{,}23 \pm 0{,}35$	$9{,}83\cdot10^{6} \pm 2{,}80\cdot10^{6}$
10000	$4{,}92 \pm 1{,}62$	$24{,}61 \pm 8{,}13$	$1{,}97\cdot10^{8} \pm 6{,}50\cdot10^{6}$
		2-Hydroxyatrazin	
25	$1{,}29\cdot10^{-3} \pm 5{,}32\cdot10^{-5}$	$6{,}45\cdot10^{-3} \pm 2{,}66\cdot10^{-4}$	$5{,}16\cdot10^{4} \pm 2{,}13\cdot10^{3}$
250	$1{,}31\cdot10^{-3} \pm 5{,}22\cdot10^{-5}$	$6{,}55\cdot10^{-3} \pm 2{,}61\cdot10^{-4}$	$5{,}24\cdot10^{4} \pm 2{,}09\cdot10^{3}$
1500	$4{,}62\cdot10^{-4} \pm 1{,}61\cdot10^{-5}$	$2{,}31\cdot10^{-3} \pm 8{,}05\cdot10^{-5}$	$1{,}85\cdot10^{4} \pm 644$

Im Gegensatz zur bisherigen Interpretation der kinetischen Konstanten stellt sich aus praktischer Sicht entweder die Frage, wie lang die Bestrahlungsdauer gewählt werden muß, um einen definierten Abbau zu erzielen, oder welche Lichtintensität bei einer vorgegebenen Reaktionszeit mindestens erforderlich ist. Anders als bei den hier durchgeführten Laborexperimenten ist in technischen Anlagen zur Wasseraufbereitung die Bestrahlungszeit im kontinuierlichen Betrieb im wesentlichen durch die Hydrodynamik des Systems festgelegt.

Der anzustrebende Umsatz richtet sich hingegen nach der spezifischen Nutzung des aufbereiteten Wassers, da hierfür entsprechende Richt- und Grenzwerte einzuhalten sind. Demnach stellt die Bestrahlungsstärke beim reinen UV-Prozeß die bedeutendste Systemvariable dar, die es zu optimieren gilt. Ob unter praxisrelevanten Bedingungen die Optimierungsstrategie darin besteht, die Lichtintensität zu maximieren, hängt vor allem von der Rohwasserbeschaffenheit ab und kann nicht verallgemeinert werden. Diese Problematik wird ausführlich in Kapitel IV.3 behandelt.

Aus den Laboruntersuchungen ist für den Fall, daß die UV-Photolyse nach streng 1. Ordnung verläuft, die Grenzkonzentration bekannt, die nicht überschritten werden darf. Aus der dazugehörigen Geschwindigkeitskonstante kann mit Hilfe des zugrunde liegenden Geschwindigkeitsgesetzes die Halbwertszeit mit $\tau = \ln 2/k$ und die hierzu analoge „Halbwertspulsbreite“ $P_{1/2}$ sehr einfach berechnet werden. Unter diesen Bedingungen sind die resultierenden Abbaukurven nach Abbildung 1-12 von der Eduktkonzentration unabhängig, sofern sich die Zeitachse auf ein Vielfaches von τ oder $P_{1/2}$ bezieht. Zur Veranschaulichung wurden in Abbildung 1-12 die für unterschiedliche Umsätze erforderlichen Photolysedauern eingezeichnet.

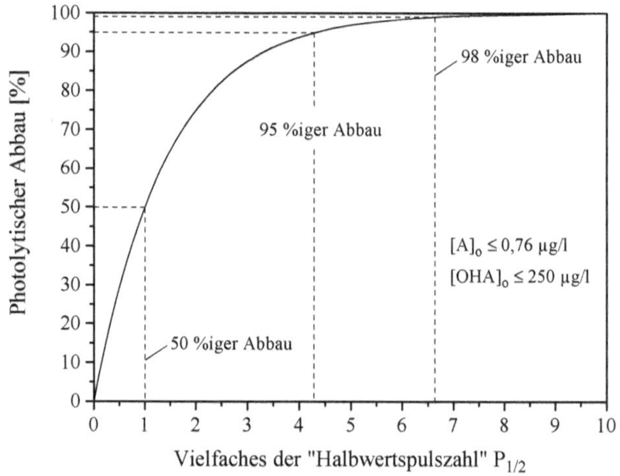

Abbildung 1-12: Photolytischer Abbau eines beliebigen Pestizids in Abhängigkeit von der Halbwertspulszahl $P_{1/2}$ für den Fall, daß eine Reaktion 1. Ordnung vorliegt (A: Atrazin, OHA: 2-Hydroxyatrazin).

Die jeweilige Halbwertspulsbreite bzw. die auf unterschiedliche Zeitskalen bezogenen Halbwertszeiten können der Tabelle 1-5 entnommen werden. Zusammen mit den Pulsenergien bzw. den Strahlungsintensitäten der Tabelle 1-2 kann hieraus der für einen bestimmten Abbau erforderliche absolute Quantenfluß explizit angegeben werden. Somit gilt für umweltrelevante Konzentrationen, daß für einen 95 %igen photolytischen Abbau von Atrazin ein Quantenfluß von $9{,}75 \cdot 10^{-7}$ E cm^{-2} erforderlich ist. Demgegenüber wird für eine 95 %ige Photolyse von 2-Hydroxyatrazin etwa der 26fache Quantenfluß, also $2{,}53 \cdot 10^{-5}$ E cm^{-2}, benötigt.

Tabelle 1-5: „Halbwertszeiten" von Atrazin und 2-Hydroxyatrazin für verschiedene Eduktkonzentrationen, bezogen auf unterschiedliche Zeitskalen.

Einwaage		$P_{1/2}$ bzw. τ	
[µg/l]	Zeitskala P	Zeitskala t_p	Zeitskala t_r
		A t r a z i n	
0,76	17	3,4	$8{,}50 \cdot 10^{-7}$
10	41	8,2	$1{,}03 \cdot 10^{-6}$
100	81	16,2	$2{,}03 \cdot 10^{-6}$
1000	164	32,8	$4{,}10 \cdot 10^{-6}$
10000	291	58,2	$7{,}28 \cdot 10^{-6}$
		2 - H y d r o x y a t r a z i n	
25	550	110,0	$1{,}38 \cdot 10^{-5}$
250	520	104,0	$1{,}30 \cdot 10^{-5}$
1500	1517	303,4	$3{,}79 \cdot 10^{-5}$

1.2.2 UV-VIS-spektroskopische Betrachtung

1.2.2.1 Qualitative Bewertung der Reaktionsspektren

Als allgemeine Voraussetzung für die UV-VIS-spektroskopische Verfolgung des Reaktionsumsatzes muß zumindest einer der Reaktionspartner ein charakteristisches Absorptionsspektrum besitzen und sich von allen anderen genügend unterscheiden, damit bei einer ausgewählten Beobachtungswellenlänge λ eine eindeutige Zuordnung möglich ist. Die in Abbildung 1-13 anhand der wellenlängenabhängigen Extinktionskoeffizienten dargestellten UV-VIS-Spektren von Atrazin und verschiedenen Derivaten, wie Desalkylatrazin,

2-Hydroxyatrazin, Desisopropylhydroxyatrazin, Desalkylhydroxyatrazin und Cyanursäure, zeigen beispielhaft, daß die genannte Bedingung für die untersuchten Triazine Atrazin und 2-Hydroxyatrazin erfüllt wird. So besitzt Atrazin bei 222 nm und 2-Hydroxyatrazin bei 235 nm eine charakteristische Absorptionsbande. Die Spektrenfolge $3 \rightarrow 4 \rightarrow 5$ der Hydroxy-Derivate zeigt sehr deutlich, daß die langwelligere der beiden Banden des 2-Hydroxyatrazins für die OH-Substitution des Triazin-Ringes charakteristisch ist, da sie selbst bei zunehmendem Desalkylierungsgrad erhalten bleibt, wenn auch eine geringfügige hypsochrome Verschiebung in Erscheinung tritt. Demgegenüber verschwindet die kurzwelligere Bande, bis schließlich die Absorption des vollständig desalkylierten Hydroxyderivates zu kürzeren Wellenlängen hin stetig zunimmt.

Die Desalkylierung führt im Falle von Atrazin aufgrund der Verschiebung des Absorptionsmaximums ebenso zu einer Zunahme der Absorption im kurzwelligen UV-C-Bereich. Dieses Verhalten wird in Abbildung 1-13 am Beispiel von Desalkylatrazin gezeigt. Allgemein kann gesagt werden, daß im Bereich von 200 - 215 nm die einfach und zweifach desalkylierten Atrazin- und Hydroxyatrazin-Derivate beachtlich, aber weitgehend uncharakteristisch absorbieren, weshalb Wellenlängen in diesem Spektralbereich auch bei scheinbar signifikanten Extinktionsänderungen für eine sinnvolle Auswertung in der Regel nicht herangezogen werden dürfen. Die Cyanursäure fällt dabei aufgrund der sehr kleinen Extinktionskoeffizienten nicht ins Gewicht.

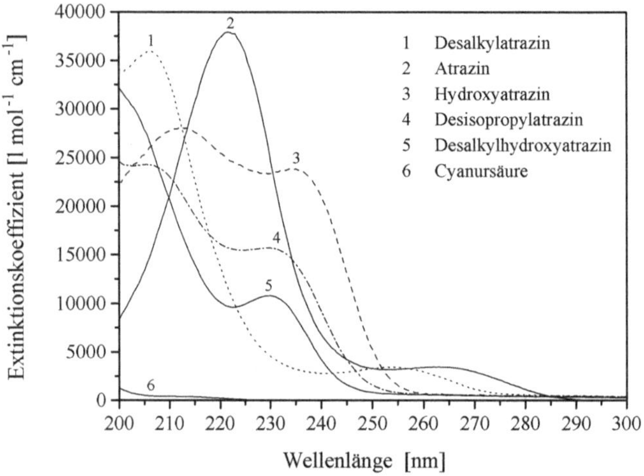

Abbildung 1-13: Molare dekadische Extinktionskoeffizienten einiger Triazin-Derivate in Wasser.

In Analogie zum vorherigen Abschnitt wurden für die Photolyse von Atrazin und 2-Hydroxyatrazin mit Ausgangskonzentrationen im Bereich von 10 µg/l bis 10 mg/l in Wasser durch zeitlich wiederholende Registrierung des Absorptionsspektrums die jeweiligen Reaktionsspektren aufgenommen. Die während eines Bestrahlungszyklus insgesamt applizierte Pulszahl wurde so hoch gewählt, bis im UV-Spektrum keine charakteristischen Banden mehr zu erkennen waren. Die Werte betrugen je nach eingesetzter Konzentration für Atrazin etwa $5 \cdot 10^3$ - 10^4 Pulse und für 2-Hydroxyatrazin etwa $1{,}5 \cdot 10^4$ - $5 \cdot 10^4$ Pulse. Zwei der so erhaltenen Reaktionsspektren sind in Abbildung 1-14 typischerweise für Atrazin und in Abbildung 1-15 für 2-Hydroxyatrazin dargestellt. Im Falle der Photolyse von Atrazin spricht das auffällige Verschwinden der kurzwelligen Absorptionsbande bei 222 nm bei gleichzeitiger hypsochromer Verschiebung sowie das Auftreten einer Schulter bei 240 nm für die Umwandlung des Eduktes in 2-Hydroxyatrazin. Desweiteren liegt der Schluß nahe, daß primär gebildetes 2-Hydroxyatrazin als intermediäre Stufe weiterreagiert, da die Absorption bei 240 nm als Funktion von der Bestrahlungsdauer ein charakteristisches Maximum besitzt. In Folgereaktionen werden daher desalkylierte Derivate gebildet, die bei weiterer Erhöhung der Pulszahl zusätzlichen Abbaureaktionen unterliegen. Dieses Verhalten geht eindeutig aus den Reaktionsspektren für 2-Hydroxyatrazin hervor, da mit zunehmender Pulszahl die für OH-substituierte Derivate charakteristische langwellige Bande bei etwa 232 nm verschwindet und die UV-Spektren schließlich auch im Bereich von 200 nm bis 220 nm keine Bandenstruktur mehr zeigen. Über das Auftreten von Cyanursäure als Endprodukt von Desalkylierungsreaktionen kann spektroskopisch keine Aussage getroffen werden.

In Anlehnung an Abbildung 1-13 sind für die UV-VIS-spektroskopische Auswertung die Schnittpunkte von UV-Spektren von besonderer Bedeutung, sofern die entsprechenden Triazine in einer linear unabhängigen Reaktion ineinander umsetzbar sind. In diesem Fall kommen die jeweiligen Extinktionswerte unabhängig von den Konzentrationen der Einzelkomponenten als isosbestische Punkte prinzipiell in Frage und erlauben nach den in Kapitel II.4 erläuterten Zusammenhängen Rückschlüsse auf die Einheitlichkeit der Reaktion. Dies gilt beispielsweise für den Schnittpunkt bei 232 nm und 251 nm gemäß der Umwandlung von Atrazin in 2-Hydroxyatrazin bzw. für den Schnittpunkt bei etwa 250 nm für die Umwandlung von 2-Hydroxyatrazin in desalkylierte Derivate.

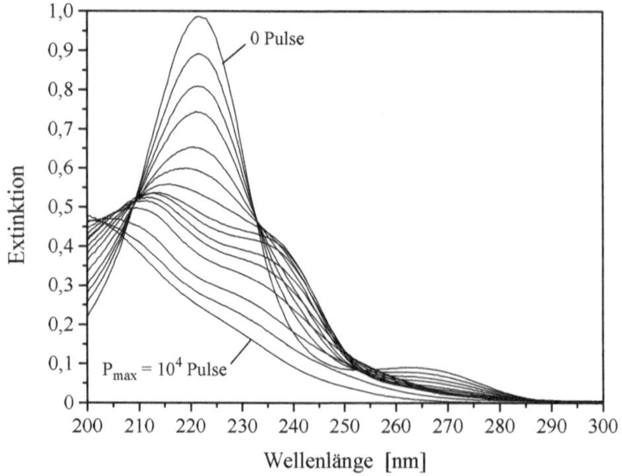

Abbildung 1-14: Reaktionsspektren von Atrazin (c_o = 1 mg/l; I_o = 1,28·10^{-8} E cm^{-2} P^{-1}).

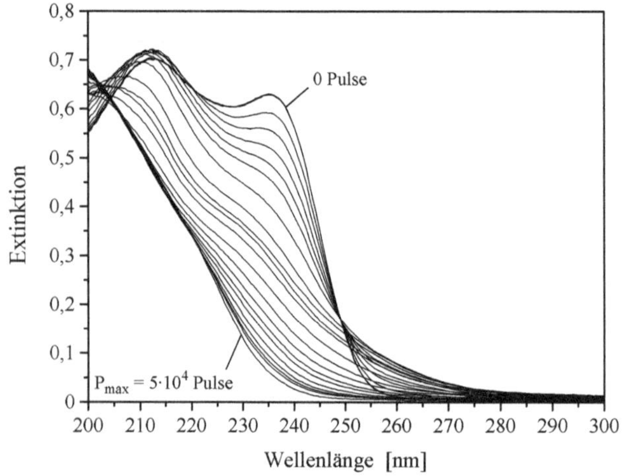

Abbildung 1-15: Reaktionsspektren von OH-Atrazin (c_o = 1,5 mg/l; I_o = 1,18·10^{-8} E cm^{-2} P^{-1}).

Die in Kapitel II.4 ganz allgemein auf photochemische Reaktionen anwendbare Argumentation ist für die vorliegenden Reaktionsspektren nur bedingt gültig, da es sich bei dem hier untersuchten speziellen Fall um lichtinduzierte Abbaureaktionen handelt. Im Unterschied zur „klassischen“ Photochemie laufen zwar bei der photolytischen Fragmentierung ebenso charakteristische Elementarreaktionen ab, allerdings sind die eingesetzten Bestrahlungsstärken um den Faktor 10^2 - 10^3 höher und die Wellenlängen niedriger, entsprechend größerer Energien der die Prozesse einleitenden Photonen. Die hier beobachteten Umsetzungen umfassen daher auch Folgereaktionen von Zwischenprodukten, die bei „klassischen“ Bestrahlungsbedingungen als Endprodukte gebildet werden. In Erweiterung zu den bisherigen Betrachtungen gilt daher die allgemeine Aussage, daß eine photolytische Abbaureaktion mit kurzwelligem UV-Licht nicht spektroskopisch einheitlich ablaufen kann. Die Einheitlichkeit beschränkt sich allenfalls auf die Anfangsphase der Reaktion und liegt generell für den Grenzfall $t \rightarrow 0$ vor (bei der Laserphotolyse für $P \rightarrow 0$), sofern eine Mineralisation des Schadstoffes quantenmechanisch möglich ist. Erfolgt durch die Photolyse nur die Umwandlung eines Stoffes A in B, kann der Gesamtprozeß durchaus einheitlich ablaufen.

Legt man z.B. den gesamten Bestrahlungszeitraum, d.h. P_{max} zugrunde, zeigen die Reaktionsspektren, daß es sich bei Atrazin um quasi-isosbestische Punkte handelt. Die gleiche Aussage gilt für 2-Hydroxyatrazin sowohl für den kurzwelligen UV-C-Bereich, in dem kein isosbestischer Punkt zu finden ist und demnach ein Produktgemisch desalkylierter Derivate entsteht, als auch für die Beobachtungswellenlänge 250 nm, bei der offensichtlich zu Beginn der Reaktion ein isosbestischer Punkt vorliegt. Damit ist der zeitliche Ablauf des jeweiligen Gesamtprozesses als spektroskopisch nicht einheitlich einzustufen, da allgemein gilt, daß eine Reaktion nicht mehr einheitlich verläuft, wenn ein ursprünglich vorhandener isosbestischer Punkt im Zuge des Reaktionsverlaufes verloren geht. Dies ist typischerweise bei Folgereaktionen vom Typus $A \rightarrow B \rightarrow C$ der Fall.

Das Auftreten isosbestischer Punkte ist also gerade bei Abbaureaktionen für den einleitenden Schritt ein Indiz für die Einheitlichkeit der Reaktion. Dieser Sachverhalt wird in Abbildung 1-16 anhand der Extinktionsverläufe bei den betreffenden Wellenlängen für die Reaktionsspektren der Abbildung 1-14 überprüft. Man erkennt deutlich, daß nur die ersten Meßpunkte bei den Wellenlängen 209 nm bzw. 232 nm und 252 nm einen isosbestischen Punkt bilden und die Extinktionen nach einigen hundert Pulsen signifikant zu- bzw. abnehmen. Für diese Anfangsphase der Reaktion ist offensichtlich die Reaktionsgeschwindigkeit für die Umwandlung von Atrazin in 2-Hydroxyatrazin am größten, da die Funktion E(P) für das Absorptionsmaximum bei 222 nm am steilsten verläuft. Eine eindeutige Beurteilung der Reaktionen bezüglich der Anzahl der linear unabhängig ablaufenden Teilschritte ist mit solchen Diagrammen nur unter Vorbehalt möglich, da die gemachte Hypothese über das Auftreten isosbestischer Punkte zwar eine notwendige, aber nicht hinreichende Bedingung für die Einheitlichkeit der Photolyse ist. Zusätzlich wurde daher eine graphische Matrixranganalyse für die verschiedenen Konzentrationen bei unterschiedlichen Beobachtungs- und Referenzwellenlängen durchgeführt (s. Anm. S. 71). Dieses Vorgehen umfaßte das Aufstellen von Extinktions-Differenzen-Diagrammen (ED-Diagramme) zur

Überprüfung der Bedingung s = 1, sowie von Extinktions-Differenzen-Quotienten-Diagrammen (EDQ-Diagramme) zur Überprüfung der Bedingung s = 2 und schließlich von EDQDQ-Diagrammen zur Überprüfung der Bedingung s = 3. Da mit steigendem Rang statistische Meßfehler zu verhältnismäßig stark streuenden Stützpunkten des Verfahrens führen und eine tatsächlich vorhandene Krümmung ebenso verbergen wie vortäuschen können, wurden bei geringen Pestizidkonzentrationen die Reaktionsspektren mehrfach aufgezeichnet und die gemittelten Spektren für die weitere Auswertung herangezogen.

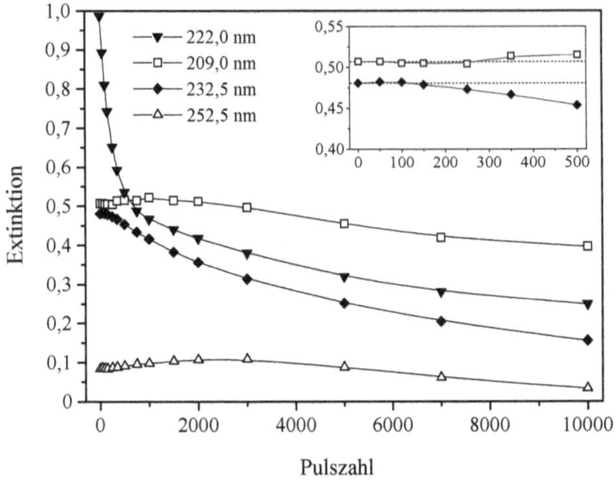

Abbildung 1-16: Extinktionsverläufe während der Bestrahlung von Atrazin für quasi-isosbestische Punkte und für das Absorptionsmaximum (vgl. Abbildung 1-14).

Aufgrund der geforderten hohen Genauigkeit, insbesondere für die im nächsten Abschnitt durchgeführte numerische Betrachtung, war es zwingend, die aus den Reaktionsspektren erhaltenen E(P)-Kurven ohne Verlust des charakteristischen Verlaufes zu glätten. Da außerdem bei der quantitativen Auswertung auf numerische Integrationsverfahren zurückgegriffen werden mußte, die bei ausreichender Exaktheit grundsätzlich mehr Stützstellen verlangen als Meßwerte vorhanden sind, wurden die E(P)-Kurven zusätzlich numerischen Interpolationsverfahren unterworfen. Auf diese Weise wurde für jedes Bestrahlungsexperiment für eine ausgewählte Beobachtungswellenlänge λ eine Extinktionsmatrix mit der Pulszahl P als unabhängige Variable erzeugt, die auch zur graphischen Ranganalyse herangezogen wurde. Damit gelang es, auch für niedrige Pulszahlen die graphische Ranganalyse mit ausreichender Genauigkeit durchzuführen und sich iterativ mit kleiner werdenden Schrittweiten der Anfangsphase der Reaktion anzunähern. Auf eine multivariate Darstellung der hieraus erhaltenen, von λ, P_{max} und c_o abhängigen ED-, EDQ- und EDQDQ-Diagramme wird aus Gründen der Komplexität verzichtet, statt dessen sollen nur einige Resultate und die aus den Diagrammen gezogenen endgültigen Schlußfolgerungen dargelegt werden.

Die Auswertung der Reaktionsspektren von Atrazin im Intervall [0, P] führt entsprechend den Ergebnissen der Tabelle 1-6 in Abhängigkeit von der oberen Intervallgrenze P zu einem unterschiedlichen Rang der Reaktion. Wie der Tabelle zu entnehmen ist, werden zwei verschiedene Anfangsphasen der Reaktion betrachtet, und zwar für eine Pulszahl $P = P_{1/2}$ und $P = 0{,}5 \cdot P_{1/2}$. Bezieht man sich bei der Ranganalyse zunächst auf das Ende des Bestrahlungsexperimentes, d.h. $P = P_{max}$, werden ausnahmslos mehr oder weniger stark gekrümmte ED-, EDQ- und EDQDQ-Diagramme erhalten. Damit ist der Rang der Photolyse größer als drei, d.h. in der Gesamtheit läuft eine Vielzahl unterschiedlicher Reaktionen mit mehreren linear unabhängigen Einzelschritten ab, die zu einem komplexen Produktgemisch führen.

Tabelle 1-6: Ergebnisse der graphischen Matrixranganalyse anhand der ED-, EDQ- und EDQDQ-Diagramme. Angegeben ist der jeweilige Rang s in Abhängigkeit von der eingesetzten Atrazinmenge für verschiedene Pulszahlen P (ausgedrückt als k-faches von $P_{1/2}$).

c_o [µg/l]	$P_{1/2}$	k = 1	k = 0,5
10	41	2	1
100	81	3	2
1000	164	3	3
10000	292	3	3

Mit Herabsetzen der oberen Intervallgrenze P, kleiner werdenden Schrittweiten und gleichbleibender Anzahl von Stützpunkten werden die Kurvenverläufe der EDQDQ-Diagramme zunehmend flacher und gehen schließlich bei bestimmten Werten für P in Geraden über, während die Meßpunkte der EDQ-Diagramme nach wie vor nicht linear sind. In diesem Fall liegt ein Rang s = 3 vor, mit anderen Worten, die Reaktion kann z.B. als dreistufige Folgereaktion $A \rightarrow B \rightarrow C \rightarrow D$ aufgefaßt werden. Dies trifft aber nur für nicht singuläre Wellenlängenkombinationen zu, d.h. für solche, die nicht zu linearen ED-Diagrammen führen und daher keine einheitliche Reaktion vortäuschen. Mit Ausnahme der Spektren für $c_o = 10$ µg/l war das Auftreten dieses Phänomens bei der hier durchgeführten Methode darauf zurückzuführen, daß bei kleiner werdendem Auswerteintervall die geringen Extinktionsänderungen nur bei EDQ-Diagrammen zu signifikanten Abweichungen vom linearen Verhalten führten. ED-Diagramme wurden daher im Rahmen der Matrixranganalyse bei kleinen Pulszahlen nicht weiter betrachtet. Wird die Intervallgrenze noch weiter erniedrigt, findet man für die Reaktion nachweislich bei kleinen Eduktkonzentrationen ein Rang von s = 2, entsprechend der Folgereaktion A → B → C. Für die niedrigste Ausgangskonzentration kann schließlich bei $P = 0{,}5 \cdot P_{1/2}$ die Photolyse als einheitlicher Prozeß mit s = 1 aufgefaßt werden.

Die analoge Auswertung der Reaktionsspektren für 2-Hydroxyatrazin zeigt eine weniger eindeutige Bestimmung der Anzahl der linear unabhängigen Teilschritte auf. Vielmehr beobachtet man unabhängig von der eingesetzten Konzentration bei $P = 0{,}5 \cdot P_{1/2}$ einen Rang von größer oder gleich drei. Mit kleiner werdendem Beobachtungsintervall weisen sowohl die ED- als auch die EDQ- und EDQDQ-Diagramme immer flachere Krümmungen auf und nähern sich asymptotisch einer Geraden an. Erst für $P = 0{,}1 \cdot P_{1/2}$ kann die Photolyse von 2-Hydroxyatrazin durch eine Reaktion vom Rang s = 1 (für c_o = 25 µg/l) bzw. s = 2 (für c_o = 250 µg/l) beschrieben werden, während sich der Rang für die höchste Konzentration nicht erniedrigt. Dieses Verhalten weist wie im Falle von Atrazin darauf hin, daß sich bereits bei verhältnismäßig geringen Pulszahlen Produkte bilden, die rasch weiterreagieren. Diese Erkenntnis ist aus mechanistischer Sicht durchaus plausibel, da nach dem Absorptionsakt die Anregungsenergie, die sich generell durch den als interne Schwingungsrelaxation bekannten Prozeß über das gesamte Molekül verteilt, ohne Bevorzugung einer exocyclischen C-N-Bindung zur Desalkylierung führt. Da die Dissoziationsenergien zur Abspaltung der Alkylgruppen in derselben Größenordnung liegen und wesentlich niedriger sind als für die Spaltung der C-Cl-Bindung, laufen Desalkylierungsreaktionen zu verschiedenen Produkten mit etwa gleicher Wahrscheinlichkeit ab.

1.2.2.2 Bestimmung von Quantenausbeuten und Ratenkonstanten

In Umkehrung zu der allgemeingültigen Aussage „Liegen isosbestische Punkte vor, läuft die Reaktion möglicherweise einheitlich ab", kann man folgern, daß eine Reaktion innerhalb einer bestimmten, wenn auch sehr kurzen Zeitspanne, in erster Näherung wie ein spektroskopisch einheitlicher Prozeß behandelt werden kann, solange ein isosbestischer Punkt erhalten bleibt und keine quasi-isosbestischen Punkte auftreten. Diese Aussage ist für die numerische Auswertung zur Bestimmung von Quantenausbeuten und Geschwindigkeitskonstanten fundamental. Als Bestätigung für diese Arbeitshypothese hat die graphische Matrixranganalyse gezeigt, daß die Anfangsphase der Reaktion durch einen niedrigeren Rang beschrieben werden kann, wobei der Grenzfall s = 1 offenbar mit abnehmender Eduktkonzentration immer wahrscheinlicher ist. Für eine Atrazinkonzentration von c_o = 10 µg/l wurde tatsächlich der Rang s = 1 gefunden. Die Richtigkeit der Hypothese hängt entscheidend vom Verhältnis der Geschwindigkeitskonstanten der am Gesamtprozeß beteiligten Teilreaktionen ab, da sich etwa bei einer langsamen Folgereaktion das stabile Zwischenprodukt anreichert, und bei nicht zu langen Reaktionszeiten die Kinetik des einheitlich ablaufenden Primärschrittes die Geschwindigkeit des Gesamtprozesses bestimmt. Liegt der Grenzfall s = 1 vor, ist es ist rein UV-VIS-spektroskopisch nicht möglich, bei der Umsetzung von Atrazin oder 2-Hydroxyatrazin Parallelreaktion zu unterscheiden. Erst mit dem Auftreten von Folgereaktionen wird $s > 1$, wobei gleichzeitig ablaufende Nebenreaktionen jedoch nicht ausgeschlossen werden können.

Auf dieser Grundlage wurden die Geschwindigkeitskonstanten und Quantenausbeuten der jeweiligen Reaktionen bestimmt. Als Auswertungsalgorithmus diente die im Kapitel II.4.4 für den Reaktionstyp A → Produkte erwähnte formale Integration, wobei die entsprechenden Ableitungen auf die Zahl der applizierten Laserpulse zu beziehen waren. Mit Substitution der Reaktionszeit t durch die Pulszahl p sowie der „transformierten Zeit Θ" durch die „transformierte Pulszahl Π" konnten die genannten Auswertungsgleichungen letztendlich in der ursprünglich angegebenen analytischen Form verwendet werden. Mit der unteren bzw. oberen Grenze des Auswertungsintervalls (P_{Gu} bzw. P_{Go}) wurde aus den Extinktionen E' bei der Bestrahlungswellenlänge λ' und der Anzahl der jeweils applizierten Pulse P zunächst die „transformierte Pulszahl Π" berechnet:

$$\Pi = 1000 \int_{P_{Gu}}^{P_{Go}} \left(\frac{1 - 10^{-E'}}{E'} \right) dP \qquad \text{(Gl. 1-12)}$$

Mit der Auswahl verschiedener Beobachtungswellenlängen λ, bei denen sich die Extinktion E_λ signifikant ändert, konnte schließlich mit den Werten für Π die Auswertung entsprechend der nachstehenden Gleichung erfolgen:

$$\underbrace{\frac{\Delta E_\lambda}{\Delta \Pi}}_{y} = k\, E_{\lambda_\infty} - k \underbrace{\frac{\int_{\Pi_{Gu}}^{\Pi_{Go}} E_\lambda \, d\Pi}{\Delta \Pi}}_{x} \qquad \text{(Gl. 1-13)}$$

Die Auftragung der Wertepaare in ein x-y-Diagramm liefert die Ratenkonstante k direkt als Steigung der erhaltenen Geraden. Die Quantenausbeute φ wurde nach folgender Gleichung aus der Ratenkonstante, dem Extinktionskoeffizienten ε' für Atrazin bei 248 nm ($\varepsilon' = 3700\ \mathrm{l\ mol^{-1}\ cm^{-1}}$) und der Intensität I_o des auf die Frontfläche der Küvette bezogenen Laserstrahls berechnet:

$$\varphi = \frac{k}{I_o\, \varepsilon'} \qquad \text{(Gl. 1-14)}$$

Da die Auswertungsgleichungen streng genommen nur für eine Reaktion vom Rang s = 1 gültig sind, wurden die Geschwindigkeitskonstanten für die jeweils einleitende Reaktion mit Hilfe der zuvor genannten Gleichungen iterativ für den Grenzfall $P \rightarrow 0$ ermittelt. Als Eingangsdaten wurden die im Rahmen der graphischen Matrixranganalyse für Atrazin und 2-Hydroxyatrazin bei verschiedenen Ausgangskonzentrationen erhaltenen, durch numerische Algorithmen geglätteten und durch lineare Interpolation mit zusätzlichen Stützpunkten versehenen E(P)-Kurven verwendet. Hiermit wurde schließlich die formale Integration für verschiedene Beobachtungswellenlängen mit der unteren Integrationsgrenze $P_{Gu} = 0$ bzw. $\Pi_{Gu} = 0$ und, ausgehend von $P < P_{max}$, mit immer kleiner werdender oberer Integrationsgrenze P_{Go} bzw. Π_{Go} sowohl durch Vorwärts- als auch durch Rückwärtsintegration ausgeführt. Wegen des enormen mathematischen Aufwandes, insbesondere durch die numerische Berechnung der Auswertungsintegrale verursacht, wurde der Rechenalgorithmus mit einer geeigneten Software programmiert.

Die so ermittelten Geschwindigkeitskonstanten sind für Atrazin in Abbildung 1-17 und für 2-Hydroxyatrazin in Abbildung 1-18 als Funktion der oberen Integrationsgrenze dargestellt. Aus Gründen der Skalierung mußten in Abbildung 1-18 für die zwei größten Ausgangskonzentrationen die Geschwindigkeitskonstanten mit den angegebenen Faktoren f multipliziert werden. Bei allen Datensätzen entspricht die jeweils größte Pulszahl P_{Go} der Integrationsgrenze, die gerade noch zur Auswertung herangezogen werden konnte, d.h. die formale Integration führte in diesen Fällen noch zu auswertbaren Geraden, während mit größeren Werten für P_{Go} die Abweichung von der Linearität aufgrund des immer komplexeren Reaktionsgeschehens drastisch zunahm. Die aus der linearen Regression für jeweils 19 Stützpunkte erhaltenen Fehler (± 1s) sind aus Gründen der Übersicht nur für die geringste Atrazinkonzentration eingezeichnet. Deutlich ist zu erkennen, daß diese mit abnehmender Pulszahl immer kleiner werden, entsprechend einer zunehmend besseren Annäherung der x-y-Wertepaare an einen linearen Verlauf. In der gleicher Richtung streben die Geschwindigkeitskonstanten k der Initialreaktion asymptotisch dem wahren Wert k_o entgegen. Dieser kann nicht direkt experimentell bestimmt werden, sondern ergibt sich als Resultat der Grenzwertbetrachtung

$$k_o = \lim_{P \rightarrow 0} k(P). \qquad \text{(Gl. 1-15)}$$

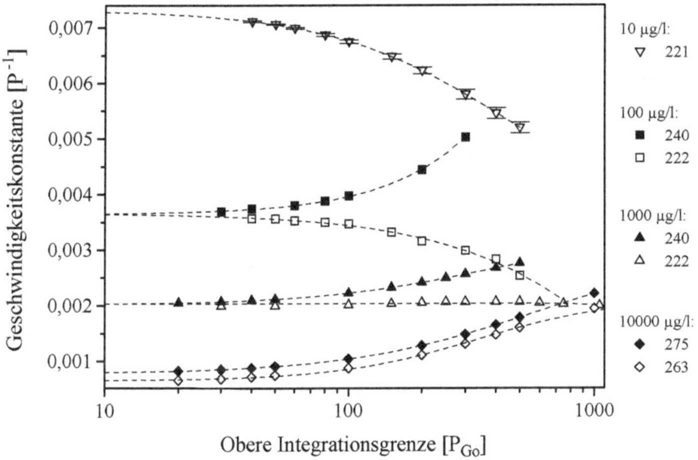

Abbildung 1-17: Veranschaulichung des extrapolativen Verfahrens zur Bestimmung der Geschwindigkeitskonstanten für die Photolyse von Atrazin in Abhängigkeit von der eingesetzten Atrazinmenge und der Auswertungswellenlänge λ (n = 19, 1s).

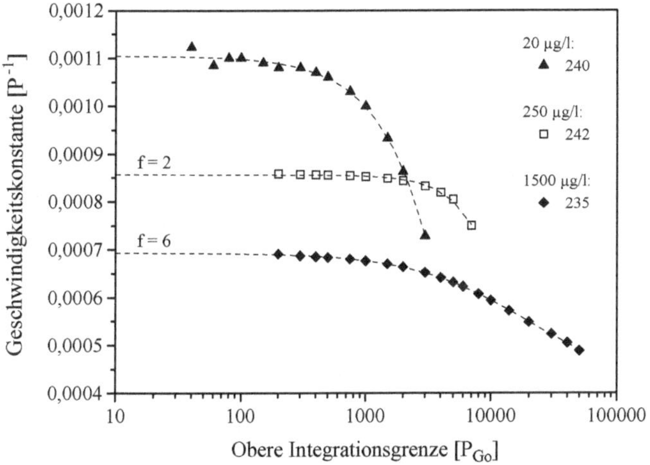

Abbildung 1-18: Veranschaulichung des extrapolativen Verfahrens zur Bestimmung der Geschwindigkeitskonstanten für die Photolyse von 2-Hydroxyatrazin in Abhängigkeit von der eingesetzten Hydroxyatrazinmenge und der Auswertungswellenlänge λ (n = 19, 1s).

Verschiedene Auswertungswellenlängen für ein und dieselbe Konzentration führen hierbei zum gleichen Ergebnis, was die Richtigkeit der aufgestellten Arbeitshypothese indirekt beweist. Ein Vergleich der Geschwindigkeitskonstanten hinsichtlich ihrer Konzentrationsabhängigkeit zeigt, daß sie sowohl für Atrazin als auch für 2-Hydroxyatrazin mit abnehmender Ausgangskonzentration größer werden. Im Vergleich zu Atrazin sind die Werte für 2-Hydroxyatrazin um bis zu einer Zehnerpotenz niedriger.

Das hier angewandte extrapolative Auswerteverfahren ist prinzipiell auch auf den Grenzfall $P \rightarrow \infty$ übertragbar, da die formale Integration unabhängig von den Meßwerten zu Beginn bzw. zu Ende der Reaktion durchgeführt werden kann, also beispielsweise mit der oberen Integrationsgrenze $P_{Go} = P_{max}$ bei gleichzeitiger Variation der unteren Grenze P_{Gu}. Die völlig analogen Berechnungen führen für den Fall, daß nach der Bestrahlung mit einer Pulszahl P_{max} nur noch ein reagierendes Folgeprodukt vorhanden ist, bei der graphischen Ranganalyse zu $s = 1$ und bei der formalen Integration zu Geraden. Im Gegensatz zur Atrazinphotolyse, bei der die applizierte Pulszahl P_{max} für eine solche Auswertung offenbar zu gering war, konnte für 2-Hydroxyatrazin mit $P_{max} = 5 \cdot 10^5$ iterativ eine Geschwindigkeitskonstante k_∞ bestimmt werden. Diese Größe repräsentiert den photolytischen Zerfall eines Folgeproduktes von 2-Hydroxyatrazin, da die Photolyse eines primären Abbauproduktes mit der graphischen Matrixranganalyse nicht im Einklang steht. Geht man in Übereinstimmung mit den Reaktionsspektren davon aus, daß bei hohen Pulszahlen Desalkylierungen die dominierenden Prozesse sind, kommt für das Intermediat letztlich nur Desalkylhydroxyatrazin in Betracht.

Die erhaltenen Geschwindigkeitskonstanten für Atrazin, 2-Hydroxyatrazin sowie für dessen Folgeprodukt und die nach obiger Gleichung berechneten Quantenausbeuten sind in Tabelle 1-7 zusammengefaßt. Da sich die Berechnungen auf einen infinitesimalen Stoffumsatz beziehen, sind die Angaben für φ als scheinbare differentielle Quantenausbeuten zu verstehen. Diese sind nicht, wie partielle Quantenausbeuten, nur eine Funktion der Geschwindigkeitskonstanten der einzelnen physikalischen Primärprozesse, sondern hängen z.B. auch von der Konzentration ab. Zur Berechnung der Quantenausbeute für das Folgeprodukt von 2-Hydroxyatrazin wurde der Extinktionskoeffizient von Desalkylhydroxyatrazin verwendet ($\varepsilon = 1022\ l\ mol^{-1}\ cm^{-1}$ bei 248 nm). Vergleicht man die Ergebnisse der verschiedenen Triazine miteinander, stellt sich heraus, daß die Geschwindigkeitskonstanten in der Reihenfolge Atrazin > 2-Hydroxyatrazin > OH-Derivat des 2-Hydroxyatrazins um jeweils etwa eine Zehnerpotenz abnehmen. Diese Folge kann bis zur Cyanursäure fortgesetzt werden, für die eine Geschwindigkeitskonstante von etwa $7 \cdot 10^{-6}\ P^{-1}$ gefunden wurde. Die Berechnung beruht auf der Auswertung ionenchromatographischer Messungen. Eine Quantenausbeute kann für Cyanursäure allerdings nicht angegeben werden, da ein Extinktionskoeffizient für die Bestrahlungswellenlänge $\lambda' = 248$ nm nicht mit ausreichender Genauigkeit bestimmbar war.

Tabelle 1-7: Geschwindigkeitskonstanten k_o und scheinbare differentielle Quantenausbeuten φ für den Abbau von Atrazin und 2-Hydroxyatrazin als Ergebnis der formalen Integration bei verschiedenen Einwaagen c_o und Auswertungswellenlängen λ.

c_o	λ	k_o bzw. k_∞		φ
[µg/l]	[nm]	Zeitskala P [P^{-1}]	Zeitskala t_r [s^{-1}]	[Mol/Einstein]
		k_0 für Atrazin		
10	221	$7{,}32\cdot10^{-3} \pm 1{,}75\cdot10^{-5}$	$2{,}93\cdot10^{5} \pm 700$	$0{,}16\cdot10^{-2} \pm 3{,}85\cdot10^{-4}$
100	240	$3{,}64\cdot10^{-3} \pm 2{,}55\cdot10^{-5}$	$1{,}46\cdot10^{5} \pm 1020$	$8{,}00\cdot10^{-2} \pm 5{,}61\cdot10^{-4}$
100	222	$3{,}60\cdot10^{-3} \pm 8{,}26\cdot10^{-6}$	$1{,}44\cdot10^{5} \pm 330$	$7{,}89\cdot10^{-2} \pm 1{,}82\cdot10^{-4}$
1000	240	$2{,}03\cdot10^{-3} \pm 2{,}29\cdot10^{-6}$	$8{,}10\cdot10^{4} \pm 92$	$4{,}52\cdot10^{-2} \pm 5{,}11\cdot10^{-5}$
1000	222	$2{,}04\cdot10^{-3} \pm 7{,}88\cdot10^{-6}$	$8{,}14\cdot10^{4} \pm 315$	$4{,}54\cdot10^{-2} \pm 1{,}76\cdot10^{-4}$
10000	263	$6{,}39\cdot10^{-4} \pm 6{,}05\cdot10^{-6}$	$2{,}55\cdot10^{4} \pm 242$	$1{,}43\cdot10^{-2} \pm 1{,}35\cdot10^{-4}$
10000	275	$7{,}85\cdot10^{-4} \pm 4{,}61\cdot10^{-6}$	$3{,}14\cdot10^{4} \pm 184$	$1{,}75\cdot10^{-2} \pm 1{,}03\cdot10^{-4}$
		k_0 für 2-Hydroxyatrazin		
25	240	$1{,}11\cdot10^{-3} \pm 5{,}93\cdot10^{-6}$	$4{,}42\cdot10^{4} \pm 237$	$1{,}28\cdot10^{-2} \pm 6{,}88\cdot10^{-5}$
250	234	$4{,}29\cdot10^{-4} \pm 2{,}20\cdot10^{-6}$	$1{,}71\cdot10^{4} \pm 88$	$4{,}89\cdot10^{-3} \pm 2{,}51\cdot10^{-5}$
250	242	$4{,}04\cdot10^{-4} \pm 1{,}21\cdot10^{-6}$	$1{,}62\cdot10^{4} \pm 48$	$4{,}61\cdot10^{-3} \pm 1{,}37\cdot10^{-5}$
1500	235	$1{,}16\cdot10^{-4} \pm 1{,}83\cdot10^{-6}$	$4{,}62\cdot10^{3} \pm 72$	$1{,}25\cdot10^{-3} \pm 1{,}95\cdot10^{-5}$
1500	242	$1{,}02\cdot10^{-4} \pm 1{,}44\cdot10^{-6}$	$4{,}07\cdot10^{3} \pm 56$	$1{,}10\cdot10^{-3} \pm 1{,}51\cdot10^{-5}$
		k_∞ für das Folgeprodukt von 2-Hydroxyatrazin		
25	240	$1{,}15\cdot10^{-5} \pm 1{,}41\cdot10^{-7}$	460 ± 6	$1{,}01\cdot10^{-3} \pm 8{,}61\cdot10^{-6}$
250	234	$3{,}08\cdot10^{-5} \pm 7{,}44\cdot10^{-7}$	1232 ± 30	$2{,}74\cdot10^{-3} \pm 4{,}63\cdot10^{-6}$
1500	235	$5{,}43\cdot10^{-5} \pm 3{,}54\cdot10^{-7}$	2572 ± 14	$4{,}41\cdot10^{-3} \pm 7{,}83\cdot10^{-6}$

1.2.3 Untersuchung von Mineralisationsprodukten

Der Abbau wässeriger Triazinlösungen zu 2-Hydroxyatrazin und desalkylierten Derivaten ist mit der Freisetzung ionischer Metaboliten verbunden, deren Detektion vor allem hinsichtlich der angestrebten Mineralisierung zur Beurteilung des Abbaugrades interessant erscheint. Dabei kommt dem Nitration eine besondere Bedeutung zu, da dessen Bildung ein Hinweis auf die Spaltung des photochemisch relativ inerten Triazinringes ist. Die Bestimmung der Ionen mittels Standard-Ionenchromatographie und Leitfähigkeitsdetektion erfolgte mit einem Carbonat-Eluenten, um die vergleichsweise spät eluierende Oxalsäure miterfassen und quantifizieren zu können.

Die Bildung der Abbauprodukte Chlorid und Nitrat, die im Zuge der Photolyse von Atrazin gebildet werden, belegen das in Kapitel IV.1.2.1.1 diskutierte, von der Ausgangskonzentration abhängige Abbauverhalten. So ist beispielsweise bei einer Eduktkonzentration von 10 mg/l nach insgesamt 10^4 Pulsen, das entspricht etwa der 34fachen „Halbwertspulszahl", die Chloridbildung quantitativ. Dies stimmt mit der bevorzugt ablaufenden Umwandlung von Atrazin in 2-Hydroxyatrazin unter Abspaltung von Chloridionen überein. Im Gegensatz hierzu ist der Umsatz an Nitrat vernachlässigbar gering und beträgt bei dieser Pulszahl nur etwa 2 %. In diesem speziellen Fall soll unter dem „Umsatz" nicht der Reaktionsumsatz verstanden werden, sondern das Molzahlenverhältnis aus gebildetem Produkt zu eingesetztem Edukt.

Bei der geringeren Ausgangskonzentration von 1 mg/l gewinnt jedoch die Bildung desalkylierter Triazine an Bedeutung, weshalb die Freisetzung von Chlorid mit einem Umsatz von nur 83 % bei 10^4 Pulsen, entsprechend einer 61fachen „Halbwertspulszahl", nicht mehr quantitativ verläuft. Gleichzeitig nimmt die Nitratbildung auf einen Umsatz von 77 % drastisch zu, da die Folgereaktionen offenbar mit der Oxidation N-haltiger Substituenten oder Molekülfragmente einhergeht. Ob es sich dabei um eine Desalkylierungsreaktion mit nachfolgender Umsetzung der exocyclischen Aminogruppen, um eine Abspaltung der N-Alkylseitenketten mit anschließender Dissoziation oder sogar um die Freisetzung von N-haltigen Intermediaten des Triazinringes handelt, kann durch Detektion der Abbauprodukte nicht beantwortet werden.

Die in Abhängigkeit von der Pulszahl gemessenen Konzentrationsverläufe für Chlorid und Nitrat gehen beispielhaft aus Abbildung 1-19 für die höhere Eduktkonzentration hervor. In diesem Zusammenhang wurde auch der Einfluß von Methanol auf den photochemischen Prozeß untersucht, da organische Verbindungen, insbesondere Alkohole oder Ketone, oftmals als Lösungsvermittler eingesetzt werden, um hydrophobe Pestizide in die wässerige Phase zu überführen. In beiden Fällen wurden in der unbehandelten Probe ein Chloridgehalt von etwa 3 % gefunden, der auf die Hydrolyse des Atrazins zurückzuführen war.

Auffallend ist zunächst der in reinem Wasser beobachtete, sehr schnelle Anstieg der gebildeten Chloridmenge bis hin zur äquimolaren Konzentration. Interpoliert auf die Pulsszahl $P_{1/2}$, ergibt sich, daß bereits 64 % des eingesetzten Atrazins unter Cl-Abspaltung photolysiert worden sind, während nur etwa 0,6 % des N-Anteils als Nitrat gefunden wurde. Im Gegensatz zu Oxalat, das bis zu $1{,}4 \cdot 10^5$ Pulsen nicht nachweisbar war, konnten die Carbonsäureanionen Formiat und Acetat rein qualitativ bei höheren Pulszahlen als weiterreagierende Zwischenprodukte beobachtet werden. Eine Bestimmung dieser Anionen beschränkte sich dabei allerdings auf eine qualitative Beurteilung, da die Signalschwankungen bei kurzen Retentionszeiten zum Teil sehr groß waren. Wie sich herausstellte, war dieser Effekt äußerst empfindlich von der Carbonationenkonzentration abhängig, die einerseits als Abbauprodukte organischer Säuren in Form von gelöstem CO_2 gebildet wurden und andererseits zur Basislinienstabilisierung der Probe als Puffer zugesetzt werden mußten.

In Übereinstimmung mit den bisherigen Ergebnissen kann gesagt werden, daß als erster photochemischer Schritt die Cl-Abspaltung erfolgt und nahezu quantitativ 2-Hydroxyatrazin entsteht. Dieses reagiert bei den angegebenen Pulszahlen nicht weiter, zumal der sprunghafte Anstieg der Nitrationenkonzentration simultan mit der Chloridbildung erfolgt und die weitere Nitratbildung sehr viel schwächer ausgeprägt ist. Damit reagiert Atrazin zu etwa 2 % in einer Parallelreaktion unter Abspaltung und Oxidation der N-Alkylseitenketten. Dieser Anteil wird entsprechend den zuvor genannten Umsätzen mit abnehmender Ausgangskonzentration größer, da der steigende Nitratgehalt mit einer abnehmenden Chloridbildung korreliert.

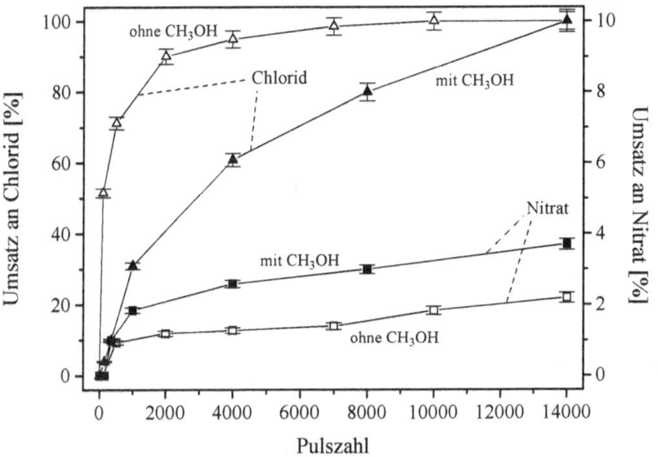

Abbildung 1-19: Bildung von Chlorid und Nitrat durch Laserphotolyse einer wässerigen und methanolischen Atrazinlösung (c_o = 10 mg/l; $I_o = 1{,}58 \cdot 10^{-8}$ E cm^{-2} P^{-1}; n = 3, 1s).

Im Vergleich zu diesen Ergebnissen wird nach Abbildung 1-19 in methanolischer Lösung ein grundlegend anderes Abbauverhalten beobachtet. Obgleich Chlorid in nennenswertem Maße gebildet wird, müssen andere Nebenreaktionen eine bedeutende Rolle spielen, da sich erst nach $1{,}4 \cdot 10^5$ Pulsen der gesamte Cl-Gehalt als Chloridion wiederfindet. Dementsprechend gering ist bei der „Halbwertspulszahl" $P_{1/2}$ der Umsatz mit etwa 8 %, während ein Umsatz von 50 % erst bei 2500 Pulszahlen erreicht wird. Diese Beobachtung beruht offensichtlich auf der Eigenschaft des Methanols, als Radikalfänger zu fungieren, das seinerseits Abbaureaktionen initiiert, ohne zur Substitution von Cl-Atomen durch OH beizutragen. Hierfür spricht auch die verstärkte Bildung von Nitrat, dessen Umsatz im Vergleich zur methanolfreien Lösung etwa doppelt so hoch ist.

Weitere Bestrahlungsexperimente wurden durchgeführt, um ionische Abbauprodukte von 2-Hydroxyatrazin in Wasser zu bestimmen. Nach den Meßergebnissen der Abbildung 1-20 werden bei der Photolyse von 1,5 mg/l 2-Hydroxyatrazin neben Nitrat und Oxalat zusätzlich das Anion der Oxamidsäure $HO(O)C\text{-}C(O)NH_2$ als stabiles Folgeprodukt detektiert. Im Gegensatz zur stetigen Konzentrationszunahme des Nitrats ist die Bildung von Oxamat zu einem wesentlich geringeren Anteil an der Gesamtumsetzung beteiligt und erst bei hohen Nitratumsätzen von 80 %, das entspricht etwa 18000 Pulsen bzw. der 12fachen „Halbwertspulszahl", und darüber treten merkliche Konzentrationen auf. Entsprechend der hier benutzten Definition des Umsatzes kann er den Wert von 100 % überschreiten. Für diesen Fall kann man sagen, daß im Durchschnitt jedes Molekül eine Reaktion eingegangen ist.

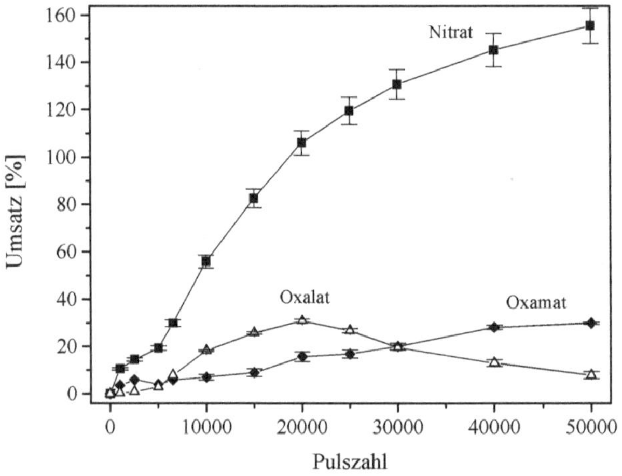

Abbildung 1-20: Bildung von Nitrat, Oxalat und Oxamat durch Laserphotolyse einer wässerigen 2-Hydroxyatrazinlösung ($c_o = 1{,}5$ mg/l; $I_o = 1{,}20 \cdot 10^{-8}$ E cm^{-2} P^{-1}; n = 3, 1s).

Bei etwa 25000 Pulsen übersteigt der Nitratumsatz 100 % und würde unter der Annahme, daß der Triazinring keinen Abbaureaktionen unterliegt, bei vollständiger Oxidation des Stickstoffs der N-Alkylseitenketten zu Nitrat genau 200 % erreichen. So gesehen, treten in dem vorliegenden Fall bei 50000 Pulsen im Mittel 70 % des Eduktes mit nur einer N-Alkylaminogruppe und 30 % vollständig desaminiert auf, möglicherweise in Form von Cyanursäure. Berücksichtigt man noch den N-Anteil der Oxamidsäure, der bei 50000 Pulsen etwa 20 % beträgt, sind jeweils etwa die Hälfte der eingesetzten Triazinmoleküle einfach und zweifach desaminiert. Allerdings liegt auch die Vermutung nahe, daß die Amidgruppe des Oxamations vom Triazinring stammt, da in Arbeiten über den Abbau von N-haltigen gesättigten Heterocyclen, welche die NCO-Gruppierung als charakteristisches Strukturelement enthalten, die Bildung von Oxamat gleichfalls nachgewiesen worden ist (Gilbert et al. 1995). Da solche cyclischen Amide, wie z.B. Succinimid oder 2-Pyrrolidon (γ-Butyrolactam) reaktiver als Triazin-Verbindungen sind, spricht das hier beobachtete, stark zeitverzögerte Auftreten von Oxamat für die Spaltung des Triazinringes.

Bei einer Ausgangskonzentration an 2-Hydroxyatrazin von 250 µg/l wurde nach Abbildung 1-21 wieder Nitrat und Oxalat gefunden. Oxamat konnte allerdings aufgrund der zu geringen Konzentration nicht quantifiziert werden und wurde im Chromatogramm bei der entsprechenden Retentionszeit durch Signaländerungen qualitativ registriert, die zwar signifikant waren, aber nicht zu integrierbaren Peaks führten.

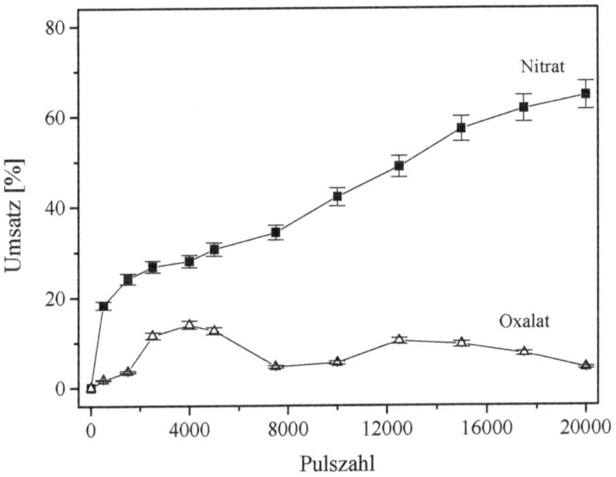

Abbildung 1-21: Bildung von Nitrat und Oxalat durch Laserphotolyse einer wässerigen 2-Hydroxyatrazinlösung (c_o = 250 µg/l; $I_o = 1{,}10 \cdot 10^{-8}$ E cm^{-2} P^{-1}; n = 3, 1s).

Prinzipiell zeigt sich bei dieser Konzentration ein analoges Abbauverhalten, mit dem Unterschied, daß der Umsatz an Nitrat bei der 12fachen „Halbwertspulszahl", also bei 6250 Pulsen, etwa 32 % und bei 18000 Pulsen etwa 62 % beträgt und damit im Vergleich zu obigen Ergebnissen geringer ist. Die Bildungskurve für Oxalat zeigt jedoch, daß zur Erreichung des maximales Umsatzes bei einer kleineren Eduktkonzentration wesentlich weniger Pulszahlen erforderlich sind, was einen größeren Reaktionsfortschritt bedeutet.

Das Auftreten von Oxamat und Oxalat ist aufgrund ihrer Struktur aus mechanistischer Sicht auf radikalische Prozesse zurückzuführen, die mit der intermediären Bildung von CO- und N-haltigen Radikalen verbunden sind. Hierfür kommt beispielsweise das anionische $^{\cdot}CO_2^{\cdot-}$-Radikal in Betracht, das in wässeriger Lösung grundsätzlich aus der Reaktion von OH-Radikalen mit Formiationen entsteht. N-haltige Radikale müssen im Zuge des Abbaus entweder aus der Spaltung des Triazinringes oder den N-Alkylseitenketten unter Beteiligung des Lösungsmittels zugänglich sein. Darauffolgende Radikalrekombinationen mit Ausbildung einer C-C-Bindung erklären die Freisetzung von Oxalat aus zwei $^{\cdot}CO_2^{-}$-Radikalen und darüber hinaus die Bildung von Oxamat aus der Reaktion eines $^{\cdot}CO_2^{-}$-Radikals mit einem N-haltigen Radikal. Die Beteiligung von OH-Radikalen, welche für die Bildung der besagten Säureanionen offenbar Voraussetzung ist, wurde in einem zusätzlichen Bestrahlungsexperiment mit 2-Hydroxyatrazin (c_o = 250 µg/l) überprüft. Die OH-Radikale wurden in der Lösung durch UV-Photolyse von zugesetztem H_2O_2 (6,4 mmol/l) erzeugt. Dabei stellte sich heraus, daß in Dunkelreaktionen aus 2-Hydroxyatrazin die Produkte Nitrat zu 8 %, Oxalat zu 3 % und Oxamat zu 11 % gebildet wurden. Die erhaltenen ionenchromatographischen Ergebnisse sind in Abbildung 1-22 abzüglich des jeweiligen Nullwertes zusammengefaßt.

Der große Einfluß der erzeugten OH-Radikale auf die Umsätze und bei gleichen Pulszahlen auf die Reaktionsgeschwindigkeit ist offensichtlich. Auf den ersten Blick erkennt man prinzipiell ähnliche Kurvenverläufe für Nitrat und Oxalat, verglichen mit dem reinen UV-Prozeß, sowie die Bildung erheblicher Mengen an Oxamat. Oxalat erscheint wieder als intermediäres Reaktionsprodukt, allerdings ist der anfängliche Konzentrationsanstieg sehr viel steiler, die Umsätze sind dementsprechend höher, und im Maximum der Zwischenproduktkurve wird Oxalat mit einem Umsatz von 100 % gegenüber Nitrat sogar bevorzugt gebildet. Nach etwa 11000 Pulsen übersteigt der Umsatz an Nitrat 100 %, d.h. im Mittel wurde jedes zweite der beiden exocyclischen Stickstoffatome zu Nitrat oxidiert. Interessant ist die Bildung von Oxamat, dessen Anstieg bei kleinen Pulszahlen ebenso steil verläuft, wie die Bildungskurve für Nitrat und nach Erreichen eines lokalen, charakteristischen Maximalwertes bei größter Oxalatbildung selbst ein Minimum besitzt. Eine weitere Erhöhung der Pulszahlen äußert sich in einem zunächst flachen und dann steiler werdendem Anstieg der Produktbildungskurve. Bei 20000 Pulsen beträgt der Umsatz an Oxamat schließlich 64 %, d.h. der insgesamt gebildete Stickstoffanteil beläuft sich auf etwa 184 %, entsprechend einer nahezu quantitativen Umwandlung von 2-Hydroxyatrazin in Cyanursäure, sofern letztgenannte nicht reagiert.

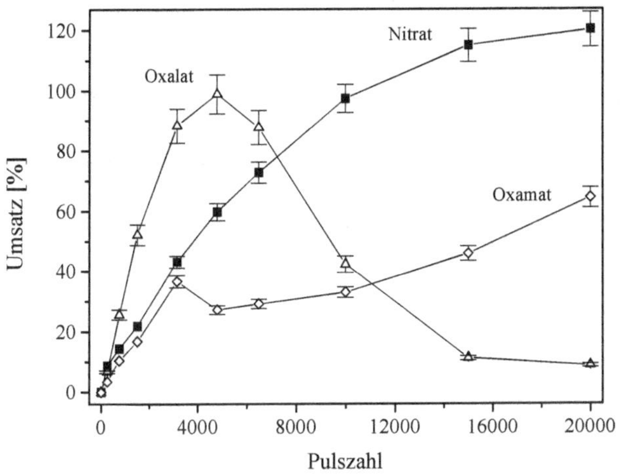

Abbildung 1-22: Bildung von Nitrat, Oxalat und Oxamat durch Laserphotolyse einer H_2O_2-haltigen wässerigen 2-Hydroxyatrazinlösung ($c_o = 250$ µg/l; $[H_2O_2] = 6{,}4$ mmol/l; $I_o = 1{,}12 \cdot 10^{-8}$ E cm^{-2} P^{-1}; n = 3, 1s).

Eine abschließende und eindeutige Interpretation der Meßdaten ist durch UV-Photolyse von Cyanursäure selbst möglich, da nur in diesem Fall von der Bildung etwaiger Produkte auf die Spaltung des Triazinringes geschlossen werden darf. Mit diesen Versuchen soll im speziellen die Frage nach der photochemischen Stabilität des Triazinringes geklärt und im die vielfach diskutierte Mineralisierbarkeit von Triazinen durch UV-Licht ionenchromatographisch hinterfragt werden. Die Ergebnisse der Photolyse einer wässerigen Cyanursäurelösung mit einem Gehalt von 10 mg/l zeigt Abbildung 1-23.

Infolge der sehr schlechten Absorptionsfähigkeit von Cyanursäure bei 248 nm waren grundsätzlich höhere Pulszahlen erforderlich, und die Umsätze von nur einigen Prozent sind erheblich geringer als bei substituierten Triazinderivaten. Wie Abbildung 1-23 zeigt, konnte außer Nitrat, Oxalat und Oxamat auch Formiat bestimmt werden. Signalschwankungen während des Chromatographierens, die bei Bestrahlungsexperimenten von Atrazin und 2-Hydroxyatrazin die Quantifizierung niedermolekularer Carbonsäuren erschwerten, traten hier nicht auf. Erwartungsgemäß ist Abbildung 1-23 zu entnehmen, daß bei niedrigen Pulszahlen die Bildung von Oxalat im Vergleich zu Nitrat eine wesentlich bedeutendere Rolle spielt, da im Gegensatz zu Atrazin und 2-Hydroxyatrazin der Nitratanteil durch Oxidation von N-Alkylgruppen entfällt. Desweiteren ist bei niedrigen Pulszahlen bemerkenswert, daß die Verläufe der Produktbildungskurven für Formiat und Oxalat sowie für Nitrat und Oxamat einander sehr ähnlich sind. Die betreffenden Metaboliten werden also in vergleichbaren Konzentrationen mit ähnlichen Reaktionsgeschwindigkeiten gebildet. Erst wenn

Oxalat das bei etwa 10000 Pulsen gelegene Maximum überschreitet, weichen die entsprechenden Kurvenverläufe zunehmend voneinander ab.

Das Auftreten von Formiat bestätigt die oxidative Spaltung der Amidbindung unter Freisetzung eines $^{\bullet}CO_2^-$-Radikals, dessen Weiterreaktion zur simultanen Bildung des nachgewiesenen Oxalats führt. Bei höheren Pulszahlen nimmt der Gehalt an Oxalat wieder ab, und intermediäre $^{\bullet}CO_2^-$-Radikale reagieren bevorzugt mit anderen Nebenprodukten, beispielsweise zu Oxamat, anstatt zu rekombinieren. Letztgenanntes Produkt zeigt ebenso wie Nitrat eine stetig ansteigende Konzentration, so daß die beiden N-haltigen Komponenten als stabile Endprodukte der Photolyse betrachtet werden können. Auch eine Bilanzierung der Meßergebnisse spricht hierfür, da das C/N-Verhältnis der angegebenen Verbindungen mit steigender Pulszahl abnimmt.

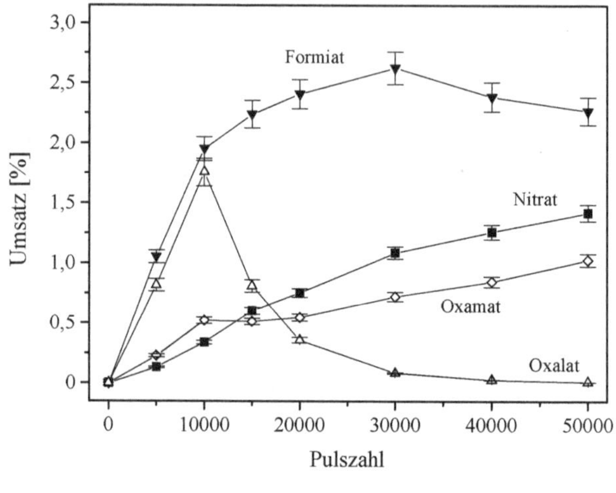

Abbildung 1-23: Bildung von Formiat, Nitrat, Oxalat und Oxamat durch Laserphotolyse von Cyanursäure (c_o = 10 mg/l; I_o = 1,08·10^{-8} E cm^{-2} P^{-1}; n = 3, 1s).

Die Bildung von Oxamat kann auf die Spaltung des Triazinringes und die damit verbundene Erzeugung N-haltiger Radikale zurückgeführt werden. Dieser Aspekt ist auch aus mechanistischer Sicht verständlich, da durch radikalische Spaltung des Triazingerüstes Ringöffnungsprodukte denkbar sind, welche als funktionelles Element eine zu den Cyanaten bzw. den tautomeren Isocyanaten analoge NCO-Gruppierung tragen. Entsprechend der radikalischen Chemie wässeriger Cyanatlösungen sollten auch die genannten Reaktionsprodukte durch OH-Radikale in ihrerseits reaktive Spezies überführbar sein. Die gleichzeitige Anwesenheit von $^{\bullet}CO_2^-$-Radikalen, deren Bildung bei Spaltung der Säureamidbindung ebenso wahrscheinlich ist, erklärt schließlich das Entstehen von Oxamat durch Radikalrekombination. Einen abschließenden experimentellen Hinweis, der diese mechanistische Vorstellung plausibel macht, liefert die UV-Photolyse nicht cyclischer Amide, die als Modellsubstanzen für den primären Schritt der Triazinringspaltung zu verstehen sind. Als Verbindungen wurden Carbamoylharnstoff $NH_2C(O)NHC(O)NH_2$ sowie Harnstoff $NH_2C(O)NH_2$ gewählt, um bei gleichen Bestrahlungsbedingungen die ionischen Produkte zu quantifizieren. Die Ergebnisse für Nitrat, Oxalat bzw. Oxamat sind in Abbildung 1-24 bzw. Abbildung 1-25 dargestellt.

Das gefundene Abbauverhalten der beiden Modellsubstanzen bestätigt die mechanistische Anschauung über die photolytischen Mineralisationswege der Cyanursäure sowie substituierter Derivate. Dabei ist klar zu erkennen, daß für Carbamoylharnstoff die Kurvenverläufe der Abbauprodukte, besonders von Oxalat, im wesentlichen denen der Cyanursäure entsprechen. Die Unterschiede sind, daß Nitrat vor allem bei hohen Pulszahlen mit größeren Umsätzen gebildet wird, während Oxamat bei kleinen Pulszahlen bevorzugter entsteht. Im Vergleich hierzu sind die Umsätze für Oxalat und Oxamat erheblich geringer, da im Harnstoff der Anteil carbonylischer Gruppen nur halb so groß ist. Hinsichtlich der Nitratbildung stellt man aber fest, daß trotz eines geringeren N-Anteils im Harnstoff der gebildete Nitratgehalt etwa um den Faktor 3 größer ist. In diesem Fall werden die Aminogruppen im Vergleich zu Oxamat bevorzugt oxidiert. Dies steht mit der Auffassung in Einklang, daß bei Carbamoylharnstoff der Fragmentierungsgrad geringer und der Anteil größerer Molekülfragmente höher ist. Letztgenannte tragen als reaktive Zwischenprodukte offensichtlich zur Bildung von Oxamat bei, weshalb aus struktureller Sicht das Vorhandensein einer NCO-Funktionalität wahrscheinlich ist. Obwohl bei Cyanursäure geringere Konzentrationen an Oxamat zu finden waren, ist die Quantenausbeute für die Bildung solcher Intermediate größer, da jedes Triazinmolekül zunächst durch Ringspaltung in die offenkettige Form gebracht werden muß.

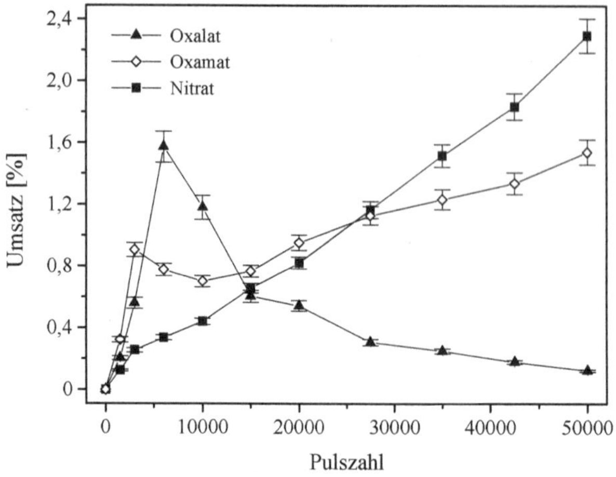

Abbildung 1-24: Bildung von Oxalat, Oxamat und Nitrat durch Laserphotolyse von Carbamoylharnstoff (c_o = je 10 mg/l; $I_o = 1{,}02 \cdot 10^{-8}$ E cm^{-2} P^{-1}; n = 3, 1s).

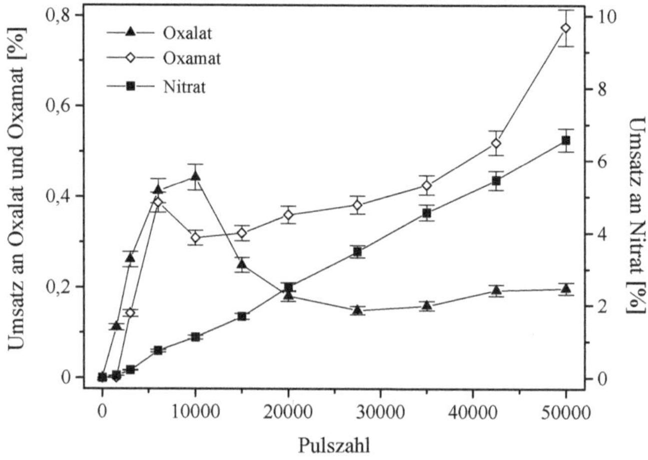

Abbildung 1-25: Bildung von Oxalat, Oxamat und Nitrat durch Laserphotolyse von Harnstoff (c_o = je 10 mg/l; $I_o = 1{,}02 \cdot 10^{-8}$ E cm^{-2} P^{-1}; n = 3, 1s).

Zusammenfassend kann schließlich gesagt werden, daß der UV-lichtinduzierte Abbau von Triazinen nach Abbildung 1-26 über verschiedene Zwischenstufen bis hin zu desalkylierten Derivaten verläuft, wobei die Bedeutung der einzelnen Teilreaktionen am photochemischen Gesamtprozeß von der jeweiligen Ausgangskonzentration des Pestizids abhängt. Als vermeintliches Endprodukt der Abbaureaktionen wird schließlich Cyanursäure gebildet, die aber als intermediäres Derivat aus thermodynamischer Sicht sehr wohl einer weiteren Photolyse unterliegen kann. Allerdings läuft dieser Prozeß kinetisch nur sehr langsam ab. Eine Anreicherung der Cyanursäure während des Photoabbaus ist damit durchaus denkbar und kann ihre photochemische Inertheit vortäuschen, insbesondere dann, wenn die Bestrahlungsstärken oder die Bestrahlungszeiten gering sind. Die weitere Fragmentierung führt unter Ringspaltung neben der Freisetzung von Formiat, Nitrat, Oxalat und Oxamat möglicherweise auch zur Bildung von Harnstoffderivaten. Diese unterliegen noch weiteren Abbaureaktionen, wobei das gebildete Oxalat infolge auftretender pH-Effekte während der chromatographischen Analyse letztendlich als Hydrogencarbonat vorzuliegen scheint. Damit besteht prinzipiell die Möglichkeit zur Mineralisation der Cyanursäure, wenn auch die hierfür erforderlichen Bestrahlungsstärken und Photolysedauern sehr hoch sind.

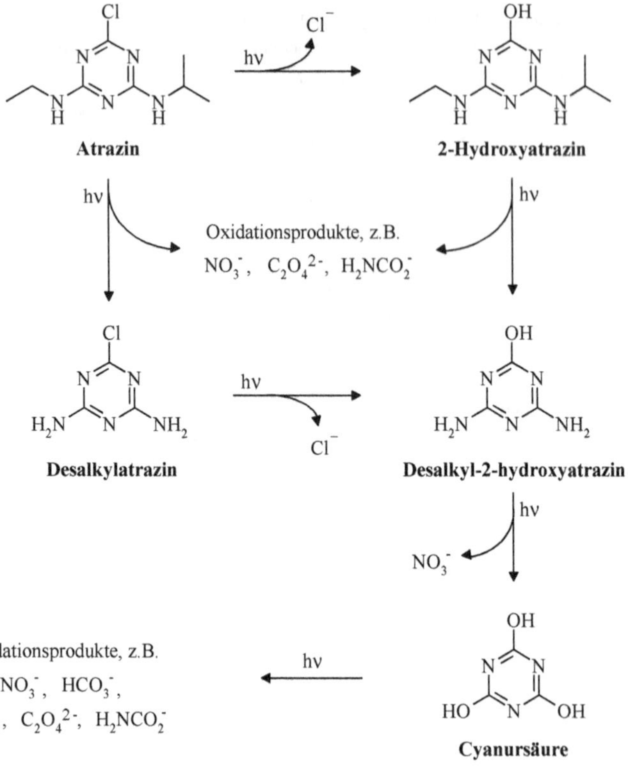

Abbildung 1-26: Photochemische Abbauwege von Atrazin bei der Laserbestrahlung.

1.3 Abbau von α-Endosulfan

In weiteren Bestrahlungsexperimenten wurde der photolytische Abbau von α-Endosulfan untersucht (Strukturformel s. Abbildung 1-32), das als nicht-systemisch wirkendes Kontakt- und Fraßinsektizid Verwendung findet, außerordentlich hohe Fischtoxizität und relativ hohe akute Toxizität für Säugetiere besitzt. Allerdings ist es vergleichsweise leicht biologisch abbaubar und reichert sich weder in Muttermilch noch in Fett oder Muskeln an. Nicht nur in alkalischem Milieu ist Endosulfan durch Hydrolyse zu Endosulfandiol und Schwefeldioxid sehr schnell abbaubar, sondern auch durch UV-Bestrahlung findet eine Fragmentierung statt. Dabei entstehen nach dem bisherigen Kenntnisstand in Abhängigkeit von den Bestrahlungsbedingungen zusätzlich Endosulfanether, in geringerem Maße Endosulfanlacton, Endosulfan-α-hydroxyether sowie weitere, bislang nicht identifizierte Produkte (Montgomery 1993). In Ergänzung zu diesen Untersuchungen sollten die durch UV-Photolyse gebildeten Mineralisationprodukte quantifiziert und auf Basis der bereits erläuterten Auswertungsmethodik die Geschwindigkeitskonstanten und Quantenausbeuten bestimmt werden. Für die ionenchromatographische Analyse wurde ein Borateluent verwendet, da im Gegensatz zu Triazinen die mit der Ringspaltung einsetzende Mineralisation durch Nachweis früh eluierender Carbonsäureanionen erfolgen mußte. Unter diesen Bedingungen konnte die Bildung von Sulfat, das ohnehin nur als primäres Hydrolyseprodukt entsteht, im Gegensatz zur nachweisstarken und reproduzierbaren Detektion der anderen Ionen lediglich qualitativ beobachtet werden.

1.3.1 Graphische Matrixranganalyse

Für die Bestrahlungsexperimente mußten zunächst die in Abbildung 1-4 dargestellten Abhängigkeiten durch Kalibration der Betriebsgröße E_o überprüft werden. Im Gegensatz zu den vorangegangenen Bestrahlungsversuchen stellte sich heraus, daß entsprechend der experimentell zugänglichen Beziehung

$$E_K = 0{,}0188 \cdot E_o + 0{,}4093 \qquad \text{(Gl. 1-16)}$$

die Pulsenergie E_K bei gleichen Einstellungen E_o kleiner war. Die tatsächliche Pulsenergie $E_{K,real}$, welche als Bestrahlungsstärke auf die Zeit- und Flächeneinheit bezogen, die photokinetisch relevante Größe des Auswerteverfahrens ist, mußte wieder kontinuierlich durch Messung des Detektorsignals E_D bestimmt werden.

Aufgrund der sehr schlechten Löslichkeit von Endosulfan in Wasser (maximal 0,32 mg/l) und der im Vergleich zu Triazinherbiziden niedrigeren Absorptionsfähigkeit ultravioletter Strahlung ($\varepsilon_{max} = 5718\ l\ mol^{-1}cm^{-1}$ bei 215 nm bzw. $\varepsilon = 205\ l\ mol^{-1}\ cm^{-1}$ bei 248 nm), mußte für ausreichend hohe Pestizidkonzentrationen Ethanol als Lösungsvermittler eingesetzt werden. Die erhaltenen Reaktionsspektren, welche bei einer Ausgangskonzentration von 19 ppm und der Pulsenergie $E_{K,real} = 4{,}17\ mJ\ P^{-1}\ cm^{-2}$ beispielhaft in Abbildung 1-27 dargestellt sind, lassen weder isosbestische Punkte erkennen noch treten charakteristische Absorptionsbanden von Abbauprodukten auf. Während der gesamten Photolysedauer, entsprechend 18300 Pulsen, nimmt das Absorptionsmaximum immer mehr ab und verschiebt sich gleichzeitig in das kurzwelligere Spektralgebiet.

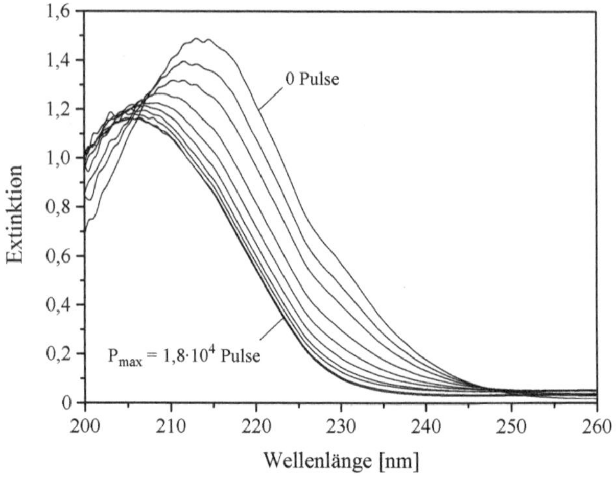

Abbildung 1-27: Reaktionsspektren von α-Endosulfan in methanolischer Lösung (c_o = 19 mg/l; $I_o = 8{,}63 \cdot 10^{-9}$ E cm^{-2} P^{-1}).

Aussagen über die Einheitlichkeit der ablaufenden Photoreaktion bzw. über die Anzahl der am Gesamtprozeß beteiligten Einzelreaktionen können wieder mit Hilfe der Reaktionsspektren durch Aufstellen der entsprechenden E- und ED-Digramme getroffen werden. Wie bereits gesagt, werden bei E-Diagrammen in Abhängigkeit von der Pulszahl P bei einer Beobachtungswellenlänge λ die Extinktionen $E_\lambda(P)$ gegen die jeweilige Extinktion $E_{\lambda_r}(P)$ der Referenzwellenlänge λ_r aufgetragen. Bei einer Auftragung der zeitlichen Extinktionsdifferenz $\Delta E_\lambda(P)$ gegen die entsprechende Extinktionsdifferenz $\Delta E_{\lambda_r}(P)$ bei einer Referenzwellenlänge, ergibt sich für die Reaktion das zugehörige ED-Diagramm.

Nach den E-Diagrammen in Abbildung 1-28, die bei der Referenzwellenlänge λ = 215 nm für mehrere Beobachtungswellenlängen erhalten wurden, kann der photolytische Abbauprozeß von α-Endosulfan als kinetisch einfache Photoreaktion betrachtet werden, und es liegt nur eine einzige Teilreaktion vor. Der für λ = 270 nm gefundene, nicht lineare Kurvenverlauf widerspricht diesem Ergebnis nicht, da die betreffenden Extinktionsmessungen im Bereich der unteren Meßgrenze des Spektrometers liegen und daher größeren Schwankungen unterworfen sind. Desweiteren kann aus den E-Diagrammen der Schluß gezogen werden, daß alle Derivate des Endosulfans, die als Abbauprodukte gebildet werden, in dem betreffenden Spektralbereich absorbieren. Wäre dies nicht der Fall, so müßte es sich bei einigen Geraden im E-Diagramm um Ursprungsgeraden handeln. Dies steht im Einklang mit den in Abbildung 1-29 dargestellten ED-Diagrammen, die als Geraden durch den Koordinatenursprung verlaufen müssen.

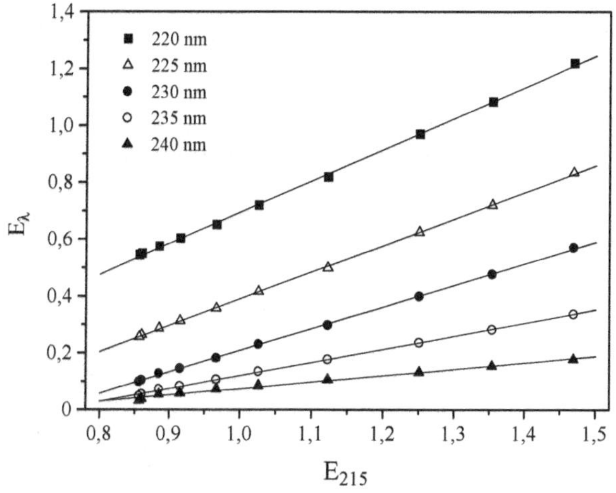

Abbildung 1-28: E-Diagramm der Photolyse von α-Endosulfan für die in Abbildung 1-27 gezeigten Reaktionsspektren.

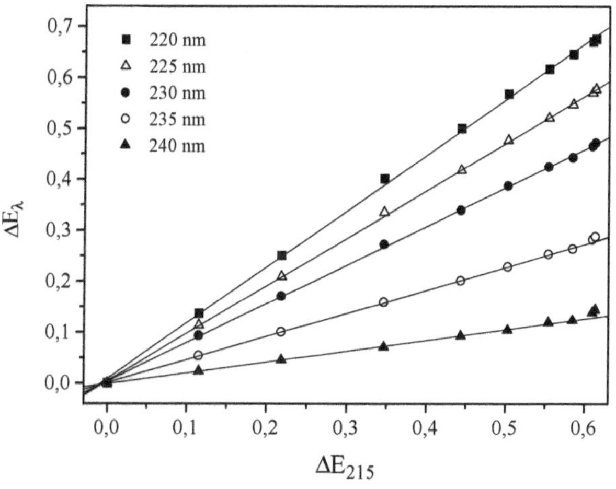

Abbildung 1-29: ED-Diagramm der Photolyse von α-Endosulfan.

1.3.2 Mineralisationsprodukte

Hinsichtlich der Analytik der kurzkettigen Carbonsäuren mußte die Photolyse des als Lösungsvermittler verwendeten Ethanols berücksichtigt werden, da dieses bei einem Gehalt von 0,1 % bzw. 0,01 % im Überschuß vorliegt und bei der Bestrahlung selbst reagiert. Dabei konnte in Kontrollexperimenten gezeigt werden, daß in Abhängigkeit von der Bestrahlungsstärke vor allem Acetat entstand. Die Bildung von Formiat aus Ethanol spielte nur eine untergeordnete Rolle, so daß letztendlich die Mineralisation von Endosulfan nachweislich mit der Formiatkonzentration korreliert werden konnte. Das Abbauverhalten von Endosulfan mit einer Ausgangskonzentration von 2 mg/l wird am Beispiel zweier unterschiedlicher Strahlungsleistungen in Abbildung 1-30 bzw. Abbildung 1-31 für die Produkte Chlorid und Formiat demonstriert. Die als Blindwert bezeichneten Ergebnisse stellen die gemessenen Formiatkonzentrationen der Kontrollexperimente dar, während die Meßwerte den Formiatgehalt der bestrahlten Pestizidlösungen repräsentieren. Für die angegebenen Umsätze gilt hierbei die in Kapitel IV.1.2.3 genannte Definition.

Aus den Abbildungen geht hervor, daß bei der niedrigeren Bestrahlungsstärke als Hauptabbauprodukt Chlorid entsteht. Als Reaktionspfad kommt zunächst die Substitution einer der Cl-Substituenten in Betracht, da bei geringen Pulszahlen die Bildung organischer Carbonsäuren verschwindend niedrig ist. Etwa gleichzeitig wurde qualitativ die Freisetzung von Sulfat nachgewiesen. Bei weiterer Bestrahlung konnte schließlich auch Formiat als Abbauprodukt detektiert werden, das aber mit geringeren Umsätzen gebildet wird und nicht auf die Spaltung des Norbornen-Gerüstes schließen läßt. Eine Steigerung der Strahlungsintensität um nur etwa 66 % hat eine drastische Zunahme der Umsätze zur Folge und führt schließlich dazu, daß bei hohen Pulszahlen die Bildung von Formiat bei weitem überwiegt. Auch wenn der Einfluß von Ethanol auf die Formiatkonzentration berücksichtigt wird, zeigen die hohen Ionengehalte eindeutig auf, daß eine Fragmentierung cyclischer Zwischenprodukte stattgefunden haben muß.

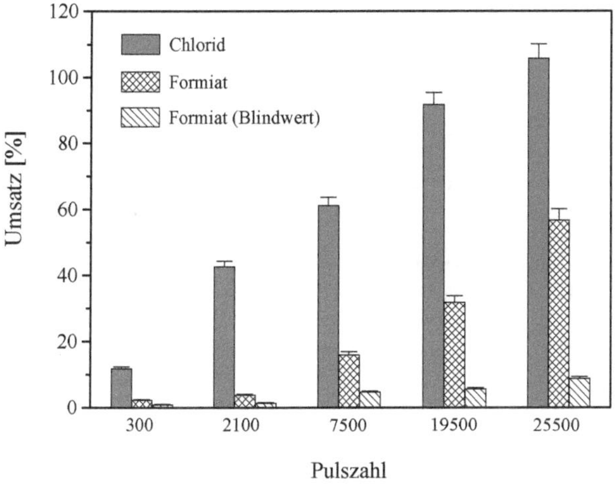

Abbildung 1-30: Bildung von Chlorid und Nitrat durch Laserphotolyse von Endosulfan mit $I_o = 5{,}53 \cdot 10^{-9}$ E cm^{-2} P^{-1}; der Blindwert bezieht sich auf Kontrollmessungen in 0,01 %iger ethanolischer Lösung (c_o = 1,9 mg/l; n = 3, 1s).

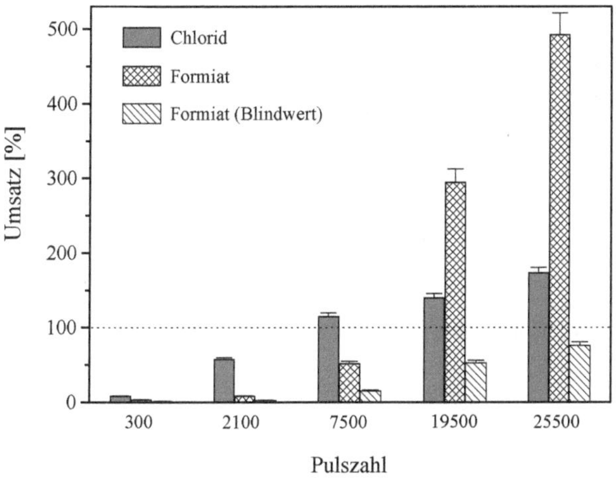

Abbildung 1-31: Bildung von Chlorid und Nitrat durch Laserphotolyse von Endosulfan mit $I_o = 8{,}63 \cdot 10^{-9}$ E cm^{-2} P^{-1}; der Blindwert bezieht sich auf Kontrollmessungen in 0,01 %iger ethanolischer Lösung (c_o = 1,9 mg/l; n = 3, 1s).

Eine zusammenfassende Darstellung der Ergebnisse, die sich mit P_{max} = 25500 Pulsen auf den Endpunkt der Bestrahlung beziehen, zeigt Tabelle 1-8 für die Metaboliten Chlorid und Formiat in Abhängigkeit von der Eduktkonzentration und der Laserenergie. Die jeweils angegebenen Reaktionsausbeuten entsprechen der jeweiligen Konzentration des Mineralisationsproduktes, bezogen auf den maximalen Ionengehalt, der bei einer vollständigen Mineralisation vorliegen würde. Für die photolytische Bildung von Formiat wurde angenommen, daß durch Dissoziation der in Abbildung 1-32 gekennzeichneten C-C-Bindungen pro Herbizidmolekül zwei Formiationen entstehen.

Tabelle 1-8: Ionenchromatographische Auswertung nach der Bestrahlung von α-Endosulfan mit 25500 Pulsen in Abhängigkeit von der Ausgangskonzentration und der Pulsenergie $E_{K,real}$ bzw. der Bestrahlungsstärke I_o. Angegeben sind die auf das Produkt bezogenen Umsätze und die daraus berechneten Reaktionsausbeuten als Maß für die Mineralisation.

Einwaage [mg/l]	$E_{K,real}$ [mJ P^{-1} cm^{-2}]	I_o [E cm^{-2} P^{-1}]	Umsatz [%]	Ausbeute [%]
		Chlorid		
19,0	4,17	$8{,}63\cdot10^{-9}$	152,3	25,4
1,9	4,17	$8{,}63\cdot10^{-9}$	173,9	29,0
1,9	2,67	$5{,}53\cdot10^{-9}$	106,2	17,7
1,9	0,42	$8{,}70\cdot10^{-10}$	68,8	11,5
		Formiat		
19,0	4,17	$8{,}63\cdot10^{-9}$	72,1	36,1
1,9	4,17	$8{,}63\cdot10^{-9}$	492,3	246,2
1,9	2,67	$5{,}53\cdot10^{-9}$	56,8	28 4
1,9	0,42	$8{,}70\cdot10^{-10}$	4,7	2,4

Nach 25500 Pulsen ist bei einer Ausgangskonzentration von 19 ppm das Endosulfan soweit mineralisiert, daß sich etwa ein Viertel des Cl-Gehaltes als Chlorid wiederfindet und etwa ein Drittel der besagten Hydroxyalkyl-Gruppen als Formiat vorliegen. Bei gleicher Bestrahlungsstärke und geringerer Eduktkonzentration läuft die Photolyse offenbar effektiver ab, wobei sich die Reaktivitätszunahme durch die vermehrte Bildung von Formiat besonders drastisch bemerkbar macht. Die hohe Reaktionsausbeute von über 100 % bestätigt in diesem Fall die photolytische Spaltung des Ringsystems. Mit kleiner werdender Bestrahlungsstärke und gleicher Eduktkonzentration, nimmt auch das Ausmaß der Photolyse ab, und man benötigt höhere Bestrahlungsstärken oder Photolysedauern, um den gleichen Umsatz zu erzielen. Dementsprechend werden pro Herbizidmolekül im Mittel immer weniger Mineralisationsprodukte gebildet, so daß bei U < 100 % nicht jedes Endosulfanmolekül umgesetzt worden ist.

Die abschließende Einbindung der ionenchromatographisch gewonnenen Ergebnisse in das spektroskopisch plausible Reaktionsmodell ist nur dann zweifelsfrei möglich, wenn angenommen wird, daß die intermediär gebildeten Produkte sehr kurzlebig sind, unter Abspaltung von Molekülfragmenten rasch weiterreagieren und sich dadurch einem spektroskopischen Nachweis entziehen. In diesem Fall kann davon ausgegangen werden, daß die Bildung von Chlorid, Formiat und Sulfat durch die Bruttoreaktion A $\rightarrow$ Produkte als linear unabhängige Reaktion A $\rightarrow$ B vom Rang s = 1 beschrieben werden kann, sofern alle bis zur Bildung von B entstandenen Zwischenstufen, bezogen auf die Zeitskala des Experimentes, zu vernachlässigen sind.

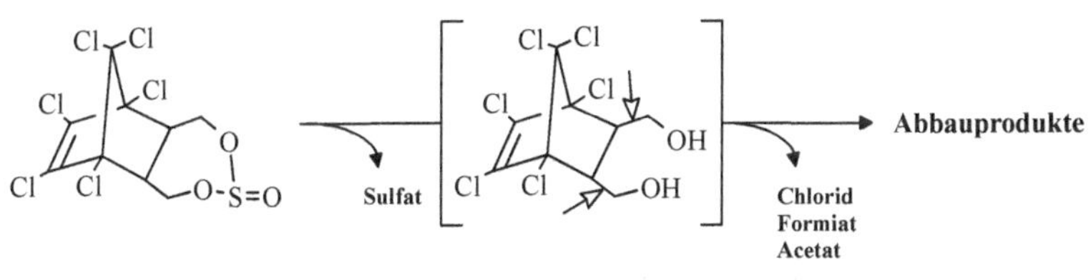

Abbildung 1-32: Photochemischer Abbauweg von α-Endosulfan bei der Laserbestrahlung.

1.3.3 Numerische Analyse

Die Bestimmung von Ratenkonstanten und Quantenausbeuten für die Umwandlung von Endosulfan in das nicht identifizierte Produkt B ist analog zur Vorgehensweise des vorangegangenen Kapitels anhand der aufgenommenen Reaktionsspektren durch formale Integration möglich, so daß auf Einzelheiten der Auswertung hier nicht mehr eingegangen werden soll. Allerdings muß darauf hingewiesen werden, daß die für Atrazin und 2-Hydroxyatrazin vorgestellten Interpolationsverfahren und Grenzwertbetrachtungen für Endosulfan nicht erforderlich waren, da die E- und ED-Diagramme für den gesamten Bestrahlungszeitraum entsprechend der Abbildung 1-28 und Abbildung 1-29 linear sind und die Geschwindigkeitskonstante nicht für $\lim P \rightarrow 0$ bestimmt werden mußte. Als Funktion der Ausgangskonzentration und der Pulsenergie ergaben sich schließlich für die Auswertungswellenlänge $\lambda = 217$ nm die in Tabelle 1-9 zusammengefaßten Quantenausbeuten φ und Geschwindigkeitskonstanten k. Die Umrechnung von k auf verschiedene Zeitskalen ist den bisherigen Ausführungen analog.

Im Vergleich zu den Ergebnissen für Atrazin kann der Tabelle 1-9 entnommen werden, daß Endosulfan bei einer Einwaage von 1,9 ppm ähnliche Quantenausbeuten besitzt, aber wesentlich kleinere Geschwindigkeitskonstanten aufweist. In Bezug auf 2-Hydroxyatrazin liegen die Geschwindigkeitskonstanten für Endosulfan in der gleichen Größenordnung, während die Quantenausbeuten um etwa eine Zehnerpotenz geringer sind.

Tabelle 1-9: Geschwindigkeitskonstanten und Quantenausbeuten für den Photoabbau von α-Endosulfan als Ergebnis der formalen Integration bei verschiedenen Einwaagen und Lichtintensitäten für den Reaktionstyp A → Produkte.

Einwaage [mg/l]	$E_{K,real}$ [mJ P^{-1} cm^{-2}]	φ	k [P^{-1}]
19,0	4,17	$4{,}03\cdot10^{-3} \pm 7{,}81\cdot10^{-5}$	$3{,}73\cdot10^{-4} \pm 6{,}21\cdot10^{-6}$
1,9	4,17	$9{,}17\cdot10^{-2} \pm 2{,}75\cdot10^{-3}$	$1{,}66\cdot10^{-4} \pm 3{,}49\cdot10^{-6}$
1,9	2,67	$5{,}74\cdot10^{-2} \pm 9{,}48\cdot10^{-4}$	$6{,}49\cdot10^{-5} \pm 9{,}84\cdot10^{-7}$

1.4 Abbau von Pentachlorphenol

Als biologisch schwer abbaubares, in den Kompartimenten Wasser, Boden und Luft ubiquitär vorkommendes, akut fischtoxisches, für den Menschen gesundheitsgefährdendes, sehr gut fettlösliches und daher zur Bioakkumulation neigendes Pestizid wurde auch die photochemische Stabilität von Pentachlorphenol untersucht. Trotz des Anwendungsverbotes von PCP in der Bundesrepublik seit 1985 ist die Trinkwassergefährdung nach wie vor von großer Relevanz, da PCP in vielen anderen Ländern als Bakterizid, Fungizid, Algizid und Herbizid uneingeschränkt eingesetzt wird und darüber hinaus als Metabolisierungsprodukt von Lindan (γ-HCH) entsteht.

1.4.1 Graphische Matrixranganalyse

Die Photolyse von Pentachlorphenol und die Auswertung der UV-VIS-spektroskopischen sowie ionenchromatographischen Messungen wurde analog der bereits erörterten Vorgehensweise durchgeführt. Aufgrund der aromatischen Natur von PCP weisen die wellenlängenabhängigen Extinktionskoeffizienten ein absolutes Maximum bei 218 nm ($\varepsilon = 33943$ l mol^{-1} cm^{-1}) sowie zwei relative Absorptionsmaxima bei 250 nm ($\varepsilon = 7272$ l mol^{-1} cm^{-1}) und 320 nm ($\varepsilon = 3563$ l mol^{-1} cm^{-1}) auf. Verglichen mit α-Endosulfan ist der Extinktionskoeffizient von PCP bei der Bestrahlungswellenlänge $\lambda = 248$ nm mit 7315 l mol^{-1} cm^{-1} etwa um den Faktor 36 höher. Die im Verlaufe der Bestrahlung einer

Lösung von 500 µg/l PCP in Wasser erhaltenen Reaktionsspektren sind in Abbildung 1-33 dargestellt. Mit einer Pulsenergie $P_{K,real} = 2{,}67$ mJ p^{-1} cm^{-2} nimmt die Absorption mit fortschreitender Bestrahlung immer mehr ab, bis schließlich nach etwa 7200 Pulsen die Absorptionsmaxima gänzlich verschwunden sind. Inwieweit dies ein Hinweis darauf ist, daß der aromatische Ring bei hohen Pulszahlen Dissoziationsreaktionen unterliegt, wurde durch Bestimmung ionischer Abbauprodukte geklärt. Obwohl nach Abbildung 1-33 mit zunehmende Photolysedauer keine weiteren Absorptionsbanden zu beobachten sind, kann nicht davon ausgegangen werden, daß im Verlauf der Abbaureaktionen keine weiteren absorbierenden Produkte gebildet wurden, zumal die Absorptionsspektren von PCP-Derivaten mit niedrigerem Chlorierungsgrad sehr ähnlich sind. Da sich die Reaktionsspektren bei den Wellenlängen 213 nm und 235 nm in einem Bereich schneiden ohne durch einen gemeinsamen Punkt zu gehen, läuft die Reaktion mit Sicherheit nicht einheitlich ab. Das Auftreten des isosbestischen Punktes bei 263 nm hat daher für die weiteren kinetischen Betrachtungen keine Bedeutung.

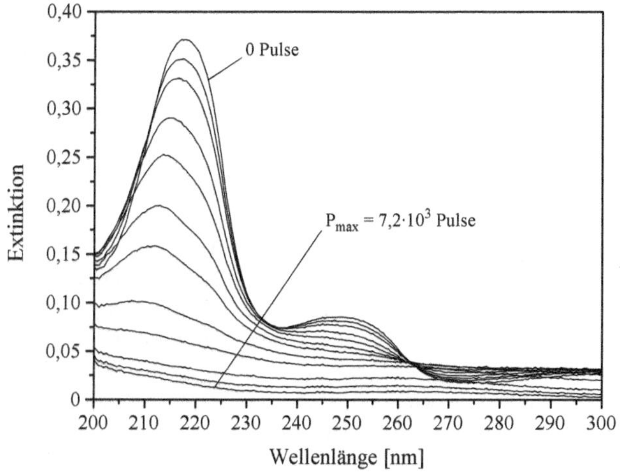

Abbildung 1-33: Reaktionsspektren von Pentachlorphenol in Wasser ($c_o = 0{,}5$ mg/l; $I_o = 8{,}63 \cdot 10^{-9}$ E cm^{-2} P^{-1}).

Stellt man für die gemessenen Extinktionsänderungen bei der Referenzwellenlänge $\lambda = 220$ nm entsprechend der Auswertung für α-Endosulfan E- und ED-Diagramme auf, ergeben sich mehr oder weniger stark gekrümmte Kurven. Das erhaltene ED-Diagramm ist in Abbildung 1-34 gezeigt. Daraus kann gefolgert werden, daß das Reaktionssystem durch mindestens zwei linear unabhängige Reaktionslaufzahlen zu beschreiben ist.

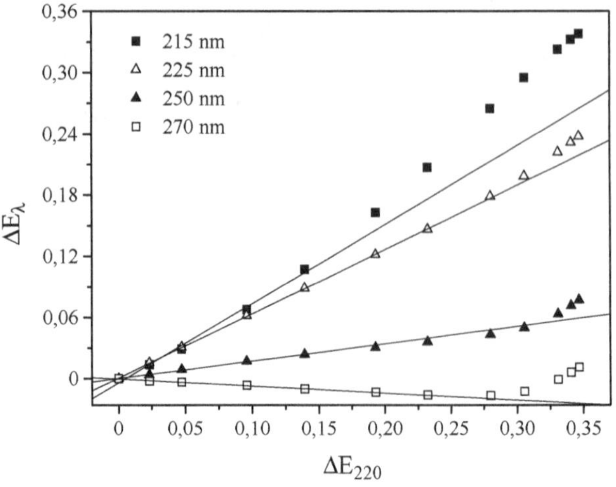

Abbildung 1-34: ED-Diagramm der Photolyse von PCP für die in Abbildung 1-33 gezeigten Reaktionsspektren.

Eine einfache mathematische Auswertung im Hinblick auf die Bestimmung kinetischer Konstanten ist somit nicht gegeben. Legt man entsprechend der Auswertung für die Triazine den Berechnungen nicht den gesamten Meßbereich zugrunde, sondern beschränkt sich auf den Zeitraum kurz nach dem Reaktionsbeginn, ist die Auswertung entsprechend einer Reaktion A → Produkte möglich, sofern die applizierte Pulszahl den Maximalwert P_{max} = 500 Pulse nicht übersteigt. Nur während dieser Zeitspanne ist gewährleistet, daß Abbauprodukte von PCP keinen nennenswerten Beitrag zum Reaktionsgeschehen liefern. Im Gegensatz zur Photolyse von Endosulfan haben die Zwischenprodukte des PCP-Abbaus offenbar eine mit dem Edukt vergleichbare Lebensdauer, werden meßtechnisch erfaßt und überlagern als Folge- bzw. Parallelreaktionen die Photolyse von PCP. Ein derart komplexes Reaktionsgeschehen steht auch in Einklang mit dem Abbauverhalten anderer chlorierter Pestizide. So kann grundsätzlich gesagt werden, daß als initiierender Schritt die Dissoziation der vergleichbar schwachen C-Cl-Bindung im Vordergrund steht. Dies trifft für die Photolyse von Atrazin ebenso zu wie für α-Endosulfan und ist auch für PCP zu erwarten, das wegen des hohen Chlorierungsgrades zu einer sehr großen Reaktionsvielfalt führt.

1.4.2 Mineralisationsprodukte

Ionenchromatographisch wurden in erster Linie die Abbauprodukte Chlorid und Formiat detektiert. Darüber hinaus konnte das Auftreten eines weiteren Peaks bei längeren Bestrahlungszeiten dem Chloritition zugeschrieben werden. Die Konzentrationsverläufe in Abhängigkeit von der Pulszahl zeigen prinzipiell das in Abbildung 1-35 für $I_o = 8{,}63 \cdot 10^{-9}$ E cm^{-2} P^{-1} dargestellte Abbauverhalten. Als primäres Produkt wird zunächst einer der Cl-Substituenten abgespalten, neben der gleichzeitigen Freisetzung geringer Mengen an Formiat. Ab etwa 1500 Pulszahlen tritt zusätzlich die Bildung von Chlorit merklich in Erscheinung, dessen Konzentration mit zunehmender Pulszahl verglichen mit Formiat überproportional ansteigt und mit letztgenanntem nach etwa 5400 Pulsen äquimolar vorliegt. Für die Entstehung der ClO_2^--Ionen kann unter der Voraussetzung, daß Cl-Radikale intermediär zu Cl_2 rekombinieren, nachstehender Mechanismus verantwortlich sein. Das gleichzeitig auftretende ClO_3^--Ion konnte ionenchromatographisch nicht detektiert werden, da es im Reaktionszyklus wieder verbraucht wird:

$$3\,Cl_2 + 6\,OH^- \rightarrow ClO_3^- + 5\,Cl^- + 3\,H_2O$$

$$ClO_3^- + HCO_2^- \rightarrow ClO_2 + CO_2 + OH^-$$

$$2\,ClO_2 + 2\,OH^- \rightarrow ClO_2^- + ClO_3^- + H_2O$$

Im Falle einer vollständigen Mineralisation von PCP oder Abspaltung aller Cl-Substituenten würde bei einer Ausgangskonzentration von 0,5 mg/l der Chloridgehalt 333 ppb betragen. Aus Abbildung 1-35 geht hervor, daß bei der maximal angewandten Pulsenergie nach 5400 Pulsen ca. 62 % des gesamten Cl-Gehaltes als Chlorid gefunden werden konnten. Mit der Annahme, daß kein Gemisch von PCP-Derivaten unterschiedlichen Chlorierungsgrades gebildet wurde, muß jedes PCP-Molekül im Mittel 3 Cl-Atome abgespalten haben. Dies entspricht der quantitativen Umwandlung von PCP in Dichlorphenol, das bei anhaltender Bestrahlung weiter dechloriert wird. Führt man die gleichen Überlegungen für eine mittlere Pulsenergie durch, beträgt die Ausbeute an Chlorid ca. 51 %. Bezogen auf die pro PCP-Molekül abgespaltene Zahl von Cl-Atomen, bedeutet dieser Wert die Umwandlung von PCP in ein zweifach und dreifach halogeniertes Derivat zu etwa gleichen Anteilen. Bei der kleinsten Pulsenergie wird im Mittel nur bei jedem zweiten Eduktmolekül ein Cl-Substituent in ein Cl-Ion überführt, wodurch formal ein äquimolares Gemisch aus PCP und Tetrachlorphenol entsteht. Besonders erwähnenswert ist die Bildung von Formiat, da hiermit eindeutig auf die photolytische Spaltung des aromatischen Rings geschlossen werden kann. Gleichermaßen bedeutend ist die Bildung von Acetationen, die nach etwa 5000 Pulsen zu 63 % vorhanden waren. Grundsätzlich zeigte sich hierbei, daß die Detektion der Acetationen mit größeren Signalschwankungen verbunden war.

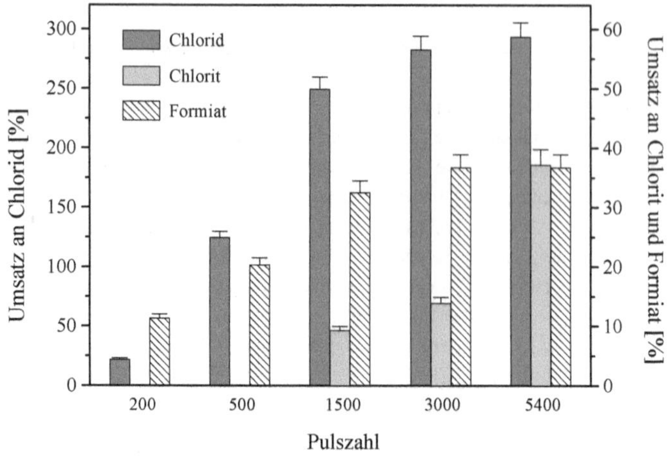

Abbildung 1-35: Bildung von Chlorid, Chlorit und Formiat durch Laserphotolyse von Pentachlorphenol mit $I_o = 8{,}63 \cdot 10^{-9}$ E cm^{-2} P^{-1} (c_o = 0,5 mg/l; n = 3, 1s).

Aus Tabelle 1-10, welche die Ergebnisse für Chlorid und Formiat nach Bestrahlung mit 5400 Pulsen zusammenfaßt, geht letztlich hervor, daß im Mittel jedes dritte PCP-Molekül unter Ringspaltung ein Formiation freigesetzt hat. Offensichtlich sind hierfür sehr hohe Bestrahlungsstärken erforderlich, da die Herabsetzung der Pulsenergie um 36 % eine doppelt so starke Abnahme des Umsatzes bewirkt.

Tabelle 1-10: Angaben für die Bestrahlung von PCP mit 5400 Pulsen (vgl. Tabelle 1-8).

Einwaage [mg/l]	$E_{K,real}$ [mJ P^{-1} cm^{-2}]	I_o [E cm^{-2} P^{-1}]	Umsatz [%]	Ausbeute [%]
		Chlorid		
0,5	4,17	$8{,}63 \cdot 10^{-9}$	293,8	58,8
0,5	2,67	$5{,}53 \cdot 10^{-9}$	252,9	50,6
0,5	0,42	$8{,}70 \cdot 10^{-10}$	52,4	10,5
		Formiat		
0,5	4,17	$8{,}63 \cdot 10^{-9}$	36,7	6,1
0,5	2,67	$5{,}53 \cdot 10^{-9}$	4,8	0,8

1.4.3 Numerische Analyse

Die Auswertung der Extinktionsmessungen bei niedrigen Pulszahlen durch formale Integration führt zu Geschwindigkeitskonstanten und Quantenausbeuten, welche für den primären Reaktionsschritt der PCP-Photolyse gültig sind. Je nach der Kurzlebigkeit des Zwischenproduktes beschreiben sie daher die Kinetik der Umwandlung von PCP in ein tetra- oder trichloriertes Derivat. Nach den Ergebnissen der Tabelle 1-11 ergibt sich eine von der Pulsenergie unabhängige Quantenausbeute. Entsprechend den theoretischen Voraussetzungen spielt die Auswertungswellenlänge keine Rolle. Allerdings nehmen die Geschwindigkeitskonstanten in dem Maße ab, wie die Pulsenergie verringert wird. Vergleicht man die Daten mit der Photolyse von Atrazin, stellt sich heraus, daß die Quantenausbeuten der PCP-Photolyse um den Faktor 2 bis 3 größer, die Ratenkonstanten hingegen kleiner sind.

Tabelle 1-11: Geschwindigkeitskonstanten und Quantenausbeuten für den Photoabbau von Pentachlorphenol als Ergebnis der formalen Integration bei verschiedenen Lichtintensitäten für den Reaktionstyp A → Produkte (c_0 = 0,5 mg/l).

Einwaage [mg/l]	$E_{K,real}$ [mJ P^{-1} cm^{-2}]	φ	k [P^{-1}]
0,5	4,17	$1{,}00 \cdot 10^{-2} \pm 3{,}10 \cdot 10^{-4}$	$6{,}46 \cdot 10^{-4} \pm 9{,}28 \cdot 10^{-6}$
0,5	4,17	$1{,}10 \cdot 10^{-2} \pm 2{,}76 \cdot 10^{-4}$	$7{,}12 \cdot 10^{-4} \pm 2{,}98 \cdot 10^{-5}$
0,5	2,67	$9{,}81 \cdot 10^{-3} \pm 1{,}39 \cdot 10^{-4}$	$3{,}94 \cdot 10^{-4} \pm 9{,}94 \cdot 10^{-6}$
0,5	2,67	$1{,}15 \cdot 10^{-2} \pm 2{,}82 \cdot 10^{-4}$	$4{,}63 \cdot 10^{-4} \pm 1{,}73 \cdot 10^{-5}$

Als naheliegendster Reaktionsweg findet bei der Laserbestrahlung die sukzessive Dechlorierung von PCP statt. Zunächst läuft mit großer Geschwindigkeitskonstante die Umsetzung von PCP zu einem der beiden möglichen Tetrachlorphenole ab, wobei grundsätzlich die ortho- und para-Position begünstigt wird. Desweiteren werden als Zwischenprodukte Trichlorphenole gebildet, die schließlich zu 3,5-Dichlorphenol reagieren. Über die Zwischenstufe von 3-Chlorphenol entsteht Phenol, das sich durch Ringspaltung zu organischen Carbonsäuren und niedermolekularen, nicht identifizierten Abbauprodukten umsetzt. Ob die Ringspaltung als limitierender Schritt einer vollständigen Mineralisation erst mit der Bildung von Phenol eintreten kann oder bereits für chlorierte Verbindungen Bedeutung hat, ließ sich durch Bilanzierung der ionischen Abbauprodukte nicht feststellen.

2 Heterogenkatalysierte UV-Photolyse von Triazinen

Ergänzend zur reinen UV-Photolyse wurde der heterogenkatalysierte Abbau von Atrazin in wässerigen Suspensionen des Titandioxidpräparates P 25 untersucht. Dabei war grundsätzlich die Frage zu klären, inwieweit der Abbau von Triazinen in Abhängigkeit von der eingesetzten Katalysatormenge gesteigert werden kann. Außerdem sollte der Einsatz monochromatischer gepulster Laserstrahlung getestet werden, um sie schließlich den Ergebnissen der herkömmlichen kontinuierlichen Bestrahlung mit polychromatischem Licht gegenüberzustellen.

2.1 Photolytischer Abbau mit monochromatischer Strahlung

Analog zu den bereits diskutierten Bestrahlungsexperimenten mit monochromatischem Laserlicht wurden die folgenden Untersuchungen mit dem in Abbildung 1-1 gezeigten experimentellen Aufbau durchgeführt und als Strahlungsquelle sowohl ein KrF-Excimerlaser (Emissionswellenlänge λ = 248 nm) als auch ein XeCl-Excimerlaser (Emissionswellenlänge λ = 308 nm) verwendet. Die Bestrahlung von TiO_2-haltigen Pestizidlösungen mit λ = 308 nm erschien in sofern sinnvoll, als ein reiner UV-Abbau bei dieser Wellenlänge nicht möglich war und TiO_2 nach den einleitenden Betrachtungen in Kapitel II.2 auch im UV-B-Bereich absorbiert.

Für die mit λ = 248 nm durchgeführten Experimente wurde zunächst die Ausgangskonzentration an Atrazin von 10 µg/l bis 10 mg/l und der Katalysatorgehalt von 0 mg/l bis 500 mg/l variiert. Der Reaktionsverlauf wurde durch Bestimmung des Eduktes mittels ELISA verfolgt. Die in Tabelle 2-1 zusammengefaßten, auf den Endpunkt des jeweiligen Bestrahlungszyklus bezogenen Ergebnisse zeigen, daß bei den gegebenen Versuchsparametern keine vollständige Metabolisierung zu Hydroxyatrazin erreicht werden konnte, obwohl der insgesamt applizierte Quantenfluß (Produkt aus Pulszahl und Bestrahlungsstärke) im Falle der reinen UV-Photolyse für einen vollständigen Abbau ausreichend war. Das Ausmaß der Photolyse nahm mit steigender TiO_2-Konzentration drastisch ab. In Gegenwart von 10 mg/l TiO_2 konnten bei einer Ausgangskonzentration von 10 mg/l Atrazin etwa 7 mg/l abgebaut werden, entsprechend einem Umsatz von 70 %, während mit derselben Strahlungsdosis in Gegenwart von 50 mg/l TiO_2 der Umsatz lediglich 10 % betrug. Bei 500 mg/l TiO_2 wurde kein Abbau mehr festgestellt. Verglichen mit den Ergebnissen für die geringere Ausgangskonzentration von 10 µg/l Atrazin, wurden mit einer Katalysatormenge von 10 mg/l etwa 8,4 µg/l Atrazin umgesetzt. Bei höheren Katalysatorgehalten fand schließlich keine Reaktion mehr statt.

Tabelle 2-1: Ergebnisse der Laserphotolyse von Atrazin in Abhängigkeit von der Katalysatormenge und der eingesetzten Atrazinkonzentration (Index „o") für die Bestrahlungswellenlänge $\lambda = 248$ nm ($I_o = 1{,}05 \cdot 10^{-7}$ E cm^{-2} P^{-1}). Der Index „e" kennzeichnet den Endpunkt des Bestrahlungszyklus.

$[\text{Atrazin}]_o$ [µg/l]	$I_o \cdot P$ [E/cm^2]	TiO_2 [mg/l]	$[\text{Atrazin}]_e$ [µg/l]	Umsatz [%]
10000	$8{,}0 \cdot 10^{-4}$	0	0	100
10000	$8{,}0 \cdot 10^{-4}$	10	3000	70
10000	$8{,}0 \cdot 10^{-4}$	50	9000	10
10000	$8{,}0 \cdot 10^{-4}$	500	10000	0
10	$8{,}3 \cdot 10^{-5}$	0	0	100
10	$8{,}3 \cdot 10^{-5}$	10	1,6	84
10	$8{,}3 \cdot 10^{-5}$	50	10	0
10	$8{,}3 \cdot 10^{-5}$	500	10	0

Die formalkinetische Auswertung der Meßwerte erfolgt mit der Annahme, daß der heterogenkatalysierte Abbau einem Geschwindigkeitsgesetz 1. Ordnung gehorcht. Wird analog der Vorgehensweise zur gepulsten UV-Photolyse von Triazinen die Reaktionszeit t durch die Zahl der applizierten Laserpulse P substituiert, können die kinetischen Größen auf die Pulszahl als unabhängige Variable bezogen werden, und die Geschwindigkeitskonstante k in [P^{-1}] läßt sich entsprechend der nachstehenden Gleichung aus dem Umsatz U der Reaktion berechnen. Mit einer Pulsenergie von ca. 100 mJ ($\hat{=}$ $1{,}05 \cdot 10^{-7}$ Einstein cm^{-2} P^{-1}) wurden bei der Ausgangskonzentration von 10 mg/l Atrazin 7800 Pulse appliziert, bei einer Konzentration von 10 µg/l hingegen nur 800 Pulse.

$$k = -\frac{1}{P} \cdot \ln(1-U) \qquad \text{(Gl. 2-1)}$$

Gemäß Tabelle 2-2 sind die erhaltenen Geschwindigkeitskonstanten wieder auf verschiedene Zeitskalen bezogen, also auf die Pulszahl P, auf die Pulsbreite t_p von 25 ns sowie auf die Zeitdauer t_r des Experiments (Realzeit). In allen Fällen zeigt sich, daß mit Zunahme der Katalysatormenge von 0 mg/l auf 500 mg/l die Ratenkonstanten um etwa 7 Zehnerpotenzen abnehmen. Vergleicht man den Einfluß der eingesetzten Atrazinkonzentrationen, stellt sich heraus, daß bei einer Eduktkonzentration von 10 µg/l die Geschwindigkeitskonstanten um etwa den Faktor 10 größer sind.

Tabelle 2-2: Ratenkonstanten für die heterogenkatalysierte Laserphotolyse von Atrazin in Abhängigkeit von der eingesetzten Atrazinkonzentration und der TiO_2-Menge, bezogen auf die verschiedenen Zeitskalen des Experiments.

TiO_2	Geschwindigkeitskonstanten in $[P^{-1}]$ bzw. $[s^{-1}]$		
[mg/l]	Zeitskala P	Zeitskala t_p	Zeitskala t_r
		$[Atrazin]_0$ = 10 mg/l	
0	$2,17 \cdot 10^{-3}$	$1,09 \cdot 10^{-2}$	$8,69 \cdot 10^{4}$
10	$1,55 \cdot 10^{-4}$	$7,75 \cdot 10^{-4}$	$6,20 \cdot 10^{3}$
50	$9,88 \cdot 10^{-6}$	$4,94 \cdot 10^{-5}$	$3,95 \cdot 10^{2}$
100	$4,94 \cdot 10^{-7}$	$2,47 \cdot 10^{-6}$	19,76
500	$1,29 \cdot 10^{-10}$	$6,45 \cdot 10^{-10}$	$5,15 \cdot 10^{-3}$
		$[Atrazin]_0$ = 10 µg/l	
0	$1,68 \cdot 10^{-2}$	$8,40 \cdot 10^{-2}$	$6,72 \cdot 10^{5}$
10	$2,27 \cdot 10^{-3}$	$1,14 \cdot 10^{-2}$	$9,09 \cdot 10^{4}$
50	$3,62 \cdot 10^{-5}$	$1,81 \cdot 10^{-4}$	$1,45 \cdot 10^{3}$
100	$1,20 \cdot 10^{-6}$	$6,00 \cdot 10^{-6}$	49,66
500	$1,22 \cdot 10^{-9}$	$6,10 \cdot 10^{-9}$	0,050

Wie bei der UV-Photolyse wird die Abnahme der Geschwindigkeitskonstanten anschaulicher durch die Halbwertspulszahl $P_{1/2} = \ln 2/k$ ausgedrückt, also durch jene Pulszahl, die notwendig ist, um die Anfangskonzentration von Atrazin um die Hälfte zu reduzieren. Bei hohen TiO_2-Mengen beruht die Angabe von τ ebenso wie die Berechnung der Ratenkonstanten auf einem endlichen Umsatz von ca. 10^{-3} - 10^{-4} %, der sich aus der Nachweisgrenze des ELISA-Tests für Atrazin (0,01 µg/l) ergibt. Damit stellen die in Abbildung 2-1 gezeigten Ergebnisse im Bereich hoher Katalysatormengen minimale Werte dar, d.h. die Kurvenverläufe kennzeichnen die Halbwertszeiten maximaler photokatalytischer Aktivität.

In Anbetracht der starken Zunahme der Halbwertszeit beim Einsatz von TiO_2 ist zu klären, ob der bei niedrigen Katalysatorkonzentrationen beobachtete Pestizidabbau auf die direkte UV-Photolyse oder auf photokatalytische Effekte zurückzuführen ist. Aufschluß darüber ergaben analoge Bestrahlungsexperimente mit einem XeCl-Excimerlaser, da die Emissionswellenlänge $\lambda = 308$ nm außerhalb des Absorptionsbereiches von Atrazin, aber innerhalb der Anregungslücke von Titandioxid liegt und ein direkter UV-Abbau ausgeschlossen werden kann. Die Messungen zeigten keine Reduzierung des Pestizidgehaltes, obwohl die angewandten Quantenflüsse mit etwa 10^{-7} Einstein cm^{-2} P^{-1} beim Einsatz kontinuierlich emittierender Strahler ausreichend waren. Damit kann allgemein gesagt werden, daß bei der

Verwendung intensitätsstarker gepulster Strahlungsquellen keine photokatalytischen Effekte auftreten.

Der Grund für dieses Resultat liegt offenbar in der Intensitätsabhängigkeit der Reaktionsgeschwindigkeit und der Quantenausbeute. So ist einerseits die Rate des photokatalytischen Abbaus nur für sehr kleine Strahlungsdosen eine lineare monoton steigende Funktion der Intensität I, nimmt bei weiterer Intensitätszunahme nur mit der Wurzel von I zu und bleibt bei sehr hohen Quantenflüssen schließlich konstant. Andererseits ist die Quantenausbeute nur bei niedrigen Lichtintensitäten konstant, nimmt bei zunehmender Strahlungsdosis zunächst mit der Wurzel der Intensität und schließlich umgekehrt proportional zu I ab. Mechanistisch gesehen, kann dies darauf zurückgeführt werden, daß im Photohalbleiter bei hoher Lichtintensität eine sehr hohe Ladungsträgerdichte entsteht und die Rekombination weniger an Rekombinationszentren stattfindet und überwiegend als weitaus schnellere, direkte Elektronen-Loch-Rekombination aufzufassen ist. Als Konsequenz wird die Reaktionsgeschwindigkeit letztlich durch den Massentransport limitiert und die Quantenausbeute nimmt ab. Gerade dieses Phänomen ist bei gepulsten Lichtquellen hoher Intensität relevant, da sich der Ablauf von Photoreakionen nur auf die Belichtungsphase erstreckt, also in diesem Fall auf die Pulsbreite von 25 ns.

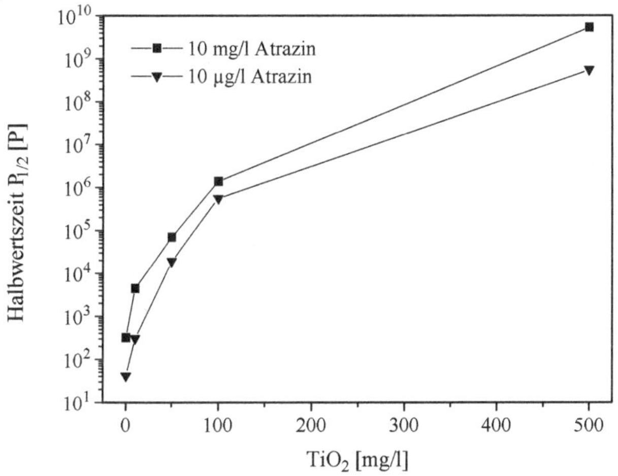

Abbildung 2-1: Halbwertspulszahlen des photokatalysierten Abbaus von Atrazin bei Bestrahlung mit einem KrF-Excimerlaser in Abhängigkeit von der Titandioxidmenge für zwei verschiedene Atrazinkonzentrationen ($I_o = 1{,}08 \cdot 10^{-7}$ E cm^{-2} P^{-1}).

2.2 Photolytischer Abbau mit polychromatischer Strahlung

2.2.1 Einfluß der Katalysatorkonzentration

Für die Untersuchungen der heterogenkatalytischen Photolyse von Pestiziden mit polychromatischer Strahlung wurde wieder der Hg-Mitteldruckstrahler UVH 4122 verwendet. Die experimentelle Anordnung entsprach jenem Aufbau, der zur Messung der Lichtintensität durch chemische Aktinometrie eingesetzt wurde und detailliert im Kapitel IV.4.2.2 beschrieben ist. Wie im vorherigen Abschnitt wurden wässerige TiO_2-haltige Suspensionen mit einer Atrazinkonzentration von 10 mg/l und 10 µg/l bestrahlt. Dabei wurde der Katalysatorgehalt im Bereich von 0 mg/l bis 1000 mg/l variiert. Die eingesetzten Bestrahlungsstärke betrugen $1{,}08 \cdot 10^{-6}$ E cm^{-2} s^{-1} und $3{,}1 \cdot 10^{-7}$ E cm^{-2} s^{-1}. Die erhaltenen Konzentrationsverläufe wurden zur Bestimmung der Geschwindigkeitskonstanten nach der gängigen Vorgehensweise ausgewertet und die Halbwertszeiten berechnet. Die Ergebnisse sind in Abbildung 2-2 für 10 mg/l Atrazin bzw. in Abbildung 2-3 für 10 µg/l Atrazin als Funktion der suspendierten TiO_2-Menge dargestellt.

Als entscheidendes Resultat ist diesen Abbildungen zu entnehmen, daß der photokatalytische Abbau unter den gegebenen Reaktionsbedingungen wesentlich schneller abläuft als der UV-Abbau. Die zugegebene Katalysatormenge wirkt sich im Falle einer hohen Eduktkonzentration offensichtlich weniger stark auf die Abbaurate aus als bei niedriger Konzentration. Grundsätzlich kann aber die Schlußfolgerung gezogen werden, daß bei einer TiO_2-Menge von etwa 500 mg/l die Halbwertszeit am kleinsten und damit der Atrazinabbau am größten ist. Demzufolge muß die Limitierung der photokatalytischen Aktivität bei zu geringen oder zu hohen Katalysatorkonzentrationen auf zwei gegenläufige Effekte zurückgeführt werden. Eine Erklärung für diesen experimentellen Befund ergibt sich aus der Tatsache, daß bei geringen Katalysatormengen die Abbaugeschwindigkeit diffusionslimitiert ist, da die Diffusionszeit der Reaktandmoleküle, um an die reaktive Oberfläche zu gelangen, mit sinkendem Kolloidgehalt zunimmt. Mit anderen Worten, die Wahrscheinlichkeit der Adsorption von Atrazin an Titandioxid nimmt in derselben Richtung ab. Dies wurde anhand von Adsorptionisothermen experimentell belegt, die eine Adsorptionsgleichgewichtskonstante von $1{,}3 \cdot 10^{-3}$ l/mg lieferten.

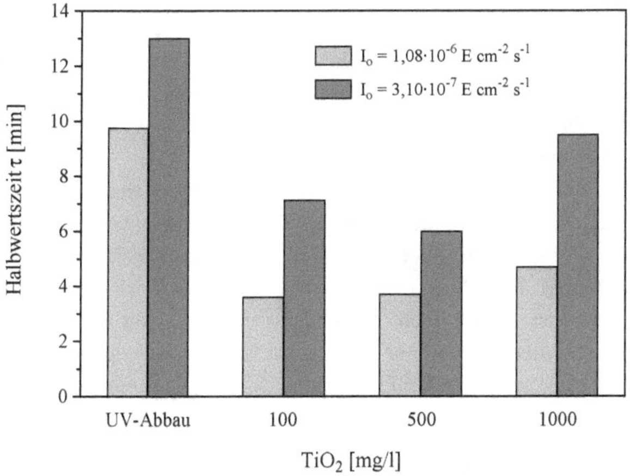

Abbildung 2-2: Halbwertszeiten des photokatalysierten Abbaus von Atrazin (c_o = 10 mg/l) bei polychromatischer Bestrahlung in Abhängigkeit von der Titandioxidmenge für zwei verschiedene Bestrahlungsstärken.

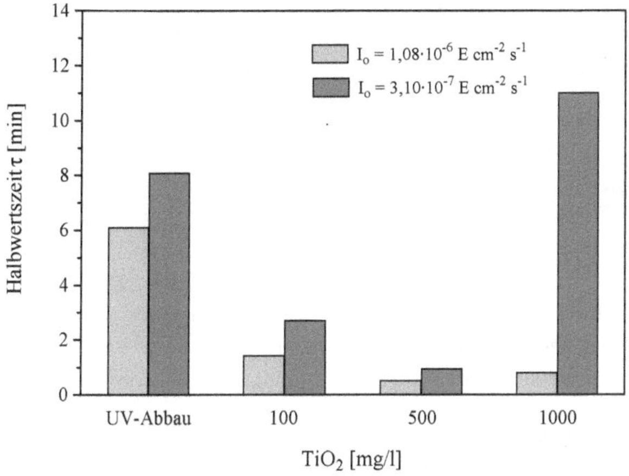

Abbildung 2-3: Analoge Darstellung wie in Abbildung 2-2 für c_o = 10 µg/l.

Im Gegensatz hierzu laufen die Abbauprozesse bei hohen Katalysatorkonzentrationen nicht diffusionskontrolliert ab, werden aber als Folge der vergleichsweise starken Schwächung des eingestrahlten Lichtes durch Streuung und Absorption nachteilig beeinflußt. Dieser Effekt mindert die Abbaugeschwindigkeit für 1000 mg/l TiO_2 signifikant und ist um so größer, je kleiner die Lichtintensität wird. So steigt bei 10 mg/l Atrazin für $1{,}08 \cdot 10^{-6}$ E cm^{-2} s^{-1} die Halbwertszeit von 3,7 min (500 mg/l TiO_2) auf 4,7 min (1000 mg/l TiO_2), also um 30 %, während bei einer Intensität von $3{,}1 \cdot 10^{-7}$ E cm^{-2} s^{-1} der entsprechende Zuwachs etwa 60 % beträgt. Aufgrund der im Falle großer TiO_2-Mengen sehr inhomogenen Ausleuchtung des Reaktionsraumes sollte ein Massentransport durch erzwungene Konvektion in Zonen mit hohem Photonenfluß zu einer Begünstigung des heterogenkatalytischen Abbaus führen. Tatsächlich konnte gezeigt werden, daß sich die Halbwertszeit bei einer Lichtintensität von $3{,}1 \cdot 10^{-7}$ E cm^{-2} s^{-1} und 10 mg/l TiO_2 von 6 min etwa um das 2,6fache auf 15,5 min erhöht, wenn ein Rühren der Suspension während der Bestrahlung unterblieb, d.h. bei einer intensiven Durchmischung des Reaktionsmilieus ist die Abbaurate am größten.

Werden 10 µg/l Atrazin eingesetzt, ergibt sich unabhängig von der eingestrahlten Lichtintensität bei einer Katalysatorkonzentration von 500 mg/l ebenfalls ein signifikantes Maximum der Abbaurate. Die Diffusion der Atrazinmoleküle an die Partikeloberfläche hat unter diesen Bedingungen einen größeren Einfluß auf die Rate als bei hohen Atrazinkonzentrationen. Der Anstieg der Halbwertszeit für eine TiO_2-Konzentration von 1000 mg/l hat dieselben Gründe wie im Falle hoher Ausgangskonzentrationen, ist aber bei $3.1 \cdot 10^{-7}$ E cm^{-2} s^{-1} mit einer Differenz von ca. 10 min zum minimalen Wert (für 500 mg/l TiO_2) besonders stark ausgeprägt. Ein Steigerung der Abbaurate durch weiteres Zudosieren von TiO_2 ist auch in diesem Fall nicht mehr möglich, da der innere Filtereffekt des Photokatalysators die Reaktion limitiert und dieser umso stärker ausgeprägt ist, je geringer die Bestrahlungsstärke gewählt wird.

2.2.2 Mechanistische Untersuchungen

Für mechanistische Betrachtungen mußten neben der zeitlichen Abnahme des Eduktes Atrazin auch die Bildung von Reaktionsprodukten in Abhängigkeit von der Bestrahlungsdauer bestimmt werden. Die Konzentrationsmessungen wurden immunologisch mittels ELISA durchgeführt und umfaßten die Bestimmung des primären Folgeproduktes 2-Hydroxyatrazin sowie die desalkylierten Derivate Desethyl- und Desisopropylatrazin. Die Quantifizierung der desalkylierten Produkte war allerdings nur indirekt möglich, da der für Desethylatrazin ausgelegte ELISA-Test aufgrund seiner Kreuzreaktivität zu Desisopropylatrazin einen Summenwert der beiden Triazine lieferte.

Die Auswertung basiert zunächst auf der formalen Beschreibung der Konzentrationsabnahme des Eduktes. Da die Adsorption von Atrazin an die TiO_2-Oberfläche verhältnismäßig schwach ausgeprägt ist, kann entsprechend den bereits gemachten Überlegungen die Langmuirsche Adsorptionsisotherme zu einem Geschwindigkeitsgesetz 1. Ordnung vereinfacht werden. Damit läßt sich die Atrazinphotolyse durch eine monoexponentielle Funktion beschreiben, worin die Geschwindigkeitskonstante k die Summe der Einzelkonstanten der insgesamt ablaufenden Parallelreaktionen ist. Mit der photochemischen Bildung von Hydroxyatrazin (OHA), Desethylatrazin (DEA) und Desisopropylatrazin (DiPA) in jeweils einer unabhängigen Teilreaktion und dem experimentellen Befund, daß diese Derivate als intermediäre Produkte in Folgereaktionen weiter umsetzbar sind, kann das nachstehende Reaktionsschema zur Auswertung herangezogen werden. Die mit C, D und E gekennzeichneten Folgeprodukte waren allerdings immunologisch nicht erfaßbar:

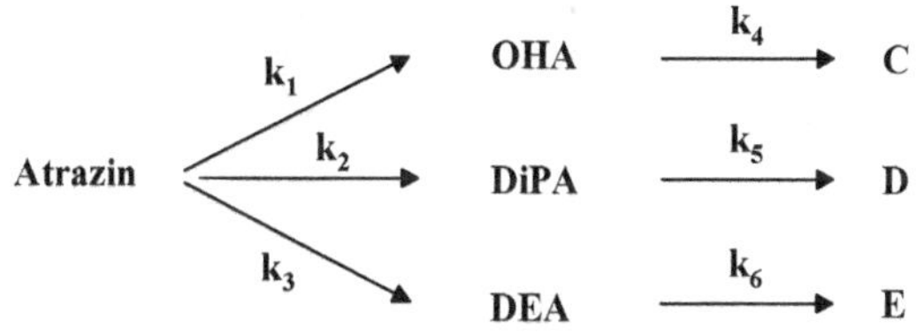

C, D und E: Nicht identifizierte Folgeprodukte

Die jeweiligen Geschwindigkeitskonstanten erhält man schließlich analog zu Kapitel IV.1.2 durch Anpassung der theoretisch berechneten Konzentrationsverläufe an die gemessenen Konzentrationen. Die zugrunde liegenden integrierten Geschwindigkeitsgesetze lauten für die betrachteten Zwischenprodukte wie folgt:

$$\frac{[\mathrm{OHA}]_t}{[\mathrm{Atrazin}]_0} = \frac{k_1}{k_4 - (k_1 + k_2 + k_3)} \left(e^{-(k_1+k_2+k_3)t} - e^{-k_4 t}\right) \qquad \text{(Gl. 2-2)}$$

$$\frac{[\mathrm{DiPA}]_t}{[\mathrm{Atrazin}]_0} = \frac{k_2}{k_5 - (k_1 + k_2 + k_3)} \left(e^{-(k_1+k_2+k_3)t} - e^{-k_5 t}\right) \qquad \text{(Gl. 2-3)}$$

$$\frac{[\mathrm{DEA}]_t}{[\mathrm{Atrazin}]_0} = \frac{k_3}{k_6 - (k_1 + k_2 + k_3)} \left(e^{-(k_1+k_2+k_3)t} - e^{-k_6 t}\right) \qquad \text{(Gl. 2-4)}$$

Die berechneten Geschwindigkeitskonstanten mit Angabe der durch nicht lineare Regression erhaltenen Standardabweichungen sind in Tabelle 2-3 zusammengefaßt. Die ebenso angegebenen Verhältnisse der Geschwindigkeitskonstanten beziehen sich auf die im Reaktionsschema angenommenen Folgereaktionen. Bei einem Wert größer als 1 wird das Zwischenprodukt schneller abgebaut als gebildet, andernfalls reichert es sich im Reaktionsgemisch an. Die Konzentrationsverläufe des Eduktes und der Zwischenprodukte werden in Abbildung 2-4 und Abbildung 2-5 für die jeweilige Ausgangskonzentration illustriert. In guter Übereinstimmung mit den Meßwerten treten 2-Hydroxyatrazin, Desisopropylatrazin und Desethylatrazin als Intermediate auf und reagieren nach Erreichen ihrer Maximalkonzentration weiter, wobei das Abbauverhalten offenbar von der eingesetzten Eduktkonzentration abhängig ist. So zeigt sich, daß bei geringem Atrazingehalt alle Zwischenprodukte im Vergleich zu ihrer Entstehung schneller abgebaut werden, wobei die desalkylierten Derivate ähnliches Abbauverhalten aufweisen. Im Gegensatz hierzu reichert sich für $c_o = 10$ mg/l Desethylatrazin an, während der Abbau von Desisopropylatrazin ebenso wie für 2-Hydroxyatrazin noch rascher vonstatten geht.

Tabelle 2-3: Geschwindigkeitskonstanten des photokatalytischen Abbaus von Atrazin sowie die entsprechenden Verhältnisse für jede der parallel ablaufenden Folgereaktionen ($[TiO_2] = 500$ mg/l; $I_o = 1{,}08 \cdot 10^{-7}$ E cm^{-2} s^{-1}).

	$c_o = 100$ µg/l	$c_o = 10$ mg/l
$k_{Atrazin}$ *)	$3{,}65 \cdot 10^{-3} \pm 3{,}0 \cdot 10^{-5}$ s^{-1}	$3{,}62 \cdot 10^{-3} \pm 2{,}1 \cdot 10^{-5}$ s^{-1}
k_1	$7{,}10 \cdot 10^{-4} \pm 2{,}1 \cdot 10^{-4}$ s^{-1}	$7{,}12 \cdot 10^{-5} \pm 3{,}0 \cdot 10^{-5}$ s^{-1}
k_2	$1{,}58 \cdot 10^{-3} \pm 4{,}7 \cdot 10^{-4}$ s^{-1}	$4{,}74 \cdot 10^{-4} \pm 9{,}4 \cdot 10^{-5}$ s^{-1}
k_3	$1{,}31 \cdot 10^{-3} \pm 5{,}0 \cdot 10^{-4}$ s^{-1}	$3{,}14 \cdot 10^{-3} \pm 9{,}5 \cdot 10^{-5}$ s^{-1}
k_4	$2{,}89 \cdot 10^{-3} \pm 8{,}7 \cdot 10^{-4}$ s^{-1}	$9{,}41 \cdot 10^{-4} \pm 2{,}8 \cdot 10^{-4}$ s^{-1}
k_5	$3{,}72 \cdot 10^{-3} \pm 1{,}1 \cdot 10^{-3}$ s^{-1}	$2{,}63 \cdot 10^{-3} \pm 7{,}9 \cdot 10^{-4}$ s^{-1}
k_6	$2{,}69 \cdot 10^{-3} \pm 6{,}3 \cdot 10^{-4}$ s^{-1}	$2{,}63 \cdot 10^{-3} \pm 7{,}9 \cdot 10^{-4}$ s^{-1}
k_4/k_1	4,07	13,22
k_5/k_2	2,35	5,55
k_6/k_3	2,05	0,84

*) $k_{Atrazin} = k_1 + k_2 + k_3$

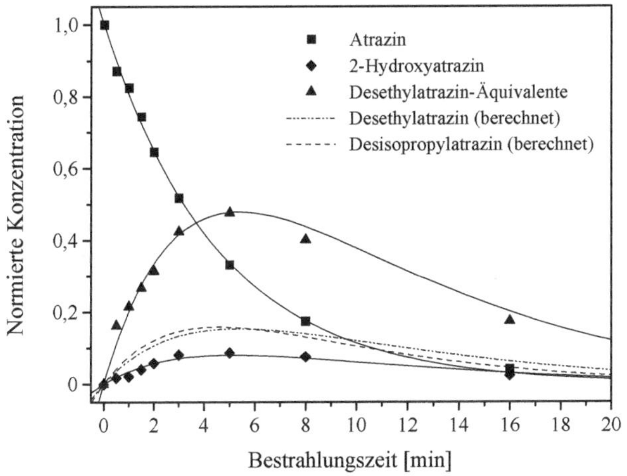

Abbildung 2-4: Konzentrationsverläufe an der Reaktion beteiligter Triazine für die Photokatalyse von Atrazin (c_o = 100 µg/l; [TiO_2] = 500 mg/l; $I_o = 1{,}08 \cdot 10^{-7}$ E cm^{-2} s^{-1}).

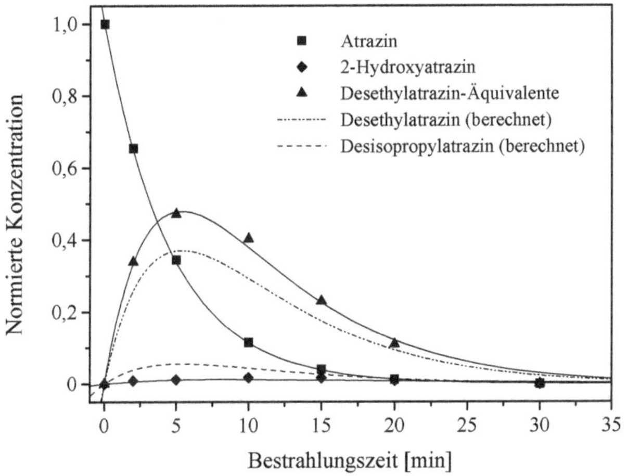

Abbildung 2-5: Analoge Darstellung wie in Abbildung 2-4 für c_o = 10 mg/l.

Zur Überprüfung des angewandten Mechanismus wurden Kontrollexperimente durchgeführt und die Konzentrationen an Desethyl- und Desisopropylatrazin zu verschiedenen Abbauzeiten gaschromatographisch bestimmt[1]. Die in Tabelle 2-4 beispielhaft gezeigten Ergebnisse belegen, daß aufgrund der verhältnismäßig guten Übereinstimmung der gemessenen Konzentrationen mit den berechneten Werten das intermediäre Auftreten von Desethyl- und Desisopropylatrazin durch das angenommene Reaktionsschema und den daraus abgeleiteten Geschwindigkeitskonstanten hinreichend gut beschrieben werden kann.

Tabelle 2-4: Vergleich der gaschromatographisch bestimmten Konzentrationen an Desethyl- und Desisopropylatrazin mit den Werten, die sich aus der Modellrechnung für die in Abbildung 2-4 genannten Reaktionsbedingungen ergeben (Angaben in mg/l).

Zeit [min]	$[DEA]_{GC}$	$[DiPA]_{GC}$	$[DEA]_{Rechnung}$	$[DiPA]_{Rechnung}$
5	5,0 ± 1,0	0,4 ± 0,2	3,2 ± 0,9	0,3 ± 0,2
10	3,1 ± 0,7	< 0,2	2,6 ± 0,8	0,2 ± 0,2
15	1,5 ± 0,5	< 0,2	1,6 ± 0,5	0,2 ± 0,2
20	< 0,5	0,3 ± 0,1	0,9 ± 0,3	0,1 ± 0,1

Eine weitere Bestätigung für die bevorzugte Bildung desalkylierter Produkte lieferten ionenchromatographische Messungen von Chlorid und Nitrat. Wie aus den Konzentrationsverläufen der Abbildung 2-6 hervorgeht, nimmt die Chloridkonzentration zunächst linear mit der Bestrahlungsdauer zu. Da die Konzentrationsabnahme von Atrazin wesentlich schneller verläuft als die Bildung von Chloridionen, ist die Folgerung gerechtfertigt, daß die Cl-Abspaltung unter Freisetzung von OH-substituierten Derivaten größtenteils von desalkylierten Produkten ausgeht. Damit unterscheiden sich die Reaktionswege des heterogenkatalytischen Abbaus von denen der reinen UV-Photolyse.

Die nach Abbildung 2-6 wesentlich geringeren Nitratkonzentrationen lassen den Schluß zu, daß Desaminierungsreaktionen der Folgeprodukte, verglichen mit der Oxidation der Alkylketten und der Dehalogenierung, sehr langsam vor sich gehen, zumal andere N-haltige Verbindungen, wie Nitrit- oder Ammonium-Ionen, in dem oxidativ wirkenden Milieu als Nitrat vorliegen sollten. Dafür spricht auch, daß HPLC-Messungen[2] eine Anreicherung von Desethyl- und Hydroxyatrazin aufgezeigt haben. Cyanursäure wurde bei diesen Messungen als weiteres Zwischen- oder Endprodukt der Abbaureaktionen selbst nach einer Bestrahlungsdauer von 180 min nicht gefunden.

[1] Herrn Dr. C. Zwiener danke ich für die gaschromatographischen Analysen.

[2] Herrn Dr. R. Kolthoff sei für die Durchführung der HPLC-Messungen gedankt.

Die photochemische Oxidierbarkeit der Cyanursäure im UV/TiO_2-Prozeß wurde abschließend durch Bestrahlung von 10 mg/l Cyanursäure in einer wässerigen Suspension von 500 mg/l TiO_2 durch Detektion ionischer Abbauprodukte untersucht. Es stellte sich heraus, daß nach einer Bestrahlungszeit von 180 Minuten etwa nur 3 % Cyanursäure abgebaut worden sind. Eine vollständige Mineralisierung von Triazinen ist folglich mit Hilfe der Photokatalyse bislang nicht zu erreichen.

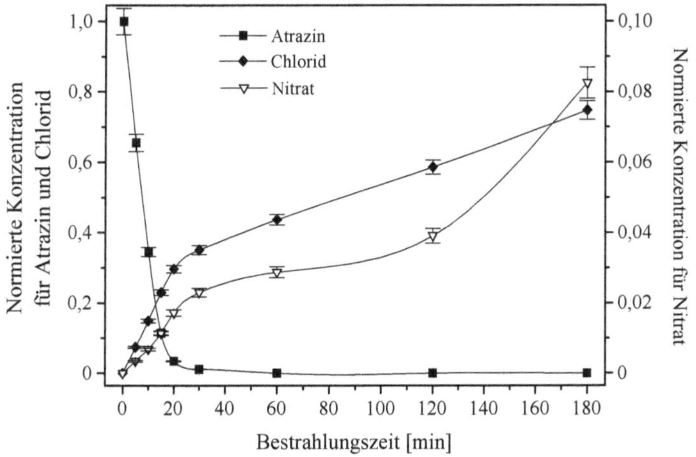

Abbildung 2-6: Konzentrationsverläufe von Chlorid und Nitrat beim photokatalytischen Abbau von Atrazin (c_o = 10 mg/l; [TiO_2] = 500 mg/l; I_o = $1{,}08 \cdot 10^{-6}$ E cm^{-2} s^{-1}).

2.2.3 Einfluß von Huminstoffen

Die Relevanz von Huminsäuren bei lichtinduzierten Abbauprozessen besteht darin, daß sie einerseits in Wellenlängenbereichen, in denen Atrazin keine Absorption mehr zeigt, als Sensibilisatoren den UV-Abbau beschleunigen können und andererseits als Quencher auch verlangsamend auf den Prozeß einwirken. Da Huminstoffe mit Wellenlängen im UV-C-Bereich photolytisch selbst abbaubar sind, wurde zunächst ihr photochemisches Verhalten in einer wässerigen TiO_2-Suspension untersucht. Die in Abbildung 2-7 dargestellte zeitliche Änderung des Schwächungskoeffizienten zeigt, daß ein photokatalytischer Abbau im Vergleich zur reinen UV-Photolyse zwar begünstigt ist, aber dennoch sehr langsam verläuft. Hiermit übereinstimmend konnte gezeigt werden, daß die Adsorption von Huminsäuren an die TiO_2-Oberfläche mit einer Adsorptionsgleichgewichtskonstanten von nur $2{,}5 \cdot 10^{-4}$ l/mg sehr schwach ausgeprägt ist.

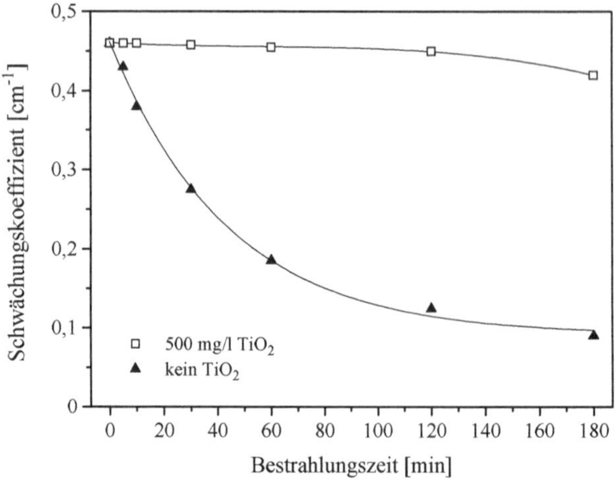

Abbildung 2-7: Bestrahlung von Huminsäure mit und ohne Titandioxid ([Huminsäure]$_o$ = 50 mg/l; [TiO_2] = 500 mg/l bzw. 0 mg/l; $I_o = 1{,}08 \cdot 10^{-6}$ E cm^{-2} s^{-1}).

Die weiteren Untersuchungen umfaßten das Abbauverhalten von Atrazin in Gegenwart von Huminsäure mit und ohne Titandioxid. Der nach einer Bestrahlungszeit von 15 min ermittelte Atrazinabbau für den UV- und den UV/TiO_2-Prozeß ist in Abhängigkeit der verwendeten Huminsäuregehalte von 5 ppm bzw. 50 ppm in Abbildung 2-8 vergleichend dargestellt. Darüber hinaus wurden die Halbwertszeiten τ nach einer Kinetik pseudo-1. Ordnung für 5 ppm Huminsäure berechnet und mit dem UV-Abbau verglichen. Es zeigt sich, daß die Anwesenheit von Huminsäuren den Atrazinabbau in jedem Falle verlangsamt, wobei dieser Effekt bei einem Huminsäuregehalt von 5 ppm auf die Abbaurate wesentlich ausgeprägter ist als im Falle der UV-Photolyse. Während beim UV-Abbau die Halbwertszeit um den Faktor 1,7 zunimmt, steigt beim photokatalytischen Abbau die Halbwertszeit um den Faktor 4 an. Allerdings verringert sich bei der photokatalytischen Behandlung des huminstoffhaltigen Wassers der Schwächungskoeffizient der TiO_2-freien Lösung von 0,045 cm^{-1} auf 0,006 cm^{-1}. Demnach führt bereits eine Katalysatormenge von 50 ppm TiO_2 dazu, daß nahezu kein UV-Abbau und nur ein sehr geringer photokatalytischer Abbau stattfindet. Den Ergebnissen zufolge muß bei Huminstoffkonzentrationen von mehreren Milligramm pro Liter der photokatalytischen Behandlung des Wassers eine Aufbereitungsstufe vorgeschaltet sein, um den Huminstoffgehalt zu reduzieren, beispielsweise durch Flockung.

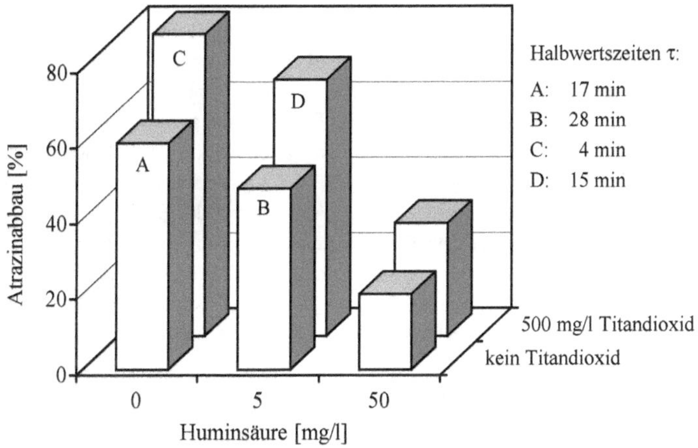

Abbildung 2-8: Atrazinabbau nach einer Bestrahlungszeit von 15 min in Abhängigkeit vom Huminstoffgehalt für den UV- und UV/TiO_2-Prozeß (c_o = 100 µg/l; [TiO_2] = 500 mg/l bzw. 0 mg/l; $I_o = 1{,}08 \cdot 10^{-6}$ E cm^{-2} s^{-1}).

3 Anwendung der UV/Ozon-Technologie

Der Einsatz des UV/Ozon-Verfahrens zur Reinigung belasteter Rohwässer richtet sich ganz allgemein danach, ob mit der apparativen Auslegung bei der vorliegenden Rohwasserbeschaffenheit die geforderte Wasserqualität erreicht werden kann. Im Falle der Gewinnung von Trinkwasser muß das Ablaufwasser von Aufbereitungsanlagen die strengen Kriterien der Trinkwasserverordnung erfüllen. Aus diesem Grund wurde im Rahmen der Untersuchungen zur Pestizideliminierung mit Hilfe des UV/Ozon-Verfahrens die Problematik der Nebenproduktbildung eingehend berücksichtigt. Am Beispiel der Bildung von Nitritionen wird im folgenden die Grenzwerteinhaltung vergleichend für die Pilot- und Großanlage in Abhängigkeit der Betriebsparameter Ozondosis und UV-Leistung diskutiert. Dabei werden für wasserwerksrelevante Bedingungen die anorganischen Belastungsstoffe Wasserstoffperoxid und Ozon ebenso in Betracht gezogen wie Atrazin als abzubauendes Pestizid und Desethylatrazin als primäres Abbauprodukt. Letztendlich kann hiermit die Frage beantwortet werden, inwieweit die Nitritproblematik die Bildung von Wasserstoffperoxid und das Auftreten von Restozon im Ablaufwasser die Anwendung der UV/Ozon-Technologie für einen hinreichenden sowie umweltverträglichen Abbau von Pestiziden limitiert.

3.1 Nitritproblematik in der Pilot- und Großanlage

3.1.1 Einfluß der Betriebsparameter auf die Nitritbildung

Das Ausmaß der Nitritbildung wird beim UV/Ozon-Prozeß grundsätzlich durch zwei gegenläufige Effekte geprägt, und zwar durch die lichtinduzierte Photoreduktion von Nitrat und die Oxidation gebildeten Nitrits durch überschüssiges Ozon. Dieser Sachverhalt erklärt die Nitritkonzentrationen, die bei Variation der Betriebsparameter für das Ablaufwasser der beiden Anlagen gemessen wurden. Die bei den Versuchen eingestellten Werte sind Tabelle 3-1 zu entnehmen und decken den gesamten Nutzungsbereich der Anlagen ab, so daß die minimale bzw. maximale Nitritbelastung im Ablaufwasser erfaßt werden konnte. Die Ozondosiswerte beziehen sich entweder als prozentuale Angabe auf die maximale Leistung des Ozongenerators oder sie werden entsprechend den Herstellerangaben als produzierte Ozonmenge pro Zeiteinheit in g/h ausgedrückt oder sie sind als gebildete Ozonmenge pro Volumeneinheit des aufzubereitenden Wassers in mg/l angegeben. Hierbei wurde für die Pilotanlage ein Volumenstrom von 2,5 m^3/h (1,5 m^3/h Zulauf + 1 m^3/h Teilstrom) eingesetzt, während in der Großanlage der Volumenstrom 90 m^3/h betrug.

Die eingestellten UV-Leistungen sind entweder als Prozentangabe auf die Maximalleistung normiert oder sie werden gemäß den Angaben des Herstellers als elektrische Leistung des UV-Strahlers in kW ausgedrückt, oder man versteht darunter die Strahlungsleistung des

UV-C-Spektralgebietes pro Volumeneinheit des Photoreaktors in W/l. Dabei wurde angenommen, daß die UV-C-Ausbeute der Hg-Mitteldruckstrahler etwa 10 % beträgt. Im Falle der Großanlage muß berücksichtigt werden, daß die Zahlenwerte für einen UV-Strahler gelten und bei Berechnungen, die sich auf die gesamte Anlage beziehen, mit dem Faktor 4 zu multiplizieren sind.

Tabelle 3-1: Verfahrensparameter der Pilot- und Großanlage für die Ozondosis und die Strahlungsintensität (Erläuterungen im Text).

Ozondosis			UV-Leistung		
[%]	[g/h]	[mg/l]	[%]	[kW]	[W/l]
Pilotanlage					
25,7	18	7,2	50	2,0	40
50,0	35	14,0	60	2,4	48
75,7	53	21,2	70	2,8	56
95,7	67	26,8	80	3,2	64
			100	4,0	80
Großanlage					
20	200	2,2	50	5	42,5
40	400	4,4	67,5	6,8	54,6
60	600	6,7	85	8,5	72,3
80	800	8,9	100	10	85,0

Die Nitritbelastung in Abhängigkeit der in Tabelle 3-1 zusammengestellten Betriebsparameter ist in Abbildung 3-1 zunächst für die Versuche unter halbtechnischen Bedingungen dargestellt. Hierbei ist zu beachten, daß die angegebene Ozondosis als Verhältnis von Ozonproduktion zu Volumenstrom nicht der tatsächlichen Menge an gelöstem Ozon entspricht, da das Lösen gasförmigen Ozons in Wasser durch den hohen Systemdruck zwar effektiv gestaltet wird, aber nicht quantitativ verläuft. Die Ergebnisse zeigen, daß je nach den Betriebsbedingungen die Nitritbelastung den TVO-Grenzwert von 100 µg/l um ein Vielfaches übersteigt, obwohl das Zulaufwasser mit einem Nitratgehalt von etwa 5 mg/l als gering belastet einzustufen ist. Grundsätzlich werden mit abnehmender UV-Leistung sowie zunehmender Ozondosis sinkende Nitritkonzentrationen im Ablaufwasser beobachtet, sofern man von der gesteigerten Nitritbildung bei der größten Ozondosis absieht. Dieser Effekt ist darauf zurückzuführen, daß bei sehr hohen Ozonkonzentrationen, wie sie in der Pilotanlage bei fast maximaler Auslastung des Ozonerzeugers vorliegen, bimolekulare Abbaureaktionen des Typus 2 O_3 → Produkte an Bedeutung gewinnen und damit der Oxidation von Nitrit durch Ozon entgegenwirken. Prinzipiell geht aus den Ergebnissen hervor, daß nur bei sehr geringen UV-Leistungen und gleichzeitig verhältnismäßig hoher Ozondosis die Einhaltung des geforderten Grenzwertes für Nitrit gewährleistet sein kann. Offensichtlich reicht nur bei einer Strahlerleistung unterhalb von etwa 2,8 kW die oxidative Wirkung des Ozons aus, um entstandenes Nitrit wieder zu Nitrat zu oxidieren. Beim reinen UV-Prozeß wird bei der geringsten UV-Leistung von 2,0 kW der Grenzwert gerade noch nicht überschritten.

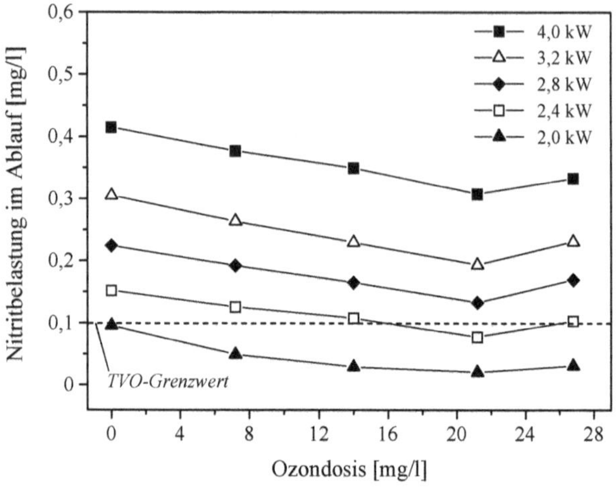

Abbildung 3-1: Nitritkonzentration im Ablaufwasser der UV/O_3-Pilotanlage in Abhängigkeit von den Betriebsparametern Ozondosis und Strahlerleistung.

Ein Vergleich dieser Ergebnisse mit den in Abbildung 3-2 dargestellten Konzentrationsverläufen der Großanlage ergibt für den UV/Ozon-Prozeß den gleichen funktionalen Zusammenhang zwischen der Nitritbildung und den Betriebsgrößen, allerdings ist in diesem Fall die jeweilige Ozondosis wesentlich geringer. Verglichen mit der Pilotanlage beträgt die maximale Ozondosis bei einer 12fachen Ozonproduktion nur noch etwa 30 %, denn in der Großanlage ist der Volumenstrom um den Faktor 36 größer. Dennoch liegen die Nitritkonzentrationen für den UV/Ozon-Prozeß bei beiden Anlagen in derselben Größenordnung, da das Rohwasser der Großanlage mit einem Nitratgehalt von 63 mg/l bedeutend stärker belastet ist. Aus diesem Grund und infolge der größeren Strahlungsleistung wird bei der reinen UV-Behandlung trotz der beachtlich kürzeren Verweilzeit wesentlich mehr Nitrit gebildet, so daß selbst die niedrigste UV-Leistung zur Grenzwertüberschreitung führt. Die Zudosierung von Ozon bewirkt im Unterschied zur Pilotanlage eine zunächst drastische Reduzierung der Nitritbildung, während bei hohen Ozonkonzentrationen die Nitriteliminierung verhältnismäßig schwach ausgeprägt ist. Letztendlich ist auch mit der Großanlage bei Anwendung der Verfahrenskombination die Einhaltung des Grenzwertes nur bei niedriger UV-Leistung und gleichzeitig hoher Ozondosis gewährleistet.

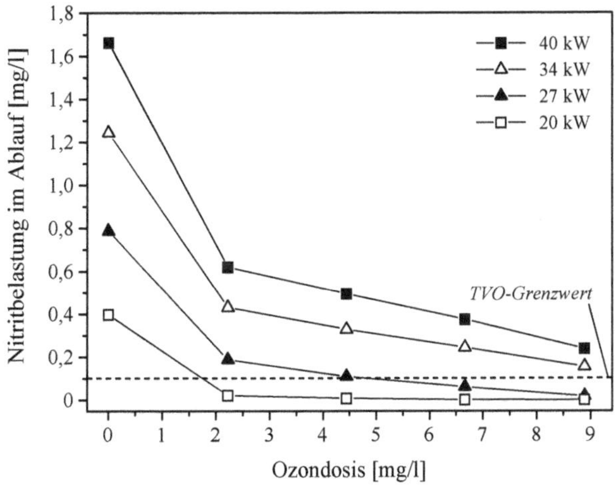

Abbildung 3-2: Nitritkonzentration im Ablaufwasser der UV/O_3-Großanlage in Abhängigkeit von den Betriebsparametern Ozondosis und Strahlerleistung.

3.1.2 Phänomenologische Beschreibung der Nitritbildung

Für eine formelmäßige Beschreibung der Ergebnisse kann die Nitritbildung durch eine Kombination von Termen ausgedrückt werden, welche sowohl den Prozeß der Nitratphotolyse als auch die Oxidation von Nitrit durch Ozon berücksichtigen. Hierbei sollen folgende Randbedingungen explizit einbezogen werden:

i. Im Gegensatz zur Ozondosis, die gewöhnlich zwischen Null und der maximalen Auslastung des Ozonerzeugers regelbar ist, kann die Strahlerintensität einen festgelegten Mindestwert I_0 meist nicht unterschreiten.

ii. Die Nitritbelastung wird ohne Zudosierung von Ozon nur durch den UV-Prozeß bestimmt und ist dann maximal.

iii. Die Nitritbelastung ist bei gegebener Ozondosis für den einstellbaren Mindestwert der Strahlerintensität minimal.

Als Ausgangsgleichung läßt sich schließlich für die Ablaufkonzentration C_A folgende allgemeine phänomenologische Beziehung aufstellen:

$$C_A = \alpha(I) + \beta(I)\, Q^n\,, \qquad \alpha(I) > 0 \vee \beta(I) < 0 \qquad \text{(Gl. 3-1)}$$

Hierin ist Q die Ozondosis in mg/l, $\alpha(I)$ entspricht die im reinen UV-Prozeß bei der Strahlerleistung I gebildete Nitritmenge in µg/l, der ebenfalls von I abhängige Koeffizient $\beta(I)$ beschreibt die Oxidation von Nitrit durch Ozon in (µg $l^{n-1}mg^{-n}$), und n ist eine empirische Konstante. Die in Abbildung 3-1 bzw. Abbildung 3-2 gezeigte Abhängigkeit des Nitritgehaltes von der Ozondosis Q kann für bestimmte Verfahrenseinstellungen offensichtlich durch einen linearen Zusammenhang beschrieben werden, und zwar bei einer Ozondosis von 0 - 21,2 mg/l für die Pilotanlage bzw. von 2,2 - 8,9 mg/l für die Großanlage. Für diese Bereiche geht die obige Beziehung mit $n = 1$ in die entsprechende Geradengleichung über. Die Größen $\alpha(I)$ und $\beta(I)$ können dann ihrerseits durch die nachstehenden linearen Zusammenhänge dargestellt werden, wobei die Berechnung entsprechend der zuvor angegebenen Randbedingung mit der minimalen Strahlerintensität I_o auf der Differenz $I - I_o$ basiert:

$$\alpha(I) = \alpha \cdot (I - I_o) + \alpha_o \qquad \text{(Gl. 3-2)}$$

$$\beta(I) = \beta \cdot (I - I_o) + \beta_o \qquad \text{(Gl. 3-3)}$$

Die Größen α in µg/(l kW), β in µg/(mg kW) sowie β_o in µg/mg sind empirische Konstanten, während α_o in µg/l derjenigen Nitritmenge entspricht, die im UV-Prozeß bei der Strahlungsleistung I_o gebildet wird. Durch Einsetzen von $\alpha(I)$ und $\beta(I)$ in C_A und unter Berücksichtigung der beim Kombinationsverfahren für $I = I_o$ vorliegenden Nitritkonzentrationen $C_{A,o}$ in µg/l, erhält man letztlich eine empirische Gleichung, nach der bei konstanter Ozondosis Q eine lineare Beziehung zwischen der Nitritkonzentration und der UV-Leistung besteht:

$$C_A - C_{A,o} = (\alpha + \beta\, Q)\,(I - I_o) \quad \text{mit} \quad C_{A,o} = \alpha_o + \beta_o\, Q \qquad \text{(Gl. 3-4)}$$

Nach dieser Gleichung ist prinzipiell die direkte Berechnung der Konstanten α und β möglich, sofern die Konzentrationen $C_{A,o}$ für alle eingestellten Ozondosiswerte Q als Meßwerte vorhanden sind. Die Parameter α_o und β_o sind dann für die Auswertung irrelevant. Diese Vorgehensweise hat sich in der Praxis allerdings nicht bewährt, da die Konzentrationen für $I = I_o$ oftmals im Bereich der Nachweisgrenze des verwendeten analytischen Verfahrens liegen und die Ergebnisse zum Teil stark fehlerbehaftet sind.

Die sinnvollere Variante beruht zunächst auf der Berechnung von $\alpha(I)$ und $\beta(I)$ durch lineare Regression der gemessenen Konzentrationswerte als Funktion der Ozondosis bei jeweils genügend großer Strahlerleistung. Daraus erhält man schließlich die Parameter α, α_o, β und β_o durch Auswertung der obigen Gleichungen. Bei diesem Verfahren werden im Gegensatz zur ersten Aus-wertungsmethode die Konzentrationen $C_{A,o}$ nicht benötigt, und auch die Größen α_o und β_o gehen nicht als Parameter in die Auswertung ein, sondern werden durch lineare Extrapolation statistisch abgesicherter Konzentrationsmessungen erhalten. Die so gewonnenen Ergebnisse sowie der für I und Q jeweils herangezogene Gültigkeitsbereich sind in Tabelle 3-2 zusammengefaßt.

Tabelle 3-2: Gültigkeitsbereiche der Strahlerintensität I und der Ozondosis Q für die lineare Auswertung und berechnete Parameter zur Beschreibung der Nitritbildung.

Parameter	Pilotanlage	Großanlage
I [kW]	2,4 bis 4,0	20 bis 40
Q [mg/l]	0 bis 21,2	2,2 bis 8,9
α [$\mu g\ l^{-1}\ kW^{-1}$]	$167{,}04 \pm 6{,}38$	$36{,}51 \pm 1{,}72$
α_o [$\mu g/l$]	$89{,}06 \pm 7{,}13$	$6{,}83 \pm 0{,}57$
β [$\mu g\ mg^{-1}\ kW^{-1}$]	$-0{,}367 \pm 0{,}029$	$-0{,}029 \pm 1{,}34 \cdot 10^{-3}$
β_o [$\mu g/mg$]	$-1{,}421 \pm 0{,}141$	$-0{,}048 \pm 3{,}14 \cdot 10^{-3}$

3.1.3 Definition von Betriebskennlinien und Betriebsbereichen

In Anbetracht einer ökologisch vertretbaren Betriebsführung sollten die Betriebsparameter so gewählt werden, daß der Nitritgrenzwert im Ablaufwasser unter keinen Umständen überschritten wird. Hierfür bieten sich in der Praxis als Beurteilungskriterium sog. Betriebskennlinien an, die als Funktionen der wählbaren Prozeßgrößen diejenigen Betriebszustände kennzeichnen, für welche der betreffende Grenzwert gerade eingehalten wird. Der funktionale Zusammenhang ergibt sich mit den Werten der Tabelle 3-2 durch Auflösen der eingeführten mehrparametrigen Gleichung nach der Ozondosis Q und Substitution der Nitritkonzentration C_A durch den Grenzwert $\gamma = 100\ \mu g/l$:

$$Q = \frac{-\frac{\alpha}{\beta} I + \frac{\gamma - \alpha_0 + \alpha I_0}{\beta}}{I + \frac{\beta_0 - \beta I_0}{\beta}} = \frac{a I + b}{I + c} \qquad \text{(Gl. 3-5)}$$

Die jeweiligen charakteristischen Konstanten a, b und c der resultierenden rationalen Funktion sind in Tabelle 3-3 zusammengefaßt. Die entsprechende Betriebskennlinie geht für die Pilotanlage aus Abbildung 3-3 und für die Großanlage aus Abbildung 3-4 hervor.

Tabelle 3-3: Empirische Parameter der Betriebskennlinie für Nitrit.

Parameter	a [mg/l]	b [kW mg l^{-1}]	c [kW]
Pilotanlage	455,27	-940,37	1,8158
Großanlage	1242,69	-28024,89	-18,35

Auf diese Weise können alle denkbaren Kombinationen von Verfahrenseinstellungen unterschieden werden, und es lassen sich Betriebsbereiche festlegen, die entweder unter der Bedingung, daß der Nitratgrenzwert eingehalten wird, vertretbar sind (Betriebsbereich A), oder aber Nitritbelastungen oberhalb des Grenzwertes zur Folge haben (Betriebsbereich B). Die gezeigten Betriebskennlinien decken bzgl. der Strahlerleistung den gesamten experimentell zugänglichen Bereich ab, wobei die Betriebskennlinien für Ozondosiswerte oberhalb der jeweiligen maximalen Ozondosis auf extrapolierten Daten beruhen. Ferner wurde bei der Pilotanlage die Zunahme des Nitritgehaltes bei der höchsten Ozondosis nicht berücksichtigt, so daß die Kennlinie in diesem Bereich tatsächlich noch steiler verläuft.

Letztendlich kann die Schlußfolgerung gezogen werden, daß die UV-lichtinduzierte Bildung von Nitrit im Vergleich zur Rückoxidation der dominierende Prozeß ist, da einerseits bereits bei niedrigen UV-Leistungen Grenzwertüberschreitungen möglich sind und andererseits bei sehr hohen UV-Leistungen der Grenzwert selbst bei maximaler Ozondosis nicht eingehalten werden kann. Nur beim Unterschreiten einer bestimmten UV-Leistung liegt die Nitritbelastung unterhalb des Grenzwertes und kann durch Zudosieren von Ozon weiter vermindert werden. Dieser Schwellenwert liegt für die Pilotanlage bei einer Strahlerleistung von ca. 3,1 kW und für die Großanlage bei ca. 38 KW.

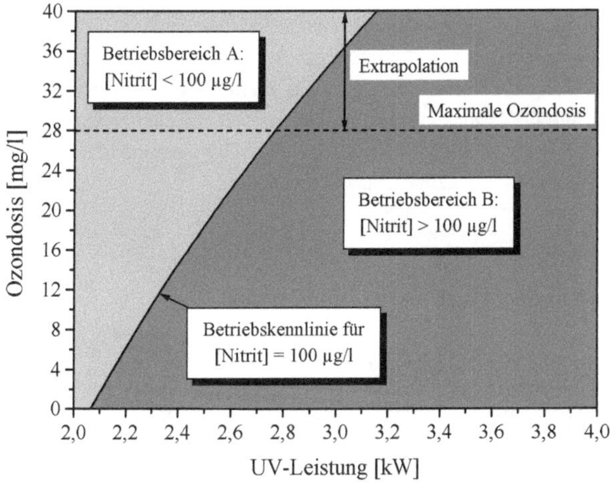

Abbildung 3-3: Betriebskennlinie und Betriebsbereiche der Pilotanlage für die Bildung von Nitritionen.

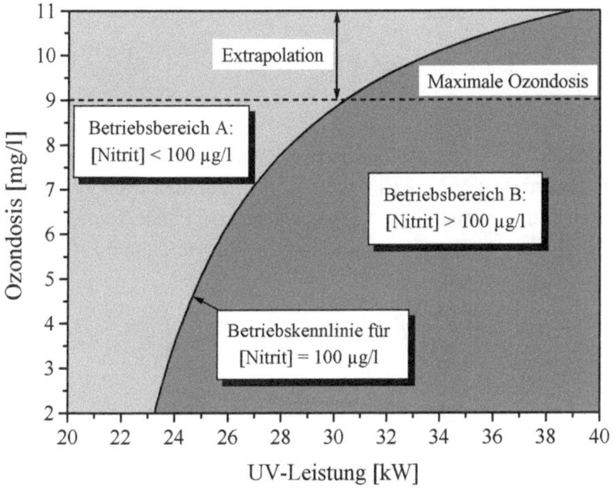

Abbildung 3-4: Betriebskennlinie und Betriebsbereiche der Großanlage für die Bildung von Nitritionen.

Ein Vergleich der beiden Anlagen ist durch numerische Berechnung der Flächeninhalte der in Abbildung 3-3 bzw. Abbildung 3-4 gekennzeichneten Betriebsbereiche möglich. Ganz allgemein entspricht das Flächenverhältnis von Betriebsbereich A zu Betriebsbereich B als verfahrensspezifische Größe dem Nutzungsgrad der Anlage für die betreffende Reaktion. Im vorliegenden Fall der Nitritbildung gibt das Verhältnis den Anteil der Verfahrenseinstellungen an, die die Einhaltung des Grenzwertes ermöglichen. Demnach sind mit der Großanlage 30,4 % aller Betriebseinstellungen sinnvoll, während die Pilotanlage unter diesen Aspekten lediglich zu 19,1 % genutzt werden kann.

3.1.4 Dimensionierung einer Nachozonungsstufe

Als Konsequenz der zum Teil sehr starken Nitritbelastung des vermeintlich gereinigten Rohwassers ist im Ablauf der jeweiligen Anlage eine zusätzliche Aufbereitungsstufe zur Verminderung des Nitritgehaltes erforderlich, sofern der TVO-Grenzwert von 100 µg/l einzuhalten ist. Im Gegensatz zu adsorptiven Verfahren bietet sich in diesem Fall eine Nachozonungsstufe zur Nitritoxidation an. Entsprechend kinetischer Untersuchungen zur Nitritoxidation, die im Labormaßstab durchgeführt worden sind, kann die Reaktion durch folgendes Geschwindigkeitsgesetz in Abhängigkeit von der Nitritkonzentration formal beschrieben werden. Dabei wurden die Ratenkonstante k und die Reaktionsordnung n für eine Ozonkonzentration von etwa 2 mg/l bestimmt:

$$r = k\,[NO_2^-]^n = 2{,}867 \cdot 10^{-3}\,[NO_2^-]^{1{,}875} \qquad \text{(Gl. 3-6)}$$

Ausgehend von dieser Beziehung und der nachstehenden allgemeingültigen Ratengleichung für eine Reaktion n-ter Ordnung ($n \neq 1$), die das zur Reaktionszeit t vorliegende Konzentrationsverhältnis c/c_o in Abhängigkeit von den kinetischen Parametern n und k beschreibt, kann die Dimensionierung des Reaktors der Nachozonungsstufe durchgeführt werden:

$$\frac{c}{c_o} = \left[1 + (n-1)\,c_o^{(n-1)}\,k\,t\right]^{1/(1-n)} \qquad \text{(Gl. 3-7)}$$

Mit anderen Worten, es läßt sich die Mindestverweildauer τ_{min} (in s) und daraus mit dem Volumenstrom $\dot{V}$ das Reaktorvolumen V_{min} (in l) als Funktion des Nitritgehaltes berechnen, das für eine ausreichende Nitritoxidation mindestens erforderlich ist. Letztgenannte Größe ergibt sich unter Berücksichtigung von $\dot{V} = 2{,}5\ m^3/h$ für die Pilotanlage bzw. $\dot{V} = 90\ m^3/h$ für die Großanlage durch Auflösen der obigen Gleichung nach t und Substitution der Konzentration c durch den Grenzwert $\gamma = 100\ \mu g/l$:

$$V_{min} = \dot{V} \cdot \tau_{min} = 0{,}278\,\dot{V}\,\frac{(0{,}01\,c_o)^{n-1} - 1}{k\,(n-1)\,c_o^{\,n-1}} \qquad \text{(Gl. 3-8)}$$

Die Auftragung dieser Funktion ist in Abbildung 3-5 für beide Anlagen dargestellt. Es zeigt sich, daß im Falle der Großanlage das erforderliche Reaktorvolumen infolge des 36mal größeren Volumenstroms wesentlich höher ist. Generell nimmt das Reaktorvolumen mit ansteigender Nitritbelastung zu und nähert sich schließlich wegen $n > 1$ asymptotisch dem Maximalwert V_R, welcher mit der Grenzwertbetrachtung $c_o \rightarrow \infty$ aus obiger Gleichung berechnet werden kann:

$$V_R = \lim_{c_o \to \infty} V_{min} = 0{,}278\,\dot{V}\,\frac{0{,}01^{n-1}}{k\,(n-1)} \qquad \text{(Gl. 3-9)}$$

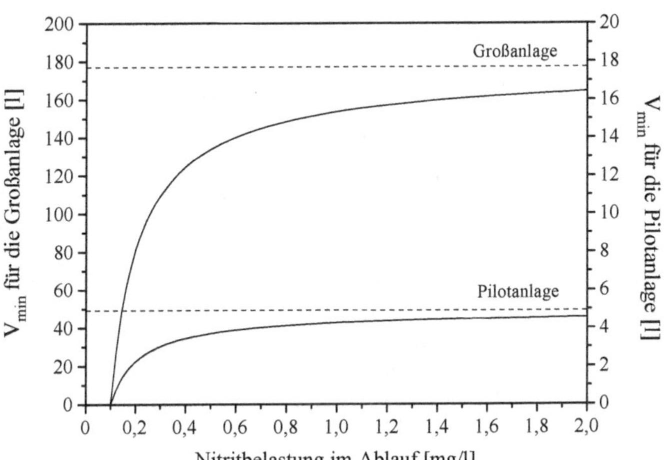

Abbildung 3-5: Mindestvolumen des Reaktors der Nachozonungsstufe für die Pilot- und Großanlage als Funktion des Nitritgehaltes im Ablaufwasser bei 2 mg/l gelöstem Ozon; die jeweiligen asymptotischen Grenzwerte sind gestrichelt eingezeichnet.

Demnach wird mit einem Volumen des Nachozonungsreaktors von 4,9 l für die Pilotanlage bzw. 177 l für die Großanlage sichergestellt, daß unabhängig von der gebildeten Nitritmenge die Oxidation zu Nitrat die Einhaltung des Grenzwertes gewährleistet, sofern alle Fluidelemente die gleiche hydrodynamische Verweilzeit τ_R besitzen. Diese entspricht dem Verhältnis $V_R/\dot{V}$ und ist nur eine Funktion der kinetischen Konstanten:

$$\tau_R = 0{,}278 \frac{0{,}01^{n-1}}{k\,(n-1)} = 7{,}1\ \mathrm{s} \qquad \text{(Gl. 3-10)}$$

Allerdings muß für eine betriebssichere Auslegung der Nachozonung die Verweilzeitverteilung berücksichtigt werden, auf die in diesem Rahmen nicht näher eingegangen werden soll. Grundsätzlich kann jedoch gesagt werden, daß aus hydrodynamischen Gründen ein Rohrreaktor einem Reaktionskessel vorzuziehen ist, um bei etwa dem 10fachen des berechneten Reaktorvolumens eine ausreichende Oxidation zu garantieren.

3.2 Wasseraufbereitung mit der Großanlage

In Analogie zur Nitritproblematik lassen sich prinzipiell für alle Stoffe, deren Konzentrationen im aufbereiteten Wasser einem Grenzwert unterliegen, Betriebskennlinien erstellen, also auch für Ozon, das als Oxidationsmittel in das Reaktionssystem eingebracht wird, oder für Wasserstoffperoxid, das aus der Photolyse von Ozon während des Aufbereitungsprozesses entsteht. Gleiches trifft für die abzubauenden Schadstoffe und deren Metaboliten zu, in diesem Falle also für Atrazin und Desethylatrazin. Werden schließlich alle relevanten Betriebskennlinien bestimmt, lassen sich anhand der jeweiligen Betriebsbereiche, die keine Überschreitung von Grenzwerten nach sich ziehen, genau diejenigen Verfahrenseinstellungen ermitteln, welche die Einhaltung aller zu berücksichtigenden Grenzwerte gewährleisten. Ein derartiges Betriebsdiagramm soll im folgenden beispielhaft für die Großanlage aufgestellt und diskutiert werden, da in Anbetracht des Atrazinabbaus unter praxisnahen wasserwerksrelevanten Bedingungen abschließend die Frage nach einer aus ökologischer Sicht akzeptablen Betriebsführung beantwortet werden muß und gegebenfalls der Nutzungsgrad anzugeben ist.

3.2.1 Restozongehalt

Die Messung der Ozonkonzentration im Ablaufwasser der Großanlage in Abhängigkeit von den Betriebsbedingungen führte entsprechend den in Abbildung 3-6 dargestellten Ergebnissen erwartungsgemäß mit zunehmender Ozondosis und abnehmender UV-Leistungen zur Überschreitung des TVO-Grenzwertes von 50 µg/l. So kann die maximal zulässige Ozonkonzentration bei der UV-Leistung von 27 kW und der Ozondosis von 4,4 mg/l gerade noch eingehalten werden.

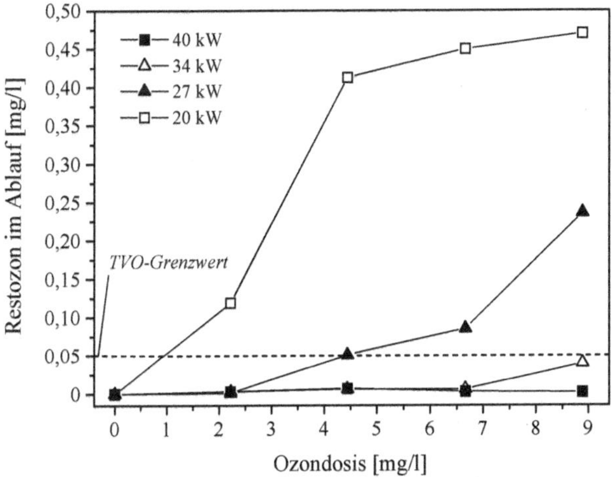

Abbildung 3-6: Konzentration von Restozon im Ablaufwasser der Großanlage in Abhängigkeit von den Betriebsparametern.

Die Betriebskennlinie für Ozon wird im Gegensatz zur Nitritproblematik nicht durch Anpassung der vorliegenden Konzentrationsmessungen an ein geeignetes empirisches Modell berechnet, da bei hohen Strahlungsleistungen die Werte im Bereich der Bestimmungsgrenze des angewandten analytischen Verfahrens liegen. Vielmehr wurde der Restozongehalt im Ablaufwasser bei verschiedenen Strahlerleistungen ausgehend von Q = 0 durch Inter- bzw. Extrapolation ermittelt, der gerade der Grenzwertkonzentration entspricht. Auf diese Weise wurden einzelne Punkte der Betriebskennlinie direkt erhalten, die sich schließlich durch eine sigmoidale Funktion repräsentieren lassen. Das Ergebnis ist in Abbildung 3-7 der Betriebskennlinie für Nitrit gegenübergestellt. Es zeigt sich, daß bis auf einen unbedeutenden Bereich unterhalb des Schnittpunktes (hellgraue Fläche) keine Verfahrenseinstellungen existieren, die gleichzeitig die Einhaltung des Grenzwertes sowohl für Nitrit (100 µg/l) als auch für Ozon (50 µg/l) gewährleisten. Entweder wird der Grenzwert für Nitrit bzw. für Ozon überschritten (rechter bzw. linker dunkelgrauer Bereich) oder die beiden Komponenten liegen gleichzeitig in zu hohen Konzentrationen vor (nicht markierter Bereich).

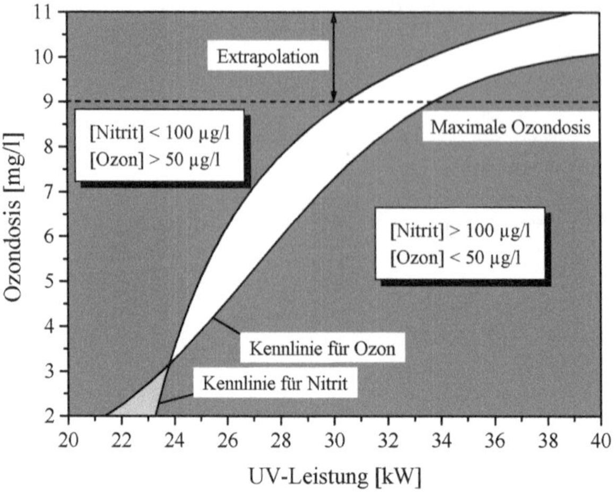

Abbildung 3-7: Betriebskennlinien der Großanlage für Nitrit und Restozon. Je nach den Betriebsgrößen wird einer der beiden Grenzwerte nicht eingehalten (dunkelgraue Fläche), werden beide Grenzwerte überschritten (weiße Fläche) oder eingehalten (hellgraue Fläche).

Zieht man auch hier eine Nachozonungsstufe für die Nitritoxidation in Betracht, ergeben sich entsprechend der Abbildung 3-7 vor allem bei hohen UV-Leistungen und niedrigen bis mittleren Ozoneinträgen sinnvolle Verfahrenseinstellungen. Dabei muß aber berücksichtigt werden, daß sich die eingetragene Kennlinie für Ozon als Folge der notwendigen zusätzlichen Einspeisung von Ozon nach rechts verschiebt und die Zahl der akzeptablen Betriebseinstellungen weiter eingeschränkt wird. In jedem Fall muß also der Restozongehalt im Ablaufwasser auf eine Konzentration unterhalb des Grenzwertes gesenkt werden. Hierfür bietet sich die photolytische Zersetzung von Ozon mit Hg-Niederdruckstrahlern an, da die nahezu monochromatische Emission von 253,7 nm unmittelbar im Bereich des Absorptionsmaximums von Ozon liegt, während sie mit der intensiven Absorptionsbande des Nitrations nicht überlappt. Im Gegensatz zu polychromatisch emittierenden Mitteldruckstrahlern tritt daher die Bildung von Nitrit so gut wie nicht auf.

3.2.2 Bildung von Wasserstoffperoxid

Als wesentlich problematischer erweist sich die Bildung von Wasserstoffperoxid, da nach Abbildung 3-8 alle Verfahrenseinstellungen zur Überschreitung des TVO-Grenzwertes von 100 µg/l führen. Somit erübrigt sich das Aufstellen einer Betriebskennlinie für Wasserstoffperoxid. Die Konzentration an Wasserstoffperoxid ist vor allem dann besonders hoch, wenn der Grenzwert für Ozon eingehalten werden kann, also vornehmlich bei hohen Strahlerleistungen verbunden mit niedrigen Ozoneinträgen.

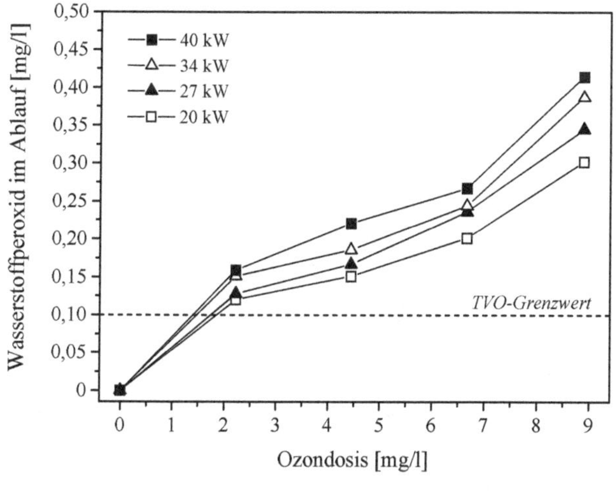

Abbildung 3-8: Konzentration von Wasserstoffperoxid im Ablaufwasser der Großanlage in Abhängigkeit von den Betriebsparametern.

Generell nimmt die Belastung an Wasserstoffperoxid mit ansteigender UV-Leistung zu, da die Reaktion von Wasserstoffperoxid mit Restozon bei hohen UV-Leistungen zurückgedrängt wird. Als Nebenprodukt ist Wasserstoffperoxid limitierend für den gesamten UV/O_3-Prozeß, so daß im Rahmen der Trinkwassergewinnung das behandelte Wasser auch in dieser Hinsicht einer weiteren Reinigung zu unterziehen ist. Dies muß unter der Vorgabe geschehen, daß sich keine weiteren gesundheitsbedenklichen Stoffe bilden oder im Verlaufe der Nachbereitung in das Wasser gelangen. Eine nachträgliche Entfernung von Wasserstoffperoxid, z.B. durch Adsorption, ist aber im Vergleich zu Nitrit oder Ozon mit einem höheren apparativen Aufwand verbunden. Weitere Möglichkeiten der Grenzwerteinhaltung beruhen schließlich auf dem Einsatz alternativer Oxidationsmittel.

3.2.3 Abbau von Atrazin und Desethylatrazin

Zur Untersuchung des Pestizidabbaus unter praxisrelevanten Bedingungen mit der großtechnischen Anlage wurde das mit Atrazin und Desethylatrazin belastete Rohwasser mit unterschiedlichen Ozondosiswerten und UV-Leistungen behandelt. Die jeweils im Ablauf der Anlage bestimmten Pestizidkonzentrationen sind als Funktion der Betriebsparameter in Abbildung 3-9 zusammengefaßt. Legt man den TVO-Grenzwert von 0,1 µg/l für die Einzelsubstanz zugrunde, wird die Konzentration an Desethylatrazin bei allen Verfahrenseinstellungen überschritten, während die Atrazinkonzentration vornehmlich bei großen Ozoneinträgen sowie hohen Strahlerleistungen unter den Grenzwert gesenkt werden kann. Dabei ist die direkte Proportionalität zwischen der Konzentration und der UV-Leistung für beide Pestizide beim reinen UV-Prozeß gegeben und wird für Atrazin auch bei niedrigen bis mittleren Ozondosiswerten beobachtet. Dieses Abbauverhalten wird mit weiterer Steigerung der Ozondosis immer unbedeutender, da bei der größten Ozondosis kein weiterer Abbau erfolgt und der innere Filtereffekt von Ozon offensichtlich derart stark ausgeprägt ist, daß der Einfluß unterschiedlicher UV-Intensitäten nicht mehr signifikant in Erscheinung tritt. Ein anderes Abbauverhalten ergibt sich für Desethylatrazin, das einerseits als Edukt im Rohwasser vorhanden ist und andererseits als Nebenprodukt aus der Reaktion von Atrazin mit Ozon entsteht. So erkennt man bei mittleren und hohen UV-Leistungen einen deutlichen, von der Ozondosis abhängigen Konzentrationsanstieg von Desethylatrazin. Generell kann gesagt werden, daß mit zunehmender Ozondosis der Abbau zwar wirksamer verläuft, aber die Abbaueffizienz im Vergleich zu Atrazin geringer ist.

Diese Betrachtung zeigt, daß bei Pestiziden die Grenzwerteinhaltung entscheidend davon abhängig ist, ob man den TVO-Grenzwert als Beurteilungsmaßstab auf die Einzelsubstanz oder die Summe des Pestizids und dessen Metaboliten bezieht. Der letztgenannte Fall wird in Abbildung 3-10 illustriert, aus der die entsprechenden Summenkonzentrationen sowie der Summengrenzwert von 0,5 µg/l hervorgehen. Danach wird die zulässige Höchstkonzentration unterschritten, sobald Ozon eingespeist wird.

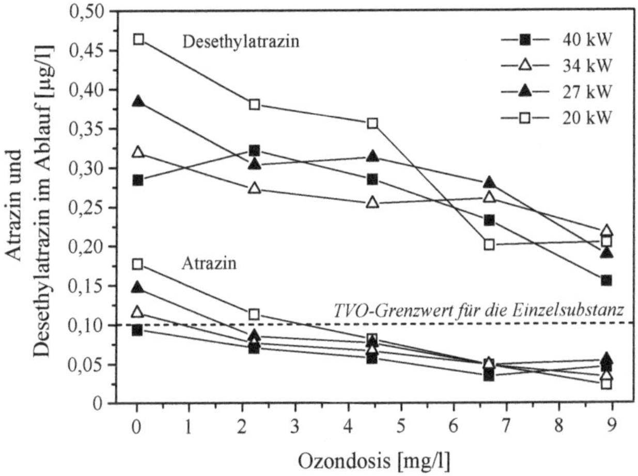

Abbildung 3-9: Konzentration von Atrazin und Desethylatrazin im Ablaufwasser der Großanlage in Abhängigkeit von den Betriebsparametern ([Atrazin]$_o$ = 0,28 µg/l ± 0,02 µg/l; [Desethylatrazin]$_o$ = 0,60 µg/l ± 0,04 µg/l).

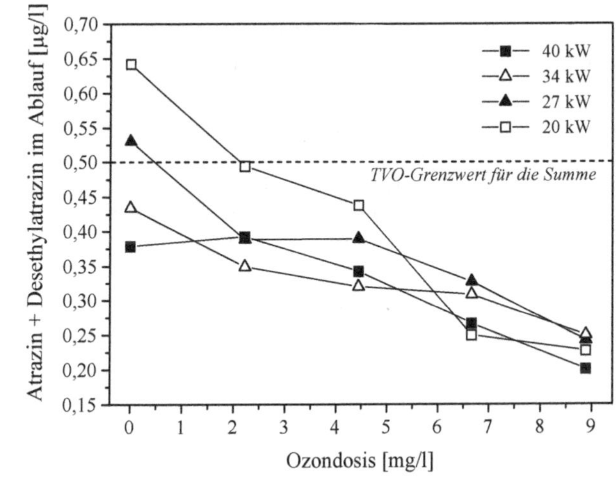

Abbildung 3-10: Summenkonzentration von Atrazin und Desethylatrazin im Ablaufwasser der Großanlage in Abhängigkeit von den Betriebsparametern (Angaben s. Abbildung 3-9).

Die Bestimmung der Betriebskennlinien für die Triazine Atrazin und Desethylatrazin erfolgt in einer zu Nitrit analogen Weise durch Aufstellen einer empirischen mathematischen Funktion, welche die Konzentration des Pestizids P in Abhängigkeit von der Ozondosis Q und Strahlerleistung I phänomenologisch beschreibt. In Anlehnung an Abbildung 3-9 kann eine Linearität zwischen der normierten Konzentration $[P]/[P_o]$ und dem Parameter Q zugrunde gelegt werden, wenn die UV-Leistung jeweils konstant gehalten wird. Dabei sind die Parameter $\alpha(I)$ und $\beta(I)$ in l/mg Funktionen der Strahlungsleistung I:

$$\frac{[P]}{[P]_o} = \alpha(I) + \beta(I)\,Q \qquad \text{(Gl. 3-11)}$$

Während $\alpha(I)$ als Achsenabschnitt der Geradengleichung die normierte Pestizidkonzentration im Ablauf für den reinen UV-Abbau darstellt, drückt $\beta(I)$ als Geradensteigung mit $\beta(I) < 0$ den durch Ozon zusätzlich eintretenden Abbau aus und entspricht damit der Abbaurate bezogen auf den Ozoneintrag. Die Größen $\alpha(I)$ bzw. $\beta(I)$ unterliegen keiner linearen Gesetzmäßigkeit und werden durch Polynomfunktionen zweiten bzw. dritten Grades angenähert. Übereinstimmend mit dem beobachteten schnelleren Abbau von Atrazin ergibt sich, daß das Konzentrationsverhältnis $\alpha(I)$ für Desethylatrazin größer ist. Mit zunehmender Strahlungsintensität wird der Wert für $\alpha(I)$ sowohl für Atrazin als auch für Desethylatrazin kleiner. Entsprechend den experimentellen Ergebnissen werden im Kombinationsverfahren ($Q > 0$) die Konzentrationsverhältnisse $[P]_A/[P]_{A,o}$ noch weiter erniedrigt. Hierbei macht sich offenbar der bereits erwähnte innere Filtereffekt des Ozons bemerkbar, da mit Zunahme der Ozondosis die Abbaukinetik langsamer wird.

Die Bilanzlinien für Atrazin und Desethylatrazin erhält man schließlich mit den jeweiligen Ausgangskonzentrationen $[P]_o$ (0,28 µg/l Atrazin bzw. 0,6 µg/l Desethylatrazin) unter Einbeziehung des auf die Einzelsubstanz bezogenen Grenzwertes $\gamma_P = 0{,}1$ µg/l durch Auflösen der Gleichung X nach Q, Einsetzen von $\gamma_P/[P]_o$ und Substitution von $\alpha(I)$ bzw. $\beta(I)$ durch die entsprechende Polynomfunktion. Die resultierenden, recht komplexen Funktionen dienen zur Berechnung von Funktionswerten der Betriebskennlinien, die letztlich mittels einfacherer empirischer Polynomfunktionen durch Kurvenanpassung wiedergegeben werden können. Die gleiche Vorgehensweise wurde herangezogen, um basierend auf dem Summengrenzwert von 0,5 µg/l die Betriebskennlinie für die Summe aus Atrazin und Desethlyatrazin abzuleiten. Insgesamt lassen sich folgende drei Betriebskennlinien angeben (I in kW und Q in mg/l), die in Abbildung 3-11 graphisch aufgetragen sind:

$$Q_{Atrazin} = 8{,}06 \cdot 10^{-5}\, I^3 - 0{,}023\, I^2 + 0{,}951\, I - 7{,}09 \qquad \text{(Gl. 3-12)}$$

$$Q_{Desethylatrazin} = 5{,}12 \cdot 10^{-4}\, I^3 - 0{,}0643\, I^2 + 2{,}453\, I - 14{,}91 \qquad \text{(Gl. 3-13)}$$

$$Q_{Summe} = 6{,}91 \cdot 10^{-4}\, I^3 - 0{,}0696\, I^2 + 1{,}89\, I - 12{,}6 \qquad \text{(Gl. 3-14)}$$

Legt man den Grenzwert für die Einzelsubstanz zugrunde, ergeben sich nur für Atrazin oberhalb der entsprechenden Kennlinie zahlreiche Verfahrenseinstellungen, mit denen ein hinreichender Abbau möglich ist. Im Gegensatz hierzu kann die Kennlinie für Desethylatrazin nicht experimentell belegt werden, da sie in Bezug auf die maximale Leistung des Ozonerzeugers außerhalb des tatsächlichen Funktionsbereiches verläuft. Somit stellen auch die möglicherweise akzeptablen Betriebseinstellungen extrapolierte Werte dar, die nur für den Fall gültig sind, daß derart hohe Ozonkonzentrationen keinen limitierenden Einfluß auf die Abbaurate haben. Nach dem bisher Gesagten macht sich aber gerade dieser Effekt mit zunehmender Ozondosis stärker bemerkbar. Geht man jedoch vom summarischen Grenzwert aus und betrachtet Desethylatrazin nicht als Einzelsubstanz, sondern berücksichtigt die Summe der beiden Triazine, ist die Mehrzahl aller Betriebsbedingungen vertretbar, sofern die Strahlerleistungen sowie die Ozoneinträge nicht zu klein sind.

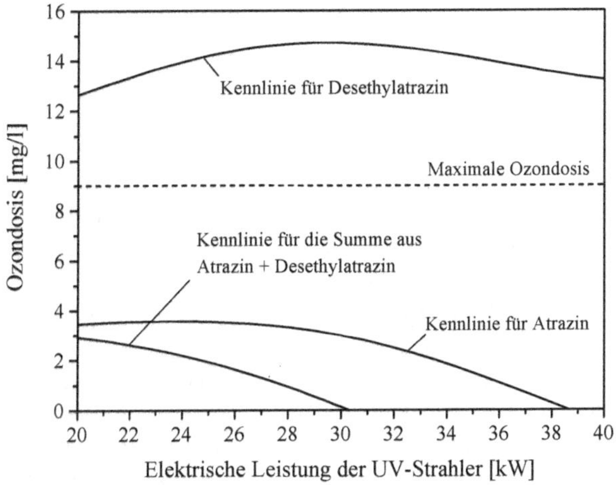

Abbildung 3-11: Betriebskennlinien der Großanlage für Desethylatrazin, Atrazin und für die Summe der beiden Triazine.

3.3 Gesamtbeurteilung der Großanlage

3.3.1 Betriebsdiagramme

Allgemein gesagt ist ein optimaler Anlagenbetrieb dadurch gekennzeichnet, daß bei ökonomisch akzeptablen Betriebszuständen Grenzwertüberschreitungen ausgeschlossen sind. Darüber hinaus muß aber auch eine stabile Betriebsführung garantiert werden, d.h. die Betriebszustände sind so zu wählen, daß trotz systembedingter Schwankungen der Prozeßgrößen die Einhaltung der Grenzwerte gewährleistet ist. Die bisherigen Ergebnisse haben gezeigt, daß vor allem Wasserstoffperoxid infolge der Grenzwertüberschreitung den gesamten UV/Ozon-Prozeß limitiert. Da man davon ausgehen kann, daß sich die Bildung von Wasserstoffperoxid durch Optimierung der Betriebsführung reduzieren läßt, soll für die Gesamtbeurteilung der Großanlage die Nitritproblematik ausschlaggebend sein. Die Bildung von Nitritionen ist bei polychromatischer Strahlung grundsätzlich für alle UV-Technologien in Betracht zu ziehen. Aber auch monochromatische Bestrahlung kann zur Nitritbildung führen, sofern die Strahleremission im Bereich der Absorptionsbande des Nitrations liegt. Dies ist beispielsweise für die KrCl-Excimerstrahlung der Fall. Bei der Kombination des UV-Prozesses mit Oxidationsmitteln verliert die Gefährdung durch gebildetes Nitrit an Bedeutung, und zwar umso mehr, je effektiver die Oxidation zu Nitrat aus kinetischer Sicht verläuft. Da die Oxidation von Nitrit durch Ozon im Vergleich zu anderen Oxidationsmitteln sehr rasch ist (H_2O_2 unterliegt beispielsweise einer kinetischen Kontrolle) und im diskutierten Fall hohe Ozoneinträge vorliegen, sind die folgenden Betrachtungen als optimistisch zu bewerten, zumal bei zweckmäßigeren Verfahrensvarianten der Ozoneintrag geringer ist und die Gefährdung durch Nitrit eine noch größere Rolle spielt. Für diesen Fall sollen die folgenden Ausführungen beispielhaft zeigen, wie sich Betriebsdiagramme aufstellen, interpretieren und nutzen lassen.

Das Betriebsdiagramm der Großanlage ergibt sich nach den bisherigen Ausführungen aus der Betriebskennlinie für Nitrit und der Kennlinie für die Summe aus Atrazin und Desethylatrazin. Dabei stützen sich die Betrachtungen auf den Summengrenzwert von 0,5 µg/l. Das Resultat illustriert Abbildung 3-12, in dem die Betriebsparameter als prozentuale Angaben auf die jeweils maximale Einstellung bezogen sind. Neben der Summenkennlinie zeigt Abbildung 3-12 auch die Kennlinie für Atrazin, die dann herangezogen werden müßte, wenn man zur Beurteilung des Verfahrens den Grenzwert für die Einzelsubstanz zugrunde legen würde. Unter den gemachten Annahmen ist ein Abbau von Atrazin bei allen einstellbaren UV-Leistungen möglich, sofern der Ozongenerator mindestens mit etwa 26 % der Maximalleistung betrieben wird. Allerdings muß die UV-Leistung angesichts der Einhaltung des Nitritgrenzwertes kleiner als der Maximalwert sein, so daß letztendlich die innerhalb des markierten Bereiches liegenden Verfahrenseinstellungen zu wählen sind, um die genannten Kriterien zu erfüllen. Angesichts einer stabilen Prozeßführung sind mittlere Ozondosiswerte bei vergleichbar geringen UV-Leistungen zu bevorzugen, da sich betriebliche Instabilitäten bei Einstellungen im unmittelbaren Bereich von Kennlinien nicht ausgleichen lassen. So muß bei einer Verfahrenseinstellung innerhalb instabiler Betriebsbereiche einerseits damit gerechnet werden, daß eine Verringerung der Ozondosis (ΔQ) eine Überschreitung des Summengrenzwertes für Triazine zur Folge hat. Andererseits kann eine unkontrollierte Zunahme der Strahlungsintensität (ΔP) eine zu hohe Nitritbelastung mit sich bringen. Innerhalb stabiler Betriebsbereiche, also bei UV-Leistungen von etwa 55 - 65 % und Ozondosiswerten von etwa 50 - 80 % führen derartige Schwankungen nicht zur Einschränkung des Anlagenbetriebes. Auch aus ökonomischen Gesichtspunkten sind hohe Ozoneinträge sowie große Strahlungsleistungen eher ungünstig.

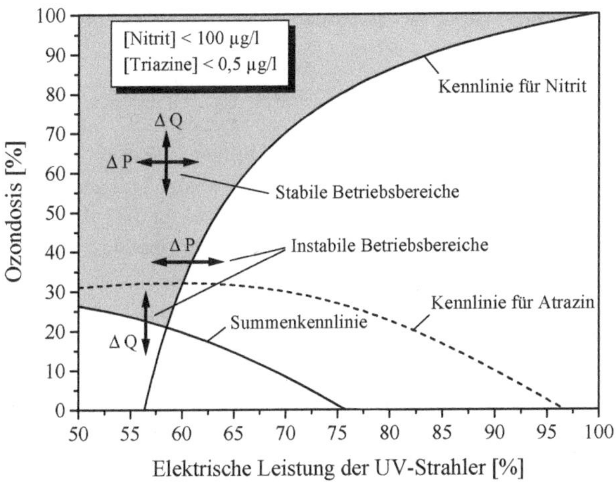

Abbildung 3-12: Betriebsdiagramm der Großanlage unter Berücksichtigung von Nitrit sowie Atrazin bzw. Desethylatrazin und Angabe des aus ökologischen Gründen vertretbaren Betriebsbereiches für den Fall, daß für die Triazine der Summengrenzwert von 0,5 µg/l zugrunde gelegt wird (hellgraue Fläche).

3.3.2 Kostennutzungsrechnung

Das Betriebsdiagramm läßt den Schluß zu, daß der Großteil der zur Verfügung stehenden Verfahrenseinstellungen nicht sinnvoll genutzt werden kann, d.h. ein akzeptabler Einsatz des Kombinationsverfahrens ist zwar prinzipiell möglich, aber die technologische Ausführung muß als überdimensioniert angesehen werden. Der theoretische Nutzungsgrad η_{th} der Großanlage entspricht nach der hier eingeführten und bereits erwähnten Definition dem Flächenverhältnis aus schraffiertem zu unschraffiertem Betriebsbereich und berechnet sich nach Abbildung 3-12 zu etwa 31 %. Demnach werden bei 69 % aller einstellbaren Betriebszustände entweder der Summengrenzwert für die Triazine, der Grenzwert für Nitrit oder beide Grenzwerte überschritten. In der Praxis ist aus ökonomischen Gründen der effektive Nutzungsgrad $\eta_{eff} < \eta_{th}$ relevant, da mit ansteigender Ozondosis und größer werdender Strahlerleistung erwartungsgemäß die Kosten für den Anlagenbetrieb zunehmen. Daher müssen aus betriebstechnischer und betriebswirtschaftlicher Sicht die vertretbaren Betriebszustände und gegebenenfalls ein optimaler Betriebspunkt ermittelt werden. Dies läßt sich mit dem Betriebsdiagramm auf einfache Weise graphisch lösen und soll anhand der Abbildung 3-13 kurz erläutert werden. Wie aus den Abbildungen hervorgeht, entspricht die prozentuale Ozondosis gleich der Auslastung des Ozonerzeugers, während die Auslastung der UV-Strahler bei der kleinsten einstellbaren Strahlerleistung, nämlich bei 20 kW bzw. 50 %, definitionsgemäß Null ist. Die Kostenabschätzung basiert auf einer zur Literatur analogen Vorgehensweise (Leitzke 1992).

Bei gegebenem Ozoneintrag ist die Strahlerleistung des zugehörigen stabilen Betriebszustandes gleich dem arithmetischen Mittel aus dem jeweiligen Abszissenwert der Kennlinie für Nitrit und der niedrigsten einstellbaren UV-Leistung. Mit dieser Definition werden gleich große Schwankungen der UV-Intensität sowohl in positiver als auch negativer Richtung berücksichtigt. Die resultierenden Werte sind in Abbildung 3-13 durch die hervorgehobene durchgezogene Linie gekennzeichnet. Der gestrichelte Abschnitt im Bereich kleiner Ozondosiswerte charakterisiert instabile Betriebszustände, wenn man betriebliche Schwankungen im Ozoneintrag annimmt und hierfür das eingezeichnete Sicherheitsintervall von - 15 % zugrunde legt. Positive Fluktuationen der Ozondosis brauchen hingegen nicht in Erwägung gezogen zu werden, da durch solche Störungen Grenzwertüberschreitungen nicht möglich sind. Ungeachtet ökonomischer Gesichtspunkte wird der optimale Betriebspunkt unter der Vorgabe bestimmt, daß die absolute Schwankung der Strahlerleistung maximal ± 4 kW beträgt, dies bedeutet eine relative Änderung von ± 10 %. Für diese Verfahrenseinstellung beträgt die Auslastung der UV-Strahler 20 %, entsprechend einer elektrischen Leistung von 24 kW, während der Ozongenerator zu 70,1 % ausgelastet ist, entsprechend einer applizierten Ozonmenge von 7,8 mg/l. Bei geringeren Intensitätsschwankungen der UV-Strahler können geringfügig kleinere Strahlerleistungen und damit abnehmende Ozondosiswerte eingestellt werden, und der Anlagenbetrieb läßt sich noch wirtschaftlicher gestalten. Für den kostengünstigsten Betriebspunkt sind die UV-Strahler nur zu 12 %, entsprechend einer Strahlerleistung von 22,4 kW, und der Ozonerzeuger zu 41 % ausgelastet. Ein Anlagenbetrieb mit diesen Parametern ist aber nur möglich, wenn der Ist-Wert der Strahlerleistung nicht mehr als 6 % vom Soll-Wert abweicht.

Die Kostenabschätzung für die Großanlage geht von einer Bilanzierung der Gesamtkosten aus, die sich aus den laufenden Betriebskosten für den Sauerstoff- und Energiebedarf, den Kapitalkosten sowie den Servicekosten für Wartung und Reparatur additiv zusammensetzen. Im Gegensatz zu den Betriebskosten handelt es sich bei den anderen Aufwendungen um Fixkosten, die vom Hersteller vorgegeben sind. Für die folgende Berechnung werden die Servicekosten mit 60000 DM/Jahr veranschlagt, wobei eine Verfügbarkeit von 90 % angenommen wird, entsprechend 7884 Betriebsstunden pro Jahr. Damit belaufen sich die

Servicekosten auf 7,61 DM/h. Die Kapitalkosten ergeben sich bei einem Anschaffungspreis der Anlage von 1,2 MioDM, einer Tilgungsdauer von 10 Jahren bei einem Zinssatz von 9,5 % und einer Annuität von 16 % zu 24,35 DM/h. Für die Fixkosten berechnet sich ein Gesamtbetrag von 31,96 DM/h bzw. 0,457 DM/m^3, sofern die Aufbereitung mit einem Volumenstrom von 70 m^3/h durchgeführt wird. Die laufenden Betriebskosten in DM/m^3 werden mit nachstehender Gleichung aus dem Sauerstoff- sowie dem Stromverbrauch (m^3/h bzw. kW) und dem jeweiligen Preis (0,75 DM/m^3 bzw. 0,25 DM/kWh) berechnet:

$$\text{Betriebskosten} = \frac{O_2\text{-Verbrauch} \cdot \text{Preis} + \text{Stromverbrauch} \cdot \text{Preis}}{\text{Volumenstrom}} \qquad \text{(Gl. 3-15)}$$

Basierend auf dieser Gleichung stellen in Abbildung 3-13 die eingezeichneten Geraden jene Verfahrenseinstellungen dar, die innerhalb des gültigen Betriebsbereiches zu konstanten Betriebskosten führen. Diese sind in DM/m^3 mit einem äquidistanten Abstand von 0,01 DM/m^3 angegeben. Für den fiktiven, aus ökologischer Sicht nicht vertretbaren Fall, daß sowohl der Ozonerzeuger als auch die UV-Strahler vollständig ausgelastet sind, beträgt der stündliche Sauerstoffverbrauch 5 m^3 bzw. der Energieverbrauch 60 kWh (40 kWh für die UV-Strahler + 20 kWh für den Ozonerzeuger), und die Betriebskosten belaufen sich mit $\dot{V}$ = 70 m^3/h auf 18,75 DM/h bzw. 0,268 DM/m^3.

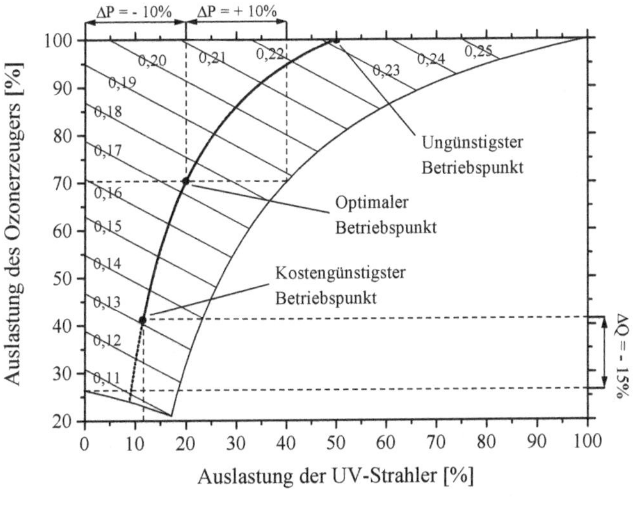

Abbildung 3-13: Graphische Ermittlung des kostengünstigsten, optimalen und ungünstigsten Betriebspunktes der Großanlage unter Zugrundelegung des Betriebsdiagrammes aus Abbildung 3-12 und der laufenden Betriebskosten (eingetragene Zahlenwerte in DM/m^3).

Eine ähnliche Berechnung wurde in einer anderen Arbeit für einen Volumenstrom von 30 m^3/h durchgeführt, wobei sich die Gesamtkosten von 1,62 DM/m^3 aus 0,56 DM/m^3 Betriebskosten und 1,06 DM/m^3 Fixkosten ergaben (Zwiener 1995).

Die Kostenrechnung für ökologisch vertretbare Betriebsführungen stützt sich auf die Annahme, daß der Energieverbrauch des Ozongenerators und der Bestrahlungseinheit linear von den Betriebsparametern abhängig sind. Nach Abbildung 3-13 liegt der ungünstigste Betriebspunkt bei 100 %iger Auslastung des Ozonerzeugers und 50 %iger Auslastung der UV-Strahler vor, so daß für die Betriebskosten ein Wert von 0,2321 DM/m^3 anzugeben ist. Im Vergleich hierzu sind die laufenden Kosten für die wirtschaftlichste Betriebsweise, also für den geringsten Ozoneintrag und die kleinste UV-Leistung, um 43,4 % niedriger und betragen 0,1313 DM/m^3. Bezogen auf den optimalen Betriebspunkt liegen die Betriebskosten um 25,3 % unterhalb des Maximalwertes, also bei 0,1733 DM/m^3. Die Ergebnisse der Kostenrechnung sind in Tabelle 3-4 zusammengefaßt.

Tabelle 3-4: Ergebnisse der Kostenrechnung für die Großanlage unter der Voraussetzunng, daß eine stabile Betriebsweise vorliegt ($\dot{V} = 70\ m^3/h$). Angegeben sind die laufenden Betriebskosten, die Gesamtkosten sowie der entsprechende prozentuale Anteil für die in Abbildung 3-13 gekennzeichneten Betriebspunkte.

Betriebsweise	Laufende Betriebskosten		Gesamtkosten		Anteil
	[DM/h]	[DM/m^3]	[DM/h]	[DM/m^3]	[%]
Ökonomisch am ungünstigsten	16,247	0,232	48,237	0,689	33,68
Ökonomisch am günstigsten	9,191	0,131	41,181	0,588	22,32
Ökonomisch und ökologisch optimal	12,131	0,173	44,121	0,630	27,49

Es zeigt sich, daß die Betriebskosten der hier vorgeschlagenen Verfahrensweisen mit 22 - 34 % zu den Gesamtkosten beitragen und daher die oben berechneten Fixkosten zum größeren Teil die Rentabilität des Aufbereitungsverfahrens bedingen. In Anbetracht der zuvor erläuterten Schlußfolgerung, daß die verwendete Großanlage sowohl hinsichtlich der Ozonproduktion als auch der Strahlungsleistung überdimensioniert ist, sollten sich die Kapitalkosten bei einer anwendungsorientierteren Auslegung erheblich reduzieren lassen. Effektive Maßnahmen zur Kostensenkung betreffen auch die Serviceleistungen, zumal zukünftige Entwicklungen zur Minimierung der Störanfälligkeit beitragen sollten, um letztlich einen stabileren Anlagenbetrieb zu gewährleisten.

3.3.3 Anlagen- und Betriebsoptimierung

Die diskutierten Ergebnisse haben gezeigt, daß nach dem gegenwärtigen Entwicklungsstand aus wirtschaftlichen Gründen und infolge der Grenzwertüberschreitung von Nitrit, Wasserstoffperoxid und Ozon die Trinkwassergewinnung mit dem vorgestellten UV/O_3-Verfahren und der vom Hersteller weitgehend festgelegten Betriebsweise nicht möglich ist. Für einen erfolgreichen Einsatz dieser Aufbereitungstechnologie sind daher praxisgerechte Optimierungsstrategien unabdingbar. Diese betreffen zum einen das technologische Konzept, d.h. herstellerseitig ist eine grundlegende Anlagenoptimierung erforderlich. Zum anderen muß anwenderseitig die Möglichkeit einer standortspezifischen Betriebsoptimierung gegeben sein, was im einzelnen eine Betriebsüberwachung sowie eine stabile, reproduzierbare und gegebenenfalls variable Betriebsführung umfaßt.

Die Forderung nach einer verbesserten Anlagenkonzeption geht davon aus, daß erstens die Photolyse von Ozon in der Bestrahlungseinheit möglichst vollständig verlaufen muß, wodurch eine effektive Bildung reaktiver OH-Radikale gewährleistet ist. Zweitens sollte die Radikalkonzentration im Reaktor entlang der Strömungsrichtung möglichst konstant sein, um an jedem Ort gleichbleibende Oxidationsbedingungen zu schaffen. Gleichzeitig ist es erstrebenswert, die Bildung von Wasserstoffperoxid zu unterdrücken oder dessen Dissoziation zu beschleunigen. Hierfür werden folgende Schritte vorgeschlagen:

i. Die Einspeisung des mit Ozon beladenen Wassers in das Rohwasser sollte derart gestaltet sein, daß vor dem Eintritt in den UV-Reaktor ein vollständiges Abreagieren aller ozonzehrenden Verbindungen möglich ist. Insbesondere für Wässer mit hohen Schadstoffkonzentrationen bzw. DOC-Gehalten, die in der Regel große Verweilzeiten erfordern, bietet sich ein separater Reaktionskessel an.

ii. Der UV-Reaktor selbst sollte mit mehreren aufeinanderfolgenden Dosierstellen ausgerüstet sein. Dadurch könnte man sich dem idealen steady-state-Zustand annähern, d.h. die pro Zeiteinheit abreagierten OH-Radikale können durch Zudosieren von Ozon wieder nachgeliefert werden. Hiermit wird eine Überdimensionierung weitgehend ausgeschlossen, da man den Gehalt an überschüssigem Ozon, der in das Ablaufwasser gelangt, minimiert.

iii. Außerdem muß für die Einhaltung konstanter Bedingungen die Regelung der UV-Leistung verbessert werden, da vor allem im unteren Leistungsbereich und damit bei ökonomischen Betriebszuständen z.T. erhebliche Schwankungen beobachtet worden sind.

iv. Eine zusätzliche Dosierstelle unmittelbar nach dem UV-Reaktor dient schließlich zur Verringerung des Restozon- bzw. des Wasserstoffperoxidgehaltes.

v. Als weitere Maßnahme ist die Implementierung von Aufbereitungsstufen für die Oxidation von Nitrit, die Reduktion von Restozon bzw. die Entfernung von Wasserstoffperoxid zu nennen.

Die nach obigen Kriterien ausgerüstete und betriebsfertige Anlage muß schließlich in der Praxis durch optimale Betriebsführung den gestellten Anforderungen so angepaßt werden, daß langfristig gesehen ein gegenüber Schwankungen der Prozeßgrößen und Änderungen der Rohwasserzusammensetzung robuster Anlagenbetrieb möglich ist. Wie in den vorherigen Abschnitten gezeigt wurde, lassen sich gerade mit Hilfe von Betriebsdiagrammen grundlegende verfahrenstechnische Problemstellungen auf sehr anschauliche Weise beurteilen, wie der Einfluß von Störungen auf die Nebenproduktbildung, die Bedingungen für eine möglichst große Stabilität des Anlagenbetriebes unter Berücksichtigung von Grenzwerten oder der Nutzungsgrad des Prozesses. In diesem Zusammenhang muß betont werden, daß sich das Erstellen von Betriebsdiagrammen nicht nur, wie im vorliegenden Fall, auf die Auswertung von Konzentrationsmessungen für UV/Ozon-Anlagen beschränkt. Vielmehr hat die Vorgehensweise exemplarischen Charakter, da sie prinzipiell auf jeden Anlagentyp und andere chemische sowie physikalische Prozeßparameter übertragbar und z.B. auch für die Messung des AOX- oder TOC-Gehaltes bzw. der optischen Dichte relevant ist. Auf dieser Grundlage ließe sich eine Betriebsüberwachung durchführen, die mit der Etablierung sensorischer Systeme kontinuierlich sowie automatisch gestaltet werden kann. Außerdem ist hiermit eine zielgerichtete Prozeßregelung denkbar, die im einzelnen folgende Verfahrensgrößen betrifft:

i. Nach den eingangs gemachten Ausführungen muß die Ozonkonzentration sowohl vor bzw. nach der Bestrahlungseinheit als auch im UV-Reaktor sensorisch überwacht werden.

ii. Besonders elementar ist die kontinuierliche Messung der UV-Lichtintensität im kurzwelligen Spektralgebiet, da die Abnahme des Strahlungsflusses mit zunehmendem Alter der UV-Strahler durch Nachregelung der elektrischen Leistung kompensiert werden muß. Entsprechend der im Kapitel IV.4 entwickelten Meßmethode ist die chemischen Aktinometrie zu bevorzugen, da physikalisch aktinometrische Verfahren in der Regel eine unzureichende Langzeitstabilität aufweisen.

iii. Für die Beurteilung des aufbereiteten Wassers ist es erstrebenswert, auch die betreffenden physikalisch-chemischen Parameter on-line und in-situ zu verfolgen. Dieser technologische Schritt entspricht aber ausschließlich einer zusätzlichen Kontrollfunktion, da Grenzwertüberschreitungen durch die in Punkt 1 und Punkt 2 erwähnten Maßnahmen zur Prozeßregelung ausgeschlossen sein sollten.

4 Chemische Aktinometrie polychromatischer UV-Strahlung

4.1 Flüssigfilter in der polychromatischen Aktinometrie

Auf die Aktinometrie als Verfahren zur Bestimmung von Lichtintensitäten wurde bereits in Kapitel II.1.3 ausführlich hingewiesen und die Vorteile der chemischen Aktinometrie gegenüber physikalischen Verfahren erwähnt. Für die Praxis photooxidativer Aufbereitungsverfahren hat die chemische Aktinometrie sehr große Bedeutung, da die Bestrahlungsstärke als absolute Größe ein wichtiger Betriebsparameter ist. Im wesentlichen lassen bei Kenntnis der Bestrahlungsstärke folgende Fragestellungen explizit behandeln:

i. Übertragbarkeit der in unabhängigen Untersuchungen, z.B. durch Laserbestrahlungsexperimente, bestimmten photokinetischen Größen wie Quantenausbeuten und Geschwindigkeitskonstanten auf praxisrelevante Bedingungen.

ii. Beschreibung von Abbaureaktionen in beliebigen Photoreaktoren mit dem Ziel der Verfahrensoptimierung, d.h. Festlegung optimaler Geometrien und hydrodynamischer Randbedingungen.

iii. Betriebsüberwachung von Wasseraufbereitungsverfahren.

Die Polychromasie der üblicherweise eingesetzten UV-Strahlung erweist sich jedoch für jede Art der Aktinometrie als sehr problematisch, da ein wellenlängenunabhängiges Vermessen von Spektralgebieten nicht möglich ist. Die Anforderungen an ein solches Meßprinzip nehmen dabei mit abnehmender Wellenlänge zu, da im Gegensatz zum UV-A- oder UV-B-Bereich, deren Spektrallinien noch weitgehend aufgelöst sind, im UV-C-Bereich eine quasi-kontinuierliche Emission vorliegt.

Für die chemische Aktinometrie des in der Pilotanlage eingesetzten Hg-Mitteldruckstrahlers (vgl. Kapitel VII.5.1, Abbildung 5-3) wird im folgenden ein praktikables Meßprinzip vorgeschlagen. Die Vorgehensweise soll zunächst in allgemeiner Form erläutert werden, um sie auch für zukünftige Messungen mit anderen als dem verwendeten Aktinometer heranziehen zu können. Eine gewisse theoretische Abhandlung läßt sich daher nicht vermeiden. Im Rahmen der Auswertung wird auf allgemeine Zusammenhänge zurückgegriffen, ohne sie näher zu erläutern. Mathematische Betrachtungen beschränken sich auf den Auswertungsalgorithmus, sofern dieser auf eigenen Ableitungen basiert.

4.1.1 Bedeutung von Flüssigfiltern

Die vorgestellte Methode zur Messung der Lichtintensität polychromatischer UV-Strahler beruht auf der spezifischen Selektion ausgewählter Emissionsbereiche des verwendeten UV-Strahlers mit Hilfe selektiv lichtdurchlässiger Salzlösungen und Bestimmung des nicht absorbierten Photonenflusses mit herkömmlichen chemischen Aktinometern. Die Transmission dieser Filterlösungen ist durch die Anzahl der Einzelkomponenten, deren Konzentrationen und den wellenlängenabhängigen Extinktionskoeffizienten bestimmt. Dabei werden im allgemeinen folgende Filtereigenschaften angestrebt:

i. Selektive Transmission ausgewählter Spektralbereiche eines polychromatischen Strahlerspektrums.

ii. Vermeidung von Fremdintensitäten, d.h. möglichst vollständige Unterdrückung derjenigen Emissionslinien, die nicht aktinometrisch vermessen werden sollen.

iii. Photochemische Stabilität.

iv. Keine chemische Reaktion zwischen den Einzelkomponenten.

Das aktinometrische Vermessen der nicht abgeblockten Spektralbereiche des Strahlerspektrums ist generell für alle Reaktorgeometrien durchführbar. Allerdings können die Messungen infolge der notwendigerweise räumlichen Trennung von Filter- und Aktinometerlösung nicht innerhalb des Reaktionsraumes von Photoreaktoren durch *„interne Aktinometrie“* erfolgen, sondern lassen sich nur als Küvettenexperiment außerhalb der Bestrahlungseinheit durch *„externe Aktinometrie“* durchführen. Lediglich mit der Verwendung von Niederdrucklampen, die aufgrund ihrer nahezu monochromatischen Emission den Einsatz von Filterlösungen überflüssig machen oder bei Verwendung von chemischen Aktinometern, die als polychromatische Quantenzähler im Absorptionsbereich der Emissionslinien einsetzbar sind, ist die interne Strahlungsmessung möglich. Letztgenannte Möglichkeit scheitert aber meist an der Existenz solcher Aktinometersysteme oder ist infolge des hohen experimentellen Aufwandes nicht zweckmäßig, wie z.B. beim Hatchard-Parker-Aktinometer (Hatchard und Parker 1956). Die in Tabelle 4-1 gezeigte Gegenüberstellung der internen und externen Aktinometrie verdeutlicht die wesentlichen Vorteile eines extern durchgeführten aktinometrischen Experimentes.

Als einziger Nachteil der externen Aktinometrie ist der Umstand zu nennen, daß die Messung unabhängig von der Geometrie der Bestrahlungsapparatur erfolgt und diese nicht erfaßt werden kann. Allerdings läßt sich mit Hilfe allgemeiner Gesetzmäßigkeiten die vorliegende annulare Strahleranordnung und damit die radialsymmetrische Intensitätsverteilung im Photoreaktor nachträglich berücksichtigen (Roger und Villermaux 1979).

Tabelle 4-1: Vor- und Nachteile der internen und externen Aktinometrie.

Interne Aktinometrie	*Externe* Aktinometrie
Betriebsunterbrechung erforderlich	Messung jederzeit on-line möglich
Reaktorgeometrie wird experimentell berücksichtigt	Reaktorgeometrie muß durch theoretische Gesetzmäßigkeit erfaßt werden
Aktinometer und Flüssigfilter dürfen nicht toxisch sein	Prinzipiell keine Einschränkung hinsichtlich der Toxizität
Große Volumina erforderlich	Kleine Volumina ausreichend
Erheblicher Meßaufwand	Messung einfach durchführbar

Mit der Verwendung von Flüssigfiltern bieten sich für das externe Meßverfahren spezielle Zielsetzungen an, die für den praxisrelevanten Einsatz von UV-Strahlern von großer Bedeutung sind. So kann analog zur UV-Entkeimung auch bei UV-Oxidationsverfahren ein Maß für die „photolytische Wirksamkeit" polychromatischer UV-Strahlung definiert und eine Mindestbestrahlungsdosis angegeben werden. Voraussetzung hierfür ist, daß die Transmission des Filters im Wellenlängenbereich der Schadstoffabsorption liegt. Damit ergibt sich grundsätzlich die Möglichkeit einer zweckmäßigen, bei der Typprüfung von UV-Reaktoren durchzuführenden Kalibrierung von Photosensoren. Dies betreffend müssen nur für den relevanten Spektralbereich polychromatische Quantenzähler zugänglich sein, zumal der gesamte Emissionsbereich von UV-Strahlern mit der Verwendung mehrerer Filterlösungen erfaßbar und so die Möglichkeit einer Intensitätsbilanz gegeben ist.

4.1.2 Chemische Zusammensetzung von Flüssigfiltern

Bei Flüssigfiltern handelt es sich gewöhnlich um wässerige Lösungen von Übergangsmetallverbindungen, wie die Übergangsmetallsalze mineralischer Säuren, z.B. die Chloride oder Sulfate des Eisens, Cobalts, Nickels oder Kupfers, bzw. die Alkali- oder Erdalkalimetallsalze von Komplexanionen, z.B. K_2CrO_4, sowie organische, hauptsächlich aromatische Verbindungen. Derartige Filterlösungen haben den entscheidenden Vorzug, daß durch Änderung der Zusammensetzung und Variation der Einzelkonzentrationen die Transmissionskurve der resultierenden Salzlösung entweder auf einen bestimmten Wellenlängenbereich der Strahleremission oder auf das Absorptionsspektrum des Schadstoffes gezielt abgestimmt werden können. Die Zusammensetzung einiger solcher Salzlösungen geht beispielhaft aus Tabelle 4-2 bzw. Tabelle 4-3 hervor, während Abbildung 4-1 die entsprechenden Transmissionskurven zeigt. Demnach kann man zwischen Bandpaßfiltern (B1 - B6) und Langpaß- bzw. Kantenfiltern (K1 - K6) unterscheiden.

Tabelle 4-2: Chemische Zusammensetzung der als Bandpaßfilter fungierenden Filterlösungen B1 - B6. Die angegebene Molarität bezieht sich auf die jeweilige Stammlösung; die Summe der Volumenanteile einer Filterlösung ist 100 %, entsprechend 100 ml Lösungsmittel.

Komponente	Molarität [mol/l]	Volumenanteile [%] B1	B2	B3	B4	B5	B6
$CoCl_2 \cdot 6H_2O$	2,39	22,22	87,72	—	—	31,04	57,80
$NiCl_2 \cdot 6H_2O$	2,73	33,34	5,84	—	—	—	42,15
$FeCl_3 \cdot 6H_2O$	0,54	—	—	—	—	0,62	—
K_2CrO_4	2,02	—	—	—	—	—	0,05
$CuSO_4 \cdot 5H_2O$	0,81	—	—	57,14	—	—	—
Na-Salicylat	0,16	—	6,44	—	0,30	—	—
Resorcin	0,10	22,22	—	—	—	—	—
H_2O	55,55	22,22	—	42,86	99,70	68,34	—

Tabelle 4-3: Chemische Zusammensetzung der als Langpaßfilter (Kantenfilter) fungierenden Filterlösungen K1 - K6. Erläuterungen s. Tabelle 4-2.

Komponente	Molarität [mol/l]	Volumenanteile [%] K1	K2	K3	K4	K5	K6
$CuSO_4 \cdot 5H_2O$	0,81	0,50	—	—	9,09	—	—
$K_3[Fe(CN)_6]$	0,06	—	—	—	—	—	10,0
KOCN	2,00	—	—	8,84	—	—	—
Na-Salicylat	0,16	—	—	2,66	—	—	—
Resorcin	0,10	9,95	50,0	—	—	—	—
KNO_3	2,70	—	—	—	14,55	50,0	—
HNO_3 (65 %ig)	10,32	—	—	—	—	50,0	—
H_2O	55,55	89,55	50,0	88,50	76,36	—	90,0

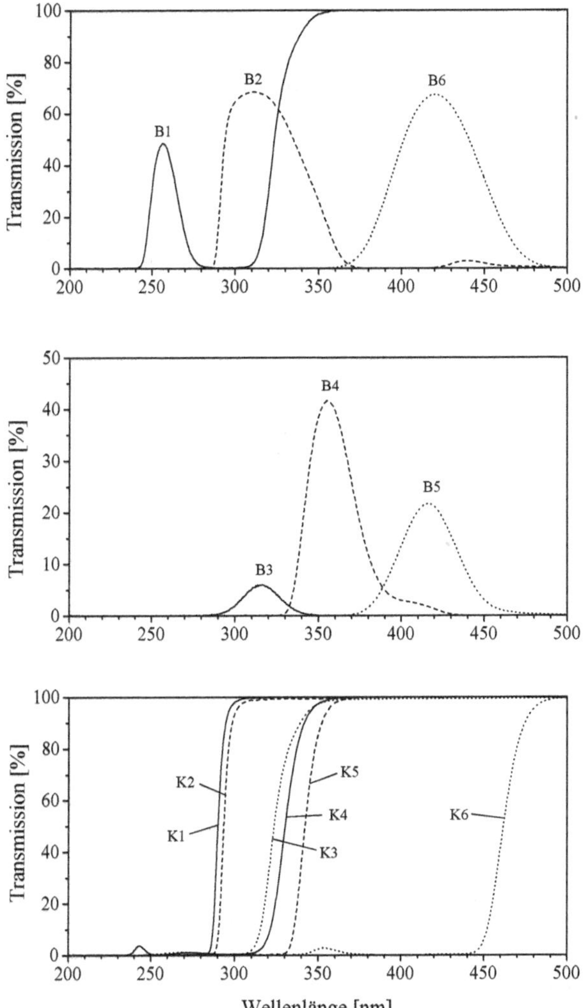

Abbildung 4-1: Transmissionskurven der nach Tabelle 4-2 bzw. Tabelle 4-3 hergestellten Salzlösungen. Entsprechend der spektralen Charakteristik werden Bandpaßfilter (B1 - B6) und Langpaß- bzw. Kantenfilter (K1 - K6) unterschieden.

Gemäß den Angaben in Tabelle 4-2 und Tabelle 4-3 waren die Flüssigfilter entsprechend den jeweiligen Volumenanteilen aus den Stammlösungen erhältlich. Als Lösungsmittel wurde für $CuSO_4 \cdot 5H_2O$ eine wässerige 2 N NH_3-Lösung verwendet, ansonsten bidestilliertes Wasser.

Chemische Dunkelreaktionen zwischen den Einzelkomponenten, insbesondere die Fällung von Salzen, traten nur bei der Verwendung von K_2CrO_4, $CuSO_4$ und $K_3[Fe(CN)_6]$ mit den anderen Cl-haltigen Übergangsmetallsalzen auf, so daß sie nicht als Gemische in einer Küvette eingesetzt werden konnten. Abgesehen von diesen Zusammensetzungen ließen sich alle anderen Filterlösungen vorteilhafterweise in einer einzigen Küvette vermessen. Hinsichtlich der photochemischen Stabilität hat sich in Kontrollmessungen gezeigt, daß die Verbindung Na-Salicylat als einziger Bestandteil photochemisch nicht stabil war und daher bei aktinometrischen Messungen prinzipiell zu unerwünschten Transmissionsänderungen führen kann. Als wesentlich problematischer erwies sich aber die Tatsache, daß aufgrund der zum Teil sehr hohen Konzentrationen der Stammlösungen der Brechungsindex konzentrationsabhängig wurde und somit das Lambert-Beer'sche Gesetz nicht mehr gültig war. In diesen Fällen konnte für eine gewünschte Transmission die molare Zusammensetzung nicht mit der erforderlichen Genauigkeit vorausberechnet werden, sondern war rein experimentell zu bestimmen.

4.1.3 Definitionen und Terminologie für Flüssigfilter

4.1.3.1 Allgemeine Klassifizierung

Jede Salzlösung muß für den Einsatz in der polychromatischen Aktinometrie nach strengen Kriterien auf ihre Eignung als Flüssigfilter hin überprüft werden. Ausgehend von der gemessenen Transmissionskurve der Lösung hängen solche Richtlinien einerseits von der Emissionscharakteristik des betreffenden UV-Strahlers ab und werden andererseits durch die spektralen Eigenschaften des in Frage kommenden Aktinometers bestimmt, z.B. durch die wellenlängenabhängigen Extinktionskoeffizienten und Quantenausbeuten. Für ein geeignetes Meßkonzept zur polychromatischen Aktinometrie müssen diese Größen optimal aufeinander abgestimmt sein. Dies erfordert zunächst eine möglichst allgemeine und konsequente Systematisierung und Klassifizierung von Flüssigfiltern. Auf dieser Grundlage soll letztendlich darüber entschieden werden, ob ein Flüssigfilter den Anforderungen genügt, andere Lösungen zu testen sind, oder wie groß der zu erwartende aktinometrische Meßfehler ist. Die in Abbildung 4-2 am Beispiel der Filterlösungen B2 und K1 für Bandpaß- und Langpaßfilter illustrierte Klassifizierung beruht zunächst auf der Definition einiger allgemeiner Kenndaten. Die Ergebnisse dieser Betrachtungen sind in Tabelle 4-4 für die Bandpaßfilter B1 - B6 bzw. in Tabelle 4-5 für die Kantenfilter K1 - K6 zusammengefaßt.

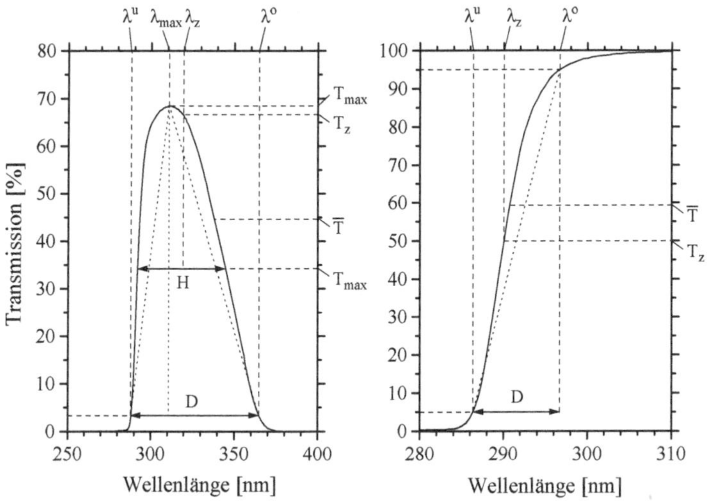

Abbildung 4-2: Transmissionskurve der Filterlösung B2 bzw. K1 zur Erläuterung der Klassifizierung durch allgemeine Kenngrößen.

Somit erfolgt die Kennzeichnung von Bandpaßfiltern durch Angabe der maximalen Transmission T_{max} bei der Spitzenwellenlänge λ_{max} und der Transmission T_z bei der Zentralwellenlänge λ_z, die der Wellenlänge in der Mitte der Halbwertsbreite H (Kurvenbreite bei halbmaximaler Transmission) entspricht. Desweiteren wird für den Durchlaßbereich von Filterlösungen die Durchlaßbreite D definiert. Darunter soll jenes Wellenlängenintervall verstanden werden, für das die Transmission 5 % des Maximalwertes T_{max} übersteigt und durch die hypsochrome Sperrkante λ^u sowie die bathochrome Sperrkante λ^o begrenzt wird. Im Gegensatz hierzu erfolgt die Klassifizierung von Langpaßfiltern anhand der Wellenlängen λ_z, λ^u und λ^o, wobei sich die Größen λ_z auf $T = 0{,}5 \cdot T_{max}$ und λ^o auf $T = 0{,}95 \cdot T_{max}$ beziehen. Für die Kantenfilter beträgt der Wert für T_{max} in den hier aufgeführten Beispielen stets 100 %. Die Durchlaßbreite entspricht wiederum dem Wellenlängenintervall $[\lambda^u, \lambda^o]$, für das nach Abbildung 4-2 die mittlere Transmission $\overline{T}$ angegeben werden kann. Diese berechnet sich als integraler Wert aus den Transmissionen $T(\lambda)$ der jeweiligen Filterlösung und der Durchlaßbreite D:

$$\overline{T}(\lambda) = \frac{1}{D} \int_{\lambda^u}^{\lambda^o} T(\lambda)\, d\lambda \qquad \text{(Gl. 4-1)}$$

Tabelle 4-4: Charakterisierung und Klassifizierung der Filterlösungen B1 - B6 durch allgemeine Kenngrößen.

Kenngröße		B1	B2	B3	B4	B5	B6
λ_{max}	[nm]	256,0	311,0	316,5	356,0	416,0	419,5
T_{max}	[%]	48,4	68,5	5,9	41,6	21,7	67,4
λ_z	[nm]	258,0	318,5	316,5	357,5	416,5	422,0
T_z	[%]	47,6	66,9	5,9	41,2	21,7	67,3
λ^u	[nm]	244,0	288,5	289,5	333,5	378,0	372,0
λ^o	[nm]	277,0	364,5	343,5	412,5	459,5	476,5
H	[nm]	17,5	53,0	25,0	31,5	39,0	57,5
D	[nm]	33,0	76,5	52,5	80,5	82,0	104,5
$\overline{T}$	[%]	26,4	45,9	3,0	17,6	10,9	37,5

Tabelle 4-5: Charakterisierung und Klassifizierung der Filterlösungen K1 - K6 durch allgemeine Kenngrößen.

Kenngröße		K1	K2	K3	K4	K5	K6
λ_z	[nm]	290,0	293,5	323,5	330,0	342,0	461,5
λ^u	[nm]	286,0	290,0	313,0	318,5	334,0	449,5
λ^o	[nm]	297,0	301,0	344,5	346,0	356,0	479,5
D	[nm]	11,0	11,0	31,5	27,5	22,0	30,0
$\overline{T}$	[%]	59,4	63,0	61,1	55,3	59,3	56,6

Im Unterschied zu den in Abbildung 4-1 gezeigten Transmissionskurven ist ein Bandpaßfilter mit idealen Transmissionseigenschaften dadurch gekennzeichnet, daß bei Wellenlängen innerhalb des Durchlaßbereiches die Transmission einen konstanten Wert hat und es gilt $T_{max} = \overline{T}$. Bei $\lambda < \lambda^u$ bzw. $\lambda > \lambda^o$ ist $T = 0$ %, so daß die Durchlaßbreite genau der Halbwertsbreite entspricht. Als Maß für das Abweichen einer gemessenen Transmissionskurve vom idealen Verhalten kann das Verhältnis $\alpha = \overline{T}/T_{max}$ bzw. $\beta = H/D$ angegeben werden. Eine analoge Beurteilung idealer Kantenfilter beruht auf der Bedingung $T = 0$ % für $\lambda < \lambda^u$ bzw. $T =$ konstant für $\lambda > \lambda^o$, und es ergibt sich ebenfalls $T_{max} = \overline{T}$. Entsprechend den Darstellungen in Abbildung 4-2 kann zur Charakterisierung des realen Verhaltens auch die Steigung der zunehmenden bzw. abnehmenden Flanke der Transmissionskurve angegeben werden bzw. eine hierzu proportionale Größe. Definitionsgemäß soll für ein Bandpaßfilter unter der Kenngröße δ_u bzw. δ_o die Steigung jener Geraden verstanden werden, welche durch die Punkte (λ^u; $T(\lambda^u)$) und (λ_{max}; T_{max}) bzw. (λ_{max}; T_{max}) und (λ^o; $T(\lambda^o)$) festgelegt wird. Für ein Langpaßfilter ergibt sich die Kenngröße δ aus den Punkten (λ^u; $T(\lambda^u)$) und (λ^u; $T(\lambda^u)$). Die Zahlenwerte der so definierten Größen sind der Tabelle 4-6 für die Filterlösungen B1 - B6 und K1 - K6 zu entnehmen.

Tabelle 4-6: Kenngrößen zur Beschreibung der Abweichung der gemessenen Transmissionen T(λ) vom Kurvenverlauf eines idealen Filters.

Kenngröße	B1	B2	B3	B4	B5	B6
α	0,54	0,65	0,49	0,41	0,50	0,55
β	0,53	0,70	0,46	0,40	0,48	0,55
δ_u [1/nm]	0,0383	0,0282	0,00035	0,0163	0,0044	0,0131
δ_o [1/nm]	0,0219	0,0119	0,00035	0,0065	0,0038	0,0110
Kenngröße	**K1**	**K2**	**K3**	**K4**	**K5**	**K6**
α	0,60	0,63	0,62	0,56	0,60	0,57
δ [1/nm]	0,0818	0,0818	0,0286	0,0327	0,0409	0,030

Generell gilt, daß mit zunehmendem Betrag von δ_u, δ_o bzw. δ die Filtereigenschaften immer idealer werden. Damit wird auch der Wellenlängenabstand $\Delta\lambda$ kleiner, um den sich zwei Emissionslinien unterscheiden müssen, um von einem Flüssigfilter noch vollständig getrennt zu werden. Gemäß der bisherigen Terminologie kann mit einem Bandpaßfilter eine Emissionslinie der Wellenlänge λ_1 genau dann von einer kurzwelligeren Linie der Wellenlänge λ_2 hinreichend scharf getrennt werden, wenn mit $\Delta\lambda = \lambda_1 - \lambda_2$ folgende Bedingungen erfüllt sind:

$$\Delta\lambda > \lambda_1 - \lambda^u \quad \wedge \quad \lambda^u < \lambda_1 < \lambda^o \qquad \text{(Gl. 4-2)}$$

Für den Fall, daß die kurzwellige Emissionslinie vom langwelligeren Spektralbereich abgetrennt werden soll, muß gelten:

$$\Delta\lambda > \lambda^o - \lambda_2 \quad \wedge \quad \lambda^u < \lambda_2 < \lambda^o \qquad \text{(Gl. 4-3)}$$

In analoger Weise lassen sich auch für Langpaßfilter zur Trennung einer langwelligen Emissionslinie vom kurzwelligeren Spektralbereich derartige Beurteilungskriterien angeben:

$$\Delta\lambda > \lambda_1 - \lambda^u \quad \wedge \quad \lambda_1 > \lambda^o \qquad \text{(Gl. 4-4)}$$

4.1.3.2 Definition spektraler Kenngrößen

Die im vorigen Abschnitt definierten Parameter ergeben sich ausschließlich aus der gemessenen Transmissionskurve T(λ) der Filterlösung. Für den erwähnten hypothetischen Fall, daß ideale Filtereigenschaften vorliegen, reicht die bisherige Klassifizierung zur Auslegung des aktinometrischen Experimentes vollkommen aus, da alle Emissionslinien des UV-Strahlers gleich stark geschwächt werden. Die generell notwendige Korrektur des aktinometrisch erhaltenen Meßwertes bzgl. der Transmission des Filters ist daher eindeutig und kann nachträglich durch Berücksichtigung von T_{max} einfach durchgeführt werden. Im Realfall ist diese Vorgehensweise aufgrund der wellenlängenabhängigen Transmission und der damit verbundenen unterschiedlichen Schwächung der vermessenen Emissionslinien jedoch nicht möglich. Die spektrale Eigenschaft der verwendeten Filterlösung beeinflußt zwar den Gesamtumsatz der Aktinometerreaktion, allerdings geht dabei die spektrale Information der Strahlercharakteristik verloren. Diese Problematik macht es erforderlich, im folgenden Kenngrößen zu definieren, die explizit von der relativen Intensitätsverteilung des UV-Strahlers und der Transmissionskurve des Filters abhängig sind. Die relative Strahldichte muß daher vom Lampenhersteller bekannt sein. Dies ist in der Regel auch der Fall, was letztlich eine gezielte Auslegung des aktinometrischen Experimentes ermöglicht.

α) Definition von Meßbereichen

Aus der Überlagerung der Intensitätsverteilung des UV-Strahlers mit der Transmissionskurve des Filters ergeben sich diejenigen Spektrallinien, die entsprechend ihrer relativen Intensität einen mehr oder weniger großen Beitrag zur chemischen Aktinometrie liefern. Hieraus resultiert unter Berücksichtigung der zuvor angesprochenen Transmissionskorrektur folgende Definition:

> ***Der Meßbereich eines Flüssigfilters sei jenes Wellenlängenintervall $\Delta\lambda_m$, innerhalb dessen die Transmissionswerte $T(\lambda_e)$ bei den Wellenlängen λ_e der zu vermessenden Spektrallinien um den Mittelwert T_m mit einer maximal tolerierbaren Schwankungsbreite ΔT streuen und durch die Transmissionsgrenzen $T_u = T_m - \Delta T$ bzw. $T_o = T_m + \Delta T$ festgelegt wird.***

Nach dieser Definition wird die Schwankungsbreite ΔT durch genau zwei Spektrallinien bestimmt, für die die jeweilige Transmission $T(\lambda_e)$ maximal bzw. minimal ist. Es gilt also:

$$\Delta T = \frac{\mathrm{Max}[T(\lambda_e)] - \mathrm{Min}[T(\lambda_e)]}{2} = \frac{T_o - T_u}{2}. \qquad \text{(Gl. 4-5)}$$

Dieser Sachverhalt wird für zwei grundsätzlich unterschiedliche Fälle in Abbildung 4-3 veranschaulicht, wonach der obere Grenzwert T_o des Meßbereiches nicht unbedingt mit der Transmission T_{max} zusammenfallen muß. So können die zu vermessenden Spektrallinien einerseits, gemäß der linken Darstellung in Abbildung 4-3, im Bereich $\lambda_m^u < \lambda_{max} < \lambda_m^o$ liegen, während andererseits, entsprechend der rechten Darstellung, wegen $T_m < T_{max} - \Delta T$ zwei Meßbereiche existieren, und zwar die Intervalle $[\lambda_{m1}^u, \lambda_{m1}^o]$ sowie $[\lambda_{m2}^u, \lambda_{m2}^o]$.

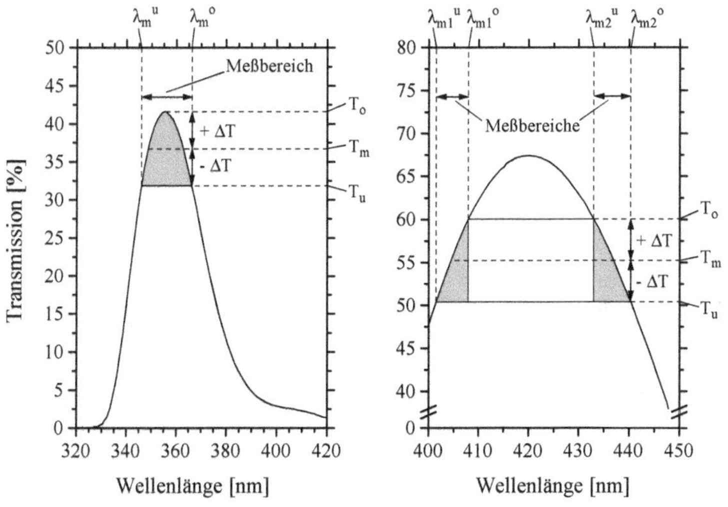

Abbildung 4-3: Bestimmung des Meßbereiches für ein gegebenes tolerierbares Transmissionsintervall $[T_m - \Delta T, T_m + \Delta T]$ anhand des Flüssigfilters B4 (links) bzw. B5 (rechts). Im linken Fall liegen die Emissionslinien im Bereich von λ_{max}, im rechten Fall nicht.

Der hier eingeführte Mittelwert T_m wird schließlich zur Korrektur der aktinometrisch gemessenen Intensität herangezogen, wobei die Schwankung ΔT als Transmissionsfehler das Fehlerintervall der nicht abgeschwächten Strahlerintensität bestimmt. Demzufolge nimmt die Genauigkeit des Meßwertes mit kleiner werdendem ΔT zu. Für den Fall, daß ΔT einen bestimmten Grenzwert nicht überschreiten darf, wird der maximale Meßbereich festgelegt. Dieser ist ausschließlich davon abhängig, inwieweit sich die Filtereigenschaften vom Idealverhalten unterscheiden. Generell gilt bei der Vorgabe von ΔT, daß sich das maximal zulässige Verhältnis $\Delta\lambda_m/D$ mit zunehmend idealen Filtereigenschaften dem Idealwert $\Delta\lambda_m/D = 1$ annähert. Die Wellenlängenintervalle außerhalb der Meßbereiche werden als Sperrbereiche bezeichnet, da in diesen Intervallen Spektrallinien mit genügend hoher Intensität als sog. Falschlichtanteil zu einem falschpositiven oder falschnegativen Intensitätswert führen, sofern das Aktinometer in diesem Bereich absorbiert. Im linken Fall der Abbildung 4-3 liegen zwei Sperrbereiche vor, nämlich für $\lambda < \lambda_m^u$ und $\lambda > \lambda_m^o$, die mit Zunahme der Kantensteilheit und Abnahme der Halbwertsbreite immer kleiner werden, bis schließlich einzelne Linien meßbar sind. Der in Abbildung 4-3 dargestellte rechte Fall weist drei Sperrbereiche auf, und zwar für $\lambda < \lambda_{m1}^u$, $\lambda_{m1}^o < \lambda < \lambda_{m2}^u$ und $\lambda > \lambda_{m2}^o$. Unter diesen Umständen kann eine sinnvolle Messung nur bei auseinanderliegenden, diskreten Emissionslinien erfolgen, also vornehmlich im langwelligen Spektralgebiet.

β) Definition des Falschlichtes

Für die Anwendung der zuvor genannten Definition und Berechnung von T_m und ΔT, bzw. zur Festlegung von Meß- und Sperrbereichen bei einem vorgegebenen Wert für ΔT, ist es zweckmäßig, die Betrachtung nur für sehr intensive Emissionslinien durchzuführen und die meist vorhandene, weniger charakteristische Untergrundemission des Strahlers als Falschlichtanteil in Kauf zu nehmen. Zur Unterscheidung des Falschlichtes vom Meßbereich wird schließlich folgendes Intensitätskriterium definiert:

Eine beliebige Spektrallinie λ wird genau dann für die Messung als relevant gewertet, wenn deren relative Intensität $I_{rel}(\lambda)$ nach Austritt aus der Filterlösung im Verhältnis zur abgeschwächten Gesamtintensität, ausgedrückt durch $S(\lambda)$, einen bestimmten Wert S übersteigt. Im Falle von $S(\lambda) < S$ wird die Spektrallinie λ als Falschlicht betrachtet.

Demnach gilt für den Meßbereich:

$$S(\lambda) = \frac{I_{rel}(\lambda)\, T(\lambda)}{\int_{200}^{500} I_{rel}(\lambda)\, T(\lambda)\, d\lambda} > S \qquad \text{(Gl. 4-6)}$$

Die angegebenen Integrationsgrenzen für die Berechnung der Gesamtspektraldichte sind in den Bereichen des Strahlerspektrums mit $T(\lambda) \approx 0$ so gut wie frei wählbar und entsprechen bei der hier durchgeführten Aktinometrie den Grenzen der betrachteten Intensitätsverteilung. In jedem Falle muß aber gewährleistet sein, daß außerhalb des Integrationsbereiches keine Emissionslinien existieren, die im Absorptionsbereich des Aktinometers liegen und das Meßergebnis verfälschen könnten.

Durch den Vergleich der berechneten Werte $S(\lambda)$ mit dem Grenzwert S wird für ein gegebenes Flüssigfilter der Meßbereich und per definitionem auch T_m sowie ΔT eindeutig festgelegt. Dabei wird einerseits gewährleistet, daß sich der Meßbereich bei kleinem Transmissionsfehler ΔT auf relevante Spektrallinien beschränkt. Andererseits ist der Anteil des Falschlichtes bekannt, mit dem sich das Meßergebnis entsprechend dem Absorptionsverhalten des Aktinometers korrigieren läßt. Grundsätzlich nimmt mit kleiner werdendem Falschlichtanteil aufgrund der Erweiterung des Meßbereiches der Fehler ΔT zu. Werden zur Bestimmung des Meßbereiches alle Spektrallinien in Betracht gezogen, für die $T(\lambda) > 0$ gilt, dann ist der zu berücksichtigende Transmissionsfehler mit $\Delta T = T_{max}/2$ maximal. Diese Grenzwertbetrachtung ist für eine realistische Intensitätsbestimmung jedoch ebenso irrelevant wie ein sehr großer Falschlichtfehler bei verschwindendem Betrag von ΔT.

γ) Definition des Schwächungsgrades g

Ungeachtet der Klassifizierung von Spektrallinien in Meßlicht- und Falschlichtanteile ist es zweckmäßig, Filterlösungen zu unterscheiden, die nach den unter Punkt α) vorgenommenen Begriffsbestimmungen für die polychromatische Aktinometrie gleichermaßen geeignet sind. Zunächst soll für die Abschwächung durch eine Filterlösung nachstehende Definition gelten:

> ***Der Schwächungsgrad g sei die gesamte spektrale Strahldichte ohne Abschwächung im Verhältnis zur gesamten Strahldichte mit Abschwächung.***

Demnach gilt:

$$g = \frac{\int_{200}^{500} I_{rel}(\lambda)\, d\lambda}{\int_{200}^{500} I_{rel}(\lambda)\, T(\lambda)\, d\lambda} \qquad \text{(Gl. 4-7)}$$

Für einen bestimmten UV-Strahler ist bei gleichbleibenden Betriebsbedingungen das Integral im Zähler der obigen Gleichung konstant, so daß der Schwächungsgrad entweder mit abnehmendem Wert für T_{max} oder bei gleichem T_{max} mit zunehmender Schmalbandigkeit größer wird. Während der erste Fall wegen der Einhaltung des Intensitätskriteriums in der Regel mit einem sehr großen Fehler ΔT verbunden ist, zeichnet sich der zweite Fall durch einen vergleichbar niedrigen Transmissionsfehler aus.

δ) Definition der Filtergüte

Das allgemeine Beurteilungskriterium für Flüssigfilter beruht auf der Forderung, daß der Falschlichtanteil im Vergleich zur Intensität der relevanten Spektrallinien des Meßbereiches möglichst klein sein sollte. Daher wird folgende Definition eingeführt:

Die Filtergüte G sei der Meßlichtanteil im Verhältnis zum Falschlichtanteil.

Demnach gilt:

$$G = \frac{\int_{\lambda_m} S(\lambda)\, d\lambda}{\int_{\lambda_f} S(\lambda)\, d\lambda} = \frac{\int_{\lambda_m} I_{rel}(\lambda)\, T(\lambda)\, d\lambda}{\int_{200}^{500} I_{rel}(\lambda)\, T(\lambda)\, d\lambda - \int_{\lambda_m} I_{rel}(\lambda)\, T(\lambda)\, d\lambda}, \qquad \text{(Gl. 4-8)}$$

wobei der Index „m" den Anteil des Spektrums im Meßbereich und der Index „f" den Falschlichtanteil kennzeichnet. Mit Berücksichtigung des Schwächungsgrades g kann die Filtergüte schließlich wie folgt formuliert werden:

$$G = \frac{g \int_{\lambda_m} I_{rel}(\lambda)\, T(\lambda)\, d\lambda}{\int_{200}^{500} I_{rel}(\lambda)\, d\lambda - g \int_{\lambda_m} I_{rel}(\lambda)\, T(\lambda)\, d\lambda} \qquad \text{(Gl. 4-9)}$$

Die fundamentale Bedeutung dieser Gleichung besteht darin, daß die Filtergüte als wichtigstes Kriterium zur Beurteilung der Einsetzbarkeit von Flüssigfiltern im aktinometrischen Experiment die spektralen Eigenschaften der Filterlösungen durch die bisherigen Definitionen ebenso berücksichtigt, wie den Einfluß der Polychromasie des zu vermessenden Spektralbereiches. Bezugnehmend auf die spektralen Filtereigenschaften wird eine hohe Filtergüte bei gegebenem Strahlerspektrum einerseits durch einen hohen Schwächungsgrad und andererseits durch große Meßbereiche bzw. einen großen Meßlichtanteil erreicht. Allerdings nehmen die Meßbereiche realer Filter gewöhnlich mit abnehmendem Schwächungsgrad zu, und es kann die Schlußfolgerung gezogen werden, daß Flüssigfilter umso mehr dem idealen Verhalten entsprechen müssen, je kleiner die Transmission T_{max} ist, d.h. Filterlösungen mit hohen Transmissionswerten sind grundsätzlich zu bevorzugen. Darüber hinaus ergibt sich für die Strahlercharakteristik, daß mit dem Übergang von quasi-kontinuierlichen Spektralbereichen zu diskreten Emissionslinien die Filtergüte erwartungsgemäß größer wird, da der Wert des für λ_m angegebenen Integrals zunimmt. Für den Grenzfall der monochromatischen Emission spielen die Filtereigenschaften schließlich keine Rolle mehr, und es gilt $G = \infty$.

4.1.4 Anwendung der Auswahlkriterien

Auf der Grundlage der bisherigen Betrachtungen können Filterlösungen miteinander verglichen, ihre Eignung für die Aktinometrie beurteilt und die Fehlerbereiche des zu bestimmenden Meßwertes abgeschätzt werden. Zu diesem Zweck wird als Konsequenz der Definitionen α) - δ) das folgende, endgültige Auswahlkriterium gesetzmäßig festgelegt:

Eine hinreichend genaue polychromatische Aktinometrie mit Flüssigfiltern ist genau dann gewährleistet, wenn für $S \leq 5$ % der auf T_{max} normierte Transmissionsfehler $\Delta T' = \Delta T / T_{max}$ einen Wert von etwa 5 % nicht überschreitet, wobei prinzipiell gilt, daß die Meßwertgenauigkeit mit der Filtergüte G zunimmt.

Die Anwendung dieser Bedingung auf die Filterlösungen B1 - B6 beruht unter Berücksichtigung der Gleichung 1-6 zunächst auf der Bestimmung des Meßbereiches bei beliebigen Werten für S und der Berechnung des jeweiligen Transmissionsfehlers ΔT' nach Gleichung 1-5 aus den Kenngrößen T_u und T_o oder T_m , entsprechend der in Abbildung 4-3 eingeführten Terminologie. Aus den so festgelegten Meßbereichen ergibt sich mit T_{max} und der Gleichung 1-8 bzw. 1-9 die Filtergüte G in Abhängigkeit vom Intensitätskriterium S. Die Ergebnisse dieser Berechnung sind in Abbildung 4-4 für $S \leq 10$ % für die untersuchten Bandenfilter B1 - B6 zusammengefaßt.

In Übereinstimmung mit den vorherigen Überlegungen nimmt mit der Abnahme von S der Transmissionsfehler ΔT' entweder zu oder bleibt konstant, da sich der Wert für T_u nur in Richtung kleinerer Transmission bzw. der Wert für T_o in Richtung größerer Transmission ändern kann. Deutlich erkennt man, daß die von S abhängigen Größen ΔT' und G im mathematischen Sinn keine gleichmäßig stetigen Funktionen sind. Ein sprunghafter Anstieg tritt mit der Abnahme von S immer dann auf, wenn nach Gleichung 1-6 mindestens eine zusätzliche Spektrallinie dem Meßbereich zuzurechnen ist. Hierbei kann allgemein gesagt werden, daß die Zunahme besonders drastisch erfolgt, falls es sich um mindestens eine, sehr intensive und diskrete Emissionslinie handelt.

Definitionsgemäß nimmt in dieser Richtung der Falschlichtanteil ab, was mit einer zwangsläufigen Zunahme der Filtergüte G verbunden ist. Bei verschwindendem Falschlichtanteil liegt schließlich der in Abbildung 4-4 nicht eingezeichnete Grenzfall $G = \infty$ vor. Unter diesen Umständen ist für jeden der gezeigten Filter $\Delta T' \approx 50\,\%$, da im gesamten Spektralbereich der Filterlösung für $T(\lambda) > 0$ zahlreiche, wenn auch sehr schwache, Spektrallinien vorhanden sind. Liegt hingegen ein exaktes Linienspektrum ohne Untergrundemission vor, kann der sehr günstige Fall auftreten, daß bei $S \approx 0$ die Bedingung $\Delta T' << 50\,\%$ erfüllt ist.

Wendet man das in diesem Abschnitt definierte Auswahlkriterium schließlich auf die Ergebnisse der Abbildung 4-4 an, scheiden nach den gegenwärtigen Gesichtspunkten die Filter B1, B3 und B5 für die chemische Aktinometrie aus, da der Transmissionsfehler $\Delta T'$ nur bei hohen Falschlichtanteilen klein gehalten werden kann. Würde man dennoch mit einem klassischen chemischen Aktinometer das Strahlerspektrum vermessen, wäre es nicht möglich, die Bestrahlungsstärke, bezogen auf die Oberfläche des UV-Strahlers, hinreichend genau anzugeben, da man die Transmission der Filterlösung mit einem sehr großen Fehler berücksichtigen müßte. Im Gegensatz hierzu liegen bei den Flüssigfiltern B2, B4 und B6 wesentlich günstigere Bedingungen vor, da selbst für ein strenges Intensitätskriterium, ausgedrückt durch einen kleinen Wert für S, der Falschlichtanteil niedrig ist, d.h. der Meßbereich der betreffenden Filterlösung ist für das gegebene Strahlerspektrum bei geringem Transmissionsfehler vergleichsweise groß. In diesem Zusammenhang geht aus Abbildung 4-4 hervor, daß vor allem bei den Filtern B4 und B6 die Untergrundemission des Strahlers keinen großen Einfluß hat, zumal für S ein kleinerer Wert zugrunde gelegt werden kann, als nach der Definition des Auswahlkriteriums gefordert wird. Dies gilt auch für die Filterlösung B2, sofern $S > 2\,\%$ eingehalten wird. Bei kleineren Werten steigt der Transmissionsfehler sprunghaft an, da die Spektrallinie bei 365 nm nicht vollständig unterdrückt werden kann und im aktinometrischen Experiment als Falschlicht zum Meßfehler beiträgt. Bezogen auf das Meßlicht ist jedoch der entsprechende Anteil von 1 % vernachlässigbar gering.

Zusammenfassend kann man sagen, daß die Filterlösungen B2, B4 und B6 dem hier abgeleiteten Auswahlkriterium genügen und damit die grundlegende Voraussetzung für ein hinreichend genaues aktinometrisches Experiment erfüllen. Die eingeführte Terminologie hat den entscheidenden Vorzug, daß bei Kenntnis der relativen Intensitätsverteilung des zu vermessenden Strahlers beliebige Filterlösungen hinsichtlich ihrer Eignung für ein aktinometrisches Experiment miteinander verglichen werden können. Der erforderliche mathematische Aufwand ist für dieses Vorgehen sicherlich nicht limitierend, da eine computerunterstützte Berechnung recht einfach programmiert werden kann. So wurden die Transmissionskurven aller bislang vermessenen Filterlösungen sowie die relative Intensitätsverteilung des Strahlers in einer Datenbank gespeichert, die eine schnelle Beurteilung der Flüssigfilter ermöglichten. Als Resultat wurden die Kenngrößen der Filterlösungen erhalten. Diese sind exemplarisch für die Filter B1 - B6 in Tabelle 4-7 zusammengefaßt. Auf eine ähnlich durchzuführende Betrachtung für die Kantenfilter K1 - K6 wurde verzichtet, da die Beurteilung nach Kapitel IV.4.1.3.1 im allgemeinen ausreichend ist.

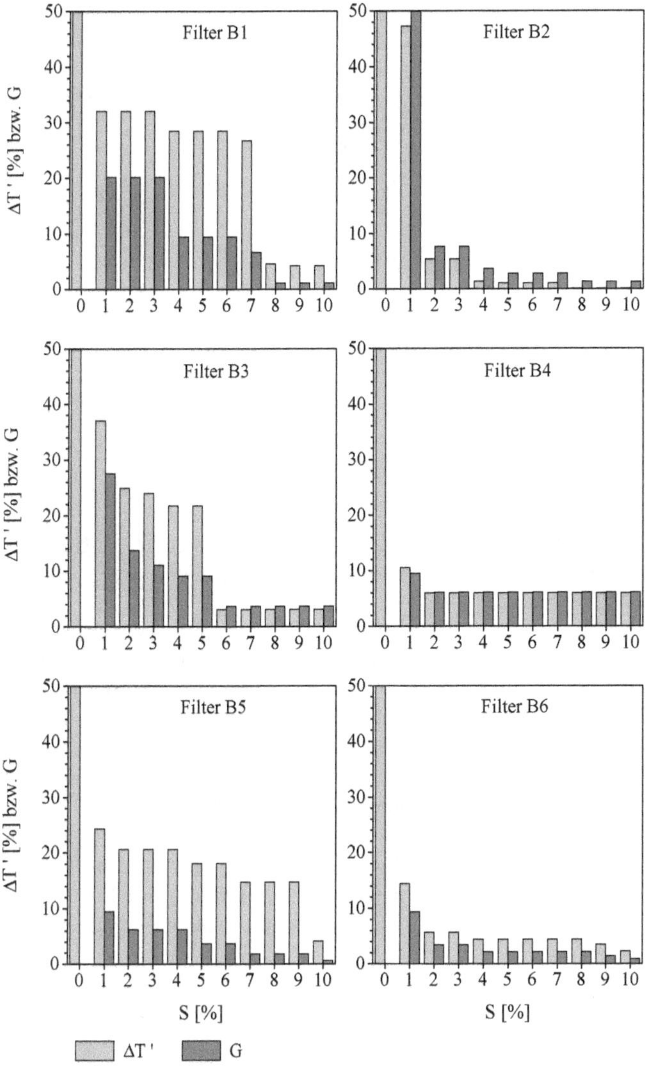

Abbildung 4-4: Veranschaulichung des zu tolerierenden Transmissionsfehlers ΔT' sowie der Filtergüte G in Abhängigkeit vom Intensitätskriterium S für die Flüssigfilter B1 - B6.

Tabelle 4-7: Charakteristische Kenndaten der Flüssigfilter B1 - B6 unter Berücksichtigung des endgültigen Auswahlkriteriums.

Kenngröße		B1*)	B2	B3	B4	B5	B6
S	[%]	7,3	3,0	6,0	1,6	9,7	3,7
T_u	[%]	43,88	60,95	5,52	30,60	15,87	52,96
T_o	[%]	48,43	68,44	5,90	36,43	17,70	60,68
T_m	[%]	46,16	64,70	5,71	33,51	16,79	56,82
ΔT	[%]	2,27	3,75	0,19	2,91	0,92	3,86
$\Delta T'$	[%]	4,67	5,47	3,17	7,02	4,22	5,73
$\lambda^u_{m,1}$	[nm]	253,0	297,0	312,0	345,5	403,0	403,0
$\lambda^o_{m,1}$	[nm]	256,0	311,0	313,5	348,5	405,5	408,5
$\lambda^u_{m,2}$	[nm]	256,0	311,0	317,0	363,0	427,0	432,5
$\lambda^o_{m,2}$	[nm]	260,0	326,5	319,5	367,0	429,5	438,5
g		5,49	4,72	71,46	14,38	55,87	14,18
G		1,19	7,70	3,73	6,61	0,71	3,44

*) Die Angaben beziehen sich auf die Transmission des Filters im UV-C-Bereich.

Bezugnehmend auf Abbildung 4-1 bestätigen die Ergebnisse die eindeutige Bevorzugung der Filterlösung B2 gegenüber B3 für Messungen im UV-B-Bereich sowie der Filterlösung B6 gegenüber B5 für Messungen im violetten Spektralgebiet. Diese Erkenntnis ergibt sich aus den jeweils höheren Werten für die Filtergüte G bei gleichzeitig strengerem Intensitätskriterium S. Wie man Tabelle 4-7 entnehmen kann, wurden die Berechnungen unter der Vorgabe durchgeführt, daß die Transmissionsfehler $\Delta T'$ im Bereich von 5 % liegen. Die exakte Einhaltung eines festgelegten Transmissionsfehlers ist sicherlich nicht möglich, da sich die Kenngrößen S und G gemäß der Interpretation von Abbildung 4-4 sprunghaft ändern. So nehmen die Transmissionsfehler für die Filterlösungen B1, B3 und B5 ausgehend von den tabellierten Daten bei einer Erniedrigung von S um 1 % drastisch auf etwa 20 - 30 % zu.

4.2 Polychromatische Aktinometrie mit dem Azobenzol-Aktinometer

4.2.1 Eigenschaften des Azobenzol-Aktinometers

Nach den Erläuterungen des Kapitels II.5.1 stehen für die chemische Aktinometrie eine Vielzahl unterschiedlicher Reaktionssysteme zur Verfügung, die, bis auf wenige Ausnahmen, nicht als polychromatische Quantenzähler einsetzbar sind. In der Regel ist die integrale Intensitätsmessung über möglichst große Spektralbereiche ohnehin meist nicht von großem Interesse, sondern vielmehr eine Intensitätsbestimmung definierter Spektralbereiche eines polychromatischen Strahlerspektrums. Die Auswahl der Meßintervalle richtet sich im allgemeinen nach der spektralen Lage besonders intensiver Emissionslinien oder danach, welches Spektralgebiet für die betrachtete photochemische Umsetzung relevant ist, d.h. mit den charakteristischen Absorptionsbanden der Reaktionspartner überlappt. Ferner müssen die Meßintervalle durch geeignete Filterlösungen überhaupt zugänglich sein. Unter diesen Gesichtspunkten wurde zur Messung der Strahlungsintensität mit einem chemischen Aktinometer die Photoisomerisierung von Azobenzol gewählt (Gauglitz und Hubig 1981). Gemäß Abbildung 4-5 muß in Abhängigkeit von der Wellenlänge des anregenden Lichtes eine Lösung des reinen *cis*- bzw. *trans*-Isomeren eingesetzt werden.

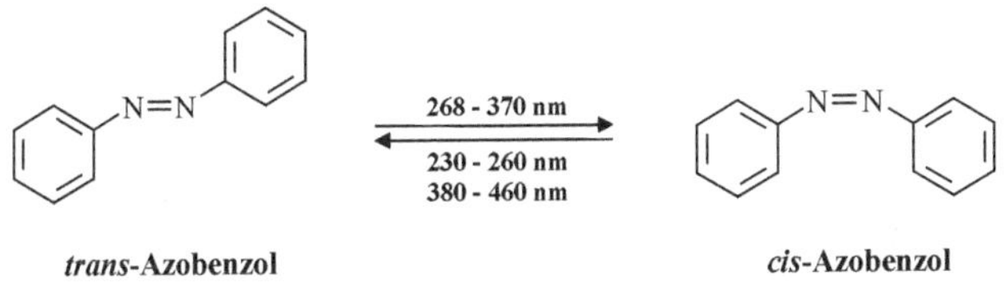

Abbildung 4-5: Photoisomerisierung von Azobenzol.

Im Gegensatz zu anderen Isomerisierungsreaktionen zeichnet sich das Azobenzol-Aktinometer durch eine Reihe vorteilhafter Eigenschaften aus:

i. Der Reaktionsumsatz kann direkt UV-VIS-spektroskopisch verfolgt werden.
ii. Die Reaktion ist reversibel.
iii. Die Reproduzierbarkeit der Messung ist hoch.
iv. Die Reaktion ist unempfindlich gegenüber O_2 bzw. Temperaturschwankungen.
v. Die beiden Isomeren sind verhältnismäßig leicht zugänglich.

Ein wesentlicher Vorteil des Azobenzol-Aktinometers ist, daß sich die Absorption der beiden Isomeren entsprechend den in Abbildung 4-6 dargestellten Extinktionskoeffizienten vom kurzwelligen UV-C- über den UV-B- und den UV-A-Bereich bis hin zum blauen sichtbaren Spektralbereich erstreckt. Somit können mit der Isomerisierungsreaktion im gesamten Spektralgebiet charakteristische Emissionslinien der ebenfalls in Abbildung 4-6 eingezeichneten Intensitätsverteilung ohne Verwendung eines weiteren Aktinometers vermessen werden.

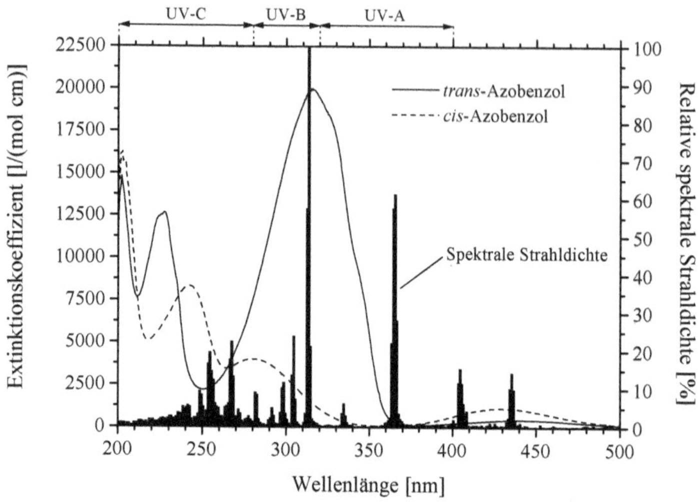

Abbildung 4-6: Molare dekadische Extinktionskoeffizienten von *cis*- und *trans*-Azobenzol in Methanol und Intensitätsverteilung des zu vermessenden UV-Strahlers UVH 4122 mit Angabe des UV-C-, UV-B- und UV-A-Bereiches.

Werden Filterlösungen für die Entkopplung ausgewählter Spektralbereiche verwendet, muß die zusätzliche Voraussetzung strikt erfüllt sein, daß die im Meßbereich des Filters liegenden Emissionslinien mit genau einer einzigen charakteristischen Absorptionsbande des Aktinometers überlappen. Dementsprechend muß die Intensitätsverteilung $I_{rel}(\lambda)T(\lambda)$ nach dem Flüssigfilter mit den oben angegebenen, wellenlängenabhängigen Extinktionskoeffizienten der beiden Isomere verglichen werden. Unter Berücksichtigung dieser Bedingung und den Ergebnissen der Tabelle 4-7 ergibt sich, daß die *trans-cis*-Isomerisierung für Messungen im UV-B- und UV-A-Bereich durch den Einsatz der Filter B2 und B4 ausgenutzt werden kann. Die geringen Extinktionskoeffizienten bei 365 nm sind hierfür nicht limitierend, da das entsprechende Verhältnis $\varepsilon_{trans}/\varepsilon_{cis} \approx 7$ bei großem

Überschuß von *trans*-Azobenzol ausreichend groß ist. Im Gegensatz hierzu kann die *cis-trans*-Isomerisierung eingesetzt werden, um mit dem Filter B6 das violette Spektralgebiet bzw. mit dem Filter B1 den UV-C-Bereich zu vermessen.

4.2.2 Apparatives

Die aktinometrischen Messungen wurden an der in Kapitel VII.5 beschriebenen Pilotanlage durchgeführt. Zur Bestimmung der Strahlungsintensität durch externe Aktinometrie während des Anlagenbetriebes außerhalb des Photoreaktors wurde der in Abbildung 4-7 dargestellte Aufbau konstruiert. Demnach wird das UV-Licht durch einen in die Reaktorwand geschraubten Messingkörper (1) ausgekoppelt, der an der Frontfläche mit einer auswechselbaren Suprasil-Quarzglasscheibe als Sichtfenster (2) ausgestattet ist. Das Licht durchläuft die zur Aufnahme der Filterlösungen dienende Filterküvette (3), trifft auf eine Blende (4) und wird schließlich von der Aktinometersubstanz in der Meßküvette (5) absorbiert, die in einem Küvettenhalter (6) auf einem Magnetrührer (7) fixiert ist.

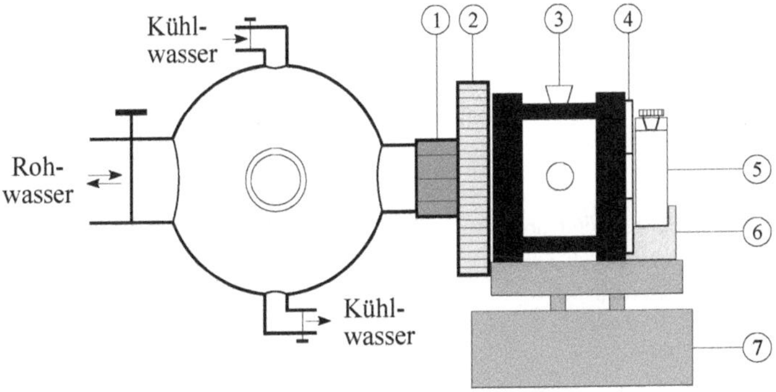

Abbildung 4-7: Aufbau des Experimentes mit Küvettenkonstruktion zur Bestimmung der Bestrahlungsstärke durch externe Aktinometrie (Erläuterungen s. Text).

Die Filterküvetten wurden als Durchflußküvetten konzipiert, um ein Umpumpen der Lösungen zu ermöglichen. Damit konnte gewährleistet werden, daß zumindest während der Meßzeit etwaige Transmissionsänderungen der Flüssigfilter vernachlässigbar waren. Die Küvetten bestehen aus einem Glaszylinder (5 cm Außendurchmesser; 2,5 mm Wandstärke), der mit je 2 Schrauboliven versehen ist. Der Glaszylinder wurde zusammen mit je einem aus Suprasil-Quarzglas bestehenden Eintritts- bzw. Austrittsfenster in eine aus

Aluminium gefertigte demontierbare Halterung eingespannt. Als Dichtungsmaterial wurden 3 mm starke O-Ringe aus Teflon verwendet. Das Küvettenvolumen betrug im einzelnen ca. 43 ml, 89 ml bzw. 170 ml, entsprechend einer Schichtdicke (durchstrahlte Weglänge in der Lösung) von 27 mm, 56 mm bzw. 107 mm. Diese Küvettenkonstruktion erwies sich für die Messungen als sehr vorteilhaft, da durch einfache Änderung der Schichtdicke die Möglichkeit bestand, die dem Aktinometer "angebotene" Strahlungsintensität auf die Bestrahlungsdauer abzustimmen. Dies ist grundsätzlich bei hohen Bestrahlungsstärken und somit bei einer sehr schnellen Kinetik der Aktinometerreaktion sinnvoll, um den zeitlichen Abstand der Meßintervalle zu vergrößern, d.h. den Fehler bei der Zeitmessung zu verringern.

4.2.3 Erläuterungen und Nomenklatur zur Auswertung

Die allgemeinen photokinetischen Gesetzmäßigkeiten, die sich prinzipiell auf die Aktinometrie anwenden lassen, wurden bereits angesprochen, und auf die einschlägige Literatur wurde verwiesen. Für eine reversible einheitliche Photoreaktion, wie die Photoisomerisierung von Azobenzol, gilt nach der Literatur die allgemeingültige Differentialgleichung (Mauser 1974; Gauglitz und Hubig 1984):

$$\frac{da}{dt} = -\frac{db}{dt} = \dot{a} = 1000\, I_o\, (\varphi_1^A\, \varepsilon'_A + \varphi_2^B\, \varepsilon'_B)\, (a_\infty - a)\, \frac{1-10^{-E'}}{E'} . \qquad \text{(Gl. 4-10)}$$

Mit Einführung der Pseudoquantenausbeute $Q = 1000\, (\varphi_1^A \varepsilon'_A + \varphi_2^B \varepsilon'_B)$ und des bereits genannten photokinetischen Faktors $F(E') = E'/(1-10^{E'})$ kann die Gleichung folgendermaßen formuliert werden:

$$\frac{dE}{dt} = \dot{E} = 1000\, I_o\, Q\, (E_\infty - E)\, \frac{1}{F(E')} \qquad \text{(Gl. 4-11)}$$

Hierin bedeuten a und b die Konzentrationen des jeweiligen Isomeren A bzw. B, a_∞ die Konzentration von A im photostationären Zustand, t die Bestrahlungszeit, I_o die Intensität des auf die Küvette mit der Aktinometerlösung auftreffenden Lichtes, φ_1^A bzw. φ_2^B die partiellen Quantenausbeuten der Umwandlung von A nach B bzw. von B nach A, ε'_A bzw. ε'_B die Extinktionskoeffizienten der Stoffe A bzw. B bei der Bestrahlungswellenlänge λ' und E' die Extinktion bei λ'. E_∞ ist die Extinktion E im photostationären Zustand. Ausgehend von obiger Differentialgleichung können unter Berücksichtigung der gewählten Absorptionsbedingung (vollständige oder teilweise Absorption) Näherungen eingeführt werden, die zu vielfältigen Auswertungsgleichungen führen. Allerdings beschränkt sich die Gültigkeit der Gleichungen in jedem Fall auf streng monochromatisches Anregungslicht. Daher bestand ein wesentlicher Teil der aktinometrischen Messung darin, die bekannten Gesetzmäßigkeiten auf einen für polychromatisches Licht gültigen Formalismus zu erweitern. Allerdings muß hierbei in Kauf genommen werden, daß der selbst im monochromatischen Fall schon recht hohe mathematische Aufwand noch weiter ansteigt. Die Entwicklung einer computerunterstützten Auswertung wurde daher zur unumgänglichen Voraussetzung.

Für die Ableitung der erweiterten Auswertungsgleichungen ist es erforderlich, die verwendete Terminologie ausgehend von der eingeführten Kennzeichnung von Flüssigfiltern detailliert zu erläutern, da sie in dieser Arbeit erstmalig verwendet wurde. Bei dieser Nomenklatur bezeichnet der Index i die beiden Isomeren des Azobenzols (i = c: *cis*; i = t: *trans*); k kennzeichnet die Filterlösungen (k = I, II, III, IV und V für B2, B4, B6, B1 und K3) und n ist die Laufzahl für die im Durchlaßbereich eines Filters gelegenen Spektrallinien des UV-Strahlers, n_g ist die Gesamtzahl dieser Linien ($n = 1, 2, \ldots, n_g$). Damit sind folgende Größen für den Auswertealgorithmus festzulegen:

a, b	=	Volumenkonzentration des Isomeren A bzw. B in mol/l
a_∞	=	Endkonzentration des Isomeren A zur Zeit $t \rightarrow \infty$
d	=	Schichtdicke der Meßküvette (Küvette mit der Aktinometerlösung) in cm
$\varepsilon'_A, \varepsilon'_B$	=	Extinktionskoeffizient des Isomeren A bzw. B bei λ' in $l \cdot mol^{-1} \cdot cm^{-1}$
ε'_i	=	Extinktionskoeffizient von i bei λ'
ε_i	=	Extinktionskoeffizient von i bei λ
$\varepsilon'_{i,k}$	=	Extinktionskoeffizient von i bei λ'_k
$\varepsilon'_{i,k,n}$	=	Extinktionskoeffizient von i bei $\lambda'_{k,n}$
$\overline{\varepsilon'}_{i,k}$	=	Durch Gl. (4), (5) bzw. (7) definierte Mittelwerte für $\varepsilon'_{i,k}$ bzw. $\varepsilon'_{i,k,n}$
E'	=	Extinktion bei λ' zur Zeit t
E, E_∞	=	Extinktion bei λ zur Zeit t bzw. $t \rightarrow \infty$
E_k	=	Extinktion E für das Filter k
$E_{k,o}$	=	Extinktion E_k zur Zeit $t = 0$
$E_{k,\infty}$	=	Extinktion E_k zur Zeit $t \rightarrow \infty$
$E_{k,j}, E'_{k,j}$	=	Extinktion E des 1. und 2. Stützpunktes (j = 1, 2) der linearen Interpolation bei λ bzw. λ' für das Filter k bezogen auf das Intervall $[t_1; t_2]$
I_o	=	Intensität des in die Meßküvette eindringenden Lichtes bei streng monochromatischer Bestrahlung in Einstein s^{-1} cm^{-2}

$\tilde{I}_k$	=	Intensität des in die Meßküvette eindringenden Lichtes nach Passieren des Filters k (aktinometrischer Meßwert)
$\tilde{I}_k$	=	Intensität des in die Filterküvette eindringenden Lichtes für das Filter k
$\tilde{I}_k(r)$	=	Strahlerintensität im Abstand r von der Strahlerachse für das Filter k.
$\tilde{I}_{k,o}$	=	Intensität des Strahlers an der Außenwand des Strahlerhüllrohres ($r = r_o$)
I_A, I_B	=	Intensität des von A und B absorbierten Anregungslichtes in Einstein l^{-1} s^{-1}
I'_k	=	Relative oder absolute Intensität der Spektrallinien bei λ'_k
$I'_{k,n}$	=	Relative oder absolute Intensität der Spektrallinien bei $\lambda'_{k,n}$
$I_{i,k,n}$	=	Intensität der von i absorbierten Anteile des Anregungslichtes bei $\lambda'_{k,n}$
λ, λ'	=	Beobachtungs- bzw. Bestrahlungswellenlänge in nm
λ'_k	=	Bestrahlungswellenlänge λ' im Durchlaßbereich des Filters k
$\lambda'_{k,n}$	=	Wellenlänge λ' der Spektrallinie n im Durchlaßbereich des Filters k
$\overline{\lambda'}_k$	=	Durch $\overline{\varepsilon'}_{i,k}$ gewichtete Bestrahlungswellenlänge
λ_k^u	=	Hypsochrome Sperrkante des Durchlaßbereiches
λ_k^o	=	Bathochrome Sperrkante des Durchlaßbereiches
λ_k^*	=	Analoge Definition wie λ_k^o für ein Langpassfilter
μ_x	=	Schwächungskoeffizient des Mediums im Photoreaktor in cm^{-1}
φ_1^A, φ_2^B	=	Partielle Quantenausbeute, bezogen auf die Reaktion A $\rightarrow$ B bzw. B $\rightarrow$ A
$\varphi_{1,k}^t$, $\varphi_{2,k}^c$	=	Partielle Quantenausbeute für den Durchlaßbereich des Filters k, bezogen auf die Reaktion *trans* $\rightarrow$ *cis* bzw. *cis* $\rightarrow$ *trans*
q_k	=	Im folgenden definierte photokinetische Größe des Aktinometers
r	=	Abstand des Eintrittsfensters der Filterküvette zur Strahlerachse in cm
r_o	=	Außenradius des Strahlerhüllrohres in cm
$\sigma_{\tilde{I}}$	=	Standardabweichung der Intensität $\tilde{I}_k$
t	=	Bestrahlungszeit in s
T'_k	=	Transmission des Filters k bei λ'_k in %
$T'_{k,n}$	=	Transmisson des Filters k bei $\lambda'_{k,n}$
$\overline{T'}_k$	=	Im folgenden definierte Mittelwerte für T'_k bzw. $T'_{k,n}$
U	=	Umsatz der Photoreaktion in %
$U_{k,\infty}$	=	Umsatz U zur Zeit t $\rightarrow \infty$ für das Filter k

4.2.4 Anwendung der externen Aktinometrie

4.2.4.1 Teilabsorption für den Spektralbereich λ' > 290 nm

Die Anwendung der Photoisomerisierung von Azobenzol zur externen Aktinometrie ist nur mit dem Einsatz von Flüssigfiltern möglich, welche die Polychromasie des Anregungslichtes auf einen mehr oder weniger schmalen Spektralbereich reduzieren. Geeignete Filterlösungen konnten mit den definierten, allgemeinen Beurteilungskriterien ausgewählt werden. Mit den im vorigen Abschnitt aufgelisteten Größen soll im folgenden auf Besonderheiten der Auswertungsgleichungen eingegangen werden.

Zunächst zeigt Abbildung 4-8 die mit der jeweiligen Transmissionskurve der Filterlösungen B2, B4 und B6 gewichtete Intensitätsverteilung des UV-Strahlers für den Spektralbereich λ' > 290 nm. Man erkennt, daß mit dem Flüssigfilter B4 sogar eine nahezu monochromatische Bestrahlung mit λ' ≈ 365 nm erreicht wird, wenn man von sehr schwachen, dem Falschlicht zuzurechnenden Emissionen absieht. Um auch die anderen, in Abbildung 4-8 dargestellten Meßbereiche der Aktinometrie zugänglich zu machen, sind alle von der Bestrahlungswellenlänge λ' abhängigen photokinetischen Größen des Aktinometers, d.h. die Pseudoquantenausbeute Q, die partiellen Quantenausbeuten φ_1^t bzw. φ_2^c und die Extinktionskoeffizienten ε'_i der beiden Isomeren i, durch entsprechende Mittelwerte zu ersetzen. Hierbei können nach Literaturangaben die Quantenausbeuten $\varphi_{1,k}^t$ bzw. $\varphi_{2,k}^c$ für die Meßintervalle $[\lambda_k^u, \lambda_k^o]$ als weitgehend konstant angesehen werden (Gauglitz und Hubig 1985), und die Quantenausbeuten Q_k lassen sich durch den Mittelwert $\overline{Q}_k$ ersetzen, wenn man die wellenlängenabhängigen Extinktionskoeffizienten $\varepsilon'_{i,k}$ durch einen Mittelwert $\overline{\varepsilon'}_{i,k}$ substituiert:

$$\overline{Q}_k = 1000\,(\varphi_{1,k}^t\,\overline{\varepsilon'}_{t,k} + \varphi_{2,k}^c\,\overline{\varepsilon'}_{c,k}) \qquad \text{(Gl. 4-12)}$$

Ein geeigneter Mittelwert ergibt sich durch Gewichtung der Extinktionskoeffizienten $\varepsilon'_{i,k}$ mit I'_k (Intensität der Spektrallinien bei λ'_k) bzw. T'_k (Transmission des jeweiligen Filters bei λ'_k). Damit erhält man durch Integration über die Bestrahlungswellenlänge mit den Sperrkanten λ_k^u und λ_k^o als Integrationsgrenzen:

$$\overline{\varepsilon'}_{i,k} = \frac{\int_{\lambda_k^u}^{\lambda_k^o} I'_k\,T'_k\,\varepsilon'_{i,k}\,d\lambda'}{\int_{\lambda_k^u}^{\lambda_k^o} I'_k\,T'_k\,d\lambda'} \qquad \text{(Gl. 4-13)}$$

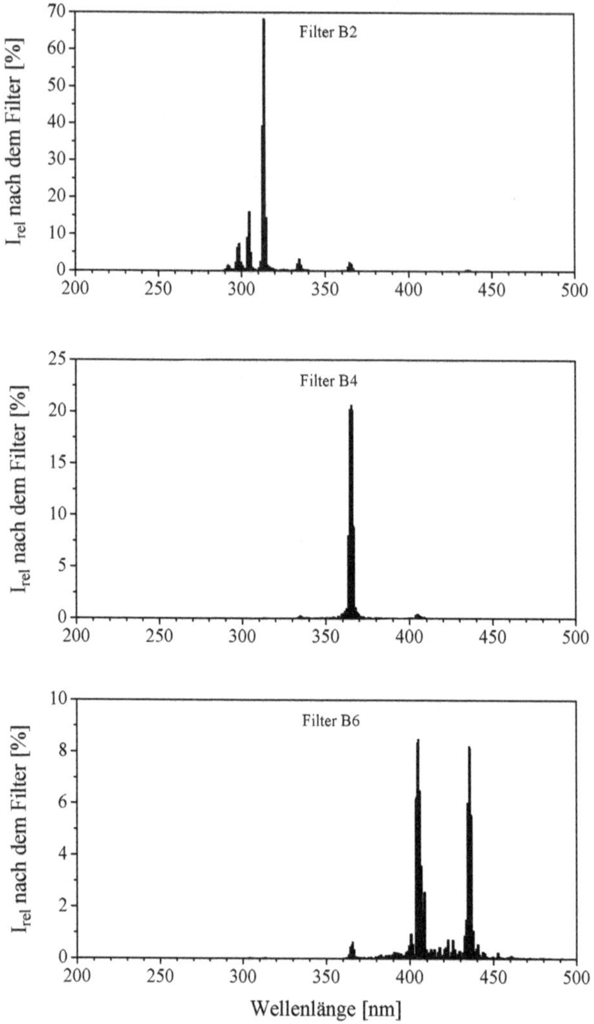

Abbildung 4-8: Darstellung der Meßbereiche für die Filterlösungen B2, B4 und B6 anhand der relativen Intensitätsverteilung nach Passieren des jeweiligen Filters.

Die Berechnung läßt sich vereinfachen, wenn man nicht über alle Wellenlängen des Durchlaßbereiches integriert, sondern nur über die diskreten Spektrallinien aufsummiert (insgesamt n_g Linien mit der Laufzahl n):

$$\overline{\varepsilon'}_{i,k} = \frac{\sum_{n=1}^{n_g} I'_{k,n}\ T'_{k,n}\ \varepsilon'_{i,k,n}}{\sum_{n=1}^{n_g} I'_{k,n}\ T'_{k,n}} \qquad \text{(Gl. 4-14)}$$

Die letztendlich ausgewählten Bestrahlungswellenlängen ergeben sich nach Tabelle 4-7 aus den für $S(\lambda) > S$ berechneten Meßbereichen der Filterlösungen, und zwar ist $\lambda' = 291$, 298, 304, 312 - 314 und 334 nm für den Filter B2, $\lambda' = 363 - 366$ nm für den Filter B4 sowie $\lambda' = 403$, 404, 408, 413, 434 und 435 nm für den Filter B6.

Nach obigen Gleichungen wurden für die angegebenen Wellenlängen die Mittelwerte der Extinktionskoeffizienten $\overline{\varepsilon'}_{t,k}$ bzw. $\overline{\varepsilon'}_{c,k}$ für *trans*- bzw. *cis*-Azobenzol und die mittlere Pseudoquantenausbeute $\overline{Q}_k$ berechnet und die Werte in Tabelle 4-8 zusammengefaßt. Zusätzlich kann für die Berechnung des photokinetischen Faktors F(E') eine Bestrahlungswellenlänge $\overline{\lambda'}_k$ angegeben werden. Diese ergibt sich aus den Meßwerten der Abbildung 4-6 und den Größen $\overline{\varepsilon'}_{t,k}$ bzw. $\overline{\varepsilon'}_{c,k}$.

Tabelle 4-8: Photokinetische Parameter für die Filterlösungen B2, B4 und B6. Die Wellenlängen für die Grenzen des jeweiligen Durchlaßbereiches wurden der Vollständigkeit halber aus Tabelle 4-4 übernommen.

Parameter	B2	B4	B6
λ_k^u	288,5	333,5	372,0
λ_k^o	364,5	412,5	476,5
$\overline{\lambda'}_k$	310,0	364,0	418,0
$\overline{\varepsilon'}_{t,k}$	18980,2	319,1	348,8
$\overline{\varepsilon'}_{c,k}$	1806,8	82,8	951,7
$\varphi_{1,k}^t$	0,14	0,15	0,21
$\varphi_{2,k}^c$	0,31	0,35	0,60
$\overline{Q}_k$	$3217,3 \cdot 10^3$	$76,8 \cdot 10^3$	$626,9 \cdot 10^3$

Um die Intensität $\tilde{I}_k$ des in die Meßküvette (Küvette mit der Aktinometerlösung) eindringenden Lichtes zu berechnen, werden die bekannten photokinetischen Gesetzmäßigkeiten für teilabsorbierende Aktinometerlösungen durch Einführung obiger Mittelwerte modifiziert. So gilt einerseits die Gleichung

$$\tilde{I}_k = \frac{1}{\overline{Q}_k(t_2 - t_1)} \left\{ \left[\frac{F(E'_{k,1})\Delta E_{k,2} - F(E'_{k,2})\Delta E_{k,1}}{\Delta E_{k,2} - \Delta E_{k,1}} \ln\frac{\Delta E_{k,1}}{\Delta E_{k,2}} \right] + F(E'_{k,1}) - F(E'_{k,2}) \right\}$$

$$\text{mit} \quad \Delta E_{k,1} = E_{k,1} - E_{k,\infty} \quad \text{bzw.} \quad \Delta E_{k,2} = E_{k,2} - E_{k,\infty} \qquad \text{(Gl. 4-15)}$$

für den Fall, daß bei den Beobachtungswellenlängen λ große Extinktionsänderungen meßbar sind und der photokinetische Faktor durch lineare Interpolation angenähert wird (Mauser 1975). Andererseits gilt

$$\tilde{I}_k = \frac{1}{\overline{Q}_k(t_2 - t_1)} \frac{F(E'_{k,1}) + F(E'_{k,2})}{2} \ln\frac{\Delta E_{k,1}}{\Delta E_{k,2}}, \qquad \text{(Gl. 4-16)}$$

falls die Extinktionsänderungen bei $\overline{\lambda'}_k$ kleiner sind als 0,01 und der photokinetische Faktor innerhalb des Meßintervalles $[t_1, t_2]$ angenähert wird (Gauglitz und Hubig 1981).

Die aktinometrische Auswertung erfolgte für die Flüssigfilter B2 und B6 nach der ersten und für die Filterlösung B4 nach der zweiten Gleichung. Für die Messung der Extinktionen $E_{k,1}$, $E_{k,2}$ und $E_{k,\infty}$ wurden die Beobachtungswellenlängen λ = 300, 305, 310, 316, 320, 325 und 330 nm für das Filter B2 bzw. B4 sowie λ = 410, 418, 420, 430, 440 und 450 nm für das Filter B6 gewählt. Die erhaltenen Bestrahlungsstärken $\tilde{I}_k$ sind der Tabelle 4-9 zu entnehmen. Dabei konnten die für verschiedene λ erhaltenen Ergebnisse gemittelt werden, da sich keine Abhängigkeit von der Beobachtungswellenlänge zeigte.

Tabelle 4-9: Ausgewertete Beobachtungswellenlängen und Mittelwerte sowie Standardabweichungen der aktinometrisch bestimmten Lichtintensität $\tilde{I}_k$.

Parameter	B2	B4	B6
$\tilde{I}_k$	$2{,}21\cdot10^{-7}$	$5{,}25\cdot10^{-8}$	$3{,}56\cdot10^{-8}$
$\sigma_{\tilde{I}}$	$7{,}62\cdot10^{-9}$	$2{,}11\cdot10^{-10}$	$7{,}21\cdot10^{-10}$

Für eine Fehlerabschätzung der Auswertung bietet sich ein Vergleich des theoretisch erreichbaren Umsatzes im photostationären Zustand mit dem experimentell bestimmten Umsatz an. Der theoretische Wert wird aus der folgenden Beziehung berechnet:

$$U_{k,\infty} = \frac{1}{1+q_k} \quad \text{bzw.} \quad q_k = \frac{1-U_{k,\infty}}{U_{k,\infty}} . \qquad \text{(Gl. 4-17)}$$

Darin ist q_k eine für das Aktinometer charakteristische photokinetische Größe, die sich aus dem Verhältnis der Produkte $\overline{\varepsilon'}_{c,k} \cdot \varphi^{c}_{2,k}$ und $\overline{\varepsilon'}_{t,k} \cdot \varphi^{t}_{1,k}$ ergibt:

$$q_k = \frac{\overline{\varepsilon'}_{c,k}}{\overline{\varepsilon'}_{t,k}} \, \frac{\varphi^{c}_{2,k}}{\varphi^{t}_{1,k}} . \qquad \text{(Gl. 4-18)}$$

Der experimentelle Umsatz läßt sich mit den Extinktionskoeffizienten ε_t bzw. ε_c aus den gemessenen Extinktionen der Aktinometerlösung $E_{k,o}$ (E_k zur Zeit t = 0) und $E_{k,\infty}$ (E_k zur Zeit $t \rightarrow \infty$) berechnen. So gelten für die *trans-cis*-Isomerisierung bzw. für die *cis-trans*-Isomerisierung die nachstehenden Beziehungen:

trans → cis:
$$U_{k,\infty} = \frac{E_{k,o} - E_{k,\infty}}{E_{k,o}} \cdot \frac{\varepsilon_t}{\varepsilon_c - \varepsilon_t} \quad \text{mit} \quad E_{k,o} = \varepsilon_t \, t_o \, d \qquad \text{(Gl. 4-19)}$$

cis → trans:
$$U_{k,\infty} = \frac{E_{k,o} - E_{k,\infty}}{E_{k,o}} \cdot \frac{\varepsilon_c}{\varepsilon_t - \varepsilon_c} \quad \text{mit} \quad E_{k,o} = \varepsilon_c \, c_o \, d \qquad \text{(Gl. 4-20)}$$

Die theoretisch und experimentell erhaltenen Ergebnisse für $U_{k,\infty}$ bzw. q_k aus den Messungen mit den Filterlösungen B2, B4 und B6 sind in Tabelle 4-10 zusammengefaßt. Die gute Übereinstimmung der Werte bestätigt die Richtigkeit der in den letzten Abschnitten durchgeführten Vorgehensweise. Damit ist prinzipiell eine zuverlässige Intensitätsbilanz möglich.

Tabelle 4-10: Theoretisch berechnete und experimentell bestimmte Werte für die photokinetischen Parameter q_k und $U_{k,\infty}$.

Parameter	B2	B4	B6
		Theorie	
q_k	0,21	1,65	0,13
$U_{k,\infty}$	0,82	0,39	0,88
		Experiment	
q_k	0,32 ± 0,03	1,32 ± 0,15	0,15 ± 0,02
$U_{k,\infty}$	0,76 ± 0,02	0,42 ± 0,02	0,87 ± 0,01

4.2.4.2 Totalabsorption für den Spektralbereich λ' < 277 nm

Die Problematik aktinometrischer Messungen im UV-C-Bereich besteht darin, daß Filterlösungen, die im kurzwelligen Spektralgebiet eine möglichst hohe Transmission besitzen und gleichzeitig die Emissionslinien des UV-B- bzw. UV-A-Bereiches nahezu vollständig unterdrücken, praktisch nicht zugänglich sind. Dennoch ist der kurzwellige Anteil des Strahlerspektrums durch chemische Aktinometrie meßbar, sofern zwei Filterlösungen verwendet werden, deren Transmissionen mit Ausnahme des Meßbereiches identisch sind. Hierfür bietet sich die Kombination eines im UV-C-Gebiet durchlässigen Bandpaßfilter mit einem geeigneten Langpaßfilter an. Wie aus der Abbildung 4-9 hervorgeht, ist von den Kantenfiltern K1 - K6 die Filterlösung K3 für dieses Vorgehen geradezu ideal, da die nicht abgeschwächten Emissionslinien oberhalb der Sperrkante von 313 nm mit dem langwelligen Anteil des vom Bandpaßfilter B1 nicht abgeblockten Spektralgebietes nahezu identisch sind. Damit kann die Bestrahlungsstärke im Intervall $[\lambda^{u}_{IV}, \lambda^{o}_{IV}] \mathrel{\hat{=}} 244 - 277$ nm aus der Differenz der Werte berechnet werden, die sich aus den aktinometrischen Einzelmessungen mit den Filtern B1 und K3 ergeben.

Die Ableitung der Auswertungsgleichung basiert auf dem allgemeinkinetischen Ansatz einer Isomerisierungsreaktion. Es ergibt sich die Konzentrationsänderung der Reaktanden A bzw. B als Funktion der jeweils absorbierten Anteile I_A bzw. I_B des Anregungslichtes und der entsprechenden partiellen Quantenausbeuten:

$$\frac{d[A]}{dt} = -\frac{d[B]}{dt} = -\varphi_1^A \, I_A + \varphi_2^B \, I_B \qquad \text{(Gl. 4-21)}$$

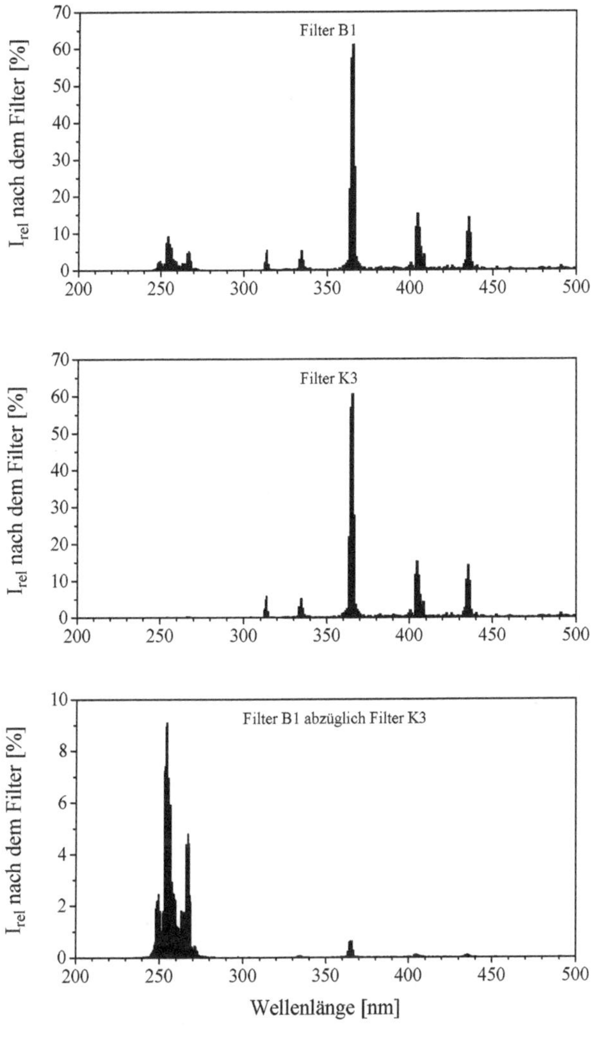

Abbildung 4-9: Darstellung der Meßbereiche bzw. der nicht abgeblockten Spektralgebiete für die Filterlösungen B1 und K3 sowie Angabe des entsprechenden Differenzspektrums.

In völliger Analogie zu diesem Ansatz läßt sich die Isomerisierung von Azobenzol bei Verwendung des Filters B1 als Differentialgleichung formulieren. Unter Berücksichtigung der partiellen Quantenausbeuten $\varphi^{c}_{2,IV}$ bzw. $\varphi^{t}_{1,IV}$ werden die Intensitäten der Emissions-linien im kurzwelligen (Laufzahl n) und langwelligen (Laufzahl n') Spektralbereich unterschieden. Dabei bezieht sich die Bezeichnung [c] bzw. [t] auf das *cis*- bzw. *trans*-Isomer, und *d* bedeutet die Schichtdicke der Meßküvette:

$$\frac{d[c]}{dt} = -\frac{d[t]}{dt} =$$

$$\frac{10^3}{d}\left(-\sum_n \varphi^{c}_{2,IV}\, I_{c,IV,n} + \sum_n \varphi^{t}_{1,IV}\, I_{t,IV,n} + \sum_{n'}\left(-\varphi^{c}_{2,IV}\, I_{c,IV,n'} + \varphi^{t}_{1,IV}\, I_{t,IV,n'}\right)\right) \quad \text{(Gl. 4-22)}$$

Der erste Summenterm berücksichtigt die Bildung von *trans*-Azobenzol, der zweite Term die Bildung von *cis*-Azobenzol durch kurzwelliges UV-Licht. Der dritte Term umfaßt hingegen die Isomerisierung durch Spektrallinien, die längerwellig als die Sperrkante λ^{*}_{IV} sind. Wegen des größeren Extinktionskoeffizienten von *cis*-Azobenzol im Bereich 244 - 277 nm, wurde die Messung als *cis*-*trans*-Isomerisierung durchgeführt. Dabei beschränkt sich die Messung mit Einführung der eigentlichen Meßgröße $\tilde{I}_{IV}$

$$\tilde{I}_{IV} = \sum_{n=1}^{n_g} I_{c,IV,n} \quad \text{(Gl. 4-23)}$$

auf die Auswertung des ersten Terms, sofern folgende Voraussetzungen erfüllt sind:

i. Der Beitrag des dritten Terms zum Differentialquotient d[c]/dt entspricht dem Meßsignal der Filterlösung K3.

ii. Man verwendet totalabsorbierende Aktinometerlösungen und verfolgt die Reaktion bis zu einem maximalen Umsatz von 5 %. In diesem Fall kann die Absorption des *trans*-Isomeren und damit der zweite Term vernachlässigt werden.

iii. Die partielle Quantenausbeute $\varphi^{c}_{2,IV}$ ist für die Absorption im kurzwelligen Durchlaßbereich des Filters IV weitgehend von der Wellenlänge unabhängig; diese kann etwa 0,32 gesetzt werden.

Damit ergibt sich durch Differenzbildung der mit den Filter B1 und K3 gemessenen Konzentrationsänderungen die einfache Beziehung

$$\frac{\Delta d[c]}{dt} = -\frac{10^3}{d}\sum_{n=1}^{n_g}\varphi^{c}_{2,IV}\, I_{c,IV,n} \cong -\frac{10^3}{d}\,\varphi^{c}_{2,IV}\,\tilde{I}_{IV}\,. \qquad \text{(Gl. 4-24)}$$

Ersetzt man mit der Gleichung

$$\frac{dE}{dt} = \frac{d[c]}{dt}\left(\varepsilon_c - \varepsilon_t\right) d \qquad \text{(Gl. 4-25)}$$

die Konzentration durch die Extinktion der Lösung, ergibt sich die Beziehung

$$\frac{\Delta dE}{dt} = -\,1000\,\varphi^{c}_{2,IV}\,\tilde{I}_{IV}\left(\varepsilon_c - \varepsilon_t\right). \qquad \text{(Gl. 4-26)}$$

Damit erhält man lineare E-t-Diagramme, die mit $\Delta dE/dt = d\Delta E/dt$ durch Messung der Extinktionsdifferenz $\Delta E_0 = E_{IV,0} - E_{V,0}$ zur Zeit $t = 0$ bzw. $\Delta E = E_{IV} - E_V$ zur Zeit t die explizite Berechnung der Intensität $\tilde{I}_{IV}$ ermöglichen:

$$\tilde{I}_{IV} = 10^{-3}\,\frac{\Delta E - \Delta E_0}{\varphi^{c}_{2,IV}\left(\varepsilon_c - \varepsilon_t\right) t} = 1{,}0\cdot 10^{-8}\,\frac{E}{s\,cm^2} \qquad \text{(Gl. 4-27)}$$

4.2.4.3 Intensitätsbilanz

Für die Spezifizierung der UV-Reaktoren von Wasseraufbereitungsanlagen ist es zweckmäßig, die gemessene Bestrahlungsstärke auf die Außenwand des Strahlerhüllrohres zu beziehen. Dies hat den Vorteil, daß die Lichtintensität sowohl von der Geometrie der Meßapparatur als auch von der Bauweise des UV-Reaktors unabhängig ist und somit ein Vergleich unterschiedlicher Anlagentypen möglich wird. Hierfür ist es notwendig, die Werte für $\tilde{I}_k$ bezüglich der Transmission der eingesetzten Filterlösungen und des spektralen Schwächungskoeffizienten des Kühlwassers zu korrigieren sowie die radialsymmetrische Intensitätsverteilung im Reaktor zu berücksichtigen.

In Analogie zu den vorangegangenen Ausführungen erfolgt die Korrektur der Filtertransmission durch Berechnung des Mittelwertes $\overline{T'}_k$. Dieser berechnet sich für die Filterlösungen B2, B4 und B6 als summarischer Mittelwert aus den Transmissionswerten $T'_{k,n}$ bei den Wellenlängen der entsprechenden n Spektrallinien durch Gewichtung mit den jeweiligen Intensitäten $I'_{k,n}$:

$$\overline{T'}_k = \frac{\sum_{n=1}^{n_g} I'_{k,n}\ T'_{k,n}}{\sum_{n=1}^{n_g} I'_{k,n}} \qquad \text{(Gl. 4-28)}$$

Demgegenüber muß infolge der quasi-kontinuierlichen Strahlung im UV-C-Bereich für die Filterlösung B1 über den Durchlaßbereich integriert werden:

$$\overline{T'}_{IV} = \frac{\int_{244}^{277} I'_{IV}\ T'_{IV}\ d\lambda'}{\int_{244}^{277} I'_{IV}\ d\lambda'} \qquad \text{(Gl. 4-29)}$$

Damit läßt sich die Bestrahlungsstärke $\tilde{I}_k$ berechnen, welche auf die Filterküvette trifft:

$$\tilde{I}_k = \tilde{I}_k \cdot \overline{T'}_k^{-1} \qquad \text{(Gl. 4-30)}$$

Für die Berücksichtigung des radialsymmetrischen Strahlungsfeldes, das durch die Reaktorgeometrie bedingt ist, kann auf bekannte Gleichungen für annulare Photoreaktoren zurückgegriffen werden (Alfano et al. 1986). Darin bezeichnet r_o den Abstand r der Strahlerachse von der Außenwand des Strahlerhüllrohres in cm, $\tilde{I}_{k,o}$ die auf den Radius r_o bezogene Intensität $\tilde{I}_k(r)$ und $\mu_{k,x}$ ist der Schwächungskoeffizient des Reaktionsmilieus:

$$\tilde{I}_k(r) = \tilde{I}_{k,o} \cdot \frac{r_o}{r} e^{-\mu_{k,x}(r-r_o)} \qquad \text{(Gl. 4-31)}$$

Durch Gleichsetzen der letzten beiden Gleichungen und Auflösen nach $\tilde{I}_{k,o}$ erhält man mit den Werten $r_o = 1{,}8$ cm bzw. $r = 7{,}7$ cm für die Filterlösungen k die in Tabelle 4-11 zusammengefaßten, auf das Strahlerhüllrohr bezogenen Bestrahlungsstärken. Hierbei wurden die Werte für $\mu_{k,x}$ analog der obigen Mittelwertbildung aus dem Absorptionsspektrum des Kühlwassers berechnet. Die Angabe der Fluenzleistung in W m^{-2} ist aber nicht möglich, da es sich bei den Meßwerten um integrale Lichtintensitäten handelt.

Tabelle 4-11: Vergleich verschiedener Intensitätswerte in E cm^{-2} s^{-1}: $\tilde{I}_k$, aktinometrischer Meßwert; $\tilde{I}_k$, Intensität vor Eintritt in die Filterlösung; $\tilde{I}_{k,o}$, Intensität bezogen auf das Strahlerhüllrohr.

Parameter	B2	B4	B6	B1
$\overline{T'}_k$	66,09	34,27	56,39	34,28
$\mu_{k,x}$	0,0019	0,0024	0,0037	0,0033
$\tilde{I}_k$	$2{,}21\cdot10^{-7}$	$5{,}25\cdot10^{-8}$	$3{,}56\cdot10^{-8}$	$5{,}05\cdot10^{-8}$
$\tilde{I}_k$	$3{,}35\cdot10^{-7}$	$1{,}53\cdot10^{-7}$	$6{,}30\cdot10^{-8}$	$1{,}47\cdot10^{-7}$
$\tilde{I}_{k,o}$	$1{,}46\cdot10^{-6}$	$6{,}65\cdot10^{-7}$	$3{,}80\cdot10^{-7}$	$6{,}45\cdot10^{-7}$

4.3 Andere Aktinometer

Als weiteres photochromes System, das zur chemischen Aktinometrie eingesetzt wurde, sei die reversible Photooxidation des hetero-Coerdianthrons (HCD) bzw. die Reduktion des zu diesem Zweck synthetisierten Endoperoxids (HCDPO) erwähnt. Entsprechend der in Abbildung 4-10 gezeigten Reaktionsgleichung ist vor allem die Photodissoziation von HCDPO interessant, da sie die Quantifizierung der Bestrahlungsstärke im photochemisch relevanten UV-C- und UV-B-Bereich erlaubt (Brauer und Schmidt 1983). Im Zuge der Aktinometerreaktion wandelt sich das farblose Endoperoxid in das intensiv violett gefärbte HCD um, so daß die Reaktion UV-VIS-spektroskopisch sehr einfach verfolgt werden kann. Vorteilhafterweise absorbiert das Edukt HCDPO bei dieser Beobachtungswellenlänge nicht. Im Vergleich zum Azobenzol-Aktinometer zeichnet sich dieses System durch folgende charakteristische Eigenschaften aus:

i. Die lichtinduzierte Umwandlung von HCDPO in HCD unter Abspaltung des Sauerstoffs erfolgt innerhalb sehr kurzer Zeit ($\leq 10^{-12}$ s) als monomolekulare Reaktion. Dementsprechend ist die Quantenausbeute der Photodissoziation sowohl von der Konzentration an HCDPO als auch vom O_2-Gehalt unabhängig. Im Vergleich hierzu ist die Quantenausbeute jedoch eine Funktion der Konzentration des gebildeten Photoproduktes HCD, da dieses ebenfalls bei der Bestrahlungswellenlänge absorbiert. Daher darf in diesem Fall der Umsatz an eingesetztem Edukt nicht größer sein als 0,5 %. Dieser Wert entspricht bei $\lambda = 572$ nm einer Extinktionsänderung von etwa 0,3.

ii. Für ein Aktinometersystem, mit dem polychromatische Strahlung vermessen werden kann, wird bei der Bestrahlungswellenlänge eine möglichst konstante Quantenausbeute angestrebt. Diese Voraussetzung ist für die betrachtete Reaktion im Wellenlängenbereich 253 - 302 nm mit einem Wert von $\varphi = 0{,}27 \pm 0{,}01$ gegeben, so daß das HCDPO in diesem Intervall als polychromatischer Quantenzähler eingesetzt werden kann. Im Gegensatz zum Azobenzol kann hierbei auf die diskutierte Mittelwertbildung photokinetischer Größen verzichtet werden.

iii. Ein Vorteil dieses Aktinometers ist die im Vergleich zum Azobenzol um etwa den Faktor 3 höhere Empfindlichkeit.

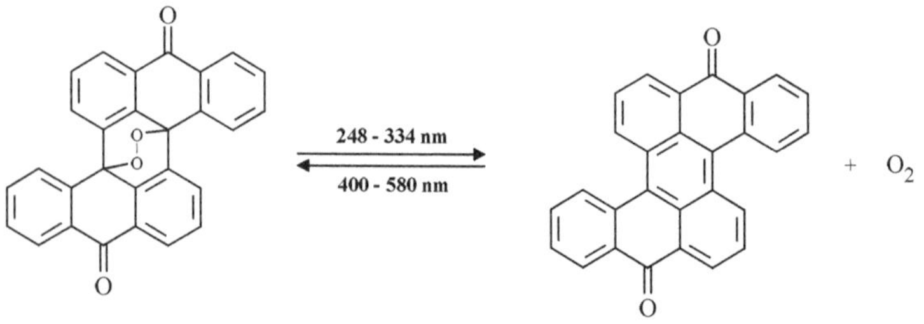

8H,16H-4b,12b-Epidioxy-dibenzo[a, j]perylen-8.16-dion (hetero-Coerdianthronendoperoxid) (HCDPO)

Dibenzo[a, j]perylen-8.16-dion (hetero-Coerdianthron) (HCD)

Abbildung 4-10: Photodissoziation von HCDPO und Photooxidation von HCD.

Zur Bestimmung der Bestrahlungsstärke im Wellenlängenbereich 248 nm $\leq \lambda' \leq$ 302 nm bieten sich totalabsorbierende Aktinometerlösungen an, da sich bei deren Verwendung die Auswertungsgleichungen erheblich vereinfachen. Die Aufzeichnung der zeitlichen Extinktionsänderung $\Delta E/\Delta t$ erfolgt bei der Beobachtungswellenlänge $\lambda = 572$ nm. Da das Produkt $\varphi_1^A\,\varepsilon$ aufgrund der nahezu konstanten Quantenausbeute im angegebenen Wellenlängenbereich von λ' unabhängig ist ($\varphi_1^A\,\varepsilon = 7745 \pm 172$ l mol^{-1} cm^{-1}), kann die Bestrahlungsstärke I_o im Bereich 253 - 302 nm integrierend durch Messung der anfänglichen Extinktionsänderung von HCDPO bestimmt werden. Analog der in Kapitel IV.4.2.1.2 dargestellten Vorgehensweise wurde der UV-C-Bereich von 244 - 277 nm vermessen. Als Ergebnis ergab sich eine auf das Strahlerhüllrohr bezogene Bestrahlungsstärke von $7{,}80 \cdot 10^{-7}$ E cm^{-2} s^{-1}.

5 Bromatanalytik — Methodenentwicklung

5.1 Analytisches Prinzip der Bromatbestimmung

5.1.1 Anforderungen an die Bestimmungsmethode

Als Folge der Bromatproblematik geht man allgemein davon aus, daß in den nächsten Jahren von der WHO ein Trinkwassergrenzwert für Bromat von etwa 1 - 2 µg/l festgelegt wird. Zwar existieren analytische Verfahren, die eine eindeutige Quantifizierung mit hoher Nachweisstärke erlauben, wie z.B. Kopplungsmethoden mittels LC-MS/MS, allerdings kommen solche Techniken aufgrund des hohen apparativen und kostspieligen Aufwandes für den routinemäßigen Einsatz eher nicht in Frage (Charles et al. 1996). Andere analytische Verfahren werden allenfalls zur Verifizierung eingesetzt, wie beispielsweise auf der Leitfähigkeits- oder UV-Detektion beruhende Methoden. Zukünftig werden vielmehr Bestimmungsmethoden gefordert sein, die als genormte Verfahren für die Routineanalytik geeignet sind. Dabei muß das Verfahren letztendlich den nachstehend definierten Kriterien genügen. Unter diesen Gesichtspunkten stellt das vorliegende Kapitel die Entwicklung von Verfahren für die routinemäßige Bromatanalytik vor.

i. Die ***Präzision*** des Verfahrens muß gewährleistet sein. Diese umfaßt die Systempräzision (Meßpräzision) und die Methodenpräzision, wobei erstere durch Schwankungen des Analysengerätes selbst verursacht wird und durch Mehrfachbestimmung eines Standards bestimmt werden kann. Damit entspricht die Meßpräzision der allgemein verwendeten Reproduzierbarkeit unter Wiederholbedingungen. Die Übertragbarkeit der Methode ist damit nicht unbedingt sichergestellt. Demgegenüber versteht man unter der Methodenpräzision die zufällige Streuung der Ergebnisse. Die Bestimmung beruht auf der mehrfachen Durchführung des Gesamtverfahrens.

ii. Die ***Robustheit*** der Methode muß gegeben sein, d.h. durch Änderung von Einflußparametern darf das Ergebnis nicht oder nur unwesentlich verfälscht werden. Der Bereich, in dem dies gewährleistet ist, gilt als Maß für die Robustheit des Verfahrens („Verfahrensstabilität").

iii. Die ***Selektivität*** der Methode ist gegeben, wenn sie nebeneinander zu bestimmende Komponenten ohne gegenseitige Störung erfaßt. In diesem Zusammenhang bedeutet ***Spezifität***, daß die zu bestimmende Komponente ohne Störung durch andere Begleitstoffe erfaßt werden kann.

iv. Die ***Richtigkeit*** der Methode muß sichergestellt sein. Diese ist ein Maß für die Abweichung des Meßwertes vom „wahren" Wert. Als Voraussetzung für die Richtigkeit sollten keine systematischen Fehler auftreten, und die Methode muß selektiv sein. Ferner wird insbesondere bei einer umfangreichen Methodenvorbereitung gefordert, daß die Wiederfindungsrate idealerweise 100 % beträgt, zumindest aber konstant ist.

v. Die ***Linearität*** der Methode muß überprüft und gegebenenfalls der hierfür gültige Konzentrationsbereich angegeben werden. Das Auftreten eines linearen Zusammenhangs zwischen der Analytkonzentration und dem Meßsignal ist nicht zwingend erforderlich, erleichtert aber die Kalibration und die Auswertung. In diesem Zusammenhang ist die Nachweisgrenze statistisch abgesichert zu bestimmen.

5.1.2 Vorgehensweise bei der Methodenentwicklung

5.1.2.1 Allgemeines Konzept

Die im Rahmen dieser Arbeit ausgearbeiteten Bestimmungsverfahren für Bromat beruhen auf der sehr empfindlichen fluorimetrischen Detektion. Das in Abbildung 5-1 gezeigte Fließdiagramm veranschaulicht die allgemeine Vorgehensweise. Danach wird im ersten Schritt der Analyt zunächst mit Hilfe einer Chromatographiesäule von der wässerigen Matrix abgetrennt, um Interferenzen störender Begleitionen zu vermeiden. Als zweiter Schritt erfolgt die Nachsäulenderivatisierung mit der chemischen Umsetzung des Analyten, wodurch die Selektivität des Verfahrens sichergestellt wird. Der Unterschied der entwickelten Methoden liegt in der Art der Nachsäulenderivatisierung. Als letzter Schritt findet schließlich die sensitive fluorimetrische Detektion statt.

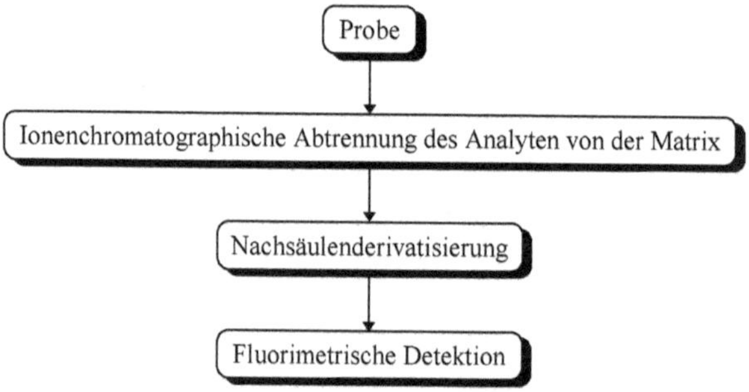

Abbildung 5-1: Analytisches Prinzip für die Bestimmung von Bromat.

Dieses Fließschema legt gleichzeitig das methodische Vorgehen der Verfahrensentwicklung und der hierfür durchgeführten Untersuchungen fest. Ionenchromatographische Aspekte zur Abtrennung des Analyten werden daher zunächst unabhängig von den weiteren analytischen Verfahrensschritten betrachtet. Das gleiche gilt für die chemischen Folgereaktionen von Bromat, die ungeachtet einer vorangegangenen Trennung hinsichtlich mechanistischer und kinetischer Grundsatzfragen separat zu untersuchen sind. Mit der Optimierung der Detektionsbedingungen läßt sich schließlich eine Meßvorschrift für die diskontinuierliche Bromatanalytik angeben, bevor die Verknüpfung mit der chromatographischen Trennung erfolgt. Dieser Schritt kann in der diskontinuierlichen Variante als Off-line-Kopplung durchgeführt werden oder als On-line-Kopplung in einem kontinuierlich arbeitenden Verfahren. Beide Möglichkeiten werden diskutiert und die letztgenannte für einen praxisgerechten Einsatz optimiert.

5.1.2.2 Variante I

Bei dieser Bestimmungsmethode umfaßt die Nachsäulenderivatisierung zwei chemische Teilreaktionen, nämlich die selektive Komproportionierung von Bromat mit Bromid zu elementarem Brom (Rkt. a) sowie die anschließende Bromierung von Fluorophoren, um das entstandene Brom der Fluoreszenzdetektion zugänglich zu machen (Rkt. b). Die Stöchiometrie der letztgenannten Reaktion hängt vom Bromierungsgrad n des Farbstoffes ab, wobei angenommen wird, daß die Bromierung als elektrophile Substitution stattfindet. Dieser Reaktionstyp ist im Vergleich zur Addition molekularen Broms an Doppelbindungen bevorzugt in aromatischen Systemen anzutreffen. Die beiden Teilschritte lassen sich auch zur nachstehenden Summengleichung zusammenfassen, sofern die Nachsäulenderivatisierung als „Ein-Topf-Reaktion" ausgelegt wird (Rkt. c):

$$6\,H^+ + BrO_3^- + 5\,Br^- \xrightarrow{a} 3\,Br_2 + 3\,H_2O$$

$$F(-H)_n + n\,Br_2 \xrightarrow{b} F(-Br)_n + n\,HBr$$

$$n\,BrO_3^- + 2n\,Br^- + 3\,F(-H)_n + 3n\,H^+ \xrightarrow{c} 3\,F(-Br)_n + 3n\,H_2O$$

Hinsichtlich der geforderten, niedrigen Nachweisgrenze erweist sich die Vervielfachungsreaktion a als besonders vorteilhaft, da sie, bezogen auf molekulares Brom, zu einer Verdreifachung des Analyten führt. Im Gegensatz zu diesem Schritt verläuft die Folgereaktion b unselektiv, so daß entstandenes Brom mit einer Vielzahl unterschiedlicher Farbstoffe umgesetzt werden kann. Dieser Vorteil ist für die Farbstoffwahl von entscheidender Bedeutung, da nach der obigen Bruttoreaktion c der Vervielfachungsfaktor f vom Bromierungsgrad n abhängig ist:

$$f = \frac{3}{n}, \quad \text{mit } 1 \leq n \leq 3 \qquad \text{(Gl. 5-1)}$$

Der Vervielfachungsfaktor f ist somit nur dann maximal, wenn monobromierte Farbstoffderivate gebildet werden. Als zusätzliches Auswahlkriterium sollten sich geeignete chromophore Systeme durch eine hohe Fluoreszenzquantenausbeute des Eduktes auszeichnen, wohingegen das Produkt idealerweise nicht fluoreszieren oder eine möglichst große Verschiebung des Fluoreszenzmaximums aufweisen sollte. In jedem Falle wird als konzentrationsabhängiges Signal eine Intensitätsabnahme detektiert, wobei die Differenz aus dem Meßsignal und der Fluoreszenzintensität der BrO_3^--freien Ausgangslösung mit dem Bromatgehalt korreliert.

Die Auswahl geeigneter Fluorophore basiert vor allem auf der Forderung nach einer möglichst hohen Fluoreszenzquantenausbeute. Aus diesem Grund wurden Laserfarbstoffe genauer untersucht, zumal sie auch in sehr großer Reinheit kommerziell erhältlich sind. Im einzelnen wurden die in Abbildung 5-2 dargestellten Fluorophore für den Einsatz in der Nachsäulenderivatisierung getestet. Entsprechend ihrer Strukturmerkmale lassen sie sich nach Abbildung 5-3 verschiedenen Farbstoffklassen zuordnen:

i. Bei Sulforhodamin G, Rhodamin 6 G, Uranin und Dichlorfluorescein handelt es sich um *Xanthen-Farbstoffe*, die sich vom Gerüst des Xanthens (Dibenzo-γ-pyran) ableiten lassen und in 3- bzw. 6-Stellung Hydroxyl- und/oder Aminogruppen tragen. Xanthen-Farbstoffe sind zusätzlich in 9-Stellung durch Phenyl-Reste substituiert, die ihrerseits in 2'-Stellung Carboxyl- oder Sulfogruppen tragen. Als Chromophore werden die Xanthen-Farbstoffe im allgemeinen durch ihre chinoiden Formen oder als kationische Xanthyliumsalze formuliert.

ii. Die Verbindung Oxazin 170 zählt zu den *Phenoxazin-Farbstoffen* (fälschlicherweise auch als Oxazin-Farbstoffe bezeichnet). Das zugrunde liegende Phenoxazin (Dibenzo[b,e]4H-1,4-oxazin) trägt in 3- und/oder 7-Stellung auxochrome Substituenten, wie z.B. Dialkylaminogruppen.

iii. Als Vertreter der *Cumarin-Farbstoffe* wurden Cumarin 2, Cumarin 307 und Cumarin 540 A gewählt. Sie leiten sich als Substitutionsprodukte vom Cumarin (Benzo[b]-α-pyron) ab.

iv. Der Farbstoff Carbostyril 124 stellt ein Substitutionsprodukt des 2-Chinolons (2-Oxo-2,3-dihydro-chinolin) dar. Im Gegensatz zu den anderen Farbstoffklassen sind die Abkömmlinge des 2-Chinolons weniger bedeutend.

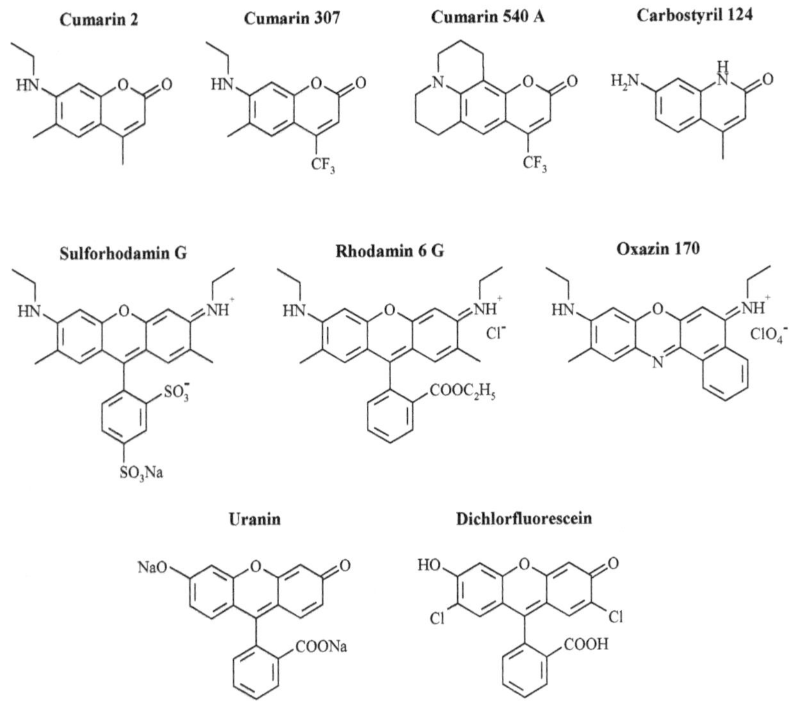

Abbildung 5-2: Fluoreszenzfarbstoffe, die auf ihre Eignung als Detektionssysteme für die Bestimmung von Bromat nach Variante I untersucht wurden.

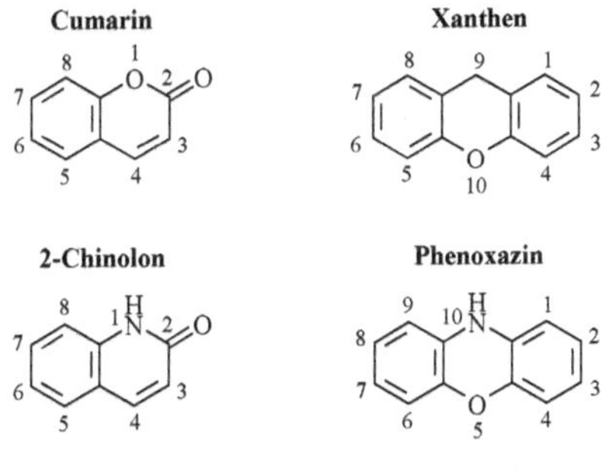

Abbildung 5-3: Grundgerüste der untersuchten Fluorophore.

Im Hinblick auf die Bromierung der Fluorophore besitzen die Xanthen-Farbstoffe Sulforhodamin G, Rhodamin 6 G und Dichlorfluorescein die 4- und 5-Position als Substitutionsstellen für Brom, da die 2- und die 7-Position bereits durch Liganden blockiert sind. Demgegenüber kann Uranin in 2-, 4-, 5- und 7-Stellung, also maximal vierfach bromiert werden. Bei Phenoxazin-Farbstoffen kommen hauptsächlich die 4- und die 6-Stellung als Reaktionszentren in Betracht. Die Cumarine verfügen in 3- und 4-Position über reaktive Stellen für Brom. Da hierbei die Bromierung im Unterschied zu den zuvor genannten Farbstoffen als Addition verläuft, erniedrigt sich der Vervielfachungsgrad im Vergleich zur elektrophilen Substitution. Bei Carbostyril 124 steht außerdem noch der Amid-Stickstoff für Reaktionen mit Brom zur Verfügung.

5.1.2.3 Variante II

Im Unterschied zur ersten Variante basiert bei dieser Bestimmungsmethode die Nachsäulenderivatisierung auf der Oxidation von Farbstoffen durch Bromat. Als besonders geeignet erwies sich der Azofarbstoff SNAR (*S*ulfo*na*phthol*azo*r*esorcinol), der nach einer literaturbekannten Reaktion als nicht fluoreszierender Komplexligand L mit einem Überschuß an Ga(III)-Ionen in den stark fluoreszierenden zweikernigen Komplex Ga_2L_5 überführt werden kann (Gladilovich 1991). Eine schematische Darstellungsweise des Eduktes sowie des gebildeten Komplexes geht aus Abbildung 5-4 hervor. Danach erfolgt die Koordination an das Metallzentrum über das N-Atom der Azo-Gruppe und das O-Atom der OH-Gruppe, wobei im fluorimetrisch detektierbaren Komplex ein Farbstoffmolekül als 4-zähniger Brückenligand, die anderen als 2-zähnige Liganden fungieren.

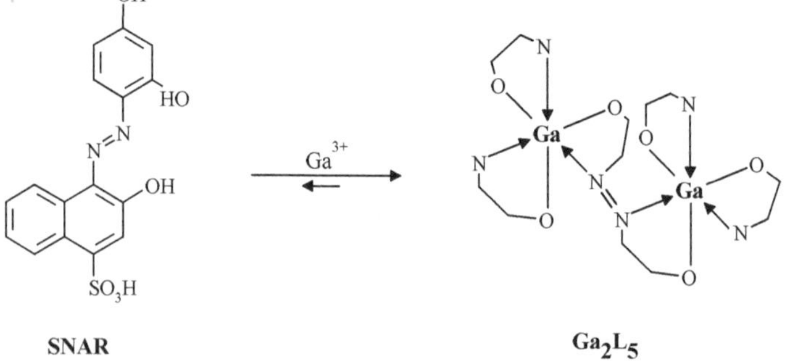

Abbildung 5-4: Formelbilder des Komplexliganden L (Sulfonaphtholazoresorcinol, SNAR) und des fluoreszierenden zweikernigen Ga-Komplexes.

Die Bestimmung von Bromat beruht somit auf der oxidativen Umsetzung von SNAR mit nachfolgender Komplexierung des nicht reagierten Farbstoffes und Detektion der charakteristischen Fluoreszenz des Komplexes im Bereich von 585 - 595 nm. Wie bei der zuvor genannten Methode wird zur Quantifizierung des Bromats die Abnahme der Fluoreszenzintensität ausgewertet. Nach der genannte Literaturangabe handelt es sich beim einleitenden Teilschritt der Nachsäulenderivatisierung um die direkte Oxidation von SNAR durch Bromat, die durch Halogenidionen katalysiert in saurer Lösung bevorzugt abläuft. Generell nimmt dabei die Reaktionsgeschwindigkeit mit fallendem pH-Wert und steigender Konzentration an Halogenidionen zu, so daß bei geeigneten Reaktionsbedingungen bereits nach wenigen Minuten eine quantitative Umsetzung vorliegt.

Eigene mechanistische und kinetische Studien haben jedoch gezeigt, daß die Oxidation von SNAR entsprechend der formalen Darstellung in Abbildung 5-5 als Reaktionsfolge mit drei Teilschritten interpretiert werden muß. Dies ging aus dünnschichtchromatographischen sowie UV-VIS-spektroskopischen Untersuchungen hervor und steht im Einklang mit anderen Arbeiten über die Oxidation von Farbstoffen durch Bromat (Hasty et al. 1981; Huber 1996). In der ersten Reaktion findet demnach die oxidative Umsetzung des Farbstoffes mit Bromat zu einem stabilen Oxidationsprodukt statt. Dabei wird Bromid freigesetzt, das im zweiten Schritt mit nicht umgesetztem Bromat entsprechend der zuvor beschriebenen Komproportionierungsreaktion zu Brom weiterreagiert. Letztgenanntes führt im abschließenden Reaktionsschritt durch Bromierung des gebildeten Farbstoffderivates zu einem bromierten Oxidationsprodukt.

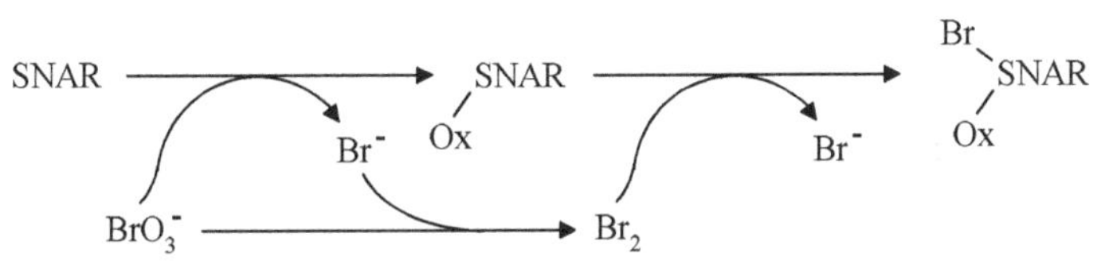

Abbildung 5-5: Reaktionsschema für die Oxidation von SNAR durch Bromat.

Das Reaktionsschema erklärt die experimentelle Beobachtung, daß die Geschwindigkeit der Bruttoreaktion von der Konzentration der eingesetzten Bromidionen beeinflußt wird. So setzt bei genügend hoher Anfangskonzentration die Komproportionierung mit dem Start der Oxidationsreaktion ein, während bei geringem Halogenidgehalt die Bildung von Br_2 zeitlich verzögert ist. Im Grenzfall verschwindender Konzentration an Halogenidionen liegt schließlich eine autokatalysierte Reaktion vor und das für die Komproportionierung benötigte Bromid muß im ersten Reaktionsschritt erst gebildet werden.

In Ergänzung zum Chemismus der Bromatoxidation wurde auch der zweite Schritt der Nachsäulenderivatisierung, die Komplexierung von nicht umgesetztem SNAR, eingehend untersucht (Huber 1996). Dabei war es das Ziel, optimale Konzentrationsverhältnisse für die als Gleichgewichtsreaktion aufzufassende Komplexbildung zu finden, um letztlich eine quantitative Umsetzung zu erreichen. Die Auswertung kinetischer Messungen ergab, daß die Komplexierung als zweistufiger Prozeß mit der intermediären Bildung des einkernigen Komplexes $GaSNAR_3$ verstanden werden muß. Allerdings konnte gezeigt werden, daß bei Konzentrationsverhältnissen $[Ga]/[SNAR] > 10$ das Komplexierungsgleichgewicht vollständig auf der Seite des zweikernigen Komplexes liegt. Für diesen Fall wurde die Gleichgewichtskonstante K zu $3{,}8 \cdot 10^{29}\ l^6\ mol^{-6}$ bestimmt. Der sehr groß erscheinende Wert ist eine Folge der stöchiometrischen Koeffizienten, die als Potenzen der entsprechenden Konzentrationen in das Massenwirkungsgesetz eingehen.

5.1.3 Matrixprobleme

Wie bei allen Bestimmungsmethoden in der Umweltanalytik hängt auch bei der Bromatanalytik das Auftreten von Störungen im wesentlichen von der chemischen Zusammensetzung der wässerigen Matrix ab. In der Regel muß eine Probenvorbereitung der Analytik vorgeschaltet werden, um die zu untersuchende Probe in eine für die Analyse geeignete Form zu bringen. Ein obligatorisches Verfahren für Realwässer stellt beispielsweise die Membranfiltration dar. Die Notwendigkeit der Probenvorbereitung richtet sich zum einen nach der Störanfälligkeit der Geräte und wird zum anderen durch jene, am analytischen Verfahren beteiligten Prozesse bestimmt, die Störeffekten durch die Matrix ausgesetzt sind. Somit können sich im speziellen Fall der Nachsäulenderivatisierung Matrixprobleme durch den Einfluß gelöster Stoffe auf die Komproportionierungsreaktion ergeben. Diese läuft sowohl als Vervielfachungsschritt bei der Variante I als auch bei der Variante II im Rahmen der Farbstoffoxidation ab. Darüber hinaus können auch die Farbstoffe unerwünschten Wechselwirkungen unterliegen, sei es durch den Angriff oxidierend wirkender Substanzen oder durch das Löschen der Fluoreszenz bei der Detektion. Die ionenchromatographische Trennung ist daher als Schritt der Probenvorbereitung zu verstehen, um durch Abtrennung des Analyten von der Matrix neben der Selektivität auch die Stabilität der Methode zu gewährleisten. Neben ionischen Begleitstoffen kommen auch molekulare Komponenten in Betracht, die chromatographisch jedoch nicht abtrennbar sind. Diese müssen durch andere geeignete Techniken im Rahmen der Probenvorbereitung entfernt werden.

Wichtige Beispiele für störende Matrixbestandteile sind in Tabelle 5-1 zusammengefaßt. Demnach ist auch für das Chloridion als ubiquitär vorkommende Komponente eine Beeinträchtigung der Bromatanalytik denkbar. Dabei spielt die Löschung der Fluoreszenz nur bei hohen Konzentrationen eine Rolle (s. Kapitel IV.5.3.2.1).

Tabelle 5-1: Störende Matrixbestandteile: Ionische und molekulare Komponenten, Wirkung im wässerigen Milieu und Möglichkeiten zur Entfernung.

Komponente	Wirkung	Entfernung
Cl^-	Fluoreszenzlöschung Reaktion mit Br_2	Ionenchromatographisch
ClO^-	Oxidation	Ionenchromatographisch
ClO_2^-	Oxidation Reaktion mit Br_2	Ionenchromatographisch
ClO_3^-	Oxidation Reaktion mit Cl^-	Ionenchromatographisch
H_2O_2	Oxidation Reaktion mit BrO_3^-	Reduktion
O_3, Cl_2, ClO_2	Oxidation	Reduktion

Wichtiger erscheint die Bildung diverser Interhalogenverbindungen durch Umsetzung mit Br_2. Diese ist vor allem im sauren Milieu von Bedeutung und muß daher als Nebenreaktion bei der Nachsäulenderivatisierung prinzipiell berücksichtigt werden:

$$Br_2 \xrightarrow{Cl^-,\,H^+} Br_2Cl^-,\ BrCl,\ BrCl_{n+1}^{n-}$$

Bei den anderen Verbindungen handelt es sich durchweg um Oxidationsmittel, die dem aufzubereitenden Wasser meist zur Desinfektion zugesetzt werden, oder daraus gebildete Produkte. Abgesehen von ihrem Oxidationsvermögen, sind einige der genannten Verbindungen zu speziellen Reaktionen befähigt. So ist Chlorit im wässerigen Milieu in der Lage, molekulares Br_2 zu reduzieren und dieses der Bromierung von Fluorophoren zu entziehen. Das hierbei gebildete Chlordioxid reagiert weiter zu Chlorid und Chlorat:

$$2\,ClO_2^- + Br_2 \longrightarrow 2\,Br^- + 2\,ClO_2$$

$$6\,ClO_2 + 3\,H_2O \longrightarrow HCl + 5\,HClO_3$$

Eine andere Nebenreaktion ist die Umsetzung von Chlorat mit Chlorid, die vorzugsweise bei sehr kleinen pH-Werten an Bedeutung gewinnt. Damit läuft sie auch unter den Reaktionsbedingungen der Nachsäulenderivatisierung ab:

$$2\,HClO_3 + 2\,HCl \longrightarrow 2\,ClO_2 + Cl_2 + 2\,H_2O$$

Die Reaktionsprodukte ClO_2 und Cl_2 setzen sich nach den aufgezeigten Reaktionsprinzipien um, wenn sie nicht in Nebenreaktionen mit Fluorophoren verbraucht werden, und täuschen so einen zu hohen Bromatgehalt vor.

Als molekularer Bestandteil ist Wasserstoffperoxid von großer Bedeutung, da es sich mit dem Analyten selbst umzusetzen vermag. In Abhängigkeit vom Säuregehalt der Lösung wird entsprechend der Reaktion

$$2\,BrO_3^- + 5\,H_2O_2 + 2\,H^+ \longrightarrow Br_2 + 5\,O_2 + 6\,H_2O$$

entweder Br_2 gebildet oder es entsteht Bromid (pH > 0,4):

$$BrO_3^- + 3\,H_2O_2 \longrightarrow Br^- + 3\,O_2 + 3\,H_2O$$

Die ionenchromatographische Entfernung der störenden Matrixbestandteile wird im folgenden Kapitel IV.5.2.1 genauer behandelt. Für die Reduktion der molekular vorliegenden Komponenten stehen zwar prinzipiell viele Reduktionsmittel zur Verfügung, allerdings dürfen sie keine Beeinträchtigung der nachfolgenden Verfahrensschritte bewirken. In der analytischen Praxis werden zur Reduktion von H_2O_2 und Cl_2 beispielsweise Glycin und Thiosulfat verwendet. Letztgenanntes stört aber den chromatographischen Schritt. Im Gegensatz hierzu ist 1-Buten-3-ol zur Reduktion von Ozon das Mittel der Wahl.

5.2 Entwicklung standardisierter Meßmethoden

Die Entwicklung standardisierter Meßmethoden wird im folgenden für die Varianten I und II beschrieben und ist zunächst auf die diskontinuierliche Bromatanalytik ausgerichtet. Die Reaktionsbedingungen für die Schritte der Nachsäulenderivatisierung werden untersucht und optimiert, wobei die Komproportionierung separat behandelt werden soll, da sie für beide Varianten von Bedeutung ist. Abschließend wird die jeweils ausgearbeitete Arbeitsvorschrift zur Bestimmung der Nachweisgrenzen herangezogen. Unabhängig davon werden zunächst grundlegende Aspekte zur ionenchromatographischen Trennung betrachtet. Diese werden insbesondere in dem späteren Kapitel IV.5.4 über die kontinuierliche Bromatanalytik außerordentlich hilfreich sein.

5.2.1 Ionenchromatographische Abtrennung des Analyten

5.2.1.1 Abtrennung des Analyten von der Matrix

Nach den zuvor gemachten Bemerkungen sollen mit dem ionenchromatographischen Schritt Nebenreaktionen bei der Komproportionierung und Löscheffekte bei der Detektion von vornherein vermieden werden. Zu den relevanten Ionen zählen neben Chlorid vor allen Dingen die oxidierend wirkenden Spezies ClO_x^- als Nebenprodukte der oxidativen Wasseraufbereitung. Die pH-Abhängigkeit ihres chemischen Verhaltens führt zu einer großen Reaktionsvielfalt, die auch bei der chromatographischen Trennung mit Elutionsmitteln unterschiedlichen pH-Wertes berücksichtigt werden muß. Allerdings braucht diesem Aspekt nur zweitrangig Rechnung getragen zu werden, da eine möglichst gute Abtrennung des Analyten von störenden Ionen im Vordergrund steht und nicht die Quantifizierung des Analyten oder anderer Wasserinhaltsstoffe mittels klassischer Detektoren. Daher spielen im Elutionsmittel selbst ablaufende Reaktionen nur dann eine Rolle, wenn ein Reaktionsprodukt mit Bromat coeluiert und in einer der Folgereaktionen zur Beeinträchtigung des Nachweises führt.

Aus apparativen Gründen war die Durchführung des Trennschrittes an die AS4A-Säule der Standard-Ionenchromatographie gebunden. Dabei handelt es sich um eine Säule mit Latex-Teilchen als Anionenaustauscher, die bei einem Vernetzungsgrad von 0,5 % einen Durchmesser von 180 nm aufweisen (Weiß 1991). Der Partikeldurchmesser des Substrates beträgt 15 µm. Somit ist die Ionenaustausch-Kapazität der Trennsäule festgelegt, da diese direkt proportional zur Größe der Latex-Teilchen und ihrem Bedeckungsgrad an der Substratoberfläche ist und außerdem eine umgekehrte Proportionalität zur Partikelgröße des Substrates besteht.

Die Auswahl des Eluenten beschränkt sich auf den basischen Natriumcarbonat/Natriumhydrogencarbonat-Puffer sowie auf den sauren Borat-Puffer. Während das erstgenannte Elutionsmittel vorzugsweise zur Chromatographie der Mineralsäure-Anionen und spät eluierender Ionen eingesetzt wird, bietet sich der Borat-Puffer vor allem zur Detektion der Monocarbonsäuren an. Zur Chromatographie von Bromat können zwar beide Eluenten verwendet werden, allerdings ist für eine hinreichend gute Abtrennung der Chlorid-Ionen der Borat-Puffer zu bevorzugen. Dabei besteht die Möglichkeit, durch geeignete Wahl der Konzentration das Elutionsverhalten zu variieren, um schließlich die Trennung zu optimieren. Dieser Sachverhalt wird in Abbildung 5-6 anhand der mit unterschiedlichen Eluenten erhaltenen Chromatogramme für die Ionen Bromat, Chlorid und Chlorit demonstriert.

Die mit R angegebene Auflösung, welche sich auf die jeweils aufeinanderfolgend eluierenden Ionen bezieht, wurde im Unterschied zur theoretischen Betrachtung nicht aus den Kenngrößen der Säule, wie theoretische Bodenzahl, Selektivitätskoeffizient und Kapazitätsfaktoren, berechnet, sondern graphisch aus den entsprechenden Diagrammen bestimmt. Als Grundlage dient die Gleichung

$$R = \frac{2\,\Delta t_{ms}}{\Delta t_1 + \Delta t_2}, \qquad \text{(Gl. 5-2)}$$

worin Δt_{ms} die Differenz der Bruttoretentionszeiten und Δt_1 bzw. Δt_2 die jeweiligen Peakbreiten bedeuten (Definition s. Kapital IV.5.2.1.2). Ein Wert von R = 2 und darüber sagt aus, daß die zwei benachbarten Peaks bis zur Basislinie aufgelöst werden. Die Ergebnisse der Abbildung 5-6 zeigen in der Tat, daß nur der Borat-Puffer eine ausreichende Auflösung des Bromat-Peaks von den benachbart auftretenden Komponenten gewährleistet. Dabei ist der stärkere der beiden Eluenten vorzuziehen, da mit abnehmender Konzentration an Borsäure die zunehmende Retentionszeit eine Peakverbreiterung bewirkt, ohne die Auflösung wesentlich zu verbessern. Aus diesen Gründen wurde für die Abtrennung des Bromats sowie für alle weiteren ionenchromatographischen Untersuchungen der Borsäure-Puffer mit einer Konzentration von 10 mmol/l verwendet.

Ein bedeutendes Desinfektionsnebenprodukt, dessen chemisches Verhalten beim chromatographischen Trennschritt in Betracht gezogen werden muß, stellt das Hypochlorit-Ion dar, da es in Form von NaOCl dem zu reinigenden Wasser direkt zugegeben wird. Entsprechend der Säurekonstante für HOCl von $K = 2{,}9 \cdot 10^{-8}$ liegt bei einem pH-Wert von 7,6 die Hälfte des gelösten Hypochlorits als Oxosäure vor, dessen Anteil mit steigendem pH-Wert abnimmt. Bei Verwendung des 10 mM Borsäure-Eluenten mit einem pH-Wert von ca. 9,3 ist das molare Verhältnis $[OCl^-]/[HOCl]$ dementsprechend höher und beträgt etwa 50. Damit liegt Hypochlorit im chromatographischen System annähernd quantitativ als Ion vor, während es in realen Matrizes mit leicht saurem pH-Wert von etwa 6,8 zu 80 % als undissoziierte Säure vorhanden ist. Dennoch konnte Hypochlorit ionenchromatographisch nicht nachgewiesen werden, da im alkalischen Milieu entsprechend den Redoxpotentialen die Disproportionierung zur Bildung von Chlorid- und Chlorat-Ionen führt. Kontrollexperimenten zufolge wurde im Chromatogramm einer NaOCl-Lösung tatsächlich Chlorat gefunden, während Chlorid in nicht stöchiometrisch großen Mengen zugegen war (Taglauer 1995). Dieser Befund konnte darauf zurückgeführt werden, daß das Edukt NaOCl nicht in 100 %iger Reinheit zugänglich ist und herstellungsbedingt ein Restgehalt an Chlorid nicht vermieden werden kann. Das Coeluieren von Hypochlorit mit Chlorid konnte in zusätzlichen Untersuchungen ausgeschlossen werden, zumal erstgenanntes im Effluat mit der klassischen photometrischen Bestimmungsmethode (Oxidation von N,N-Diethyl-1,4-phenylendiamin, DPD) nicht nachweisbar war. Zusammenfassend kann also gesagt werden, daß Hypochlorit als störende Komponente in der Bromatanalytik mit Sicherheit auszuschließen ist, sofern man den genannten Eluenten verwendet.

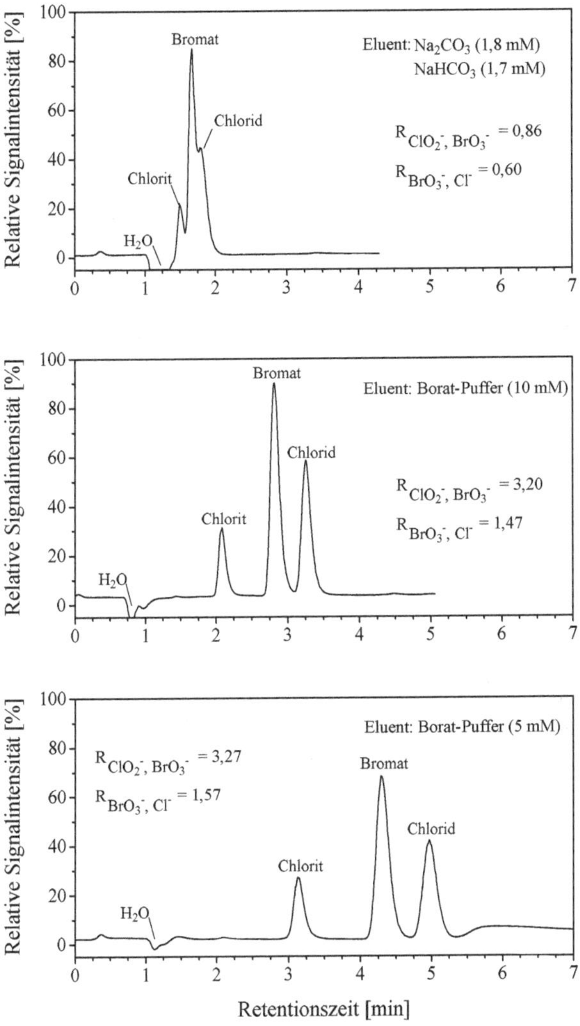

Abbildung 5-6: Ionenchromatographische Trennung von Bromat (7 ppm) neben Chlorit (1 ppm) und Chlorid (1 ppm) mit verschiedenen Eluenten und Angabe der Auflösung R. Die Ordinate entspricht den normierten Meßsignalen mit 100 % ≙ 50 mV; Injektionsvolumen = 100 µl.

Auch Chlorat, das vor allem als photochemisch gebildetes Zerfallsprodukt in Hypochlorit-Lösungen vorhanden ist, führt zu keiner Beeinträchtigung des Bromatnachweises, da es im Vergleich zu Bromat wesentlich später eluiert. Dies geht aus dem in Abbildung 5-7 dargestellten Chromatogramm hervor, das beispielhaft die Auftrennung einer Ionenmischung aus Chlorit, Bromat, Chlorid, Bromid sowie Chlorat zeigt. Die effektive Abtrennung von Bromid ist für die Variante I ohne Belang, zumal für die Komproportionierung ein Br^--Überschuß einzusetzen ist. Allerdings erscheint für die Variante II die Abtrennung von Bromid vorteilhaft, da bei hohem Bromidüberschuß die Komproportionierung mit nachfolgender Reaktion des Broms mit SNAR als Konkurrenzreaktion zur direkten Oxidation möglicherweise an Bedeutung gewinnt. Eine Störung der Gleichgewichtsverhältnisse, wenn nicht sogar eine Änderung der Stöchiometrie der Bruttoreaktion, kann daher nicht von vornherein ausgeschlossen werden.

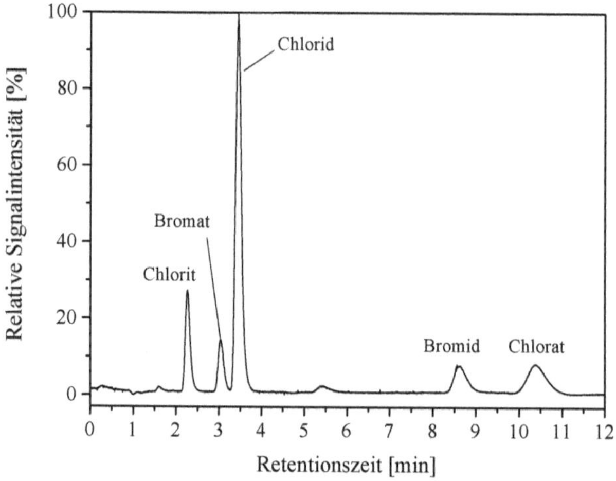

Abbildung 5-7: Chromatogramm der abzutrennenden Ionen mit einem Gehalt von jeweils 1 ppm. Die Ordinate entspricht den normierten Meßsignalen mit 100 % ≙ 35 mV; Injektionsvolumen = 100 µl.

Aus den bisherigen Untersuchungen kann der Schluß gezogen werden, daß von den genannten Ionen allenfalls Chlorid in hohen Konzentrationen die Abtrennung von Bromat limitieren kann. Daher wurde die Auflösung R im Gegensatz zu Abbildung 5-6 und Abbildung 5-7 bei praxisrelevanten Konzentrationsverhältnissen bestimmt. Die maximal einsetzbare Chloridionen-Konzentration ist durch die Kapazität der verwendeten Säule vorgegeben. Letztendlich wurde die Chloridionen- Konzentration auf 5 mg/l festgesetzt, die Bromatkonzentrationen im Bereich von 20 ppb bis 500 ppb variiert und ein Injektionsvolumen von 200 µl verwendet. Dabei stellte sich heraus, daß ausgehend von 500 ppb Bromat und R = 1,1 die Auflösung der Peaks mit abnehmender Bromatkonzentration der Probe größer wird. Bei einem Bromatgehalt von 20 ppb erfolgt die Auflösung mit R = 2 schließlich bis zur Grundlinie. Dieses Ergebnis und die gerechtfertigte Extrapolation, daß auch geringere Bromatkonzentrationen vollständig von Chlorid abgetrennt werden können, ist für die Bromatanalytik von eminenter Bedeutung, da somit die Fluoreszenzlöschung durch Chloridionen sowie deren Beteiligung bei der Farbstoffoxidation ausgeschlossen werden kann. Liegen größere Konzentrationen an Chloridionen vor, ist bei der Probenvorbereitung an den Einsatz von Silberionen-Kartuschen zu denken, sofern nicht eine Säule höherer Kapazität zur Verfügung steht und in das System implementiert werden kann.

Im Rahmen dieser Messungen wurde zusätzlich die Nachweisgrenze für die ionenchromatographische Leitfahigkeitsdetektion von Bromat für verschiedene Injektionsvolumina ermittelt. Erwartungsgemäß ergaben sich mit zunehmendem Injektionsvolumen kleiner werdende Nachweisgrenzen, und zwar 69,5 ± 2,0 ppb für 100 µl, 30,2 ± 1,2 ppb für 200 µl und 14,2 ± 0,9 ppb für 400 µl Injektionsvolumen. Zur Bestimmung der Nachweisgrenzen wurden für jede Injektionsschleife insgesamt neun Lösungen verschiedener Konzentrationen im Bereich von 10 ppb bis 1000 ppb jeweils dreimal vermessen und für den unteren Konzentrationsbereich mit den Mittelwerten *t*-Tests durchgeführt, um das für die Kalibration gerade noch verwertbare Signal y_o zu bestimmen. Dabei wurde eine Sicherheit von $\overline{P} = 0,95$ zugrunde gelegt. Eine gewichtete Regressionsrechnung führte schließlich zur entsprechenden Ausgleichsgeraden $y = b\,x + a$ mit der Geradensteigung b, dem Achsenabschnitt a und der Standardabweichung s_{yx}. Daraus läßt sich zusammen mit $y_k = y_o + 3\,s_{yx}$ durch Gleichsetzen von $y = y_k$ die nachstehende Gleichung zur Berechnung der Nachweisgrenze x_o ableiten. Die Größe y_k ist das von y_o mit einer Sicherheit von drei Standardabweichungen noch unterscheidbare Signal:

$$x_o = \frac{y_o + 3\,s_{yx} - a}{b}. \qquad \text{(Gl. 5-3)}$$

Wird hingegen kein *t*-Test durchgeführt und liegt daher eine nicht gewichtete Regressionsrechnung vor, wird y_o dem Achsenabschnitt a gleichgesetzt, und es gilt $x_o = 3\,s_{yx}/b$. In diesem Fall ergeben sich jedoch oftmals niedrigere Werte für die Nachweisgrenze, da Meßwerte noch zur Kalibration herangezogen werden, die laut *t*-Test nicht mehr signifikant unterschiedlich sind. Angesichts statistisch abgesicherter Nachweisgrenzen wurden die Meßdaten dem zusätzlichen Kriterium des Signifikanz-Tests unterzogen und die Nachweisgrenze nach Gleichung 5-3 berechnet.

5.2.1.2 Bedeutung der Peakbreite

Mit Hilfe ionenchromatographischer Säulen ist also eine Abtrennung des Analyten von der Matrix mit ausreichender Auflösung gewährleistet und damit die Voraussetzung für eine selektive und möglichst störungsfreie Nachsäulenderivatisierung und Detektion gegeben. Die Durchführung des chemischen Schrittes kann nun entweder in diskontinuierlicher Weise erfolgen, d.h. die Bromatfraktion des Chromatogramms wird von früher und später eluierenden Ionen isoliert, um das so erhaltene Effluat einer vom Trennschritt zeitlich und örtlich unabhängigen Reaktion zu unterziehen. Im Gegensatz zu dieser als sog. Off-line-Kopplung zu bezeichnende Methode kann das analytische Verfahren auch als On-line-Kopplung durchgeführt werden, d.h. der Analyt wird als Probenzone des Effluats im Fließsystem kontinuierlich zur Reaktion und schließlich zur Detektion gebracht. Diese Methode wird in Kapitel IV.5.4 ausführlich behandelt.

Das diskontinuierliche Verfahren ist in Anbetracht einer möglichst hohen Trennschärfe an eine exakte zeitliche Steuerung gebunden, da mit Kenntnis der Retentionszeit und der Breite des zu isolierenden Peaks die zur Abtrennung mindestens erforderliche Zeitspanne eindeutig festgelegt ist. Bei längeren Zeitintervallen als die Peakbreite findet eine zusätzliche Verdünnung des abgetrennten Analyten durch das Elutionsmittel statt, was letztlich eine Verminderung der Nachweisempfindlichkeit nach sich zieht. Zur quantitativen Formulierung dieser Zusammenhänge wird auf die gebräuchliche Definition der Peakbreite zurückgegriffen, nach der man im chromatographischen Sinn jenes Zeitintervall Δt_o versteht, das sich aus den Schnittpunkten der beiden Wendepunkttangenten des entsprechenden Peaks mit der Basislinie ergibt. Dieser Sachverhalt wird in Abbildung 5-8 am Beispiel eines Bromatpeaks (50 ppb) genauer illustriert. Würde man entsprechend der Darstellung die Bestimmung der Peakbreite auf die absolute Signaländerung ΔS_o ($\triangleq 0{,}05$ mV) beziehen, die von der Schwankungsbreite der Basislinie ($\triangleq 0{,}01$ mV) mit einem Sicherheitsfaktor von 5 signifikant unterschiedlich ist, ergäbe sich mit Δt ein unwesentlich größerer Wert. Jedoch ist diese Konvention zur einfacheren graphischen Bestimmung der Peakbreite für die Spurenanalytik ungeeignet, da mit abnehmender Analytkonzentration und damit kleiner werdender Peakhöhe die Peakbreiten tatsächlich größer sind als die hiernach erhaltenen Werte.

Im folgenden werden daher nach der zuerst genannten Definition die Peakbreiten explizit aus den Meßdaten berechnet. Die mathematische Prozedur basiert auf der Anpassung der vom Rechner in äquidistanten Zeitintervallen eingelesenen Leitfähigkeitswerte durch eine modifizierte Gaußfunktion. Die in Abbildung 5-8 dargestellte Gleichung berücksichtigt durch die Parameter σ_1 und σ_2 das im Bereich von $t > t_m$ auftretende Abweichen des Peaks vom Idealverhalten. Darüber hinaus wurde dem Drift des Nullwertes durch die eingezeichnete Basislinie Rechnung getragen. Durch zweimaliges Differenzieren der Gaußkurve nach t, anschließender Extremwertbetrachtung nach den gängigen mathematischen Methoden und Schnittpunktberechnung, können die ebenfalls in Abbildung 5-8 eingezeichneten

Wendepunkttangenten exakt bestimmt und die Schnittpunkte t_1 bzw. t_2 mit der Basislinie in allgemeingültiger Form angegeben werden:

$$t_{1,2} = \frac{\frac{H_m}{\sqrt{e}} \, \frac{2\,\sigma_{1,2} \mp t_m}{\sigma_{1,2}} + b_o\left(t_m \mp \sigma_{1,2}\right)}{\mp \frac{H_m}{\sqrt{e}} \, \frac{1}{\sigma_{1,2}} + b_o} \quad \text{(Gl. 5-4)}$$

Ferner bedeuten hierin H_m die Peakhöhe als Differenzsignal, bezogen auf die Basislinie, t_m die Retentionszeit des Peaks und b_o die Steigung der Basislinie. Die Peakbreite Δt_o ergibt sich somit als Differenz $t_2 - t_1$.

Diese Berechnungen wurden mit den Meßdaten zahlreicher Bromatpeaks durchgeführt (Injektionsvolumen $V_i = 200$ µl), die im Konzentrationsbereich von 1000 ppb bis hin zur Nachweisgrenze aufgenommen wurden. Als Ergebnis wurde die Peakbreite zu $\Delta t_o = 16{,}7\ \text{s} \pm 0{,}2\ \text{s}$ bestimmt, die im angegebenen Konzentrationsbereich vom Bromatgehalt unabhängig war. Die Verwendung einer kürzeren Injektionsschleife mit einem Volumen von 100 µl führte zu einer signifikanten, wenn auch nur sehr kleinen Verringerung der Peakbreite um etwa 2 s auf $\Delta t_o = 14{,}8\ \text{s} \pm 0{,}2\ \text{s}$. Demgegenüber ergab sich für ein Injektionsvolumen von 400 µl mit $\Delta t_o = 17{,}2\ \text{s} \pm 0{,}1\ \text{s}$ die größte Peakbreite.

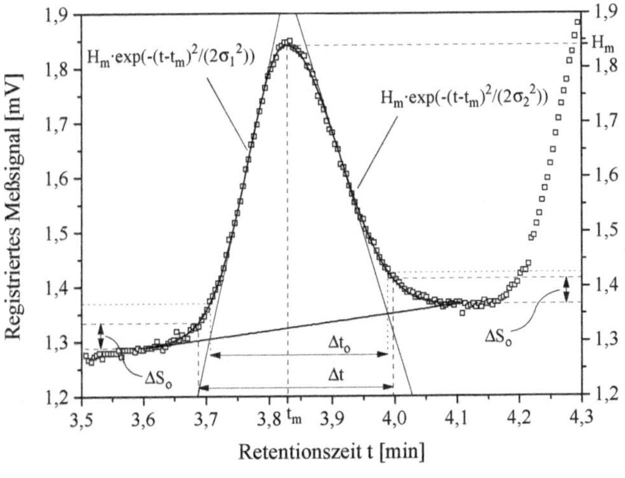

Abbildung 5-8: Chromatographischer Peak von 50 ppb Bromat zur Veranschaulichung der expliziten Bestimmung der Peakbreite mit Hilfe zweier Gaußfunktionen ($V_i = 200$ µl).

Unter der Voraussetzung, daß der Bromatpeak exakt zu den Zeiten t_1 und t_2 vom restlichen Effluat abgetrennt wird, tritt bei der diskontinuierlichen Nachsäulenderivatisierung keine weitere Verdünnung der Probe durch Vermischung mit dem Puffer auf. Das Effluat enthält also die eingesetzte Molzahl n_o an Bromat, die sich aus dem Volumen V_i der Injektionsschleife und der Ausgangskonzentration C_a des Analyten, gemäß $n_a = C_a \cdot V_i$ berechnen läßt. Ferner ist mit der Peakbreite Δt_o und dem Volumenstrom $\dot{V}$ des Eluenten das bei der Abtrennung aufgefangene Flüssigkeitsvolumen V, entsprechend $V = \dot{V} \cdot \Delta t_o$, bekannt. Daraus kann abgeleitet werden, daß die Analytkonzentration $C_o = n_a/V$ der abgetrennten Fraktion bzw. das Konzentrationsverhältnis C_o/C_a von den Parametern V_i, $\dot{V}$ und Δt_o abhängig ist:

$$\frac{C_o}{C_a} = \frac{V_i}{\dot{V}\,\Delta t_o}. \qquad \text{(Gl. 5-5)}$$

Nach den oben gemachten Betrachtungen ist die Peakbreite Δt_o eine Funktion des Injektionsvolumens V_i, allerdings nimmt sie bei längeren Injektionsschleifen nur geringfügig und nicht proportional zu. Mit $\dot{V} = 1{,}75$ ml/min und den angegebenen Daten für V_i und Δt_o ergeben sich für C_o/C_a die Werte 0,23 für die 100 µl-Injektionsschleife bzw. 0,41 für die 200 µl-Injektionsschleife sowie 0,79 für die 400 µl-Injektionsschleife. Mit zunehmendem Injektionsvolumen nimmt also die Verdünnung ab, bis schließlich das Verhältnis $C_o/C_a = 1$ erreicht und sogar überschritten wird. In diesem, für die Chromatographie sehr bedeutungsvollen Fall, findet eine Konzentrierung des Analyten statt. In der Praxis werden einem entsprechend hohen Injektionsvolumen jedoch Grenzen gesetzt, da nicht nur der Analyt, sondern alle ionischen Komponenten eine Anreicherung erfahren. Eine Abtrennung des Analyten ist vor allem dann nicht mehr gewährleistet, wenn die Kapazität der Säule überschritten wird. Dies trifft insbesondere für das Chloridion zu, da bei einem Injektionsvolumen von 400 µl die zuvor angegebene Säulenkapazität den maximalen Chlorid-Gehalt auf den unteren ppm-Bereich beschränkt (Weiß 1991).

Bei ein und demselben Bromatgehalt der Probe ist die Konzentration im Effluat umso größer, je schmaler und schärfer die Peaks eluieren und je geringer das hier beobachtete „Tailing“ ist. Aus apparativer Sicht kann dies durch Säulenmaterialien bewerkstelligt werden, die bevorzugt bei kurzen Retentionszeiten eine Auftrennung ermöglichen. Darüber hinaus ist auch aus experimenteller Sicht eine Konzentrationserhöhung denkbar, wenn die Abtrennung des Peaks nicht während der Peakbreite Δt_o, sondern mit der kürzeren Elutionsdauer $\Delta t < \Delta t_o$ im entsprechenden Intervall $[t_1'; t_2']$ erfolgt. Dabei wird vorausgesetzt, daß das Peakmaximum in der zeitlichen Mitte von Δt liegt, es gilt also $t_{2,1}' = t_m \pm \Delta t/2$. Als Folge der gaußförmigen Elution des Analyten wird mit kürzerer Elutionsdauer Δt die Bromatkonzentration C der resultierenden Fraktion bei gleichzeitig linear abnehmendem Effluatvolumen größer. Dieser Sachverhalt geht aus Abbildung 5-9 hervor, worin C_o wieder die Analytkonzentration im Effluat für die Peakbreite Δt_o bedeutet. Das Konzentrationsverhältnis C/C_o entspricht der Anreicherung des Analyten im Effluat, die man für $\Delta t < \Delta t_o$ erreichen kann. Bei größeren Elutionsdauern als die Peakbreite, also für $\Delta t > \Delta t_o$, findet eine zusätzliche Verdünnung statt.

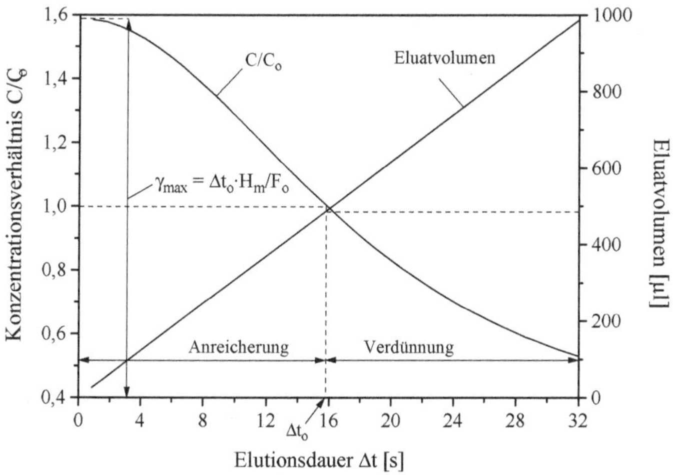

Abbildung 5-9: Bromatkonzentration im Effluat (bezogen auf die Konzentration C_o) in Abhängigkeit vom Zeitintervall Δt_o mit Angabe des dazugehörigen Effluatvolumens ($V_i = 200$ µl). Für $\Delta t < \Delta t_o$ findet eine Anreicherung des Analyten statt, für $\Delta t > \Delta t_o$ eine Verdünnung.

Mit der Vorgabe, daß die Molzahl an eingesetztem Bromat der Fläche F_o des jeweiligen Gaußpeaks im Intervall Δt_o entspricht und die auf Δt bezogene Molzahl der betrachteten Bromatfraktion durch das betreffende Flächensegment F unterhalb der Gaußkurve ausgedrückt wird, erhält man für das Konzentrationsverhältnis C/C_o folgenden Zusammenhang:

$$\frac{C}{C_o} = \frac{F}{F_o} \frac{\Delta t_o}{\Delta t}. \qquad \text{(Gl. 5-6)}$$

Die Darstellung des Kurvenverlaufes $C(\Delta t)/C_o$ nach Abbildung 5-9 basiert auf der numerischen Integration des in Abbildung 5-8 gezeigten Bromatpeaks mit in Richtung t_m abnehmender oberer bzw. zunehmender unterer Intervallgrenze t_2' bzw. t_1', d.h. das Integrationsintervall ist mit der Elutionsdauer $\Delta t = t_2' - t_1'$ identisch. Die nicht lineare Funktion besitzt bei $\Delta t = \Delta t_o$ einen Wendepunkt und nähert sich mit $\Delta t \rightarrow 0$ asymptotisch einem maximalen Konzentrationsverhältnis C_{max}/C_o an. Dieses erhält man für den theoretischen Grenzfall, daß innerhalb einer verschwindenden Zeitspanne genau das Peakmaximum abgetrennt wird, aus den charakteristischen Größen des Peaks:

$$\lim_{\Delta t \to 0} \frac{C}{C_o} = \frac{C_{max}}{C_o} = \Delta t_o \frac{H_m}{F_o} = \gamma_{max} \, . \qquad \text{(Gl. 5-7)}$$

Die Auswertung ergibt für den Peak in Abbildung 5-8 bei infinitesimalem Δt den Grenzwert $C_{max}/C_o = 1{,}59 \pm 0{,}026$, entsprechend einer theoretischen Anreicherung um etwa 59 %. Für ein endliches Zeitintervall von beispielsweise $\Delta t = 3{,}5$ s ist die Anreicherung mit 55 % etwas geringer; das Effluatvolumen beträgt dann 107 µl. Gegenüber der eingesetzten Bromatkonzentration C_a verhält sich die abgeleitete Funktion $C(\Delta t)/C_o$ invariant, da für den Meßbereich keine stetige Änderung der Funktionswerte bei festgelegtem Δt und Variation der Bromatkonzentration C_o registriert wurde.

Durch fraktionierte Abtrennung des Bromatpeaks ist also prinzipiell eine Konzentrationszunahme und damit eine Steigerung der Nachweisempfindlichkeit möglich. Dabei werden sicherlich hohe Anforderungen an das chromatographische System gestellt, zumal eine konstante Retentionszeit ebenso wie ein konstanter Volumenstrom des Eluenten gewährleistet sein muß, um die Voraussetzung für eine exakte Zeitsteuerung zu schaffen. Allerdings bewirken zeitliche Schwankungen bei der Abtrennung gerade im Bereich des Peakmaximums vergleichbar geringe Konzentrationsänderungen, da die Steigung der Funktion C/C_o bei $\Delta t = 0$ bzw. der Gaußkurve bei $t = t_m$ gleich Null ist. Die Nutzbarmachung dieser Überlegung hängt letztlich davon ab, inwieweit Mikroarbeitstechniken für die diskontinuierliche Nachsäulenderivatisierung in Frage kommen.

5.2.2 Komproportionierung von Bromat

5.2.2.1 Kinetische Betrachtung

Die Vervielfachungsreaktion des Analyten durch Komproportionierung des ionenchromatographisch abgetrennten Bromats mit Brom ist der wesentliche Schritt der Nachsäulenderivatisierung der Variante I gemäß der Bruttoreaktionsgleichung

$$BrO_3^- + 5\,Br^- + 6\,H^+ \longrightarrow 3\,Br_2 + 3\,H_2O \, .$$

Im Falle der Variante II wird diese Reaktion zwar nicht direkt analytisch genutzt, sie läuft aber als Teilreaktion im Verlauf der Oxidation des Azofarbstoffes SNAR ab. Obgleich kinetische und mechanistische Studien zum Verlauf dieser Reaktion hinlänglich bekannt sind, kann darauf nur bedingt zurückgegriffen werden, da die Einhaltung der für Ionenreaktionen in nicht verdünnten Lösungen zu beachtenden thermodynamischen Randbedingungen nicht in allen Fällen offensichtlich ist. Bei der folgenden Zusammenfassung wichtiger Ergebnisse wird auf diese Diskrepanz aufmerksam gemacht, um die Relevanz der Daten für die Auslegung der Nachsäulenderivatisierung klar herauszustellen.

Nach kinetischen Studien kann die Bruttoreaktion formal durch ein Geschwindigkeitsgesetz 4. Ordnung ausgedrückt werden (Young und Bray 1932):

$$-\frac{d\left[BrO_3^-\right]}{d\,t} = k\left[BrO_3^-\right]\left[Br^-\right]\left[H^+\right]^2, \qquad \text{(Gl. 5-8)}$$

wonach die Reaktionsgeschwindigkeit stark vom pH-Wert der Lösung und den Konzentrationen der Edukte abhängt. Verallgemeinernd kann gesagt werden, daß erst bei pH < 3 die Umsetzung mit nennenswerter Geschwindigkeit verläuft und mit Zunahme der H^+-Konzentration drastisch schneller wird. Da es sich hierbei um eine Reaktion solvatisierter Ionen im wässerigen Medium handelt, wird die Reaktionsgeschwindigkeit zusätzlich von der Ionenstärke I der Lösung beeinflußt. Die Definition für I lautet

$$I = \frac{1}{2}\sum_i m_i\, z_i^2\,, \qquad \text{(Gl. 5-9)}$$

worin z_i die Formalladung des Ions i und m_i die Molalität des Ions i bedeuten. Diese Betrachtung spielt insofern eine grundlegende Rolle, als die Ionenstärke durch sämtliche in der Lösung anwesenden Ionen gegeben ist, unabhängig davon, ob sie an der Reaktion beteiligt sind oder nicht. Daher haben auch nicht reagierende Elektrolyte einen Einfluß auf die Reaktionskinetik. Die elektrostatischen Wechselwirkungen nicht idealer Lösungen machen es schließlich erforderlich, bei der Bestimmung kinetischer sowie thermodynamischer Größen die Konzentrationsangaben mit Hilfe von Aktivitätskoeffizienten zu korrigieren. Letztgenannte lassen sich bekanntermaßen nach der Debye-Hückel-Theorie als Funktion der Ionenstärke für verdünnte Lösungen ($I \leq 10^{-3}$ mol/kg), mäßig konzentrierte Lösungen (10^{-3} mol/kg $< I < 10^{-1}$ mol/kg) und konzentrierte Lösungen ($I > 10^{-1}$ mol/kg) mit Näherungsverfahren berechnen (Moore und Hummel 1983). Dieser Umstand wurde in zahlreichen Studien allerdings nicht immer berücksichtigt, was einen Vergleich von Literaturwerten erschwert und deren Verwendung für die weiterführenden Berechnungen einschränkt.

Basierend auf der Debye-Hückel-Theorie wurde die Geschwindigkeitskonstante k in Abhängigkeit vom Aktivitätskoeffizienten γ für HBr in Perchlor- bzw. Schwefelsäure als Lösungsmittel ($I < 0{,}2$) explizit bestimmt. Demnach kann folgende Geschwindigkeitsgleichung angegeben werden (Young und Bray 1932):

$$-\frac{d\left[BrO_3^-\right]}{d\,t} = 540\,\gamma_{HBr}^4 \left[BrO_3^-\right]\left[Br^-\right]\left[H^+\right]^2 \quad \text{für} \quad T = 298\,K \qquad \text{(Gl. 5-10)}$$

Die angesprochene Beeinflussung der Reaktionskinetik durch die Konzentration zugesetzter Fremdelektrolyte, die nicht an der Reaktion teilnehmen, war Gegenstand intensiver Untersuchungen (Wrońska und Wawrzeńczyk 1972; Wrońska und Wawrzeńczyk 1975; Bray und Liebhafsky 1935; Sclar und Riesch 1936). Aus thermodynamischer Sicht wird die beobachtete Änderung der Reaktionsgeschwindigkeit entweder durch den primären Salzeffekt verursacht, d.h. durch den unmittelbaren Einfluß der Ionenstärke auf die Geschwindigkeitskonstante der Reaktion, oder durch den sekundären Salzeffekt, d.h. durch den Einfluß von I auf die Geschwindigkeit selbst, als Folge sich ändernder Aktivitätskoeffizienten. Diese wurden aber trotz der hohen Salzkonzentrationen offenbar nicht berücksichtigt, so daß eine Unterscheidung zwischen den beiden Fällen nicht möglich ist. Im allgemeinen wird aber das Vorherrschen des primären Salzeffektes als plausibel erachtet. Für eine detaillierte Erklärung der Salzeffektes auf Basis der Debye-Hückel-Theorie und der Theorie des aktivierten Komplexes nach Eyring sei auf die Spezialliteratur verwiesen (Moore und Hummel 1983).

Der Einfluß von Kationen auf die Geschwindigkeit der Komproportionierung ist weitgehend zu vernachlässigen, während Anionen zum Teil erhebliche Effekte bewirken und sowohl einen negativen Salzeffekt (Abnahme von k mit steigendem I) als auch einen positiven Salzeffekt (Zunahme von k mit steigendem I) zeigen. Einige der Ergebnisse gehen für verschiedene Elektrolyte aus Tabelle 5-2 hervor. Die angegebenen Daten entsprechen der jeweils prozentualen Änderung der Geschwindigkeitskonstante bei $T = 298$ K für eine Salzkonzentration von 0,1 M und 0,6 M, bezogen auf den Wert $k_o = 214{,}3\ l^3\ mol^{-3}\ min^{-1}$ ($T = 298$ K; pH 1,7) ohne Elektrolytzusatz (Wrońska und Wawrzeńczyk 1972). So wurde für Nitrat mit größer werdender Ionenstärke zunächst eine Abnahme und schließlich eine geringfügige Zunahme der Geschwindigkeitskonstante beobachtet. Sulfat führte zu einer drastischen Abnahme der Geschwindigkeitskonstante, wofür allerdings auch Änderungen des pH-Wertes und die Bildung von HSO_4^--Ionen verantwortlich zu machen sind. Demgegenüber zeigte Chlorid mit größer werdender Ionenstärke eine reaktionsbeschleunigende Wirkung. Dieses Phänomen wird weniger dem Salzeffekt als vielmehr dem Chloridion zugeschrieben, das in den Mechanismus der Komproportionierung als Katalysator eingreift und zur intermediären Bildung von Hypochloritionen führt. In diesem Zusammenhang ist die thermodynamisch mögliche Komproportionierung mit der Beteiligung von Chloridionen gemäß

$$BrO_3^- + 5\,Cl^- + 6\,H^+ \longrightarrow BrCl + 2\,Cl_2 + 3\,H_2O,$$

unbedeutend, da die Geschwindigkeitskonstante mit $k = 1{,}5 \cdot 10^{-3}\ l^3\ mol^{-3}\ min^{-1}$ (T = 298 K; pH 1,9) um etwa 5 Zehnerpotenzen geringer ist (Lewin und Avrahami 1955; Skrabal und Schreiner 1935). Somit kann selbst bei großem Überschuß an Chloridionen die entsprechende Umsetzung vernachlässigt werden.

Tabelle 5-2: Beeinflussung der Geschwindigkeitskonstante für die Komproportionierung von Bromat und Bromid durch Fremdelektrolyte. Angegeben ist die auf $k_o = 214{,}3\ l^3\ mol^{-3}\ min^{-1}$ bezogene prozentuale Änderung für zwei unterschiedliche Konzentrationen des zugesetzten Elektrolyten.

	Chlorid	Nitrat	Sulfat
Konzentration des Fremdelektrolyten: 0,1 M			
Natrium	+ 37,5	- 25,4	- 89,7
Kalium	+ 17,6	- 28,7	- 89,9
Calcium	+ 28,9	- 37,8	
Konzentration des Fremdelektrolyten: 0,6 M			
Natrium	+ 163,9	- 52,3	- 98,6
Kalium	+ 108,9	- 53,9	- 98,7
Calcium	+ 302,5	- 44,8	

5.2.2.2 Konsequenzen für die Bromatanalytik

Die Reaktionsbedingungen der Komproportionierung müssen für das zu entwickelnde Verfahren unter dem Gesichtspunkt gewählt werden, einen quantitativen Umsatz bei möglichst schneller Reaktion zu erzielen. Als wählbare Parameter kommen hierfür vor allem der pH-Wert, die Konzentrationen bzw. die Konzentrationsverhältnisse der Edukte, die Ionenstärke der Lösung sowie die Reaktionstemperatur in Betracht. Die Regelung der Reaktionsgeschwindigkeit durch die Temperatur ist prinzipiell denkbar, da bei einem Temperaturanstieg von 10 °C die zu erwartende Zunahme der Geschwindigkeitskonstante um etwa 100 % experimentell auch verzeichnet werden konnte (Wrońska und Wawrzeńczyk 1975). Allerdings beschränkt sich diese Maßnahme auf die Nachsäulenderivatisierung für stationäre Analysenmethoden, da bei kontinuierlich arbeitenden Verfahren, wie z.B. in Fließsystemen, infolge der größeren Konvektion ein erhöhter Stoffaustausch und damit eine zusätzliche Verdünnung des Analyten stattfindet.

Die Ionenstärke der Lösung ist in erster Linie durch die Konzentrationen an Wasserstoff- und Bromidionen vorgegeben und kann demnach nur durch Zugabe nicht reaktiver Salze erhöht werden. Hierfür bietet sich nach dem bisher Gesagten der Zusatz von Chloridionen an, die aufgrund ihrer katalytischen Wirkung die Reaktion beschleunigen, ohne die Gesamtstöchiometrie zu beeinflussen. Dieser Aspekt ist für den ionenchromatographischen Trennschritt von wesentlicher Bedeutung, da somit eine Auflösung von $R > 2$ bei hohen Chloridgehalten nicht unbedingt gewährleistet sein muß. Allerdings muß dann ein möglicher Löscheffekt der Fluorophore durch Chlorid vernachlässigt werden können, sofern er nicht ganz auszuschließen ist.

Ferner kann für eine rasche Reaktion der auf Bromat bezogene molare Überschuß an Bromidionen sehr groß gewählt werden, da die Analytkonzentrationen mit einigen ppb im Spurenbereich liegen. Unter diesen Umständen und bei einem gleichzeitig sehr niedrigen pH-Wert ändern sich die Konzentrationen an Wasserstoff- und Bromidionen selbst bei quantitativem Umsatz praktisch nicht. Infolgedessen kann die zuvor beschriebene, allgemeingültige Geschwindigkeitsgleichung durch eine Kinetik pseudo-1. Ordnung ersetzt werden, wenn man die Geschwindigkeitskonstante k und die quasi konstanten Konzentrationen zur neuen Konstante k' zusammenfaßt:

$$-\frac{d\left[BrO_3^-\right]}{d\,t} = k' \left[BrO_3^-\right], \quad \text{mit } k' = k\left[Br^-\right]\left[H^+\right]^2 \qquad \text{(Gl. 5-11)}$$

Somit läßt sich für ein gegebenes Reaktionsgemisch die Zeitabhängigkeit der Komproportionierung berechnen und mit der einfachen Beziehung

$$U = 1 - e^{-k't} \Rightarrow t = -\frac{\ln(1 - U)}{k'} \qquad \text{(Gl. 5-12)}$$

die für einen erforderlichen Umsatz U mindestens benötigte Reaktionszeit t bestimmen, sofern k' durch die Ausgangskonzentrationen festgelegt wird. Bei einer Br^--Konzentration von 10^3 - 10^4 ppm und pH-Werten im Bereich von 0,25 - 1,0 errechnen sich für einen 98 %igen Umsatz die in Tabelle 5-3 angegebenen Reaktionszeiten. Als Geschwindigkeitskonstante wurde für den Fall, daß kein Fremdelektrolyt einen Salzeffekt verursacht, der Wert $k_o = 214{,}3\ l^3\ mol^{-3}\ min^{-1}$ zugrunde gelegt, während mit Berücksichtigung des Salzeffektes bei einer Cl^--Konzentration von 0,2 mol/l für die Geschwindigkeitskonstante der Wert $k = 370{,}6\ l^3\ mol^{-3}\ min^{-1}$ anzugeben ist (Wrońska und Wawrzeńczyk 1972). Der jeweils angegebene molare Bromidüberschuß n_{Br} bezieht sich auf einen angenommenen

Bromatgehalt von 10 ppb. Die hohen Werte machen deutlich, daß im Bereich der Spurenanalyse die Vereinfachung der Geschwindigkeitsgleichung zulässig ist. Die entsprechenden Werte für H^+-Ionen wurden mit $1{,}3 \cdot 10^6$ - $7{,}3 \cdot 10^6$ höher gewählt, da aufgrund der Stöchiometrie der Protonenverbrauch etwas größer ist. Der gravierende Konzentrationseinfluß auf die Reaktionszeiten geht aus den Ergebnissen klar hervor. Es wird deutlich, daß die Komproportionierung ohne den Zusatz reaktionsbeschleunigender Chloridionen innerhalb einer Zeitspanne von wenigen Minuten vollständig abgelaufen ist, sofern bei pH < 1,0 der Gehalt an Bromidionen mindestens 1000 ppm beträgt. Stellt man eine Cl^--Konzentration von 0,2 M ein, reduziert sich die jeweilige Reaktionszeit um etwa 42 %.

Der zeitliche Reaktionsverlauf der Komproportionierung wurde ergänzend in eigenen Experimenten durch kinetische Analyse des nachgelagerten Gleichgewichtes $Br_2 + Br^- \rightleftharpoons Br_3^-$ untersucht. Hierfür bot sich wieder die UV-VIS-Spektroskopie an, da das Br_3^--Ion bei 267,5 nm eine charakteristische Absorptionsbande besitzt. Auf detaillierte Erläuterungen zur Auswertung soll jedoch nicht näher eingegangen werden, zumal die Ergebnisse den empfindlichen Einfluß des Bromidüberschusses auf die Geschwindigkeit der Reaktionen und damit auf die Mindestreaktionszeit bestätigen konnten. In diesem Zusammenhang wurde der Extinktionskoeffizient für das Br_3^--Ion in Wasser zu $\varepsilon = 14800 \pm 150$ l mol^{-1} cm^{-1} bestimmt, der bislang in der Literatur nicht bekannt war.

Tabelle 5-3: Reaktionszeiten (in Minuten) der Komproportionierung für eine Kinetik pseudo-1. Ordnung in Abhängigkeit vom pH-Wert und der Br^--Konzentration ohne bzw. mit Einfluß des Salzeffektes.

$[Br^-]$ in ppm	n_{Br}	pH 0,25	pH 0,5	pH 0,75	pH 1,0
		Ohne Zusatz vom Fremdelektrolyten			
1000	$1{,}6 \cdot 10^5$	4,6	14,6	46,1	145,8
5000	$8{,}0 \cdot 10^5$	0,92	2,9	9,2	29,2
10000	$1{,}6 \cdot 10^6$	0,46	1,5	4,6	14,6
		Mit Zusatz von NaCl (0,2 M)			
1000	$1{,}6 \cdot 10^5$	2,7	8,4	26,7	84,3
5000	$8{,}0 \cdot 10^5$	0,53	1,7	5,3	16,9
10000	$1{,}6 \cdot 10^6$	0,27	0,84	2,7	8,4

5.3 Diskontinuierliche Meßmethoden

5.3.1 Bromatdetektion mit der Variante I

5.3.1.1 Fluoreszenzverhalten der Farbstoffe

Angesichts optimaler Detektionsbedingungen war zunächst das Fluoreszenzverhalten der in Abbildung 5.2 (Kapitel IV.5.1.2.2) dargestellten Farbstoffe Gegenstand eingehender Untersuchungen. Hierbei handelte es sich im einzelnen um die pH-Abhängigkeit der Fluoreszenzintensität, die Bestimmung der optimalen Anregungs- bzw. Fluoreszenzwellenlängen (λ_{ex} bzw. λ_{em}), die Einstellung idealer Spaltbreiten am Spektrometer, die Ermittlung der Nachweisgrenzen der reinen Farbstoffe sowie die Beeinflussung der Fluoreszenz durch Störeffekte (Theisen 1995).

Der Einfluß des pH-Wertes auf die Fluoreszenzintensität geht aus Abbildung 5-10 hervor. Bekanntermaßen stellt Uranin den im neutralen bis basischen pH-Bereich am stärksten fluoreszierenden Farbstoff dar. Die in Abbildung 5-10 gezeigten Daten entsprechen den Mittelwerten aus jeweils sechs Einzelmessungen, wobei die Standardabweichungen von etwa ± 1 % beispielhaft für Uranin, Dichlorfluorescein und Cumarin 307 eingetragen sind.

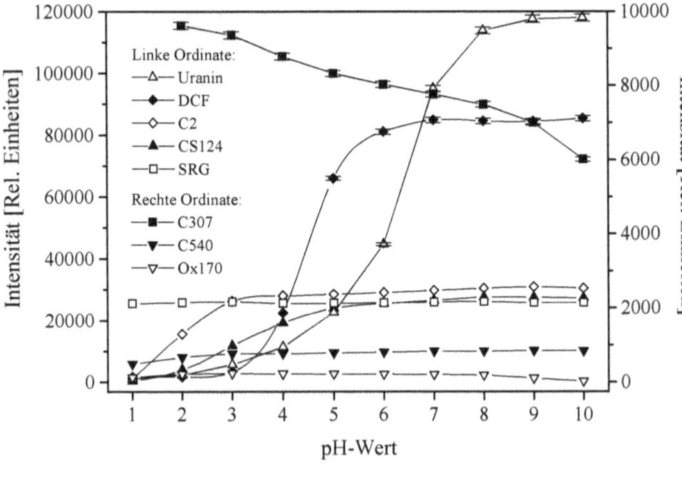

Abbildung 5-10: Abhängigkeit der Fluoreszenzintensität vom pH-Wert (c_o = 1 µmol/l) für Uranin, Dichlorfluorescein (DCF), Cumarin 2 (C2), Carbostyril 124 (C124), Sulforhodamin G (SRG), Cumarin 307 (C307), Cumarin 540 (C540) und Oxazin 170 (Ox 170).

Den Ergebnisse zufolge weisen Sulforhodamin G und das um ca. 26 % schwächer fluoreszierende Rhodamin 6 G (nicht eingezeichnet) als einzige Farbstoffe im angegebenen pH-Bereich eine vom pH-Wert unabhängige Fluoreszenzintensität auf. Im Gegensatz hierzu nimmt die Intensität von Oxazin 170 sowohl im sauren Bereich (pH < 2) als auch im basischen Bereich (pH > 8) leicht ab, während Dichlorfluorescein ausschließlich bei pH > 6 in die stark fluoreszierende Form übergeht und von allen untersuchten Verbindungen, abgesehen von Uranin, die größte Fluoreszenzintensität besitzt. Die nichtionischen Cumarinfarbstoffe sowie das Carbostyril 124 zeigen bei pH < 3 - 5 abnehmende Fluoreszenzintensität. Dementsprechend erwies sich ein pH-Wert von etwa 8 - 9 für alle Farbstoffe als ideal. Bezogen auf Uranin sind die gemessenen Fluoreszenzintensitäten dieser Farbstoffe geringer und betragen in abnehmender Reihenfolge 89 % für Dichlorfluorescein, 32 % für Cumarin 2, 29 % für Carbostyril 124, 27 % für Sulforhodamin G, 20 % für Rhodamin 6 G, 10 % für Cumarin 307, 0,9 % für Cumarin 540 und 0,2 % für Oxazin 170. Als Folge der geringen relativen Fluoreszenzintensitäten waren die drei zuletzt genannten Farbstoffe als empfindliche Detektionssysteme nicht geeignet.

In Tabelle 5-4 sind die Anregungs- und Fluoreszenzwellenlängen der ausgewählten Farbstoffe zusammengefaßt. Die Werte beziehen sich im Unterschied zu den ebenfalls angegebenen Literaturwerten nicht auf organische Lösungsmittel, sondern gelten für den Borat-Salzsäure-Puffer (pH 8). Aus dem Vergleich der Stokes-Verschiebungen $\Delta S = \lambda_{em} - \lambda_{ex}$, die für Dichlorfluorescein, Sulforhodamin G, Uranin und Rhodamin 6 G mit 18 - 25 nm verhältnismäßig klein sind, resultierte die Notwendigkeit, die Beeinflussung der Peakauflösung bei unterschiedlichen Spaltbreiten der Monochromatoren zu untersuchen.

Tabelle 5-4: Gemessene Anregungs- bzw. Fluoreszenzwellenlängen λ_{ex} bzw. λ_{em} der eingesetzten Farbstoffe (c_o = 1 µmol/l) für pH 8 mit Angabe der Stokes-Verschiebung ΔS (in nm) sowie entsprechende Literaturangaben für Ethanol (Brackmann 1994).

Farbstoff	Experiment			Literaturwerte		
	λ_{ex}	λ_{em}	ΔS	λ_{ex}	λ_{em}	ΔS
Uranin	491	512	21	500	521	21
Dichlorfluorescein	500	518	18	512	530	18
Cumarin 2	362	451	89	366	443	77
Carbostyril 124	340	414	74	350	400	50
Rhodamin 6 G	524	549	25	530	556	26
Sulforhodamin G	530	548	18	532	552	20

Im Gegensatz zu Cumarin 2 und Carbostyril 124, deren Anregungs- und Fluoreszenzpeaks selbst bei den Maximaleinstellungen der Monochromatoren (Anregungsspalt: 15 nm; Emissionsspalt: 20 nm) hinreichend gut aufgelöst wurden, war für die anderen vier der in Tabelle 5-4 angegebenen Farbstoffe eine Anregungsspaltbreite von 2,5 nm und eine Emissionsspaltbreite von 10 nm optimal. Mit den kleineren Spaltbreiten war aber ein Intensitätsverlust verbunden, so daß sich Dichlorfluorescein in seiner Fluoreszenzintensität quasi nicht mehr von den schwächer fluoreszierenden Verbindungen Cumarin 2 und Carbostyril 124 unterschied und Sulforhodamin G und Rhodamin 6 G für analytische Zwecke letztendlich zu unempfindlich waren. In diesem Zusammenhang schied die Aufzeichnung von Synchronspektren als fluorimetrische Detektionsmethode mit verbesserter spektraler Auflösung aus, da für die endgültige Etablierung des analytischen Gesamtverfahrens ein kontinuierliches Messen der Fluoreszenz bei vorgegebener Anregungswellenlänge Voraussetzung war.

Nach den bisherigen Ergebnissen kommen für eine empfindliche Bromatdetektion letztlich die Farbstoffe Uranin, Dichlorfluorescein, Cumarin 2 und Carbostyril 124 in Betracht. Für diese Farbstoffe ist die Kenntnis der Nachweisgrenzen unabdingbar, da im Zuge der Bromierungsreaktion die Farbstoffkonzentration nicht kleiner als die Nachweisgrenze werden darf. Der entsprechende Wert beträgt für Uranin 5,3 pmol/l (2 ppt) bei pH 8,5. Die Nachweisgrenzen der anderen Fluorophore wurden im Borat-Salzsäure-Puffer (pH 8) für Dichlorfluorescein zu 73 pmol/l (29 ppt), für Cumarin 2 zu 13 pmol/l (3 ppt) und für Carbostyril 124 zu 29 pmol/l (5 ppt) bestimmt. Diese Angaben beruhen auf einem Sicherheitsintervall, das der dreifachen Standardabweichung der linearen Regression entspricht (Miller und Miller 1986).

Darüber hinaus mußten Störungen ausgeschlossen werden, die bei der Fluoreszenzdetektion prinzipiell durch Fluoreszenzlöschung oder durch Nebenreaktionen der Fluorophore mit anderen Oxidantien als Brom gegeben sind. In diesem Zusammenhang haben Kontrollexperimente gezeigt, daß Löscheffekte durch die Anionen Bromid, Chlorid, Carbonat oder Borat bis zu einem Gehalt von 1000 ppm für alle Farbstoffe vernachlässigbar waren. Das Verhalten der Farbstoffe gegenüber oxidierend wirkenden Substanzen wurde einerseits für Bromat selbst und andererseits für Wasserstoffperoxid untersucht. Letztgenanntes kann bei Aufbereitungsprozessen als Oxidationsmittel in das Wasser eingespeist werden oder bildet sich währenddessen aus anderen sauerstoffhaltigen Verbindungen, wie z.B. aus Ozon. Eine Beeinflussung des Fluoreszenzverhaltens durch Wasserstoffperoxid konnte für Konzentrationen bis 1 ppm nicht festgestellt werden. Allerdings wirkte sich ein Bromatgehalt von 1 ppm nachteilig aus, da die Fluoreszenzintensität von Dichlorfluorescein nach einer Reaktionszeit von etwa 3 min und die von Cumarin 2 nach etwa 6 min um jeweils 5 % abnahm, während sich Carbostyril gegenüber Bromat inert verhielt. Dabei zeigte sich außerdem, daß vor allem bei Lichteinwirkung der oxidative Einfluß von Bromat begünstigt war. Aus diesem Grund mußte Bromat stets als letzte Komponente der Reaktionslösung zugegeben werden.

5.3.1.2 Charakterisierung der Bromierungsprodukte

5.3.1.2.1 Analytische Methoden

Die ausgewählten Farbstoffe wurden im präparativen Maßstab bromiert und anschließend charakterisiert, um die Anzahl der Bromierungsprodukte, deren Bromierungsgrad n und daraus den Vervielfachungsfaktor f zu bestimmen (Theisen 1995). Der Reaktionsfortschritt konnte dünnschichtchromatographisch auf analytischen DC-Folien verfolgt werden, während zur Gewinnung ausreichender Mengen an Reaktionsprodukten für die weitere Analytik präparative DC-Platten eingesetzt wurden. Die Bromierung wurde mit einem geringfügigen Farbstoff-Überschuß durchgeführt, um von vornherein eine vollständige Bromierung des Fluorophors zu vermeiden. Damit konnte sichergestellt werden, daß ein Gemisch aus dem Edukt und den Produkten unterschiedlicher Bromierungsgrade der chromatographischen Trennung zugänglich war.

Die Bromierung von Uranin führte nach den Ergebnissen der Dünnschichtchromatographie zu vier Reaktionsprodukten, die im Vergleich zu Literaturangaben dem mono-, di- und tribromierten Uranin sowie Eosin, dem tetrabromierten Uranin-Derivat, zugeordnet werden konnten. Eine zusammenfassende Charakterisierung der einzelnen Bromierungsprodukte ist in Tabelle 5-5 zu finden. Die Angabe des Vervielfachungsfaktors bezieht sich auf Kapitel IV.5.1.2.2, die Bezeichnung des jeweils bromierten C-Atoms basiert auf der in Abbildung 5.3 angegebenen Numerierung und die R_f-Werte gelten für das Laufmittel Toluol/Eisessig (10:2). Die Werte für $\Delta\lambda_{abs}$ sind die Wellenlängenverschiebungen des Absorptionsmaximums der jeweils getrennten Fraktion, bezogen auf das Edukt.

Tabelle 5-5: Charakterisierung der Bromierungsprodukte von Uranin durch Angabe des Bromierungsgrades n, des Vervielfachungsfaktors f, der Bromierungsposition i für das C-Atom C_i, des R_f-Wertes und der spektralen Verschiebung $\Delta\lambda_{abs}$ des jeweiligen Absorptionsmaximums (bezogen auf Uranin).

n	f	i	R_f	$\Delta\lambda_{abs}$ [nm]
1	3	4	0,38	+ 7
2	1,5	4, 5	0,44	+ 14
3	1	2, 4, 5	0,54	+ 17
4	0,75	2, 4, 5, 7	0,62	+ 25

Die Ergebnisse machen deutlich, daß der zunehmende Bromierungsgrad, entsprechend einem abnehmenden Verstärkungsfaktor, zwar mit einer sukzessiven, aber jeweils nur geringfügigen spektralen Änderung $\Delta\lambda_{abs}$ verbunden ist. Die Tatsache, daß bei der Bromierung in der Regel ein Produktgemisch entsteht, dessen Zusammensetzung von den Konzentrationen der eingesetzten Edukte abhängig ist, und zudem die Stokes-Verschiebung ΔS mit steigendem Bromgehalt bis hin zum Eosin nicht größer wird, erschwerte die fluorimetrische Detektion geringer Mengen an Bromierungsprodukten. Ferner kam hinzu, daß mit jedem Br-Substituenten die Fluoreszenzquantenausbeute der bromierten Produkte aufgrund des Schweratomeffektes deutlich abnimmt. Aus diesen Gründen war eine empfindliche Bromatanalytik mit Uranin letztendlich nicht möglich.

Die dünnschichtchromatographische Trennung der anderen Fluorophore ergab, daß Carbostyril 124 drei Bromierungsprodukte bildete, mit den R_f-Werten 0,86 sowie 0,78 und 0,52 (Laufmittel: Ethylacetat/Methanol (20:1)). Aus dem Farbstoff Cumarin 2 entstanden zwei Bromierungsprodukte mit den R_f-Werten 0,67 und 0,55 (Laufmittel: Ethylacetat/Hexan (1:3)), während Dichlorfluorescein nur ein einziges Produkt mit einem R_f-Wert von 0,31 bildete (Laufmittel: reines Ethylacetat). Dementsprechend ist bei der Detektion von Bromat mit Carbostyril 124 bzw. Cumarin 2 im Gegensatz zu Dichlorfluorescein grundsätzlich ein Produktgemisch zu erwarten.

Die zusätzliche Untersuchung dieser nach präparativer DC getrennten Fraktionen mittels hochauflösender Massenspektrometrie gab Aufschluß über den Bromierungsgrad und die Struktur der gebildeten Derivate (Theisen 1995). Generell erfolgte für jeden Farbstoff die Interpretation und Zuordnung der Fragmentsignale anhand der Verbindung mit dem größten Bromierungsgrad, der sich aus den auftretenden Isotopenmustern ergab. Die Strukturen der Bromierungsprodukte, die sich im Rahmen der Auswertung ableiten ließen, sind in Abbildung 5-11 zusammenfassend dargestellt.

Somit ergibt sich für Dichlorfluorescein ein Vervielfachungsfaktor von 3/2, da die Reaktion, wie die Bromierung von Uranin zu Eosin, gemäß der anfänglichen Voraussetzung als elektrophile aromatische Substitution verläuft. Dabei reagieren zwei Moleküle Brom mit einem Molekül Dichlorfluorescein, wodurch sich der maximale Verstärkungsfaktor von 3 halbiert. Für Cumarin 2 und Carbostyril 124 ergibt sich ein Vervielfachungsfaktor von 1 bis 3. Der Bromierungsmechanismus läuft bei diesen Farbstoffen strukturbedingt anders ab, da cyclische α, β-ungesättigte Lactone bzw. Lactame generell zu Additionsreaktionen befähigt sind. Übereinstimmend ging aus qualitativen Fluoreszenzmessungen hervor, daß die dibromierten Produkte bei den Konzentrationsverhältnissen des Bromatnachweises tatsächlich überwogen.

Derivat des Dichlorfluoresceins

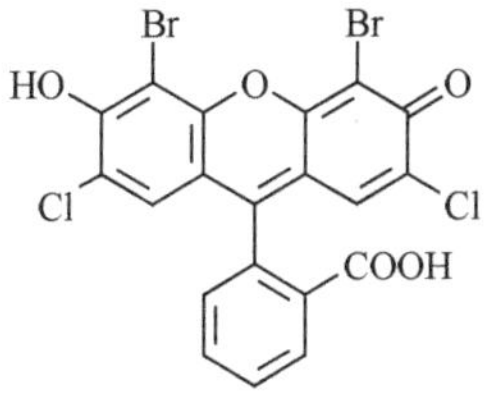

0,31

Derivate des Cumarins 2

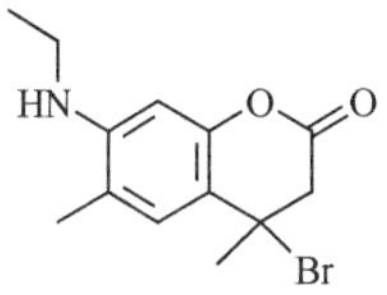

0,55

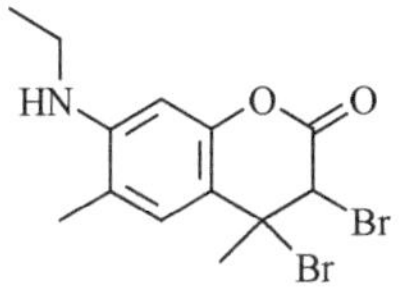

0,67

Derivate des Carbostyrils 124

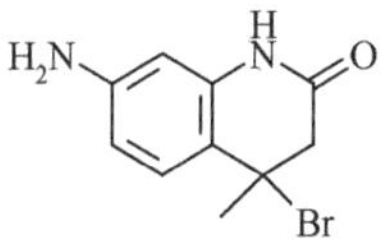

0,86

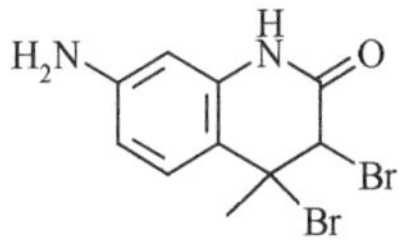

0,78

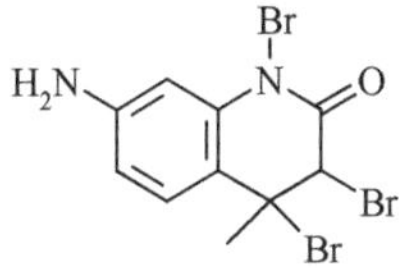

0,52

Abbildung 5-11: Strukturformeln der bromierten Derivate von Dichlorfluorescein, Cumarin 2 und Carbostyril 124. Hinsichtlich der einfacheren Zuordnung sind die jeweiligen R_f-Werte angegeben, welche sich auf die analytische Dünnschichtchromatographie beziehen.

5.3.1.2.2 Fluoreszenzmessungen

Die getrennten und gereinigten Fraktionen der einzelnen Bromierungsprodukte wurden fluoreszenzspektroskopisch bei pH 8 vermessen, um die Änderungen der Fluoreszenzeigenschaften des Eduktes durch die Bromierung qualitativ zu untersuchen. Die erhaltenen Wellenlängen der Anregungs- und Fluoreszenzmaxima für die einzelnen Bromierungsprodukte des jeweiligen Farbstoffes können der Tabelle 5-6 als absolute Wellenlängenänderung (bezogen auf das Edukt) entnommen werden. Danach weist das Derivat des Dichlorfluoresceins die größte Verschiebung des Anregungs- und Fluoreszenzmaximums auf, was für die Detektion im Hinblick auf etwaige Störungen durch die Fluoreszenz des Produktes vorteilhaft war.

Tabelle 5-6: Verschiebungen der Anregungs- und Fluoreszenzwellenlängen ($\Delta\lambda_{ex}$ bzw. $\Delta\lambda_{Em}$ in nm) bei den Bromierungsgraden n der jeweiligen Farbstoffderivate für pH 8.

Farbstoff	Edukt		n = 1		n = 2		n = 3	
	λ_{ex}	λ_{em}	$\Delta\lambda_{ex}$	$\Delta\lambda_{em}$	$\Delta\lambda_{ex}$	$\Delta\lambda_{em}$	$\Delta\lambda_{ex}$	$\Delta\lambda_{em}$
C124	340	414	+ 8	- 16	+ 8	- 10	+ 10	± 0
C2	362	451	+ 17	+ 2	- 4	+ 10	—	—
DCF	500	518	—	—	+ 21	+ 17	—	—

Zur quantitativen Beurteilung der Hintergrundfluoreszenz der Bromierungsprodukte wurden die Farbstoffe bei einem $2 \cdot 10^4$fachen Br_2-Überschuß bromiert, so daß nach 3 min Reaktionszeit von einer vollständigen Umsetzung ausgegangen werden konnte. Nur im Falle von Dichlorfluorescein lag tatsächlich ein einziges Reaktionsprodukt vor. In der Reaktionslösung von Carbostyril 124 konnte zwar nur das di- bzw. tribromierte Derivat und für Cumarin 2 nur das dibromierte Derivat als Hauptprodukt gefunden werden, aber möglicherweise wurde ebenso das jeweils monobromierte Nebenprodukt gebildet, wenn auch nur in geringen Mengen. Wie Abbildung 5-12 beispielhaft für Dichlorfluorescein zeigt, betrug bei diesem Reaktionsansatz die prozentuale Intensitätsabnahme ca. 94 %, d.h. die Überlagerung der Hintergrundfluoreszenz des Produktes bei der Detektion konnte ohne Einschränkung vernachlässigt werden. Für Carbostyril 124 bzw. Cumarin 2 lagen die Intensitätsverluste mit 99 % bzw. 90 % in derselben Größenordnung.

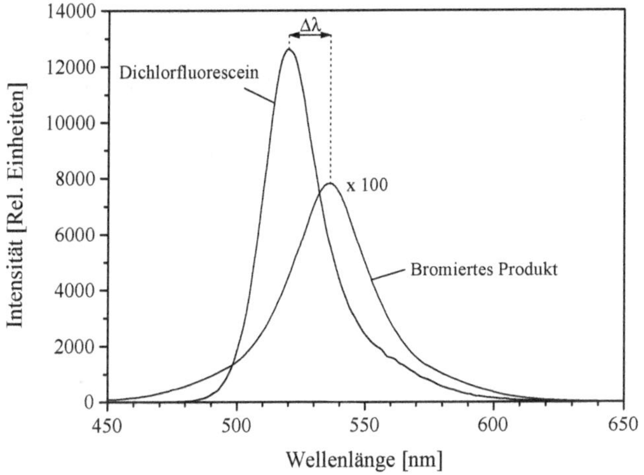

Abbildung 5-12: Bathochrome Verschiebung des Fluoreszenzmaximums und Intensitätsabnahme bei der Bromierung von Dichlorfluorescein ($\Delta\lambda$ = 17 nm; λ_{ex} = 500 nm).

5.3.1.3 Meßmethodik

In Anlehnung an die in Kapitel IV.5.1.2 dargestellte Vorgehensweise umfaßt die Meßmethodik im ersten Schritt die Vervielfachungs- und Bromierungsreaktion und im zweiten Schritt die fluorimetrische Detektion. Diese beruht ausschließlich auf der Messung der abnehmenden Fluoreszenzintensität des eingesetzten Farbstoffes bei der Wellenlänge λ_{ex} im Maximum des jeweiligen Anregungsspektrums. Die standardisierte Vorgehensweise wird schematisch für die Kalibrierung des Verfahrens in Abbildung 5-13 illustriert. Dabei ist zu beachten, daß die Bromatstammlösung sowie die daraus durch Verdünnen hergestellten Meßlösungen für jede Messung frisch angesetzt werden mußten, da sie vor allem unter dem Einfluß von Licht nicht stabil waren.

Die beiden chemischen Teilschritte werden als „Ein-Topf-Reaktion" bei pH 0,7 durchgeführt. Der niedrige pH-Wert sowie der hohe molare Überschuß an Bromid, der beispielsweise bei einer Bromatkonzentration von 1 ppb etwa $1{,}6 \cdot 10^7$ beträgt, gewährleisten nach einer Mindestreaktionszeit t_R von 3 min einen so gut wie vollständigen Umsatz. Dabei wirkt sich die Verwendung von HCl zur Einstellung des pH-Wertes günstig aus, da nach Kapitel IV.5.2.2 Chloridionen die Komproportionierung beschleunigen. Infolgedessen kann eine nicht ideale Auflösung zwischen Bromat und Chlorid durchaus in Kauf genommen werden. Andere Säuren, wie z.B. HNO_3 oder H_2SO_4, setzen hingegen die Reaktionsgeschwindigkeit deutlich herab. Darüber hinaus erwies sich die Verwendung von HBr zur gleichzeitigen Einstellung der H^+- und Br^--Konzentrationen wegen des relativ hohen Anteils an elementarem Brom als ungeeignet. Nach Ablauf der Reaktionszeit schließt sich der Detektionsschritt im basischen Milieu bei pH 8 an. Zu diesem Zweck wird die Reaktionslösung mit Natriumcarbonat versetzt, das, wie Kontrollexperimente gezeigt haben, zu keinerlei Interferenzen bei der Fluoreszenzmessung führt. Für die Bestimmung des Blindwertes wurde beim Herstellen der Reaktionslösung anstatt 1 ml Bromatlösung 1 ml Wasser verwendet.

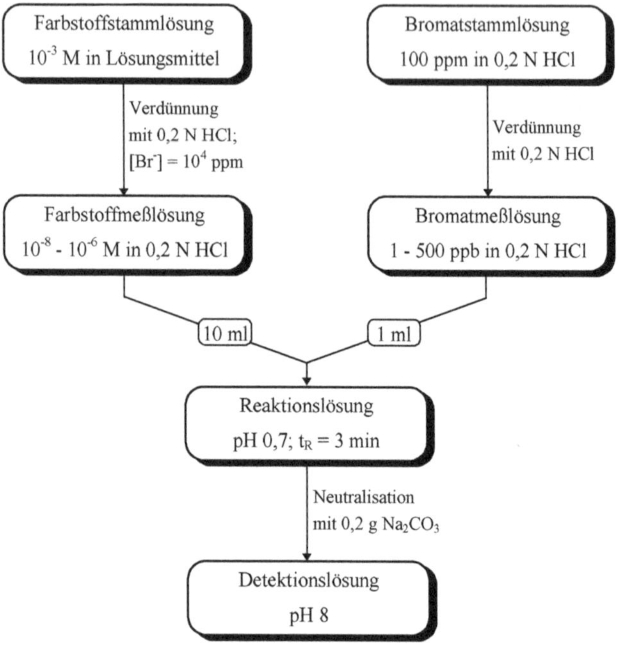

Abbildung 5-13: Standardisierte Meßmethodik zur Detektion von Bromat nach Variante I.

5.3.1.4 Kalibration und Nachweisgrenzen

Grundsätzlich muß von einer Beeinflussung der Nachweisgrenze durch die Farbstoffkonzentration ausgegangen werden, da die Änderung des detektierten Meßsignals bei einem großen molaren Verhältnis von eingesetztem Farbstoff zu gebildetem Brom geringer ist als bei einem kleineren Farbstoffüberschuß. Daher wurden gemäß der standardisierten Arbeitsvorschrift für Carbostyril 124, Cumarin 2 und Dichlorfluorescein die Farbstoffkonzentrationen 0,01 µmol/l, 0,1 µmol/l, 0,5 µmol/l und 1 µmol/l eingesetzt, um die jeweilige Intensitätsabnahme zunächst in Einfachbestimmungen abhängig vom eingesetzten Bromatgehalt im Bereich von 0 - 50 ppb zu messen. Die Ergebnisse sind beispielhaft für Dichlorfluorescein in Abbildung 5-14 dargestellt.

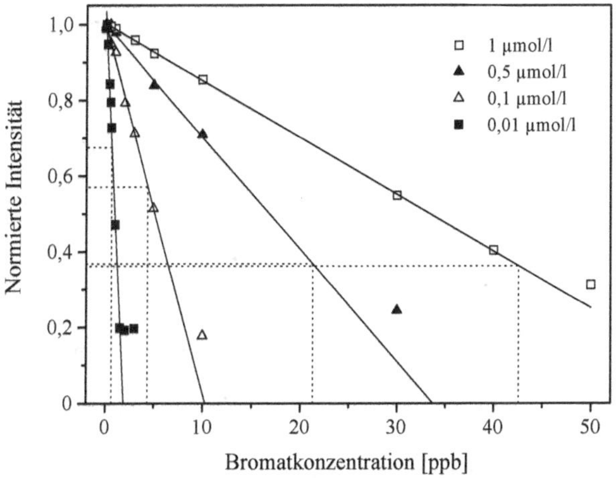

Abbildung 5-14: Einfluß der eingesetzten Farbstoffkonzentration c_0 auf den Verlauf der Kalibrationsgeraden für Dichlorfluorescein (berechnet für den linearen Bereich). Die gestrichelten Linien kennzeichnen den zu c_0 äquimolaren Bromatgehalt.

Das Diagramm bestätigt, daß mit abnehmender Farbstoffkonzentration die Empfindlichkeit des Meßverfahrens entsprechend der steiler werdenden Geraden zunimmt. Letztgenannte ergeben sich aus dem jeweiligen linearen Meßbereich durch lineare Regression. Das Abweichen der Meßsignale von den eingezeichneten Regressionsgeraden bei höheren Bromatkonzentrationen folgt daraus, daß bei einem angenommenen Bromierungsgrad von n = 1 und 100 %igem Umsatz in der Reaktionslösung äquimolare Mengen an Farbstoff und Brom vorliegen. Der Farbstoff ist dann überwiegend bromiert, so daß mit einer weiteren

Zunahme der Bromatkonzentration keine zusätzliche Intensitätsabnahme verbunden ist. Zur Veranschaulichung ist in Abbildung 5-14 für jede Farbstoffkonzentration der jeweils äquimolare Bromatgehalt eingezeichnet. Die resultierenden linearen Meßbereiche sowie die ermittelten Nachweisgrenzen sind in Tabelle 5-7 zusammengefaßt, nach der die Bromatdetektion bei der kleinsten Farbstoffkonzentration am nachweisstärksten ist. Die Nachweisgrenzen wurden aus den Parametern der gewichteten Regressionsgeraden für ein Sicherheitsintervall von drei Standardabweichungen nach den üblichen Verfahren bestimmt, das infolge der negativen Steigung vom Nullwert zu subtrahieren ist (Miller und Miller 1984).

Tabelle 5-7: Nachweisgrenzen und lineare Meßbereiche der Bromatdetektion für ausgewählte Farbstoffe in Abhängigkeit von der Farbstoffkonzentration c_o (Einfachmessung).

c_o [µmol/l]	Nachweisgrenzen [ppb]			Meßbereich [ppb]
	DCF	C2	C124	DCF, C2, C124
0,01	0,19	0,18	0,10	bis 1,5
0,1	0,39	0,17	0,20	bis 5
0,5	0,67	1,18	0,97	bis 15
1	0,64	1,82	2,08	bis 40

Zur statistischen Absicherung der Nachweisgrenzen muß die Reproduzierbarkeit vor allem im unteren Konzentrationsbereich mit in Betracht gezogen werden, also bei Fluoreszenzintensitäten, die im Bereich der Intensität I_o des Eduktes liegen. Daher wurden die Meßreihen mehrfach wiederholt, wobei eine zunehmende Meßwertstreuung mit abnehmender Farbstoffkonzentration zu beobachten war. Diese Vorgehensweise wird in Abbildung 5-15 verdeutlicht. Die Mittelwerte der einzelnen Mehrfachmessungen wurden *t*-Tests unterzogen, um die Reproduzierbarkeit des Verfahrens zu berücksichtigen. Damit konnte der maximale Intensitätswert I_{max} ermittelt werden, der sich signifikant von I_o unterschied und für die Kalibration noch herangezogen werden durfte. Die Festlegung, daß die Differenz zwischen dem Nullwert I_o und dem noch unterscheidbaren Signal I_{max} der dreifachen Standardabweichung der gewichteten linearen Regression entspricht, führt schließlich zur Berechnung der Nachweisgrenze x_o gemäß der nachstehenden Beziehung (vgl. Gleichung 5-2). Darin ist a der Achsenabschnitt der Regressionsgerade, b die Geradensteigung und s_{yx} die Standardabweichung der Regression:

$$x_o = \frac{I_{max} - 3\, s_{yx} - a}{b} \qquad \text{(Gl. 5-13)}$$

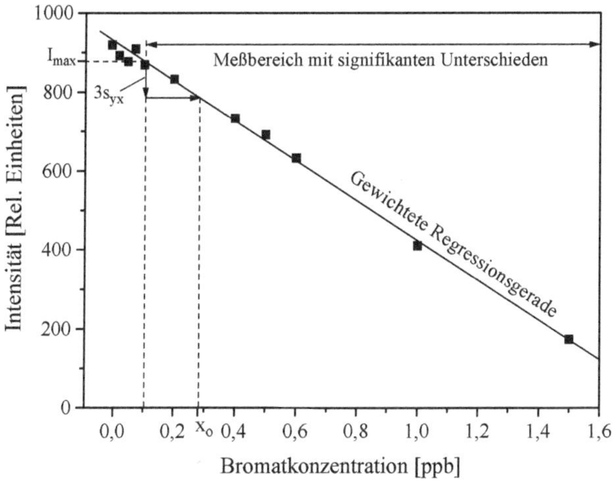

Abbildung 5-15: Verdeutlichung des angewandten Auswertungsverfahrens zur Bestimmung der Nachweisgrenzen.

Diese Berechnung wurde für Dichlorfluorescein basierend auf Dreifachmessungen durchgeführt, um die in Tabelle 5-7 angegebenen Nachweisgrenzen statistisch abzusichern. Im Rahmen der *t*-Tests wurde eine Sicherheit von $\overline{P}$ = 0,95 bzw. $\overline{P}$ = 0,99 zugrunde gelegt, so daß für die Berechnung der Nachweisgrenzen Werte mit wahrscheinlichem und signifikantem bzw. mit signifikantem Unterschied herangezogen werden konnten.

Tabelle 5-8: Nachweisgrenzen x_o und mittlere relative Standardabweichungen σ für Dichlorfluorescein in Abhängigkeit von der Farbstoffkonzentration c_o unter Berücksichtigung des *t*-Tests mit unterschiedlichem Signifikanzkriterium $\overline{P}$.

c_o [µmol/l]	σ [%]	x_o für $\overline{P}$ = 0,95 [ppb]	x_o für $\overline{P}$ = 0,99 [ppb]
0,01	12,5	0,16	0,68
0,1	7,4	0,16	1,03
0,5	2,6	0,42	1,09
1	1,2	0,67	1,05

Entsprechend den in Tabelle 5-8 gegenübergestellten Ergebnissen sind die Nachweisgrenzen bei größerer statistischer Signifikanz höher. Trotz der zunehmenden mittleren Standardabweichung bei abnehmender Konzentration stimmen die angegebenen Nachweisgrenzen mit den Werten für die Einfachmessung gut überein.

Eine zusammenfassende Betrachtung der Ergebnisse zeigt, daß mit Verdünnung der Farbstofflösung die Steigung der Kalibrationsgeraden zunimmt, was zu einer höheren Nachweisempfindlichkeit und zu besseren Nachweisgrenzen führt. Allerdings beschränkt sich mit abnehmender Farbstoffkonzentration die Linearität des Detektorsignals von der Bromatkonzentration auf immer kleiner werdende Meßbereiche. Außerdem nimmt die Streuung der Meßwerte zu, weshalb durch weitere Verdünnung der Farbstofflösung auf Konzentrationen unter 10^{-7} mol/l keine Verbesserung der Nachweisgrenze erzielt wird. Zu größeren Farbstoffkonzentrationen hin wird die Detektion von Bromat durch die abnehmende Empfindlichkeit limitiert. Die Konzentrationsspanne beträgt letztlich 10^{-7} - 10^{-6} mol/l, innerhalb der die niedrigste Nachweisgrenze mit 0,16 ppb Bromat anzugeben ist. Der lineare Meßbereich erstreckt sich für diesen Fall bis 5 ppb Bromat.

5.3.2 Bromatdetektion mit der Variante II

5.3.2.1 Reaktionsbedingungen für die Nachsäulenderivatisierung

Im Gegensatz zur Variante I basiert die Nachsäulenderivatisierung der im folgenden beschriebenen Methode auf einer bereits untersuchten Reaktion (Gladilovich 1991). Wie schon erwähnt wurde, handelt es sich hierbei um die Oxidation des Azofarbstoffes SNAR in Anwesenheit von Bromid- bzw. Chloridionen im sauren Milieu. Erst durch Komplexierung mit Ga^{3+}-Ionen wird der Ligand in einen zweikernigen Komplex überführt, der aufgrund seiner charakteristischen Fluoreszenz empfindlich detektierbar ist. In Analogie zur Komproportionierung und anschließenden direkten Bromierung müssen auch bei dieser Methode die beiden chemischen Teilreaktionen in der Weise durchgeführt werden, daß innerhalb einer möglichst kurzen Zeitspanne der Umsatz quantitativ ist und bei den vorherrschenden Konzentrationsverhältnissen Nebenreaktionen sowie Beeinträchtigungen der fluorimetrischen Detektion ausgeschlossen sind. Die Optimierung der Reaktionsbedingungen geht sinnvollerweise von den Literaturangaben aus, die Tabelle 5-9 nachstehend für die Oxidationsreaktion zusammenfaßt.

Tabelle 5-9: Konzentrationsangaben für die Oxidation von SNAR durch Bromat laut Literatur; weitere Reaktionsbedingungen s. Text (Gladilovich 1991).

Reaktand	Konzentration [mol/l]	Konzentration [ppm]	Molarer Überschuß n
SNAR	$1{,}4 \cdot 10^{-6}$	0,49	4,7 - 68,9
Br^-	0,014	1100	$4{,}7 \cdot 10^4$ - $6{,}9 \cdot 10^5$
Cl^-	0,34	12000	$1{,}1 \cdot 10^6$ - $1{,}7 \cdot 10^7$
H^+	0,34	12000	$1{,}1 \cdot 10^6$ - $1{,}7 \cdot 10^7$

Die Angaben gelten für die Bromatdetektion bei pH 0,46 mit Bromatkonzentrationen im Bereich von $2 \cdot 10^{-8}$ - $3 \cdot 10^{-7}$ mol/l (≙ 2,6 - 38,4 ppb). Dementsprechend bezieht sich der molare Überschuß n auf die höchste bzw. niedrigste eingesetzte Bromatkonzentration. Da zur Einstellung des pH-Wertes HCl verwendet wurde, ist die Konzentration an Chloridionen im Vergleich zu Br^- etwa 25mal so groß. Im Gegensatz hierzu wurde der Ligand als reagierende Komponente vor allem bei größeren Bromatkonzentrationen nur mit geringfügigem Überschuß eingesetzt, um offensichtlich eine möglichst starke Abnahme der Fluoreszenzintensität zu bewirken. Die weitere Umsetzung beruhte auf der Komplexierung des Liganden durch Galliumnitrat mit einem auf SNAR bezogenen 2500fachen molaren Überschuß. Sodann wurde die Reaktionslösung zur Detektion mit Ammoniumacetat auf pH 2,5 gebracht und bei einer Anregungswellenlänge von 500 nm die Fluoreszenz gemessen. Über die Detektionswellenlänge liegen keine Angaben vor.

Nach den im einführenden Kapitel IV.5.1.2.3 gemachten Anmerkungen über den Reaktionsmechanismus der Oxidation kann die Komproportionierung als wesentliche Teilreaktion eines mindestens dreistufigen Prozesses angenommen werden. Diese Hypothese erscheint auch aufgrund der zuvor angegebenen Reaktionsbedingungen plausibel, da einerseits ein niedriger pH-Wert und andererseits die Beteiligung von Bromid- bzw. Chloridionen für einen schnellen Reaktionsverlauf offenkundig ist. Der Einsatz eines hohen Überschusses an Chloridionen bestätigt seinerseits die mechanistische Annahme, zumal hierdurch nach Kapitel IV.5.2.2 die Reaktionsgeschwindigkeit der Komproportionierung erhöht wird. Chloridionen zeigen jedoch auch einen gegenläufigen Effekt, denn bei der fluorimetrischen Detektion können Löschprozesse bei derart hohen Konzentrationen nicht mehr außer Acht gelassen werden. Im Hinblick auf eine hohe Nachweisstärke muß aber die Fluoreszenzintensität maximal sein. Die Optimierung der Reaktionsbedingungen war daher vorrangig zu behandeln (Huber 1996). Dies betrifft den Einsatz günstiger Konzentrationsverhältnisse ebenso wie die Einstellung idealer Bedingungen für die fluorimetrische Detektion und soll im folgenden durch Beantwortung der nachstehenden Fragen geklärt werden:

1. Welche Bedingungen sind für die Detektion optimal ?
2. Wie groß ist die Reaktionszeit der Komproportionierung für die genannten Bedingungen, um einen bestimmten Umsatz zu erzielen ?
3. Ist es aus kinetischer Sicht sinnvoll, den hohen Chloridanteil durch Bromid zu ersetzen ?
4. Wie groß ist der Löscheffekt von Cl^-- bzw. Br^--Ionen ?
5. Welchen Einfluß hat das molare Ga^{3+}/SNAR-Verhältnis ?

Untersuchungen zum Fluoreszenzverhalten des Komplexes haben gezeigt, daß das beobachtete Signal für die oben genannten Reaktionsbedingungen bei einer Anregungswellenlänge von 521 nm und einer Detektionswellenlänge von 585 nm am größten ist. Infolge der großen Stokes-Verschiebung von 64 nm können die Spaltbreiten der Monochromatoren groß gewählt und damit ein zusätzlicher Intensitätsgewinn erzielt werden. Demnach wurden alle Messungen mit einer anregungsseitigen Spaltbreite von 5 nm und einer emissionsseitigen Spaltbreite von 20 nm durchgeführt.

Zur Einstellung eines optimalen pH-Wertes für die Detektion wurden unter Verwendung geeigneter Mischungen aus Salzsäure und Natriumchlorid pH-Werte im Bereich von 0 - 3,6 eingestellt und die Fluoreszenzintensität vermessen. Die erzielten Ergebnisse sind in Abbildung 5-16 zusammengefaßt.

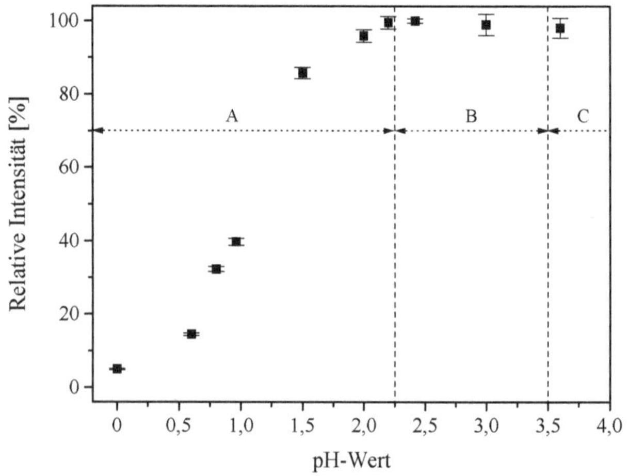

Abbildung 5-16: Abhängigkeit der Fluoreszenzintensität (relative Angaben) vom pH-Wert für die in Tabelle 5-9 genannten Reaktionsbedingungen (n = 3, 1s).

Unterhalb eines pH-Wertes von 2,2 nimmt die Fluoreszenzintensität trotz vollständiger Oxidation des Liganden und Komplexierung des Überschusses mit fallendem pH-Wert drastisch ab (Bereich A). Oberhalb dieses Wertes bis etwa pH 3,5 bleibt das Fluoreszenzsignal konstant (Bereich B). Darüber nimmt der Streulichtanteil im Spektrum stark zu, was mit der gleichzeitigen Bildung eines flockigen Niederschlages verbunden ist (Bereich C). Als optimaler Meßbereich erweist sich also der Bereich B, wobei kleinere pH-Werte aufgrund geringerer Standardabweichungen und Streulichtanteile grundsätzlich zu bevorzugen sind.

Zur Beurteilung des kinetischen Verhaltens der möglicherweise ablaufenden Komproportionierung wird in Analogie zu Kapitel IV.5.2.2.2 für die Konzentrationsangaben der Tabelle 5-9 die Reaktionszeit berechnet, welche für einen 98 %igen Umsatz erforderlich ist. Es gilt wieder die Näherung für eine Reaktion pseudo-1. Ordnung, da die eingesetzten Halogenidkonzentrationen vor allem bei geringem Bromatgehalt ausreichend groß sind. Die zugrunde liegende Geschwindigkeitskonstante beträgt bei einer Ionenstärke von 0,354 mol/l etwa 344 l^3 mol^{-3} min^{-1}. Dieser Wert war aus der Literatur nicht direkt zugänglich, konnte aber aus den dort angegebenen Daten aufgrund der linearen Beziehung zwischen dem Logarithmus der Geschwindigkeitskonstante und der Ionenstärke durch lineare Interpolation ermittelt werden (Wrońska und Wawrzeńczyk 1972). Dabei wurde auf die Angaben für KCl zurückgegriffen, da der Einfluß des Kations im allgemeinen vergleichbar gering ist. Als Resultat ergibt sich schließlich eine Reaktionszeit von 7,7 min. Im Vergleich hierzu ist jedoch nach der Literatur die Oxidation von SNAR bereits nach einer Reaktionszeit von 3 min vollständig abgelaufen. Demnach kann die Komproportionierung als Nebenreaktion zum eigentlichen Hauptreaktionspfad aufgefaßt werden, der seinerseits zum oxidierten Reaktionsprodukt führt. Offenbar liegen die Reaktionsgeschwindigkeiten in der gleichen Größenordnung, so daß eine Begünstigung der Komproportionierung eine schnellere Bruttoreaktion nach sich ziehen sollte.

Daher wurde in Abhängigkeit von den eingesetzten Halogenidkonzentrationen in einem Konzentrationsbereich von 10^3 - $5 \cdot 10^4$ ppm die Reaktionszeit untersucht, die für eine vollständige Oxidation einer 10^{-5} M SNAR-Lösung in 0,31 M Perchlorsäure durch 10 ppb Bromat eingehalten werden mußte. Durch Aufnahme von Fluoreszenzspektren in äquidistanten Zeitintervallen von 30 s wurde die jeweilige Umsetzung bis zu einer Reaktionzeit von 5 min zeitlich verfolgt. Hierzu war es erforderlich, den pH-Wert der zu vermessenden Reaktionslösung durch Zugabe von Ammoniumacetat von 0,5 auf 2,5 zu erhöhen, um so die Reaktion abzubrechen. Es zeigte sich in der Tat, daß durch Zunahme sowohl des Chlorid- als auch des Bromidgehaltes die Oxidation beschleunigt und die erforderliche Reaktionszeit auf 1,5 min gesenkt werden konnte. Eine sehr schnelle Reaktion war dabei nicht an das gleichzeitige Vorhandensein von Chlorid- und Bromidionen gebunden, sondern konnte auch durch Zugabe nur eines der beiden Halogenide erreicht werden.

In diesem Zusammenhang haben Untersuchungen zur Fluoreszenzlöschung gezeigt, daß Löscheffekte bei sehr hohen Konzentrationen merklich in Erscheinung treten. So beträgt für

Chlorid bei einer Ionenaktivität von 0,5 mol/l die Fluoreszenzlöschung ungefähr 10 %, während für Bromid diese bereits bei etwa 0,25 mol/l erreicht wird. Für die in Tabelle 5-9 angegebene Chloridkonzentration ergibt sich eine Intensitätsabnahme um etwa 5 %, wohingegen die Fluoreszenzlöschung durch Bromid vernachlässigbar ist.

Verallgemeinernd kann man sagen, daß ein schnellstmöglicher Umsatz nicht mit einer gleichzeitigen, vollständigen Unterdrückung der Fluoreszenzlöschung vereinbart werden kann. Vielmehr müssen die gegenläufigen Effekte gleichermaßen berücksichtigt werden, wobei die zu erwartende Fluoreszenzlöschung für ein bestimmtes Reaktionsgemisch das entscheidende Kriterium darstellt, um für eine empfindliche Bromatdetektion günstige Konzentrationsverhältnisse bereitzustellen. Als Ergebnis dieser Untersuchungen wurde schließlich auf den Zusatz von Chloridionen vollkommen verzichtet und statt dessen der Gehalt an Bromidionen auf 10^4 ppm erhöht. Die für einen quantitativen Umsatz erforderliche Reaktionszeit wurde hierdurch auf 2 min gesenkt, und Nebenreaktionen von Chlorid mit Bromat konnten von vornherein ausgeschlossen werden. Die Fluoreszenzlöschung beträgt unter diesen Umständen etwa 7 %.

Als weitere Randbedingung muß die eingesetzte Ligandkonzentration groß genug sein, damit die Komplexierung zu einer für die Detektion ausreichenden Komplexkonzentration führt. Ferner wird der Anteil an gebildetem Komplex wesentlich durch das $[Ga^{3+}]/[SNAR]$-Verhältnis bestimmt, da es sich bei der Komplexierung um eine Gleichgewichtsreaktion handelt. Zusätzlich ist auch die Kinetik zu berücksichtigen, da die Gleichgewichtseinstellung keineswegs spontan verläuft und in jedem Falle abgewartet werden muß. Untersuchungen zu dieser Problematik mit 10^2-, 10^3- und 10^4fachem Galliumüberschuß haben gezeigt, daß bei den modifizierten Reaktionsbedingungen nach einer Reaktionszeit von 90 s die Umsetzung vollständig abgelaufen war. Dabei stellte sich ferner heraus, daß die Fluoreszenzintensität im Bereich von 10^{-8} - 10^{-5} mol/l linear von der Ligandkonzentration abhängig ist. Während für Konzentrationen größer 10^{-6} mol/l die Fluoreszenzintensität vom Galliumgehalt nicht beeinflußt wird, nimmt bei kleineren Konzentrationen die jeweilige Nachweisgrenze für den zweikernigen Komplex mit zunehmendem Galliumüberschuß ab und beträgt in dieser Reihenfolge für die oben genannten Überschüsse 1,7 pmol/l ($\hat{=}$ 3,3 ppb) bzw. 1,5 pmol/l ($\hat{=}$ 2,9 ppb) sowie 0,7 pmol/l ($\hat{=}$ 1,3 ppb). Abschließend kann man daher sagen, daß zum einen ein mindestens 100facher molarer Galliumüberschuß ausreichend ist, um eine vollständige und zugleich rasche Verschiebung des Gleichgewichtes zu gewährleisten. Zum anderen ist bei einem kleinen Galliumüberschuß die Nachweisgrenze höher, so daß letztendlich ein Galliumüberschuß von 1000 für eine empfindliche Bromatdetektion vorgeschlagen wird.

5.3.2.2 Meßmethodik

Analog zur ausgearbeiteten Meßmethodik für die Variante I (vgl. Kapitel IV.5.3.1.3) soll basierend auf den diskutierten Randbedingungen auch für dieses Verfahren eine standardisierte Arbeitsvorschrift angegeben werden. Die beiden chemischen Schritte der Nachsäulenderivatisierung, also die Oxidation des Komplexliganden und die Komplexierung mit anschließender Einstellung des pH-Wertes für die Detektion, werden aufeinanderfolgend durchgeführt. Die Fluoreszenzintensität wird auch in diesem Fall mit zunehmender Bromatkonzentration als abnehmendes Signal detektiert. Hierbei kann im Unterschied zur Variante I die Problematik der Hintergrundfluoreszenz per se vernachlässigt werden, da der Detektion die Bildung des fluoreszierenden Komplexes vorgelagert ist und der Komplexligand selbst nicht fluoresziert. Die standardisierte Vorgehensweise geht aus Abbildung 5-17 für die Kalibration des Verfahrens hervor.

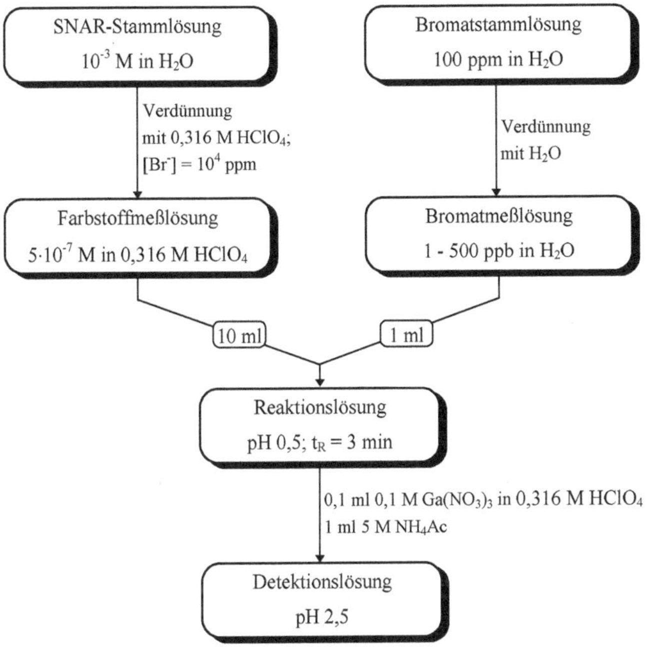

Abbildung 5-17: Standardisierte Meßmethodik zur Detektion von Bromat nach Variante II.

Die Bromatmeßlösung liegt nach den Ausführungen des Kapitels IV.5.2.1 als Effluat des ionenchromatographischen Trennschrittes vor und wird in zunächst diskontinuierlicher Weise im Off-line-Modus der Nachsäulenderivatisierung zugeführt. Ausgehend von der Stammlösung des Liganden wurden die entsprechenden Meßlösungen durch Verdünnen mit Perchlorsäure erhalten und so ein pH-Wert von 0,5 eingestellt. Auf die Verwendung von Salzsäure wurde aus den zuvor genannten Gründen verzichtet, zumal auch Perchlorat keinen negativen Salzeffekt zeigt. Für die Reaktionslösung, die sich aus den beiden Meßlösungen durch entsprechendes Aliquotieren ergibt, wurde die Reaktionszeit auf 3 min festgesetzt. Damit ist sichergestellt, daß auch bei kleinen Bromatkonzentrationen ein vollständiger Umsatz vorliegt. Nach Komplexierung des überschüssigen Liganden durch Zugabe von Galliumnitrat wird der pH-Wert der Lösung mit Ammoniumacetat auf 2,5 erhöht. Bei diesem pH-Wert erfolgt schließlich die Detektion im Fluorimeter.

5.3.2.3 Kalibration und Nachweisgrenzen

Die in Kapitel IV.5.3.1.4 erörterten grundlegenden Betrachtungen über den Zusammenhang zwischen der Sensitivität des Verfahrens und der Fluorophorkonzentration sind auch auf diese Methode übertragbar. Übereinstimmend mit den gefundenen Abhängigkeiten zeigt zunächst Abbildung 5-18, daß für die Reaktionsbedingungen der zuvor beschriebenen Meßmethodik die Intensitätsänderung bei zunehmender Bromatkonzentration ab einem bestimmten Wert drastisch abnimmt. Für die Meßergebnisse der Abbildung 5-18 lassen sich zwei lineare Bereiche angeben, wobei gerade im analytisch interessanten Spurenbereich die Steigung der Geraden größer ist und damit eine wesentlich empfindlichere Detektion ermöglicht. Hierbei stützt sich die Regression auf acht verschiedene Konzentrationen, während für die flachere Gerade die vier höchsten Konzentrationswerte herangezogen wurden. In jedem Falle liegt eine Sechsfachbestimmung vor.

In Analogie zu Abbildung 5-14 geht aus Abbildung 5-19 hervor, daß mit Erniedrigung der Ligandkonzentration eine größere Steigung der Kalibrationsgeraden verbunden ist. Die prozentuale Stoffmengenänderung ist bei gleichem Bromatgehalt größer, und die Sensitivität nimmt zu. Der lineare Meßbereich erstreckt sich in beiden Fällen bis etwa 2 ppb, allerdings zeichnet sich der Trend ab, daß bei einer kleineren Ligandkonzentration mit Zunahme des Bromatgehaltes die Meßwerte stärker von der Linearität abweichen. Die Nachweisgrenze wurde analog zu Kapitel IV.5.3.1.4 aus den Daten der gewichteten Regressionsgeraden mit Berücksichtigung von *t*-Tests bestimmt. Die statistische Auswertung für eine Sicherheit von $\overline{P} = 0{,}99$ ergab, daß die Meßpunkte in Abbildung 5-19 signifikant unterschiedlich sind. Damit wurden die in Abbildung 5-19 eingetragenen Nachweisgrenzen erhalten. Es kann also gesagt werden, daß die diskontinuierliche fluorimetrische Detektion von Bromat bei einer Ligandkonzentration von $5 \cdot 10^{-7}$ mol/l und einer Bromidionenkonzentration von 10^4 ppm mit einer Nachweisgrenze von 0,40 ppb für diese Variante am empfindlichsten ist.

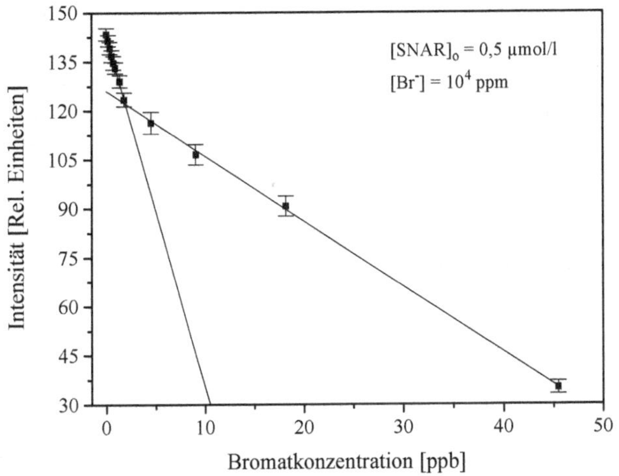

Abbildung 5-18: Abhängigkeit der Fluoreszenzintensität von der Bromatkonzentration für die Angaben nach Abbildung 5-17 mit Angabe zweier linearer Bereiche (n = 6, 1s).

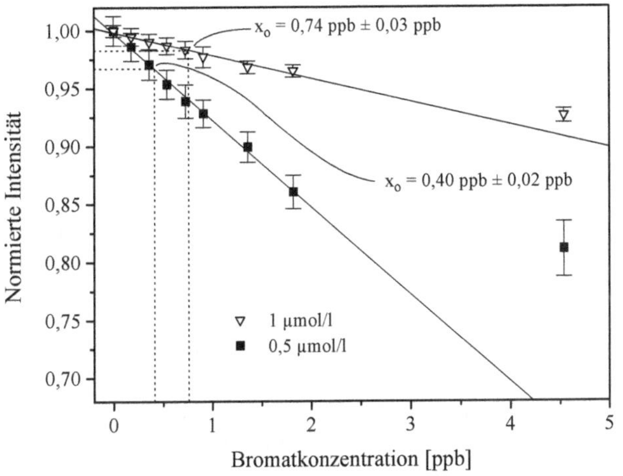

Abbildung 5-19: Einfluß der eingesetzten Ligandkonzentration c_o auf den Verlauf der Kalibrationsgeraden, die für den linearen Meßbereich berechnet sind, mit Angabe der jeweiligen Nachweisgrenze x_o (n = 6, 1s).

5.4 Optimierung und Automatisierung im Fließsystem

Nach dem bisherigen Kenntnisstand erlauben die zur stationären Messung ausgearbeiteten fluorimetrischen Methoden eine sensitive, selektive und reproduzierbare Detektion von Bromat. Allerdings wird kontinuierlichen Verfahren, insbesondere beim Einsatz in der routinemäßigen Spurenanalytik, der Vorzug gegeben, da sie eine Automatisierung der Meßmethode ermöglichen und dadurch meist an Reproduzierbarkeit sowie an Nachweisstärke gewinnen. Diesem Aspekt wurde im Rahmen der vorliegenden Arbeit durch On-line-Kopplung des ionenchromatographischen Trennschrittes mit den chemischen Folgereaktionen Rechnung getragen. Für eine Etablierung der stationären Meßmethoden im Fließsystem mit kontinuierlicher Nachsäulenderivatisierung mußten jedoch neben den Reaktionsbedingungen vor allem auch die hydrodynamischen Gegebenheiten sowie die geometrischen Abmessungen berücksichtigt werden. Die gegenseitige Beeinflussung dieser Betriebsgrößen wurde zunächst in allgemeiner Form mathematisch explizit erfaßt. Auf der Basis solcher Fundamentalgleichungen war letztlich eine zielgerichtete Dimensionierung und Optimierung des Fließsystems möglich.

5.4.1 Entwicklungsstrategie für die kontinuierliche Bromatanalytik

5.4.1.1 Instrumentelles Konzept für das Fließsystem

Die ausgearbeitete und im folgenden vorgestellte Strategie zur Etablierung eines automatisierbaren Meßverfahrens betrifft vornehmlich das eigentliche Fließsystem zur kontinuierlichen Umsetzung des Analyten. Der ionenchromatographische Schritt ist hiervon zunächst nicht näher betroffen, da entsprechende Untersuchungen bereits in dem vorangegangenen Kapitel IV.5.2.1 besprochen wurden. Der Aufbau einer Fließanalyse geht von der allgemeinen Vorstellung aus, daß die zur Umsetzung erforderlichen Reagenzien fortwährend einem analytführenden Trägerstrom zudosiert und mit diesem vermischt werden. Das Konstruktionsprinzip für ein jegliches Fließsystem ergibt sich somit durch aufeinanderfolgende Anordnung der in Abbildung 5-20 schematisch dargestellten Systemelemente (Terminologie s. weiter unten). Für eine bestimmte Anzahl ablaufender Teilreaktionen werden ebenso viele Systemelemente derart miteinander verknüpft, daß der jeweilige Ablauf mit dem Zulauf der darauffolgenden Einheit identisch ist. Auf diese Weise ist ein systematischer und problemlos erweiterbarer Aufbau gegeben, der gleichermaßen eine konsequente Bilanzierung der Stoffströme ermöglicht. Beginnend am Mischungsort, findet schließlich die Umsetzung des Analyten kontinuierlich in der jeweiligen Reaktionsschleife statt. Diese kommt also einem offenen Schlauchreaktor gleich, der in gestreckter oder gewendelter Form aus inertem Material wie Teflon besteht. Die geometrischen Abmessungen der jeweiligen Reaktionsschleife, also Länge und Durchmesser, müssen bei gegebenen Volumenströmen in

Anbetracht einer ausreichenden Reaktionszeit ideal aufeinander abgestimmt sein. Konventionsgemäß gilt für Abbildung 5-20 und auch für alle weiteren Berechnungen folgende Terminologie:

x	=	Konzentration der Komponente X in mol/l
$\dot{V}$	=	Volumenstrom in ml/min
w	=	Fließgeschwindigkeit in cm/min
τ	=	mittlere Verweilzeit in min
l	=	Länge der Reaktionsschleife in cm
d	=	Schlauchinnendurchmesser der Reaktionsschleife in mm
RS	=	Reaktionsschleife

Dabei kennzeichnet das Suffix „o" den Teilstrom, mit dem die Zudosierung der Reagenzien erfolgt. Der Index „n" ist die Laufvariable für die Gesamtzahl n_g der verwendeten Reaktionsschleifen bzw. der ablaufenden chemischen Reaktionen. Der Index „n - 1" bezieht sich daher auf den entsprechenden Betriebsparameter des vorangegangenen Systemelementes. Dabei gilt für die erste Reaktionsschleife, daß mit $n - 1 = 0$ die jeweilige Betriebsgröße des ursprünglichen Trägerstromes vor der ersten Vermischung bezeichnet wird. Für diesen Fall soll der Index „ein" verwendet werden:

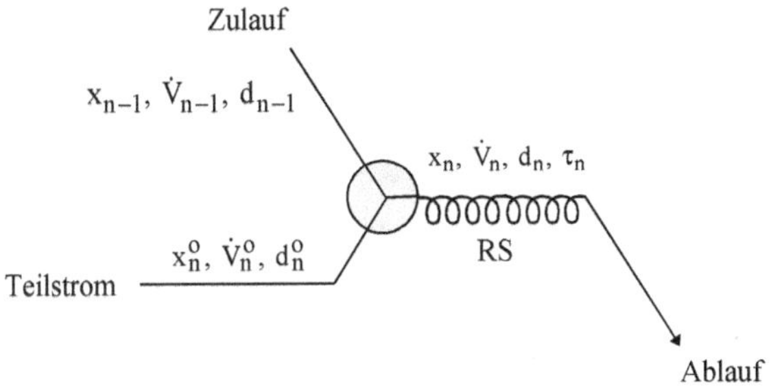

Abbildung 5-20: Schematische Darstellung des Systemelementes für den Aufbau von Fließsystemen.

5.4.1.2 Fundamentalgleichungen für die Dimensionierung

Die formelmäßige Beschreibung der Zusammenhänge zwischen den einzelnen Betriebsgrößen wird mit dem Ziel durchgeführt, die für eine optimale Nachsäulenderivatisierung und Fluoreszenzdetektion gefundenen Reaktionsbedingungen der diskontinuierlichen Methode für die Fließanalyse zu nutzen und mit diesen Daten die erforderlichen hydrodynamischen und geometrischen Größen zu berechnen. In Anlehnung an Abbildung 5-20 läßt sich zunächst die Additivität der Volumenströme für eine Reaktionsschleife n allgemein formulieren:

$$\dot{V}_n = \dot{V}_{n-1} + \dot{V}_n^o = \dot{V}_{ein} + \sum_{i=1}^{n_g} \dot{V}_i^o \,. \qquad \text{(Gl. 5-14)}$$

Hieraus kann für ein bestimmtes Segment der Reaktionsschleife unter Berücksichtigung des entsprechenden Volumens die mittlere hydrodynamische Verweilzeit τ_n abgeleitet werden:

$$\tau_n = \frac{l_n \, d_n^2 \, \pi}{400 \left(\dot{V}_{n-1} + \dot{V}_n^o \right)} = \frac{l_n \, d_n^2 \, \pi}{400 \left(\dot{V}_{ein} + \sum_{i=1}^{n_g} \dot{V}_i^o \right)} \,. \qquad \text{(Gl. 5-15)}$$

Darüber hinaus muß an jedem T-Stück die Stoffbilanz erfüllt sein, d.h. für jede Verbindung X muß die Summe der Molenströme des Zulaufs und des Teilstroms mit dem Molenstrom des Ablaufs identisch sein. Da der Molenstrom bekanntermaßen dem Produkt aus Konzentration und Volumenstrom entspricht, gilt folgende Bilanzgleichung:

$$x_n = \frac{x_{n-1} \, \dot{V}_{n-1} + x_n^o \, \dot{V}_n^o}{\dot{V}_{n-1} + \dot{V}_n^o} \,. \qquad \text{(Gl. 5-16)}$$

Die in einer Reaktionsschleife n einzustellende Konzentration x_n ist im allgemeinen aus vorangegangenen Untersuchungen ebenso bekannt wie die erforderliche Reaktionszeit. Letztgenannte wird zur Dimensionierung der entsprechenden Reaktionsschleife benötigt, da die mittlere Verweilzeit diesen Wert nicht unterschreiten darf. Durch Kombination der genannten Beziehungen lassen sich die in Tabelle 5-10 zusammengefaßten Funktionsgleichungen ableiten, mit deren Hilfe die unbekannten Parameter des Fließsystems berechnet werden können. Dazu zählen insbesondere die zur Einspeisung der Reagenzien erforderlichen Größen. Die erste Spalte in Tabelle 5-10 gibt hierfür ausgewählte Wertepaare an. Dabei wird zunächst für die Konzentrationsberechnung vorausgesetzt, daß eine hinreichende Durchmischung der Reagenzien mit dem Trägerstrom vorliegt.

Tabelle 5-10: Zusammenstellung der expliziten Funktionen, die sich zur Dimensionierung eines beliebigen Fließsystems heranziehen lassen, sofern dessen Aufbau nach Abbildung 5-20 erfolgt.

Parameter	Funktionsgleichungen	
$\dot{V}_n^o \leftrightarrow V_n$	$\dot{V}_n^o = \frac{V_n}{\tau_n} - \frac{V_{n-1}}{\tau_{n-1}}$	$V_n = \tau_n \left(\dot{V}_n^o + \frac{V_{n-1}}{\tau_{n-1}} \right)$
$x_n^o \leftrightarrow \dot{V}_n^o$	$x_n^o = (x_n - x_{n-1}) \frac{\dot{V}_{n-1}}{\dot{V}_n^o} + x_n$	$\dot{V}_n^o = \dot{V}_{n-1} \frac{x_n - x_{n-1}}{x_n^o - x_n}$
$x_n^o \leftrightarrow V_n$	$x_n^o = \dfrac{\frac{V_n}{\tau_n \dot{V}_{n-1}} x_n - x_{n-1}}{\frac{V_n}{\tau_n \dot{V}_{n-1}} - 1}$	$V_n = \tau_n \dot{V}_{n-1} \frac{x_n^o - x_{n-1}}{x_n^o - x_n}$

Mit Berücksichtigung der Verweilzeit erhält man durch geeignetes Umformen eine allgemeingültige Beziehung, die als Fundamentalgleichung des Fließsystems für eine Reaktionsschleife n die gegenseitige Beziehung zwischen den geometrischen sowie hydrodynamischen Größen und den Konzentrationen angibt:

$$\frac{V_n}{\tau_n} = \frac{l_n d_n^2 \pi}{400 \tau_n} = \frac{x_{n-1} \dot{V}_{n-1} + x_n^o \dot{V}_n^o}{x_n} . \qquad \text{(Gl. 5-17)}$$

5.4.1.3 Hydrodynamische Randbedingung

Eine wesentliche Aufgabe bei der Dimensionierung von Fließsystemen liegt in der optimalen Einstellung der Volumenströme, mit denen im jeweiligen Teilstück die einzelnen Reagenzien zudosiert werden. Die Konzentrationen der reagierenden Spezies werden hierbei unter Berücksichtigung der gewählten Schlauchinnendurchmesser sowie der Zulaufkonzentrationen durch die Größe des zudosierten Volumenstromes im Verhältnis zum Volumenstrom der Trägerlösung bestimmt. Ausgehend von den idealen Reaktionsbedingungen, welche für die stationäre Messung gültig sind, muß beim Fließsystem zusätzlich die beim Zudosieren auftretende Vermischung der Reagenzien mit der Probenzone berücksichtigt werden. In Anbetracht eines möglichst vollständigen Umsatzes muß der Mischungseffekt hinreichend groß sein, er führt aber auch zu einer Verdünnung des Analyten und damit zu einer Herabsetzung der Nachweisempfindlichkeit. Dabei nimmt die Verdünnung generell mit kleiner werdendem Probenvolumen zu, da ein effektiverer Stoffaustausch des Probenzentrums mit dem Eluentenstrom gegeben ist. Unter diesen Umständen sollte die Reagenzienzugabe an jedem Mischungsort derart gestaltet sein, daß ein möglichst kleiner Anteil konvektionsbedingter Verdünnung resultiert. Aus hydrodynamischer Sicht wird diese Forderung genau dann erfüllt, wenn an der Grenzschicht zwischen Reagenzien- und Trägerstrom benachbarte Fluidelemente die gleiche Fließgeschwindigkeit besitzen. Turbulenzen am Vermischungsort werden auf ein Minimum reduziert, so daß auch die axiale Konvektion eingeschränkt ist. Die Verdünnung beruht daher hauptsächlich auf molekularer Diffusion, die vorzugsweise senkrecht zur Strömungsrichtung stattfindet.

Nach der zuvor eingeführten Terminologie kann die Voraussetzung gleicher Fließgeschwindigkeiten für ein beliebiges T-Stück entsprechend der Abbildung 5-20 allgemein formuliert werden. Dabei ist die Fließgeschwindigkeit das Verhältnis aus Volumenstrom und Schlauchquerschnitt. Mit der hydrodynamischen Randbedingung

$$w_{n-1} = w_n^o \qquad \text{(Gl. 5-18)}$$

ergibt sich der folgende Zusammenhang, der auf einfache Weise die Geometrie mit der Hydrodynamik des Systems verknüpft:

$$\frac{\dot{V}_{n-1}}{\dot{V}_n^o} = \frac{d_{n-1}^2}{{d_n^o}^2} \equiv \gamma, \qquad \text{(Gl. 5-19)}$$

Daraus erhält man mit Gleichung 5-15

$$\dot{V}_n = (\gamma + 1)\,\dot{V}_n^o, \qquad \text{(Gl. 5-20)}$$

wonach γ als geometrische Kenngröße des Systems eindeutig festgelegt ist. Ferner können mit Gleichung 5-16 auch die Konzentrationen des Träger- und Reagenzienstromes mit den geometrischen Größen in direkte Beziehung gebracht werden:

$$\gamma = \frac{x_n^o - x_n}{x_n - x_{n-1}}. \qquad \text{(Gl. 5-21)}$$

5.4.2 Etablierung der Bromatanalytik als Stopped-Flow-Technik

5.4.2.1 Instrumentierung

Gemäß dem Konstruktionsprinzip der Abbildung 5-20 erfolgt in diesem Abschnitt die Kopplung des ionenchromatographischen Trennschrittes mit der kontinuierlichen Nachsäulenderivatisierung und anschließender On-line-Detektion des Fluorophors. In Ergänzung zu Abbildung 5-20 ist es vor allem bei langen Reaktionszeiten angebracht, anstelle der üblichen Reaktionsschleifen Bypass-Schaltungen zu verwenden. Wie man der Abbildung 5-21 entnehmen kann, wird hierbei die Probenzone für die Zeitdauer der Reaktion vom Trägerstrom entkoppelt.

Diese als Stopped-Flow-Technik bezeichnete Methode hat den wesentlichen Vorteil, daß durch Verlängerung der Aufenthaltszeit der Probenzone im System eine Steigerung des Reaktionsumsatzes und so eine Erhöhung der Empfindlichkeit erzielt werden kann. Trotz hoher Verweilzeiten reichen kurze Reaktionsstrecken aus, deren geometrische Abmessungen hauptsächlich vom Volumen des Probensegmentes abhängig sind. Während der Stop-Phase können Vermischungseffekte, abgesehen von einer ablaufenden diffusionskontrollierten molekularen Dispersion, weitgehend ausgeschlossen werden. Durch Umschalten wird dann die Probenzone in der Flow-Phase wieder in den Trägerstrom eingeschleust.

Für die kontinuierliche Bromatdetektion nach den Varianten I und II wurde diese Stopped-Flow-Technik etabliert, wobei die Anzahl der einzeln durchzuführenden chemischen Teilreaktionen die Zahl der Reaktionsschleifen bestimmt. Der jeweilige instrumentelle Aufbau geht aus Abbildung 5-22 bzw. Abbildung 5-23 hervor. Danach sind für die Variante I insgesamt zwei und für die Variante II insgesamt drei Reaktionsschleifen erforderlich. Da die Systemoptimierung mit der zuletzt genannten Variante durchgeführt wurde, beziehen sich die folgenden Betrachtungen zur Funktionsweise und Dimensionierung des Fließsystem auf diese Methode.

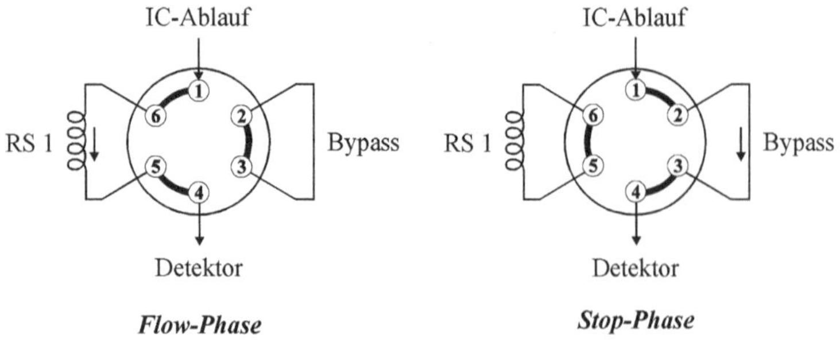

Abbildung 5-21: Funktionsweise der Bypass-Schaltung.

Die Fließanalyse beginnt mit der ionenchromatographischen Abtrennung des Analyten von Störionen, wozu die Probe über ein Injektionsventil in den durch eine Kolbenpumpe mit einer Flußrate von 1,75 ml/min geförderten Eluentenstrom (10 mM Natriumtetraborat-Puffer) injiziert wird. Letztgenannter ist wegen der direkten Kopplung des Ionenchromatographiemoduls an das Fließsystem mit dessen Trägerstrom identisch. Die Trennung erfolgt an einer AS4A-Trennsäule, wobei im Gegensatz zur analytischen Ionenchromatographie auf den Einsatz eines Mikromembransuppressors verzichtet wird, da dieser nur zur Unterdrückung der Hintergrundleitfähigkeit bei der Leitfähigkeitsdetektion eingesetzt werden muß. Der pH-Wert des Eluenten beträgt daher etwa 9,3. Nach dem Trennschritt wird der Analyt im T-Stück T 1 mit den zur Oxidation des Farbstoffes erforderlichen Reagenzien, also SNAR, $HClO_4$ und NaBr, vermischt. Die Zudosierung aller Reagenzlösungen erfolgt über eine Mehrkanal-Schlauchpumpe, wobei die Konzentrationen so zu wählen sind, daß in der ersten Reaktionsschleife die für einen quantitativen Umsatz optimalen Reaktionsbedingungen herrschen. Die Bypass-Schaltung wird manuell so gesteuert, daß nach der Injektion der Probe auf die Stop-Phase umgeschaltet wird, sobald sich die gesamte Probenzone in der Reaktionsschleife 1 befindet. Die Berechnung hierfür werden in Kapitel IV.5.4.2.2.3 durchgeführt. Nach erfolgter Reaktion wird der Analyt wieder in den Trägerstrom eingespeist, um sich im T-Stück T 2 zur Komplexierung des nicht umgesetzten Liganden mit einer $Ga(NO_3)_3$-Lösung zu vermischen. Da analog zur diskontinuierlichen Meßmethodik ein hoher Galliumüberschuß verwendet wird, erübrigt sich der Einbau einer weiteren Bypass-Schaltung. Im T-Stück T 3 erfolgt schließlich die Erhöhung des pH-Wertes von 0,5 auf 2,5 durch Zudosieren einer geeigneten Base. Auch dieser Schritt läuft so schnell ab, daß eine nachgeschaltete, kurze Reaktionsschleife zur pH-Einstellung ausreichend ist. Hierfür wurde im Gegensatz zur stationären Meßmethode wegen der höheren Reproduzierbarkeit Ammoniumformiat verwendet. Dieser Sachverhalt wird in Kapitel IV.5.4.2.2.4 genauer erläutert. Die abschließende Detektion erfolgt durch kontinuierliches Aufzeichnen der Fluoreszenz bei einer Emissionswellenlänge von λ_{em} = 585 nm und einer Anregungswellenlänge von λ_{ex} = 521 nm. Das Volumen der Durchflußküvette beträgt 12 µl.

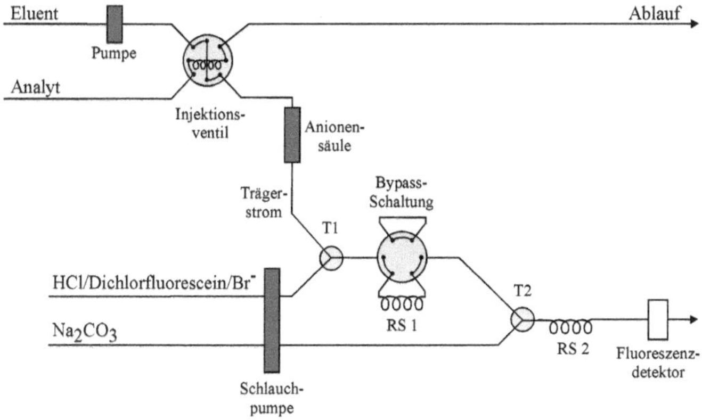

Abbildung 5-22: Schematische Darstellung des Fließsystems für die kontinuierliche Detektion von Bromat nach Variante I am Beispiel von Dichlorfluorescein.

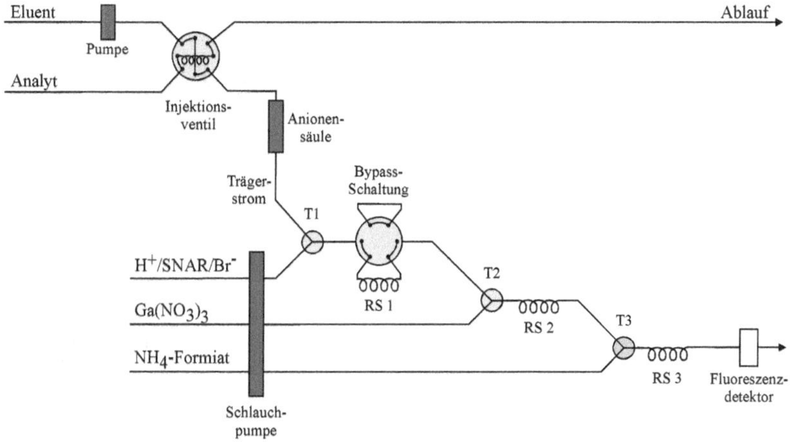

Abbildung 5-23: Schematische Darstellung des Fließsystems für die kontinuierliche Detektion von Bromat nach Variante II.

5.4.2.2 Berechnung der Systemparameter

5.4.2.2.1 Volumenströme und Fließgeschwindigkeiten

Die Berechnung aller Systemparameter beruht auf den zuvor abgeleiteten Gleichungen. Dabei wurde zur Festlegung der Volumenströme die im Kapitel IV.5.4.1.3 eingeführte hydrodynamische Randbedingung berücksichtigt. Für den Trägerstrom wurden Verschlauchungen mit einem konstanten Schlauchinnendurchmesser von $d_{ic} = 0{,}762$ mm (0,030 inch) gewählt, um Totvolumina und Turbulenzen zu vermeiden, die sich bei abrupter Änderung der Querschnittsfläche nicht vermeiden lassen. Daher wurde jedes T-Stück mit einer entsprechenden Bohrung in Hauptstromrichtung angefertigt. Im Gegensatz hierzu wurde für die Teilströme mit $d_n^o = 0{,}254$ mm (0,010 inch) ein kleinerer Innendurchmesser für die Bohrung im T-Stück sowie für die reagenzführenden Schläuche verwendet. Nach Gleichung 5-19 gilt also $\gamma = 9$, so daß an jedem T-Stück das Volumenstromverhältnis von Zulauf zu Teilstrom vorgegeben ist und hinsichtlich identischer Fließgeschwindigkeiten eingestellt werden muß. Die optimalen Volumenströme lassen sich schließlich in Anlehnung an die Gleichungen der Tabelle 5-10 für jedes T-Stück und die darauffolgende Reaktionsschleife berechnen. Aus Gleichung 5-20 geht hervor, daß der Volumenstrom in jeder Reaktionsschleife genau dem zehnfachen Wert des Teilstromes des vorgeschalteten T-Stückes entspricht. Die Ergebnisse sind in Tabelle 5-11 zusammengefaßt.

Tabelle 5-11: Volumenströme in ml/min für die Zuläufe (Suffix „o") und dem jeweiligen Trägerstrom, die aufgrund der Bilanzierung optimal sind (ideal) bzw. tatsächlich eingestellt werden können (real), mit Angabe der prozentualen Abweichung. Die Werte beziehen sich auf eine Leistung der Schlauchpumpe von 13 %.

Mischungs-	Ideale Bedingungen		Reale Bedingungen		Abweichung in %	
ort	$\dot{V}_n^o$	$\dot{V}_n$	$\dot{V}_n^o$	$\dot{V}_n$	$\dot{V}_n^o$	$\dot{V}_n$
T1	0,194	1,94	0,194	1,94	- 0,048	$-4{,}86 \cdot 10^{-3}$
T2	0,216	2,16	0,236	2,18	+ 9,45	+ 0,941
T3	0,240	2,40	0,236	2,42	- 1,50	+ 0,697

Ferner enthält Tabelle 5-11 diejenigen Volumenströme, die sich mit der mehrkanaligen Schlauchpumpe tatsächlich einstellen lassen. Die sich ergebende Diskrepanz resultiert aus der Tatsache, daß für eine solche Dosierpumpe einerseits Pumpenschläuche mit bestimmten Innendurchmessern zur Verfügung stehen und andererseits die Pumpenleistung nur stufenweise und für alle Kanäle gleichzeitig regelbar ist. Wenn auch der Volumenstrom durch diese Größen gezielt beeinflußt werden kann, so ist ein exaktes Einstellen der idealen

Werte nicht möglich. Durch Aufzeichnung der einzelnen Pumpenkennlinien konnte letztlich eine optimale Kombination aus geeigneten Pumpenschläuchen und vorgegebener Förderleistung gefunden werden, für welche die Abweichung des gemessenen Volumenstroms vom jeweiligen Idealwert minimal war. Die entsprechenden prozentualen Fehler sind ebenfalls der Tabelle 5-11 zu entnehmen. Alle darin aufgelisteten Daten gelten für eine Förderleistung von 13 % und einem Schlauchinnendurchmesser von 0,51 mm für den Teilstrom an T 1 bzw. von 0,57 mm für die Teilströme an T 2 und T 3. Deutlich erkennt man, daß für diese Einstellungen die Abweichungen für den Trägerstrom vernachlässigbar klein sind. Betrachtet man die Teilströme, tritt nur bei der Zudosierung von Galliumnitrat ein merklicher Fehler auf. Die hierdurch bedingte Zunahme der Galliumkonzentration ist prinzipiell akzeptabel, da sie zu einer noch schnelleren Komplexierung führt, allerdings ist auch mit zusätzlichen Konvektionsströmen zu rechnen.

Eine direkte Überprüfung der hydrodynamischen Randbedingung an Hand der realen Fließgeschwindigkeiten am Mischungspunkt geht aus Tabelle 5-12 hervor. Diese wurden für die einstellbaren Parameter des Fließsystems berechnet. Es zeigt sich, daß im T-Stück T 1 quasi ideale Verhältnisse vorliegen, während bei der darauffolgenden Vermischung mit Galliumnitrat die Fließgeschwindigkeit des Trägerstromes um fast 9 % geringer ist. Im T-Stück T 3 kehren sich die Verhältnisse schließlich um, da bei der Einspeisung der Base die Fluidelemente des Teilstromes kleinere Geschwindigkeiten besitzen. Obwohl der Unterschied nur etwa 2,5 % beträgt, muß dieser Effekt aufgrund der hohen Zulaufkonzentration als Störung berücksichtigt werden, da die Fluoreszenzintensität sehr empfindlich auf eine Erniedrigung des pH-Wertes reagiert. Diese Überlegung ist Gegenstand des Kapitels IV.5.4.2.2.4.

Tabelle 5-12: Fließgeschwindigkeiten in cm/s für die Volumenströme der Tabelle 5-11. Die prozentuale Abweichung bezieht sich für das jeweilige T-Stück auf die realen Bedingungen bei der Einspeisung des Teilstromes in den Trägerstrom.

Mischungs-	Ideale Bedingungen		Reale Bedingungen		Abweichung für die
ort	w_n^o	w_{n-1}	w_n^o	w_{n-1}	realen Werte in %
T1	6,396	6,396	6,393	6,396	- 0,048
T2	7,106	7,106	7,778	7,106	+ 8,64
T3	7,896	7,896	7,778	7,970	- 2,47

5.4.2.2.2 Konzentrationen

Für die Berechnung der einzusetzenden Reaktandkonzentrationen der Teilströme werden neben dem abgeleiteten Formalismus die Volumenströme der Tabelle 5-11 benötigt. In Anbetracht der systematischen Konstruktion des Fließsystems nach Abbildung 5-20 ist für diesen Schritt eine ebenso schematisierte Vorgehensweise von großem Nutzen, da so eine Erweiterung des Systems ohne großen Mehraufwand machbar ist. Dies gilt nicht nur für die Bromatanalytik, sondern für alle photometrischen und fluorimetrischen Bestimmungsmethoden, die als On-line-Nachsäulenderivatisierung ausgelegt werden können.

Aus den Untersuchungen zur stationären Bromatdetektion sind die Reaktions- und Detektionsbedingungen bekannt, wie die Ausgangskonzentrationen der Edukte, die optimalen pH-Werte, die hierfür einzusetzenden Konzentrationen an Säure oder Base, sowie die erforderlichen Reaktionszeiten. Daraus ergibt sich für die n Reaktionsschleifen des Trägerstromes und die Gesamtzahl der reagierenden Edukte X die Konzentrationsmatrix C(X, n) als Ausgangspunkt der Berechnung. Dies erfolgt unter der allgemeinen Vorgabe, daß bei dissoziierenden Verbindungen, also vor allem bei löslichen Salzen oder starken Säuren, die Ionen getrennt zu behandeln sind, sofern beide an der Reaktion beteiligt sind, beispielsweise HBr bei der Komproportionierung. Für die Bedingungen der Variante II lautet die experimentelle Matrix C(X, n) des Trägerstromes (Laufvariable m = 1 - 5 bzw. n = 1 - 3) mit der zeilenweise Anordnung der Edukte X in der Reihenfolge $HClO_4$, SNAR, NaBr, $Ga(NO_3)_3$ und NH_4-Formiat wie folgt (die Konzentrationen sind in der Matrizendarstellung in mol/l angegeben):

$$C(X, n) = \begin{pmatrix} 10^{-pH_1} & 10^{-pH_2} & - \\ 10^{-6} & - & - \\ 0{,}125 & - & - \\ - & 10^{-3} & - \\ - & - & \dfrac{10^{-pH_2} - 10^{-pH_3}}{1 - 10^{pH_3 - pK_s}} \end{pmatrix} = C_{m,n}$$

Hierin sind die Konzentrationen von $HClO_4$ und NH_4-Formiat, die einzig und allein zur Einstellung des pH-Wertes erforderlich sind, allgemein formuliert, um die Abhängigkeit von den als optimal betrachteten pH-Werten hervorzuheben. So ist für die Reaktionsschleifen 1 und 2 ein pH-Wert von 0,5 ideal, während für die Detektion ein basischerer pH-Wert von 2,5 vorliegen sollte. Die Berechnung der notwendigen Säure- und Basekonzentration muß auf Basis der bekannten Gesetzmäßigkeiten über die Säure-Base-Gleichgewichte starker und schwacher Protolyte erfolgen, da sich die Konzentrationen der H^+- bzw. OH^--Ionen nicht additiv verhalten, außer bei Gemischen starker Protolyte. Aus diesen Betrachtungen ergibt sich, daß der pH-Wert des Borateluenten, der nach dem ionenchromatographischen Trennschritt ohne Mikromembransuppressor etwa 9,3 beträgt, bei der Berechnung der erforderlichen Säurekonzentration $[HClO_4]_1$ nicht ins Gewicht fällt. Im Gegensatz hierzu muß zur Festlegung der notwendigen Basekonzentration $[NH_4\text{-Formiat}]_3$ der pH-Wert der vorgeschalteten Reaktionsschleife ebenso berücksichtigt werden, wie die Säurekonstante der schwächeren Ameisensäure mit $pK_s = 3{,}7$. Allerdings wird hierbei die Verdünnung durch den Teilstrom 3 aus Gründen, die aus Kapitel IV.5.4.2.2.4 hervorgehen, nicht in die Berechnung miteinbezogen.

Auf die Eingangsdaten kann schließlich der in Tabelle 5-10 angegebenen Formalismus angewendet werden. Da aber die hydrodynamische Randbedingung gilt, darf mit $\gamma = 9$ auf die in Kapitel IV.5.4.1.3 abgeleiteten einfacheren Gleichungen zurückgegriffen werden. Demnach ergibt sich mit der Gleichung 5-21 die Beziehung

$$x_n^o = (\gamma + 1)\,x_n - \gamma\,x_{n-1} = 10\,x_n - 9\,x_{n-1} \qquad \text{(Gl. 5-22)}$$

und daraus die Konzentrationsmatrix $C^o(X, n)$ für die Teilströme, sofern die Werte x_{n-1} bekannt sind. Im vorliegenden Fall sind für die Werte der obigen Matrix mit $m > 1$ die Konzentrationen x_{n-1} gleich Null, so daß nach der Zudosierung die Konzentration eines jeden Reaktanden genau einem Zehntel der Konzentration des Teilstromes entspricht:

$$C^o(X, n) = \begin{pmatrix} 3{,}16 & 0{,}316 & 0 \\ 10^{-5} & 0 & 0 \\ 1{,}25 & 0 & 0 \\ 0 & 0{,}01 & 0 \\ 0 & 0 & 3{,}34 \end{pmatrix}$$

Darüber hinaus kann nun auch die experimentelle Matrix $C(X, n)$ des Trägerstromes vervollständigt werden, wenn man die Berechnung auf die zuvor nicht definierten Matrixelemente erweitert. Letztlich lassen sich die Konzentrationen aller Komponenten im Fließsystem korrekt beschreiben:

$$C(X, n) = \begin{pmatrix} 0{,}316 & 0{,}316 & 0{,}285 \\ 10^{-6} & 9{,}0\cdot 10^{-7} & 8{,}1\cdot 10^{-7} \\ 0{,}125 & 0{,}113 & 0{,}101 \\ 0 & 10^{-3} & 9{,}0\cdot 10^{-4} \\ 0 & 0 & 0{,}334 \end{pmatrix}$$

5.4.2.2.3 Geometrische Abmessungen

Die Festlegung geometrischer Größen umfaßt die Berechnung geeigneter Schläuchlängen L der Reaktionsschleifen und richtet sich bei gegebenem Schlauchinnendurchmesser d nach der Verweilzeit τ sowie den Volumenströmen. Dabei muß die Dimensionierung zum einen so erfolgen, daß mit $\tau \geq t_r$ die für eine quantitative Umsetzung erforderliche Reaktionszeit t_r gewährleistet ist, d.h. die auf t_r bezogene Mindestlänge L_r darf nicht unterschritten werden. Diese kann durch Umformen der Gleichung 5-15 für eine beliebige Reaktionsschleife n angegeben werden:

$$L_{r,n} = \frac{400\, t_{r,n}\, \dot{V}_n}{d_n^2\, \pi} . \qquad \text{(Gl. 5-23)}$$

Zum anderen darf der Wert für L aber auch nicht zu groß sein, da nach den Überlegungen in Kapitel II.6.2 die Dispersion proportional mit der Quadratwurzel der Schlauchlänge zunimmt. Es gilt also die Beziehung

$$D = D_o \sqrt{\frac{L_n}{L_o}} , \qquad \text{(Gl. 5-24)}$$

worin sich der Wert für D_o auf die Referenzlänge L_o bezieht. Für die Oxidation von SNAR durch Bromat folgt, daß für eine erforderliche Reaktionszeit von 3 min bei einem vorgegebenen Durchmesser von $d_n = 0{,}762$ mm und einem Volumenstrom von $\dot{V}_1 = 1{,}94$ ml/min die Länge der Reaktionsschleife etwa 1280 cm betragen müßte. Die Dispersion würde sich im Vergleich zu einer Referenzlänge von $L_o = 1$ m um den Faktor 3,3 erhöhen.

Der Berechnung zufolge war der Einbau einer Bypass-Schaltung unumgänglich, um mit einer kürzeren Reaktionsschleife unerwünschte Verdünnungseffekte zu vermeiden. Zur Bestimmung der hierfür notwendigen Mindestlänge gilt die Voraussetzung, daß das Schleifenvolumen zur Aufnahme der gesamten Probenzone genügend groß sein muß. Das Volumen bzw. die Länge der Probenzone ergibt sich aufgrund der ionenchromatographischen Abtrennung des Analyten aus der Zeitdauer, die zur vollständigen Elution des Bromatpeaks benötigt wird. Diese Zeitspanne entspricht der in Kapitel IV.5.2.1.2 definierten Peakbreite. Für die Auslegung der Bypass-Schaltung wurde unter Berücksichtigung einer zeitlichen Schwankung von ± 10 % eine Elutionsdauer von 20 s zugrunde gelegt. Damit kann die Schlauchlänge um 89 %, d.h. auf 142 cm verkürzt werden. Verglichen mit dem oben angegebenen Wert, nimmt für diese Reaktionsschleife die Dispersion nur um etwa 20 % zu.

In analoger Weise lassen sich für alle anderen Verschlauchungen die entsprechenden Längen berechnen. Dabei konnte auf weitere Bypass-Schaltungen verzichtet werden, da sowohl die Komplexierung des Liganden als auch die Einstellung des pH-Wertes für die Detektion bei akzeptablen Schlauchlängen so gut wie quantitativ verlaufen. Dies konnte experimentell dadurch bestätigt werden, daß das gemessene Fluoreszenzsignal durch längere Reaktionsstrecken nicht beeinflußt wurde. Eine Zusammenfassung der eingesetzten Schlauchlängen zeigt Tabelle 5-13. Ausgehend von dem Ende der ionenchromatographischen Trennsäule beziehen sich die Angaben auf die Reaktionsstrecken zwischen zwei aufeinanderfolgenden T-Stücken und auf die Strecke bis zum Detektor. Für die Bypass-Schaltung werden zwei Möglichkeiten angegeben, je nachdem, ob man den Trägerstrom über den Bypass (Stop-Phase) oder über die Reaktionsschleife (Flow-Phase) leitet. Mit den Schlauchlängen der Tabelle 5-13, den internen Abmessungen der Verschlauchungen im Ionenchromatographen und der Retentionszeit für Bromat von 2,83 min errechnet sich eine Zeitdauer von 3,4 min, die der Analyt benötigt, um nach dessen Injektion vollständig in die Reaktionsschleife 1 zu gelangen. Nach dieser Zeit muß das Bypass-Ventil von der Flow-Phase auf die Stop-Phase umgeschaltet werden. Ist die Reaktionszeit von 3 min verstrichen, wird der umgesetzte Analyt durch erneutes Umschalten in den Trägerstrom gebracht.

Darüber hinaus sind in Tabelle 5-13 die tatsächlich vorliegenden Werte verschiedener hydrodynamischer Größen gegenübergestellt. Die darin enthaltenen Volumenströme wurden von Tabelle 5-11 übernommen. Damit ergibt sich für das Fließsystem für die Flow-Phase des Trägerstroms eine Gesamtlänge von 527,5 cm, entsprechend einer Zunahme der auf L_o bezogenen Dispersionen um den Faktor 2,3. Im Vergleich hierzu wird bei der Stop-Phase die Dispersion nur doppelt so groß, da die Gesamtlänge mit 407,8 cm etwas kürzer ist. Aus analytischer Sicht ist jedoch nur der zuerst genannte Fall von Bedeutung. Man erkennt deutlich, daß mit der Stopped-Flow-Technik sogar die zu erwartende Dispersion des Gesamtsystems wesentlich geringer ist, als die Dispersion ohne Bypass-Schaltung.

Tabelle 5-13: Schlauchlängen (berechnet für $d_n = 0{,}762$ cm) und hydrodynamische Größen (reale Werte) des Fließsystems.

	L_n [cm]	τ_n [s]	$\dot{V}_n$ [ml/min]	w_n [cm/s]
IC $\longrightarrow$ T 1	101,5	15,9	1,75	6,40
T 1 $\xrightarrow{\text{RS 1}}$ T 2	185,2	26,1	1,94	7,09
T 1 $\xrightarrow{\text{Bypass}}$ T 2	65,5	9,2	1,94	7,09
T 2 $\xrightarrow{\text{RS 2}}$ T 3	120,8	15,2	2,18	7,97
T 3 $\xrightarrow{\text{RS 3}}$ Detektor	120,0	13,6	2,42	8,84

5.4.2.2.4 Fehlerbetrachtung

Die Reproduzierbarkeit und die Empfindlichkeit der Bromatdetektion im Fließsystem wird vor allem durch systembedingte Gegebenheiten beeinflußt, die bei der stationären Meßmethode keine Rolle spielen. Störungen der Hydrodynamik des Systems sind daher die häufigste Ursache für zusätzliche Meßwertschwankungen. Als Einflußgrößen kommen insbesondere die Volumenströme in Betracht, da Instabilitäten zu nicht idealen Konzentrationsverhältnissen führen. Darüber hinaus lassen sich bei allen Arten der Proben- und Reagenzinjektion Störeffekte in der Regel nicht ganz vermeiden, wenn auch eine sehr hohe Präzision gewährleistet ist und die verursachte axiale Vermischung klein gehalten wird. Grundsätzlich wird eine hohe Langzeitstabilität der Betriebsgrößen gefordert, da nur dann die Fließanalyse als robuste Bestimmungsmethode für Bromat in der Routineanalytik eingesetzt werden kann.

Die Förderung des Trägerstromes mit Hilfe einer Kolbenpumpe kann als Fehlerquelle ausgeschlossen werden, da der Volumenstrom mit einer Schwankung von maximal 2 % über einen Zeitraum von einigen Stunden als konstant anzusehen ist. Nach Angaben des Herstellers fördert auch die verwendete Schlauchpumpe langfristig mit konstanten Volumenströmen, zumal die Pumpenschläuche angeblich so gut wie keinen Alterungserscheinungen unterliegen und sich außerdem gegenüber Salzlösungen und aciden Medien inert verhalten. Allerdings hat die eigene Erfahrung gezeigt, daß bei der Förderung konzentrierter Lösungen mit zunehmender Betriebsdauer Änderungen des Volumenstromes auftraten und Alterungsprozesse eine Rolle spielen müssen. Volumenstromänderungen bei der Zudosierung fallen vor allem dann ins Gewicht, wenn entweder die Kinetik der nachfolgenden Reaktion auf Konzentrationsschwankungen empfindlich reagiert oder ungünstigere pH-Werte resultieren. Der erste Fall kann vernachlässigt werden, da die Zulaufkonzentrationen ohnehin für einen hohen Reagenzüberschuß in den Reaktionsschleifen ausgelegt sind. Im Gegensatz hierzu wirken sich Störeffekte in der Reaktionsschleife 3 bei der Einstellung des optimalen pH-Wertes von 2,5 ungünstig auf die Fluoreszenzdetektion des Komplexes aus. Der Grund liegt in der gemessenen pH-Abhängigkeit der Fluoreszenzintensität, wonach bereits bei $pH < 2,0$ die Empfindlichkeit drastisch abnimmt. Für $pH > 3$ werden die Meßfehler größer, und der Streulichtanteil nimmt infolge sich bildender kolloidaler Partikel zu.

Die folgende Fehlerbetrachtung bezieht sich daher auf $n = 3$ (vgl. Abbildung 5-20), wobei Ammoniumacetat, das entsprechend der Literatur für die stationären Untersuchungen eingesetzt wurde (Gladilovich 1991), mit dem Protolyseverhalten von Ammoniumformiat verglichen wird. Die allgemein gehaltene Ausführung basiert auf der Berechnung des Säure-Base-Gleichgewichtes für Salze schwacher Säuren und schwacher Basen unter Berücksichtigung der Autoprotolyse des Kations. Dabei betrachtet man die Änderung des Volumenstromes als Systemschwankung und zusätzlich die Änderung der Teilstromkonzentration, um den Einfluß nicht-stöchiometrischer Konzentrationsverhältnisse zu bewerten. Diese treten weniger bei Wäge- oder Pipettierfehlern auf, als vielmehr bei unvollständigen Vermischungs- oder zusätzlichen Verdünnungseffekten. Der Einfachheit halber gehen die betrachteten Störeinflüsse nicht als prozentuale Änderung in die Berechnung ein, sondern als Verhältnis des jeweiligen Ist-Wertes zum Soll-Wert. Die entsprechende Verhältniszahl F_v (Änderung des Volumenstromes) bzw. F_x (Änderung der Teilstromkonzentration von $X = NH_4$-Acetat und -Formiat) ergibt sich daher zu

$$F_v = \frac{100 \pm \Delta \dot{V}_3^o}{100} \quad \text{und} \quad F_x = \frac{100 \pm \Delta [X]_3^o}{100}. \qquad \text{(Gl. 5-25)}$$

Unter Verwendung des eingeführten Formalismus (vgl. Tabelle 5-10) und Berücksichtigung der Geometriezahl γ, läßt sich die Konzentration des Ammoniumsalzes in der Reaktionsschleife 3 als Funktion der idealen Teilstromkonzentration in Abhängigkeit von den Störeinflüssen berechnen:

$$[X]_3 = [X]_3^o \frac{F_v}{\gamma + F_v} F_x. \qquad \text{(Gl. 5-26)}$$

Für die Perchlorsäurekonzentration gilt in Abhängigkeit von F_v:

$$[HClO_4]_3 = [HClO_4]_2 \frac{\gamma}{\gamma + F_v}. \qquad \text{(Gl. 5-27)}$$

Somit kann das Protolysegleichgewicht in der dritten Reaktionsschleife und damit die Änderung des pH-Wertes als Funktion der Volumenstromänderung des dritten Teilstromes und der Änderung der eingesetzten NH_4-Acetat- bzw. NH_4-Formiat-Konzentration unter Berücksichtigung der $HClO_4$-Konzentration explizit angegeben werden. Die berechneten Kurvenverläufe zeigt Abbildung 5-24 für NH_4-Acetat und Abbildung 5-25 für NH_4-Formiat, wobei die Idealkonzentration sowie Konzentrationsschwankungen von ± 5 % bzw. ± 10 % berücksichtigt werden.

Aus den Abbildungen geht erwartungsgemäß hervor, daß sowohl mit abnehmender Teilstromkonzentration als auch bei kleiner werdendem Volumenstrom der ideale pH-Wert ($\Delta pH = 0$) zu kleineren Werten verschoben wird. Dabei fällt auf, daß bei einer gegebenen Konzentrationsschwankung von $\pm \Delta[X]_3^o$ die resultierende Änderung des pH-Wertes für NH_4-Acetat wesentlich größer ist als für NH_4-Formiat. Nimmt man beispielsweise die Änderung von $\Delta[X]_3^o = \pm 5$ % an, ergeben sich für NH_4-Acetat pH-Werte im Bereich von 1,7 - 3,3. Demgegenüber schwankt der zu erwartende pH-Wert im Falle von NH_4-Formiat von 2,2 - 2,8 und liegt noch innerhalb des Meßbereiches (vgl. Abbildung 5-16).

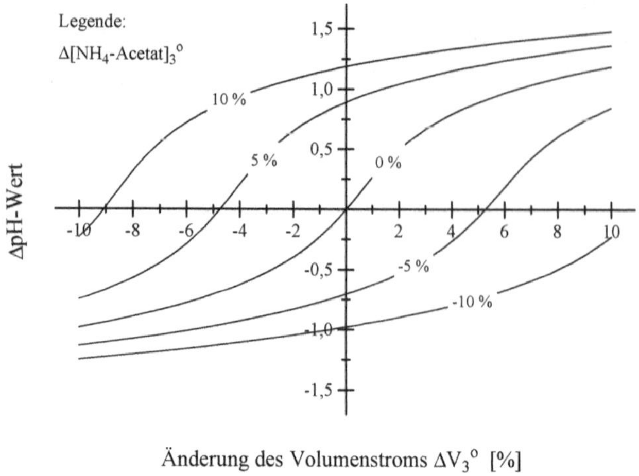

Abbildung 5-24: Einfluß variierender Volumenströme und Konzentrationen bei der Zudosierung von NH_4-Acetat auf den pH-Wert in der Reaktionsschleife 3 (bezogen auf pH 2,5).

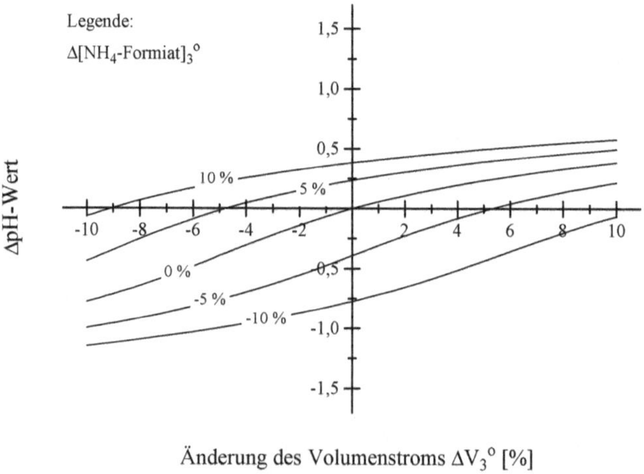

Abbildung 5-25: Einfluß variierender Volumenströme und Konzentrationen bei der Zudosierung von NH_4-Formiat auf den pH-Wert in der Reaktionsschleife 3 (bezogen auf pH 2,5).

Ferner zeichnen sich die für NH_4-Formiat berechneten Funktionen durch einen wesentlichen flacheren Kurvenverlauf aus, so daß auch bei Schwankungen des Volumenstromes die pH-Wert-Änderungen vergleichsweise gering sind. Diese Interpretation steht auch in Einklang mit der experimentellen Beobachtung, daß mit NH_4-Formiat größere Reproduzierbarkeiten erzielt wurden.

Basierend auf dieser Überlegung wurde der Einfluß unterschiedlicher Volumenströme auf die Bromatdetektion mit NH_4-Formiat als Base auch experimentell untersucht. Dazu wurde die Intensität des Fluoreszenzsignals bei kleineren und größeren Pumpenleistungen als dem theoretischen Idealwert von 13 % im Bereich von 5 - 25 % bei sonst gleichen Betriebsbedingungen gemessen. Grundsätzlich wird hierbei das Fluoreszenzsignal durch vier sich überlagernde Effekte bestimmt. Werden Vermischungseffekte zunächst vernachlässigt, erwartet man, daß mit steigender Pumpenleistung nach Tabelle 5-10 die Ligandkonzentration im Trägerstrom hyperbolisch zunimmt und daher auch die Intensität des zu detektierenden Fluoreszenzsignals größer wird. Allerdings ist bei ein und derselben Bromatmenge die prozentuale Intensitätsabnahme geringer. In der gleichen Richtung nimmt auch die Reaktionsgeschwindigkeit der Oxidation zu, weshalb bei kleinen Volumenströmen ein 100 %iger Umsatz in Frage gestellt werden muß. Zieht man schließlich die Vermischung in Betracht, werden die Zusammenhänge noch komplexer, da die hydrodynamische Randbedingung nur für eine Pumpenleistung von 13 % erfüllt ist. In Richtung kleinerer und größerer Werte wird daher der Einfluß der Vermischung größer. Die gemessenen Intensitäten zeigen, daß bei einer Pumpenleistung von etwa 10 % die Intensitätsabnahme im Vergleich zum berechneten Idealwert mit + 1 % nur geringfügig größer ist. Ausgehend vom Maximalwert, sinkt die Intensitätsabnahme in beide Richtungen, allerdings fällt sie bei kleiner werdenden Volumenströmen drastisch ab. Daraus lassen sich folgende Schlußfolgerungen ziehen:

i. Der eingeführte Formalismus zur Dimensionierung des Fließsystems erlaubt die Berechnung nahezu idealer Betriebsparameter. Damit erübrigt sich ein schrittweises Anpassen des Systems an die analytische Fragestellung.

ii. Im Bereich des theoretischen Idealwertes sind die Intensitätsänderungen am größten. Dabei führen Schwankungen der Pumpenleistung bzw. des Volumenstromes von ± 5 % zu einer Signaländerung von etwa ± 1 %, d.h. das detektierte Signal kann als konstant angesehen werden.

iii. Der Volumenstrom, welcher zur maximalen Intensitätsänderung führt, ist nicht unbedingt optimal, denn bei Schwankungen in Richtung kleinerer Volumenströme nimmt die Intensitätsänderung drastisch ab.

5.5 Kalibration für Bromat

5.5.1 Einfluß der Konzentrationsverteilung

Die direkte Kopplung des ionenchromatographischen Schrittes an das Fließsystem hat im Vergleich zu herkömmlichen fließanalytischen Verfahren eine außerordentlich wichtige Konsequenz für die Konzentrationsverhältnisse im Trägerstrom. Das ungestörte Konzentrationsprofil und damit der theoretische Signalverlauf entsprechen nicht einer Rechteckbande wie bei der klassischen Fließinjektion, sondern einer gaußförmigen Konzentrationsverteilung. Die Probenzone, deren größte Konzentration genau in der Mitte der Probenzone liegt, ist daher selbst im Idealfall inhomogen. Zu den Enden der Probenzone hin nimmt die Konzentration entsprechend der Verteilungsfunktion sehr rasch ab. Dieser Sachverhalt entspricht genau den Überlegungen des Kapitels IV.5.2.1.2, da der eluierende Bromatpeak bei der Einschleusung in das Fließsystem erhalten bleibt und die ursprüngliche Peakbreite Δt_o die Länge der Probenzone repräsentiert. Im Verlauf der Nachsäulenderivatisierung werden alle Fluidelemente gleichermaßen zur Reaktion gebracht, so daß infolge der negativen Intensitätsänderung das kontinuierlich aufgezeichnete Fluoreszenzsignal im Idealfall durch einen negativen Gaußpeak beschrieben wird. Die Basislinie entspricht dann der Fluoreszenzintensität des Komplexes ohne Reaktion. Die maximale Abnahme der Fluoreszenz ist daher direkt proportional zur Analytkonzentration in der Probenzonenmitte, die genau dem nach Gleichung 5-7 definierten Wert C_{max} entspricht. Demnach zeichnet sich die Bromatanalytik im Fließsystem gerade dadurch aus, daß der chromatographische Anreicherungseffekt ausgenutzt wird, der im Falle des diskontinuierlichen Verfahrens als theoretischer Grenzfall nicht erreicht werden kann. Mit der in Kapitel IV.5.2.1.2 beschriebenen Terminologie gilt also die Beziehung

$$\Delta I \propto C_{max} = \Delta t_o \, C_o \, \frac{H_m}{F_o}, \qquad \text{(Gl. 5-28)}$$

die sich mit der Gleichung 5-5 umformen läßt:

$$\Delta I \propto C_a \, \frac{V_i}{\dot{V}} \, \frac{H_m}{F_o}. \qquad \text{(Gl. 5-29)}$$

Berücksichtigt man ferner die unter realen Bedingungen vorhandenen Verdünnungseffekte, erhält man mit der Dispersion D nach Kapitel II.6.2 die allgemeingültige Proportionalität:

$$\Delta I \propto \frac{C_a}{D}\,\frac{V_i}{\dot{V}}\,\frac{H_m}{F_o} \qquad \text{(Gl. 5-30)}$$

Da bei der Kalibration die Intensitätsabnahme ΔI gegen die Ausgangskonzentration C_a aufgetragen wird, gilt für Steigung der Kalibrationsfunktion und damit für die Empfindlichkeit des analytischen Verfahrens folgender Zusammenhang:

$$\text{Sensitivität} \propto \frac{1}{D}\,\frac{V_i}{\dot{V}}\,\frac{H_m}{F_o} \qquad \text{(Gl. 5-31)}$$

Betrachtet man den Volumenstrom als konstante Betriebsgröße, nimmt nach dieser Beziehung die Empfindlichkeit des Verfahrens mit steigendem Injektionsvolumen zu. Die Abhängigkeit ist nur dann linear, wenn sich einerseits die Dipersion D und andererseits der Quotient H_m/F_o als charakteristische Größe der Peakform nicht ändern. Während die Dispersion als konstant betrachtet werden kann, weichen die Peakform des eluierenden Analyten mit steigendem Aufgabevolumen zunehmend vom gaußförmigen Idealverhalten ab. Die Peakhöhe H_m nimmt daher nicht direkt proportional zu, d.h. der Qoutient H_m/F_o wird kleiner, so daß bei der Auftragung von ΔI gegen V_i keine Gerade zu erwarten ist. Diese Aussage trifft entsprechend dem experimentellen Kurvenverlauf der Abbildung 5-26 tatsächlich zu, wodurch sich die Richtigkeit des abgeleiteten Zusammenhangs bestätigt.

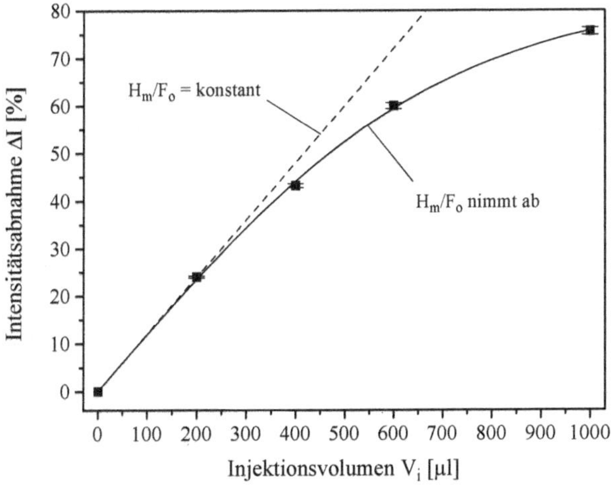

Abbildung 5-26: Intensitätsabnahme in Abhängigkeit vom Injektionsvolumen (n = 4, 1s).

Eine Steigerung der Empfindlichkeit kann daher außer durch Vergrößerung des Injektionsvolumens grundsätzlich durch günstige Chromatographiebedingungen erreicht werden, da bei scharfen Peaks das Verhältnis H_m/F_o besonders groß ist. Stärkere Eluenten kommen hierfür aber nur dann in Frage, wenn die Selektivität erhalten bleibt. Vorteilhafter ist sicherlich der Einsatz „maßgeschneiderter" Säulenmaterialien. Als zusätzliche Maßnahme muß die Dispersion klein gehalten werden, allerdings ist ein Mindestmaß an Durchmischung erforderlich. Hierin spiegelt sich der Nutzen der hydrodynamischen Randbedingung wider, da so Stoffaustauschprozesse auf die radiale Diffusion beschränkt werden können. Entgegen der Auffassung bei klassischen Fließinjektionssystemen ist diese Aussage für die Optimierung der hier aufgezeigten kontinuierlichen Nachsäulenderivatisierung von grundlegender Bedeutung.

5.5.2 Nachweisgrenze

Im Unterschied zur diskontinuierlichen Bromatanalytik erfolgt im Fließsystem die Messung der Fluoreszenz mit einem Fluoreszenzdetektor. Die jeweilige Basislinie entspricht in beiden Fällen der Fluoreszenzintensität I_o des Komplexes ohne Reaktion. Allerdings findet beim Fluoreszenzdetektor automatisch ein Nullabgleich statt, und jede Änderung der Fluoreszenzintensität wird als absolute, auf den Nullwert bezogene Signalhöhe H erfaßt. Der Wert für I_o ist daher zahlenmäßig nicht bekannt, so daß die Angabe der prozentualen Intensitätsänderung $\Delta I/I_o$ nicht möglich ist. Vielmehr beruht die Kalibration auf dem Differenzwert H, der mit zunehmender Bromatkonzentration ebenfalls größer wird. Die Kalibrierfunktion weist daher eine positive Steigung auf.

Für die Bestimmung der Nachweisgrenze gelten die in Kapitel IV.5.4.2.2 berechneten Systemgrößen. Um hierbei auch die Präzision der Analysenmethode zu ermitteln, wurde für jede Bromatkonzentration die Analyse fünfmal durchgeführt. Die so erhaltenen Meßergebnisse sind als absolute Signalhöhe in Abbildung 5-27 gegen die Bromatkonzentration aufgetragen.

Im Vergleich zum diskontinuierlichen Verfahren belegen die verhältnismäßig kleinen Spannweiten der eingezeichneten Fehlerbalken die wesentlich höhere Reproduzierbarkeit der Bromatbestimmung im Fließsystem. Dies ist augenscheinlich eine Folge der weitgehend konstanten Reaktionsbedingungen sowie der hoch reproduzierbaren Dispersion. Wegen der positiven Steigung der Regressionsgeraden ist die Auswertung der in Kapitel IV.5.2.1.1 geschilderten Vorgehensweise völlig analog. Allerdings wurde die signifikante Unterscheidbarkeit der verwendeten Mittelwerte mit einer Sicherheit von $\overline{P} = 0{,}99$ überprüft.

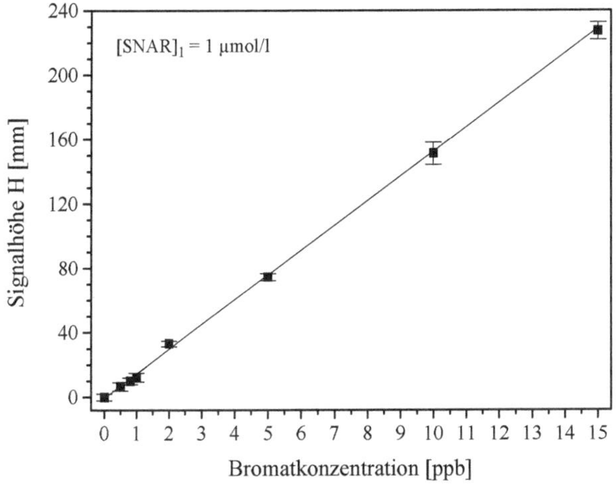

Abbildung 5-27: Kalibrationsgerade für die kontinuierliche Bestimmung von Bromat im Fließsystem (n = 6, 1s).

Die Auswertung ergibt eine Nachweisgrenze von 0,28 ppb mit einem linearen Meßbereich bis 15 ppb. Damit zeichnet sich das fließanalytische Verfahren im Vergleich zur diskontinuierlichen Bestimmung durch eine höhere Nachweisstärke und einen wesentlich größeren linearen Meßbereich aus. Eine entsprechende Gegenüberstellung zeigt Tabelle 5-14 mit Angabe der linearen Meßbereiche, der Nachweisgrenzen und einiger Standardabweichungen für ausgewählte Bromatkonzentrationen. Der Vergleich belegt den deutlichen Vorteil der Bromatdetektion mittels ionenchromatographischer Abtrennung des Analyten und Nachsäulenderivatisierung im Fließsystem.

Tabelle 5-14: Vergleich der diskontinuierlichen mit der kontinuierlichen Methode zur Bestimmung von Bromat.

Parameter	Diskontinuierlich	Kontinuierlich
Linearer Meßbereich [ppb]	bis 2	bis 15
Nachweisgrenze [ppb]	0,40	0,28
σ für 2,0 ppb	± 0,062	± 0,034
σ für 1,0 ppb	± 0,045	± 0,027
σ für 0,5 ppb	± 0,035	± 0,017

V. ZUSAMMENFASSUNG

Die vorliegende Arbeit befaßt sich mit ausgewählten Fragestellungen zur Wasseraufbereitungstechnologie. Dabei sind die Abbaubarkeit von Pestiziden durch UV-Photolyse sowie durch die kombinierte Anwendung von UV-Licht und Ozon und außerdem die Entwicklung spurenanalytischer Verfahren zur Bestimmung des speziellen Nebenproduktes Bromat als Schwerpunkte zu nennen. Die Untersuchungen zum Pestizidabbau wurden im großtechnischen Maßstab unter den Aspekten wie Wirtschaftlichkeit des Verfahrens, Bildung von toxikologisch bedenklichen Nebenprodukten und Mineralisationsgrad durchgeführt und haben damit eine unmittelbare Bedeutung für die Anwendbarkeit der diskutierten Technologie. Andererseits gaben Laborexperimente Aufschluß über mechanistische Einzelheiten der Abbauwege und erlaubten vor allem die explizite Bestimmung kinetischer Konstanten wie Quantenausbeuten und Geschwindigkeitskonstanten, die als absolute Parameter durch Maßstabsvergrößerung auf reale Verhältnisse übertragbar sind. Eine solche Anlagendimensionierung ist unter Berücksichtigung der Hydrodynamik, der Reaktionskinetik, der Wasserbeschaffenheit und der Intensitätsverteilung im Photoreaktor möglich. Eine detaillierte Darstellung hätte allerdings den Rahmen dieser Arbeit gesprengt und wurde auch wegen des überwiegend theoretischen Charakters nicht in die Betrachtungen miteinbezogen. Vielmehr soll dieser verfahrenstechnische Teil für zukünftige Studien richtungsweisend sein.

Die Photolyse wässeriger Pestizidlösungen im Labor wurde mit einem gepulsten KrF-Excimerlaser bei der Emissionswellenlänge $\lambda = 248$ nm durchgeführt, der sich aufgrund der Kohärenz, der Monochromasie und der hohen Leistungsdichte des emittierten Lichtes als ideale Strahlungsquelle erwies. Die einzuhaltenden experimentellen Randbedingungen wurden klar herausgestellt. Demgegenüber konnte mit dem bei $\lambda = 308$ nm emittierenden XeCl-Laser kein nennenswerter Abbau initiiert werden.

Die kinetische Analyse erfolgte mit Hilfe des bewährten Verfahrens der formalen Integration, dessen Algorithmus der gepulsten Bestrahlung anzupassen war. Schließlich gelang es, die UV-Photolyse von Atrazin als Folgereaktion mit gleichzeitig ablaufenden Parallelreaktionen zu beschreiben und die Geschwindigkeitskonstanten der Teilschritte zu ermitteln. Als intermediäre Produkte wurden 2-Hydroxyatrazin und desalkylierte Derivate identifiziert, die mit geringeren Quantenausbeuten weiter abgebaut werden konnten. Hierbei ließen ionenchromatographische Messungen die Aussage zu, daß Hydroxyatrazin unter Abspaltung von Alkyl- bzw. Aminoalkylgruppen reagierte, zumal Produkte wie Nitrat, Oxalat und Oxamat nachgewiesen werden konnten.

In diesem Zusammenhang war auch die vielfach diskutierte Mineralisation von Triazinen durch UV-Licht und damit verbunden die Frage nach der photochemischen Stabilität von Cyanursäure Gegenstand eingehender Untersuchungen. So konnten die Mineralisationsprodukte Formiat, Nitrat, Oxalat und Oxamat ionenchromatographisch identifiziert werden. Letztlich führten die Ergebnisse zu der Schlußfolgerung, daß Cyanursäure als intermediäres

Produkt gebildet wird, dessen weitere Photolyse aus thermodynamischer Sicht durchaus möglich ist, kinetisch aber sehr langsam verläuft. Detaillierte mechanistische Aspekte über den Abbau von Cyanursäure konnten abschließend durch Laserphotolyse geeigneter Modellsubstanzen gewonnen werden.

Im Rahmen der Abbauversuche wurde auch der Nutzen von Titandioxid als Photokatalysator zur Reinigung atrazinhaltiger Wässer untersucht. Dabei stand die Frage im Vordergrund, durch welche Parameter der photokatalytische Abbau optimiert werden kann. Wie die Experimente gezeigt haben, wurden die heterogenen Abbaureaktionen im Falle der Laserbestrahlung gegenüber dem nicht katalysierten Prozeß stark verlangsamt. Dieser Effekt konnte darauf zurückgeführt werden, daß die Quantenausbeute mit Zunahme der Bestrahlungsstärke kleiner wird. Durch polychromatisches UV-Licht eines Hg-Mitteldruckstrahlers wurde Atrazin photokatalytisch primär zu Desethyl-, Desisopropyl- und in geringem Ausmaß auch zu Hydroxyatrazin umgesetzt. So konnten 10 µg/l Atrazin einschließlich der primären Metaboliten innerhalb weniger Minuten auf Konzentrationen unterhalb des Trinkwassergrenzwertes abgebaut werden. Dies läßt eine technische Umsetzung des Verfahrens aussichtsreich erscheinen. Allerdings wurde der Abbau von Atrazin durch Huminstoffe sehr stark verlangsamt und kam bei einem Huminstoffgehalt von 50 ppm bereits vollständig zum Erliegen. Eine zusätzliche Aufbereitungsstufe zur Verminderung des Huminstoffgehaltes, z.B. durch Flockung, wäre daher für die Nutzbarmachung der Photokatalyse erforderlich. Die Mineralisation von Atrazin wurde ebensowenig beobachtet, wie eine effektive Desaminierung der Seitenketten, so daß eine Anreicherung von Desalkyl- und Hydroxydesalkylatrazin die Folge war.

Die Feldversuche mit einer UV/Ozon-Großanlage haben gezeigt, daß mit Zunahme der UV-Leistung und größer werdendem Ozoneintrag der Abbau von Atrazin gesteigert werden konnte. Im Vergleich zu analogen Untersuchungen (Zwiener 1995), die im Rahmen des Projektes mit einer Pilotanlage durchgeführt worden sind, wirkte sich im Falle der Großanlage der innere Filtereffekt des Ozons nicht limitierend auf den kombinierten Aufbereitungsprozeß aus. Während bei einem Rohwasserdurchfluß von 70 m^3/h die im untersuchten Grundwasser vorliegende Atrazinkonzentration nur bei sehr niedrigen und zugleich geringen UV-Leistungen nicht unter den Grenzwert von 0,1 µg/l gesenkt werden konnte, wurde dieser Wert für Desethylatrazin bei allen Verfahrenseinstellungen überschritten. Der Summengrenzwert von 0,5 µg/l konnte jedoch im UV/Ozon-Verfahren eingehalten werden. Die ökologische Beurteilung der angewandten Technologie bezog sich auch auf die Einhaltung der TVO-Grenzwerte von anorganischen Wasserinhaltsstoffen, die als Nebenprodukte des Pestizidabbaus nach der Aufbereitung im Wasser vorhanden waren oder aus den eingesetzten Oxidationsmitteln selbst gebildet wurden. Diese Problematik betraf einerseits Ozon, dessen Restkonzentration vor allem bei hohen Ozondosiswerten und gleichzeitig niedriger UV-Leistung im Ablaufwasser der beiden Anlagen den TVO-Grenzwert von 50 µg/l übertraf. Andererseits führte die Bildung von Wasserstoffperoxid bei allen Verfahrenseinstellungen im Ablauf der Großanlage zur Überschreitung des Grenzwertes von 100 µg/l. In diesem Zusammenhang wurde die photochemische Bildung von Nitrit aus Nitrat eingehend untersucht, zumal das Rohwasser der Großanlage mit einem Gehalt von

63 mg/l Nitrat als stark belastet einzustufen war. Mit zunehmender UV-Leistung nahm die Nitritbelastung zu und konnte bei der Anwendung von Ozon infolge der Rückoxidation zu Nitrat verringert werden. Dennoch reichte die höchste Ozondosis zur Unterschreitung der zulässigen Maximalbelastung von 100 µg/l nur bei gleichzeitig niedriger UV-Leistung aus. Untersuchungen zur Nitritbildung in der Pilotanlage bestätigten diesen allgemeinen Zusammenhang.

Im Rahmen einer Gesamtbewertung des UV/Ozon-Verfahrens wurden ausgehend von Nitrit auch für Wasserstoffperoxid und Ozon sowie für Atrazin und Desethylatrazin Betriebskennlinien definiert, die als Funktion der wählbaren Betriebsparameter genau diejenigen Verfahrenseinstellungen kennzeichnen, für die der jeweilige Grenzwert gerade eingehalten wird. Dementsprechend konnten Betriebsbereiche festgelegt werden, die unter Einhaltung des jeweiligen Grenzwertes akzeptabel waren oder aber Grenzwertüberschreitungen zur Folge hatten. Damit konnte letztendlich für die Großanlage ein Betriebsdiagramm erstellt werden, mit dem sich verfahrenstechnische Problemstellungen, wie der Einfluß von Störungen auf die Nebenproduktbildung, die Bedingungen für eine möglichst große Stabilität des Anlagenbetriebes unter Berücksichtigung von Grenzwerten oder der Nutzungsgrad des Prozesses, auf sehr anschauliche Weise beurteilen ließ. Zusammenfassend stellte sich heraus, daß nach dem gegenwärtigen Entwicklungsstand infolge der Grenzwertüberschreitung von Ozon, Nitrit und Wasserstoffperoxid eine umwelttoxikologisch vertretbare Betriebsführung nicht möglich war. Unter der Vorgabe, daß Ozon und Wasserstoffperoxid nachträglich aus dem Ablaufwasser entfernt wird, wurde beispielhaft gezeigt, wie sich anhand eines Betriebsdiagrammes nach ökonomischen und ökologischen Kriterien Betriebspunkte bestimmen lassen. Für diesen Fall konnte eine Kostennutzungsrechnung für den Pestizidabbau durchgeführt werden. Als Ergebnis ergaben sich für den optimalen Betriebspunkt die Gesamtkosten zu 0,63 DM/m^3 aufbereiteten Wassers.

Die praktische Anwendung des UV/Ozon-Verfahrens hat gezeigt, daß die Ausnutzung der Technologie entscheidend durch die Betriebsführung bestimmt wird. Diese erfordert ihrerseits eine regelmäßige Kontrolle der Verfahrensgrößen, also des Ozoneintrags und der Strahlungsleistung. Gerade das Messen der UV-Lichtintensität ist aber mit großen Schwierigkeiten verbunden. In jedem Fall wäre die chemische Aktinometrie die Methode der Wahl, falls es gelänge, polychromatische UV-Strahlung zu vermessen. Daher wurde auch die chemische Aktinometrie in den Mittelpunkt gerückt, um zur Bilanzierung von Hg-Mitteldruckstrahlung ein praktikables Konzept zu entwerfen. Die vorgestellte Meßmethode beruht auf der Verwendung spezieller Salzlösungen, die als Flüssigfilter für bestimmte Spektralgebiete des Strahlerspektrums optisch transparent sind und ein wellenlängenselektives Vermessen charakteristischer Emissionslinien oder Spektralbereiche mit herkömmlichen chemischen Aktinometern ermöglichen. Die Auswahl geeigneter Filterlösungen gestaltete sich zunächst sehr schwierig, da die Wellenlängenabhängigkeit der Filtertransmission, der Strahlerintensität und der Absorption des Aktinometers ideal aufeinander abgestimmt werden mußten. Zu diesem Zweck war es erforderlich, auf theoretischer Basis allgemeine Auswahlkriterien für Filterlösungen zu definieren. Damit wurde ein Formalismus eingeführt, der es ermöglicht, für ein beliebiges aktinometrisches Experiment aus einer

Vielzahl verfügbarer Flüssigfilter, deren Transmissionskurven in einer Datenbank gespeichert sind, die optimale Filterlösung bereitzustellen. Letztlich konnte mit Hilfe des reversiblen Azobenzol-Aktinometers der UV-A-, UV-B- und UV-C- sowie der sichtbare blaue Bereich selektiv vermessen und damit die Gesamtemission angegeben werden. Die Bilanzierung ergab unter Berücksichtigung der Reaktorgeometrie und der Transmission von Kühlwasser und Filterlösung eine Bestrahlungsstärke von $3{,}2 \cdot 10^{-6}$ Einstein s^{-1} cm^{-2} an der Außenwand des Strahlerhüllrohres. Außerdem wurde als Aktinometerreaktion die reversible Photodissoziation des Endoperoxids HCDPO für Messungen im UV-C-Bereich erfolgreich eingesetzt.

Das analytische Aufgabengebiet umfaßte die Entwicklung selektiver und empfindlicher Nachweismethoden für Bromat. Die allgemeine Vorgehensweise besteht in der ionenchromatographischen Abtrennung des Analyten, anschließender Nachsäulenderivatisierung und fluorimetrischer Detektion. Die erste ausgearbeitete Variante umfaßt als Nachsäulenderivatisierung die Komproportionierung von Bromat mit Bromid zu Brom, wodurch der Analyt vervielfacht und die Nachweisstärke erhöht wird. Das entstandene Brom wird schließlich durch Bromierung von geeigneten Fluorophoren der Fluoreszenzdetektion zugänglich gemacht. Zunächst wurde das Fluoreszenzverhalten zahlreicher Farbstoffe getestet, um letztlich die Verbindungen Dichlorfluorescein, Cumarin 2 sowie Carbostyril 124 auszuwählen. Die entsprechenden Bromierungsprodukte konnten dünnschichtchromatographisch und massenspektrometrisch charakterisiert sowie fluoreszenzspektroskopisch untersucht werden. Die Nachweisgrenzen dieser diskontinuierlichen Analysenmethode wurden in Abhängigkeit von der eingesetzten Farbstoffkonzentration bestimmt und statistisch abgesichert. Es stellte sich heraus, daß die Nachweisgrenze sowie der lineare Meßbereich mit abnehmender Farbstoffkonzentration kleiner wurde und die zunehmende Streuung der Meßwerte die Kalibration letztlich limitierte. Die Empfindlichkeit der Methode sinkt mit zunehmender Farbstoffkonzentration, so daß sich der ideale Konzentrationsbereich von 10^{-7} bis 10^{-6} mol/l erstreckt. Die niedrigste Nachweisgrenze für Bromat beträgt 0,16 ppb mit einem linearen Meßbereich bis 5 ppb.

In der zweiten Variante wird als Nachsäulenderivatisierung die direkte Oxidation des Azofarbstoffes Sulphonaphtholazoresorcinol (SNAR) durch Bromat genutzt. Der hierbei nicht umgesetzte Anteil wird in einer Folgereaktion mit Ga(III)-Ionen in einen zweikernigen Komplex überführt. Dieser besitzt eine charakteristische Fluoreszenz und kann empfindlich nachgewiesen werden. Der ionenchromatographische Trennschritt und die chemische Umsetzung des Analyten bis hin zur Detektion wurden als On-line-Kopplung ausgelegt, um die Vorteile einer Fließanalyse wie hohe Reproduzierbarkeit und Automatisierbarkeit ausnutzen zu können. Analog zur ersten Variante wurden die Reaktions- und Detektionsbedingungen der Methode untersucht und optimiert. Für das kontinuierliche Verfahren wurde zunächst ein allgemeiner Formalismus abgeleitet, mit dem eine zielgerichtete Konstruktion und Dimensionierung des Fließsystems möglich war. Die Nachweisgrenze für Bromat wurde schließlich für eine SNAR-Konzentration von 10^{-6} mol/l zu 0,28 ppb bestimmt. Der lineare Meßbereich erstreckt sich bis 15 ppb.

Damit konnte für Bromat eine analytische Bestimmungsmethode entwickelt werden, die den gestellten Anforderungen genügt. Die Auslegung des Verfahrens als Nachsäulenderivatisierung im Fließsystem gewährleistet neben einer hohen Reproduzierbarkeit zudem eine automatisierte Verfahrensweise. Zusammen mit der einleitenden Abtrennung des Analyten von der Matrix ist durch den chemischen Reaktionsschritt auch die Spezifität der Methode gegeben.

VI. Ausblick

Als Folge der zunehmenden Belastung von Oberflächen-, Grund- und Trinkwasser durch gesundheitsbedenkliche Stoffe besteht zweifelsohne ein steigendes Interesse an effektiven, umweltverträglichen und zugleich kostengünstigen Aufbereitungsverfahren, insbesondere zur Trinkwassergewinnung. Die eigenen Untersuchungen zur Wasserbehandlung mit der UV/Ozon-Technologie haben gezeigt, daß diese Forderung unter praxisrelevanten Bedingungen nach wie vor nicht realisierbar ist. Die ursprünglich seitens der Industrie vertretene Maxime „Viel hilft viel" hat sich auf dem Sektor der Trinkwassergewinnung als Leitsatz für die Anlagenkonzeption sicherlich nicht bewährt. Insbesondere das UV/Ozon-Verfahren ist in Bezug auf das Oxidationsmittel und die UV-Leistung überdimensioniert und damit zu teuer. Auch aus toxikologischen Gründen hat sich ein uneingeschränkter und bedenkenloser Einsatz dieser Technologie nicht bestätigt. Zukünftig sollte vielmehr eine pragmatische Entwicklungsstrategie maßgeblich sein, um eine den Anforderungen entsprechende optimale Aufbereitungstechnologie zu schaffen. Die Vorstellung, daß es eine standortunabhängige Universallösung gibt, wird man sicherlich auch in der Zukunft als Fiktion betrachten müssen.

Die derzeitige Entwicklungstendenz zeichnet sich u.a. dadurch aus, daß durch Kombination verschiedener „Advanced Oxidation Processes" die Vorteile der einzelnen Verfahren nutzbar gemacht werden können. Der kombinierte Einsatz von Wasserstoffperoxid und Ozon bietet sich beispielsweise zur Vorbehandlung trüber und stark gefärbter Wässer an, bevor sie einer UV-Behandlung unterzogen werden. Auch eine sinnvolle Abfolge von biologischen Reinigungsstufen und Oxidationsverfahren scheint vielversprechend zu sein. In jedem Falle wird so die Anlagenkapazität mit dem Vorteil einer ökonomischeren Verfahrensweise wirkungsvoll erhöht.

Die Erweiterung bestehender Anlagen durch zusätzliche Verfahrensschritte kann auch in Anbetracht der Einhaltung von Grenzwerten sehr zweckmäßig sein. Diese Maßnahme wurde unter Berücksichtigung der TVO am Beispiel der UV/Ozon-Technologie diskutiert. Inwieweit sich die entstehenden Nebenkosten durch eine kleinere Auslegung sowohl des Ozongenerators als auch der Bestrahlungseinheit kompensieren lassen, kann nicht allgemein angegeben werden. Für die Etablierung einer Nachozonungsstufe zur Oxidation von Nitrit und der photolytischen Zersetzung von Restozon mit Niederdruckstrahlung kann man allerdings davon ausgehen, daß bei einer angemessenen Anlagendimensionierung der erforderliche Mehraufwand durchaus vertretbar wäre.

Auf dem Gebiet innovativer Aufbereitungstechnologien wird in zunehmendem Maße der VUV-Bereich genutzt, da mit Wellenlängen kleiner als 200 nm die Erzeugung von OH-Radikalen durch die direkte Photolyse des Wassers ohne Zusatzstoffe erfolgt. Zugänglich wurde dieser Bereich durch die Entwicklung von Excimerstrahlern, die als kontinuierlich strahlende UV-Lichtquellen eine nahezu monochromatische Emission besitzen. Für den

Einsatz dieser UV-Strahler stellen die mit gepulstem Laserlicht gewonnenen Resultate grundlegende Erkenntnisse zur Konstruktion entsprechender Reaktoren dar.

Daneben hat die Photokatalyse als alternatives Verfahren eine fortwährende Bedeutung, um vor allem das langwelligere Sonnenlicht für photolytische Zwecke zu nutzen. Durch Dotierung des Halbleitergitters mit Metallkationen oder durch Abscheidung von Edelmetallspuren auf der Katalysatoroberfläche wird versucht, die Quantenausbeute zu erhöhen. Hierfür scheinen sog. „q-Partikel" aufgrund ihres Durchmessers von < 10 nm sehr geeignet zu sein. Auch mit der Entwicklung von Techniken zur Immobilisierung von Photokatalysatoren auf Trägersubstanzen, wie Polymere, Zeolithe, Ton und Keramik, sowie zur Herstellung ultrafeiner Beschichtungen von Metallen und Glasoberflächen, sollte sich die Effektivität der Photokatalyse erhöhen lassen. In diesem Zusammenhang wäre für den Abbau lipophiler Stoffe auch der Einsatz hydrophobierter Katalysatormaterialien und evtl. gleichzeitiges Dispergieren der Partikel in eine organische Phase denkbar. Untersuchungen zu derartigen 2-Phasen-Reaktionen sind mittlerweile bekannt geworden.

Da die Erzeugung von Hydroxylradikalen bekanntlich das photochemische Grundprinzip aller UV-Licht unterstützten Oxidationsverfahren ist, muß die zukünftige Entwicklung mehr denn je dahingehend ausgerichtet werden, die Bedingungen der Radikalerzeugung möglichst ideal zu gestalten. Aus apparativer Sicht betrifft diese Forderung eine der Rohwasserbeschaffenheit angemessene Konstruktion von Photoreaktoren. Bei sehr großer optischer Dichte des Mediums sind beispielsweise Dünnfilmreaktoren zu bevorzugen, wobei die Hydrodynamik entsprechend anzupassen ist. Ferner muß auch die Einspeisung des Oxidationsmittels derart gestaltet sein, daß es nicht selbst den Prozeß durch Eigenabsorption limitiert. Einzelheiten wurden in diesem Zusammenhang bereits für die UV/Ozon-Technologie in Kapitel IV.3.3.3 erläutert.

Langfristig gesehen wird für einen ökonomisch wie ökologisch vertretbaren Einsatz von Aufbereitungsverfahren die kontinuierliche Überwachung des Anlagenbetriebes Voraussetzung sein. Verläßliche Kontrollsysteme könnten im Störfall die automatische Nachregelung relevanter Verfahrensgrößen auslösen, um eine stabile Betriebsführung zu gewährleisten. Gerade für diesen Zweck stellen die gezeigten Betriebsdiagramme wesentliche Entscheidungshilfen dar. Eine praktikable Methode zur Betriebsüberwachung ist mit Hilfe der chemischen Aktinometrie denkbar, die es analog zur Überwachung von Desinfektionsanlagen erlauben würde, die Einhaltung des „photochemischen Wirkungsäquivalentes" zu kontrollieren. Als methodisches Konzept böte sich die Vorgehensweise der polychromatischen Aktinometrie mit Filtermedien an.

Besondere Bedeutung würden Kontrollinstrumente zur in-situ Registrierung von Hydroxylradikalen erlangen, da mit ihnen eine Anlagenoptimierung in idealer Weise durchgeführt und eine Überdimensionierung von vornherein ausgeschlossen werden könnte. Die Etablierung optosensorischer Meßsysteme wären hierfür geradezu prädestiniert. In jüngster Zeit wurde bereits mit grundlegenden Studien zur Entwicklung der faseroptischen in-situ Detektion von Hydroxylradikalen begonnen.

Weiterführende Aufgaben befassen sich auch mit der fluorimetrischen Bromatdetektion via Nachsäulenderivatisierung im Fließsystem. So ist in naher Zukunft die Teilnahme an Ringversuchen geplant. Dabei soll gleichermaßen der Farbstoff Dichlorfluorescein für die Fließanalyse eingesetzt werden. Das endgültige Ziel ist die Ausarbeitung der in dieser Arbeit entwickelten Methode zur spurenanalytischen Bromatdetektion als europäisches Normverfahren.

VII. EXPERIMENTELLER TEIL

1 Analysengeräte und Analysenmethoden

1.1 Einheitsverfahren

Die Analytik der anorganischen Bestandteile Nitrit, Nitrat, Ozon und Wasserstoffperoxid erfolgte mit photometrischen Bestimmungsmethoden, die eine einfache und hinreichend genaue Analytik am Ort der Probenahme ermöglichten. Hierzu wurden nachstehende Einheitsverfahren nach DIN verwendet. Die Absorptionsmessungen wurden mit dem transportablen Einstrahlphotometer PM 6 (Zeiss, Oberkochen) durchgeführt.

Als wichtiger Schritt der Probenvorbereitung muß zur Bestimmung von Nitrit und Nitrat die Vernichtung von Restozon in der Wasserpobe erfolgen. Hierzu bietet sich die spontan verlaufende Reaktion mit 1-Buten-3-ol an. Die Probenahme erfolgt zweckmäßigerweise durch Vorlage von 100 µl Butenol pro 100 ml Wasserprobe. Überschüssiges Reagenz bzw. Reaktionsprodukte stören die Nachweisverfahren nicht, wie in Kontrollexperimenten gezeigt wurde.

a) Bestimmung von Nitrit (Fresenius et al. 1988)

Anwendungsbereich: 5 µg/l bis 600 µg/l Nitrit

Die Bestimmung von Nitrit beruht auf der Diazotierung von Sulfanilsäure in mineralsaurer Lösung. Die entstehende Diazoniumverbindung wird mit α-Naphthylamin unter Bildung eines roten Azofarbstoffes gekuppelt, dessen Absorptionsmaximum bei 530 nm liegt. Nach einer Reaktionszeit von etwa 45 min ist das Maximum der Farbintensität erreicht und der Nachweis mit einer Bestimmungsgrenze von 15 µg/l am empfindlichsten. Die Photometrie erfolgte mit 4 cm-Quarzküvetten (Hellma, Müllheim).

Die Bestimmung ist spezifisch, da nur Nitritionen in der Lage sind, eine Diazotierungsreaktion einzugehen. Störungen treten in typischen Trinkwässern nicht auf. Eine weitere Probenvorbereitung war also nicht erforderlich.

b) Bestimmung von Nitrat (DIN 38 405-D9-2)

Anwendungsbereich: 0,5 mg/l bis 25 mg/l Nitrat

Bei dieser Methode handelt es sich um die Nitrierung von 2,6-Dimethylphenol (2,6-Xylenol) in schwefelsaurer Lösung zu 4-Nitro-2,6-Dimethylphenol (Xylenol-Methode). Das Produkt zeigt bei einer Wellenlänge von 324 nm eine charakteristische Absorption. Die Photometrie erfolgte mit 1 cm-Quarzküvetten (Hellma, Müllheim).

Grundsätzlich stören Chloridionen über 10 mg/l, die durch Ag_2SO_4 zu fällen sind, sowie Nitritionen über 2 mg/l, die durch Sulfanilsäure reduziert werden müssen. Die Methode hat eine Nachweisgrenze von 400 µg/l Nitrat.

c) Bestimmung von Ozon (DIN 38 408-G 3-3)

Anwendungsbereich: 0,05 mg/l bis 10 mg/l Ozon

Die Bestimmung der Ozonkonzentration erfolgt nach der Reaktion mit Indigotrisulfonat photometrisch bei 600 nm. Der Farbstoff wird zunächst in einem Meßkolben vorgelegt und direkt mit der Probenlösung vor Ort befüllt. Diese Probenahme erwies sich als vorteilhaft, da so das Ausgasen des Ozons aus der Meßlösung weitgehend vermieden werden konnte. Alle verwendeten Geräte, wie Meßkolben, Bechergläser, Pipetten etc., werden mit Ozonwasser gespült, um eine zusätzliche Ozonzehrung auszuschließen.

Der Nachweis wird durch alle Stoffe gestört, die Indigo oxidieren, z.B. Cl_2, Br_2, ClO_2 und Mn-Verbindungen. Der Einfluß von H_2O_2 ist wegen der sehr langsamen Oxidation vernachlässigbar.

Bei Ozonkonzentrationen größer als 1 mg l^{-1} ist auch die Messung der UV-Absorption bei 260 nm ($\varepsilon_{O_3} = 2900\ l\ mol^{-1}\ cm^{-1}$) als Bestimmungsmethode für Ozon möglich. Voraussetzung ist, daß keine anderen Wasserinhaltstoffe bei dieser Wellenlänge merklich absorbieren.

d) Bestimmung von Wasserstoffperoxid (DIN 38 409-H 15)

Anwendungsbereich: bis 60 mg/l Wasserstoffperoxid

Wasserstoffperoxid wird durch Reaktion mit Titanylsulfat bestimmt. Dabei bilden sich gelb gefärbte Peroxotitansäuren, die bei 420 nm photometrisch vermessen werden. Störungen werden durch Wasserinhaltsstoffe verursacht, die bei der Meßwellenlänge absorbieren. Gelöstes Ozon stört die Bestimmung nicht.

1.2 Ionenchromatographie

Die Ionenchromatographie diente einerseits der Analytik von Anionen und wurde andererseits zur Etablierung der Bromatanalytik eingesetzt. Bei dem Ionenchromatograph handelt es sich um ein neu aufgebautes und erweitertes System des ursprünglichen Typs IC 14 (Dionex, Idstein) mit isokratischer Pumpe und Leitfähigkeitsdetektion. Das entsprechende Fließschema des Ionenchromatographen zeigt Abbildung 1-1. Die wesentlichen Umbauten seien im folgenden kurz genannt:

i. Das System wurde auf die automatische Suppressortechnik umgestellt.
ii. Die pneumatisch betriebenen Druckluftventile wurden bis auf jenes für die Injektion eliminiert.
iii. Die Leitfähigkeitszelle wurde durch einen externen Wasserkreislauf zusätzlich temperaturstabilisiert.
iv. Das Ionenchromatographiemodul wurde als umschaltbares Zwei-Säulen-Anionensystem zur Detektion früh und spät eluierender Ionen ausgelegt.
v. Die Pulsation wurde durch den Einbau von Pulsationsdämpfern reduziert.
vi. Die Aufzeichnung der Chromatogramme wurde softwaregesteuert durchgeführt. Dabei wurden die Meßsignale als Spannung registriert.
vii. Das System wurde miniaturisiert.

Weitere Spezifikation des ionenchromatographischen Systems:

Stationäre Phase:	IonPac AS4A, 250 mm x 4 mm
Mobile Phase:	Anwendungsspezifisch (s. Tabelle 1-1), Flußrate: 1,75 ml/min
Regenerent:	25 mM H_2SO_4, Flußrate: 3,5 ml/min
Detektion:	„Suppressed conductivity", temperaturstabilisiert
Suppressor:	Anion-MicroMembrane AMMS-II (Dionex, Idstein)
Injektion:	V = 100 µl, 200 µl und 400 µl (Analytik, Bestimmung der Auflösung und der Nachweisgrenze), V = 1000 µl (Fließsystem); jeweils manuelle Aufgabe
Umwälzbad:	Thermostat F3 (Haake, Karlsruhe)
A/D-Wandlerkarte:	Typ ME-30 (Meilhaus, Puchheim)

Zur Herstellung der in Tabelle 1-1 genannten Elutionsmittel geht man von Pufferkonzentraten aus und verdünnt entsprechend. Die Pufferkonzentrate erhält man durch Lösen von 9,54 g Na_2CO_3 und 7,14 g $NaHCO_3$ bzw. 38,14 g $Na_2B_4O_7 \cdot 10\ H_2O$ in 1 Liter entionisiertem Wasser und anschließendem Entgasen von CO_2 im Ultraschallbad. Für die Detektion von Monocarbonsäuren wurde die zu injizierende Probe mit einer definierten Menge Carbonatpuffer-Konzentrat so versetzt, daß Ionenstärke und pH-Wert der Probe mit denen des Eluenten identisch waren. Auf diese Weise gelang es, den negativen Wasserpeak im Chromatogramm zu unterdrücken und die Basislinie zu stabilisieren.

Zur Kalibration sowie zur Bestimmung der Auflösung wurden von den in Tabelle 1-2 angegebenen Substanzen Stammlösungen mit der Konzentration 1000 ppm durch Lösen der jeweiligen Menge in 100 ml entionisiertem Wasser hergestellt. Diese wurden zur Herstellung von 1 ppm-Standardlösungen weiter verdünnt.

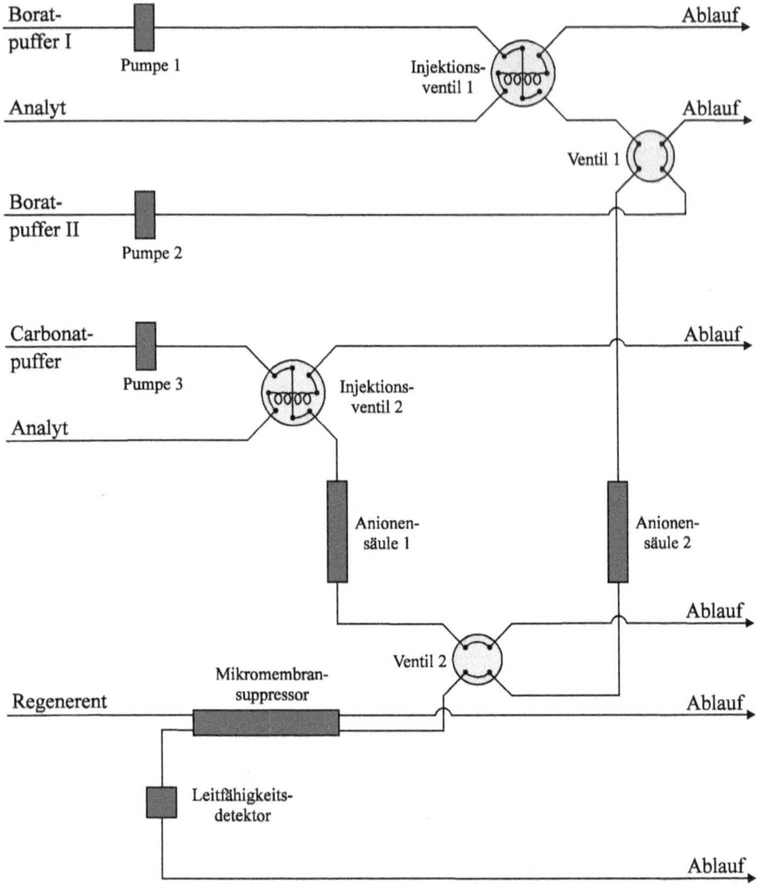

Abbildung 1-1: Fließschema des umgebauten Ionenchromatographen. Der stärkere Boratpuffer II dient im Gegensatz zu den anderen beiden Puffern zur Elution stark retardierter Ionen.

Tabelle 1-1: Mobile Phasen für die Ionenchromatographie mit Angabe der untersuchten Analyten und Verweis auf den entsprechenden Text.

Mobile Phase	Analyt	Kapitel
1,8 mM Na_2CO_3, 1,7 mM $NaHCO_3$	Chlorit, Bromat, Chlorid	IV.5.2.1
1,8 mM Na_2CO_3, 1,7 mM $NaHCO_3$	Formiat, Chlorid, Nitrat, Oxamat, Oxalat	IV.1.2
1,8 mM Na_2CO_3, 1,7 mM $NaHCO_3$	Chlorid, Nitrat	IV.2
5 mM $Na_2B_4O_7 \cdot 10\ H_2O$	Chlorit, Bromat, Chlorid	IV.5.2.1
10 mM $Na_2B_4O_7 \cdot 10\ H_2O$	Chlorit, Bromat, Chlorid	IV.5.2.1
10 mM $Na_2B_4O_7 \cdot 10\ H_2O$	Acetat, Formiat, Chlorit, Chlorid	IV.1.3, IV.1.4
10 mM $Na_2B_4O_7 \cdot 10\ H_2O$	Bromat zur Best. der Auflösung	IV.5.2.1
10 mM $Na_2B_4O_7 \cdot 10\ H_2O$	Bromat in Fließanalyse	IV.5.4.2

Tabelle 1-2: Einwaagen für 100 ml H_2O zur Herstellung der verwendeten Stammlösungen mit 1000 ppm des entsprechenden Anions.

Substanz	Einwaage	Molarität
Na-Acetat	138,9 mg	$1{,}22 \cdot 10^{-2}$ M
Na-Bromat	118,0 mg	$6{,}63 \cdot 10^{-3}$ M
Na-Bromid	128,8 mg	$9{,}72 \cdot 10^{-3}$ M
Na-Chlorat	127,6 mg	$9{,}39 \cdot 10^{-3}$ M
Na-Chlorid	164,9 mg	$1{,}71 \cdot 10^{-2}$ M
Na-Chlorit	134,1 mg	$1{,}11 \cdot 10^{-2}$ M
Na-Formiat	151,1 mg	$1{,}47 \cdot 10^{-2}$ M
Na-Hypochlorit	1,04 ml	$1{,}34 \cdot 10^{-2}$ M
Na-Nitrat	137,1 mg	$1{,}12 \cdot 10^{-2}$ M
Na-Oxalat	120,7 mg	$7{,}46 \cdot 10^{-3}$ M
Na-Oxamat	126,1 mg	$9{,}00 \cdot 10^{-3}$ M

1.3 Spektroskopische Analyse

Fluoreszenz-Quarzküvette, Quarzglas Suprasil, 1400 µl (Hellma, Müllheim)
Infrarot-Spektrometer, Modell 157 (Perkin-Elmer, Überlingen)
Lumineszenz-Spektrometer, Typ LS 50 (Perkin-Elmer, Beaconsfield, England)
NMR-Spektrometer, 260 MHz (Bruker, Karlsruhe)
UV-Küvetten, Eigenanfertigung, Fenster aus Suprasil-Quarzglas (Schott, Mainz)
UV-Quarzküvetten, Quarzglas Suprasil, Schichtdicke 1 cm, 1400 µl (Hellma, Müllheim)
UV-Quarzküvetten, Quarzglas Suprasil, Schichtdicke 4 cm, 14000 µl (Hellma, Müllheim)
UV-VIS-Spektrometer, Einstrahlgerät, DU-650 (Beckman Instruments, Fullerton, USA)
UV-VIS-Spektrometer, Einstrahlgerät, PM 6 (Zeiss, Oberkochen)

1.4 Immunologische Bestimmung

Die immunologische Bestimmung von Atrazin, Hydroxyatrazin und Desethylatrazin-Äquivalenten erfolgte nach Standardvorschriften, die in der Literatur ausführlich beschrieben sind (Weller 1992). Zur Messung der huminsäurehaltigen Proben wurden diese, sowie alle Standardlösungen, mit einer 1 %igen Rinderserumalbuminlösung im Verhältnis 1:2 versetzt. Auf diese Weise lassen sich unspezifische Wechselwirkungen zwischen der Huminsäure und den Antikörpern vermeiden.

1.5 Fließsystem

a) Verschlauchungen

Abmessungen:	s. Kapitel V.5.4.2.2.3
Pumpenschläuche:	Tygon®, 0.51 mm bzw. 0.57 mm ID (Ismatec, Glattbrugg, CH)
IC-Ablauf:	FEP, 0.030 inch ID, 1/16 inch OD (Upchurch, Oak Harbor, USA) Flußrate: 1,75 ml/min
Teilströme 1 - 3	PEEK, 0.010 inch ID, 1/16 inch OD (Upchurch, Oak Harbor, USA)
Sonstige Schläuche:	FEP, 0.030 inch ID, 1/16 inch OD (Upchurch, Oak Harbor, USA)

b) Reagenzien

Stammlösungen:	s. Kapitel VII.5.4.2.2
Reagenz 1:	10^{-5} M SNAR und 1,25 M NaBr in 3,16 M $HClO_4$;

	Flußrate (real): 0,194 ml/min
Reagenz 2:	0,01 M $Ga(NO_3)_3$ in 0,316 M $HClO_4$; Flußrate (real): 0,236 ml/min
Reagenz 3:	3,34 M NH_4-Formiat in H_2O; Flußrate (real): 0,236 ml/min

c) Sonstiges

HPLC-Pumpe:	Milton Roy Instrument Pump, Model 2396 (Milton Roy, Stone, GB)
Schlauchpumpe:	8-Kanal-Schlauchpumpe (Ismatec, Glattbrugg, CH)
T-Stücke:	Spezialanfertigung aus Hastelloy C-22 (Upchurch, Oak Harbor, USA) Bohrungen: 0.030 inch für 0° und 0.010 inch für 90°
Bypass-Ventil:	6-Kanal-Injektionsventil (VICI Valco, Schenkon, CH) Innenbohrung: 0.030 inch, Totvolumen: 2,05 µl
Detektor:	Fluoreszenzdetektor RF-551(Shimadzu, Kyoto, Japan) Küvettenvolumen: 12 µl
Detektion:	λ_{ex} = 521 nm, λ_{em} = 585 nm

1.6 Sonstige Geräte

8-Kanal-Pipette 50-200 µl, S12/200 (Dynatech, Denkendorf)
8-Kanal-Spektrophotometer (Reader) für Mikrotiterplatten, TR 400 (SLT, Overath)
8-Kanal-Waschgerät (Washer) für Mikrotiterplatten, EAW II plus (SLT, Overath)
DC-Kammer (Desaga, Heidelberg)
Excimerlaser für KrF und XeCl, Typ LPX 210iCC (Lambda Physik, Göttingen)
Leistungsmeßgerät, Powermax 5200 (Laser Components, Gröbenzell)
Mikrotiterplatten, Flachboden, hohe Bindungskapazität (Greiner, Nürtingen)
Multipette (Eppendorf, Hamburg)
Orbital-Schüttler für Mikrotiterplatten, EAS 2/4 (SLT, Overath)
pH-Meter, Typ pH 191 (WTW, Weilheim)
Rotationsverdampfer, Re 121 (Büchi, Flawil, CH)
Schmelzpunktapparatur nach Tottoli (Büchi, Flawil, CH)
Ultraschallbad, Sonor RK 516S (Bandelin, Berlin)
UV-Anlage zur Wasseraufbereitung, Milli Q plus, (Millipore, Eschborn)
UV-Lampe, Fluotest (Quarzlampen GmbH, Hanau)
Varipetten 10...100 µl, 100...1000 µl (Eppendorf, Hamburg)
Zentrifuge, Biofuge 17RS mit Winkelrotor 1379 (Heraeus Sepatech, Osterode)

2 Verbrauchsmaterialien

Analytische DC-Folien, Polygram Alox N/UV_{254} (Roth, Karlsruhe)
Präparative DC-Platten, PSC-Fertigplatten Kieselgel 60 F_{254} (Merck, Darmstadt)
Einmalspritzen mit Injektionskanülen, 2 bzw. 5 ml, Luer-Lock (Braun, Melsungen)
Kaliumiodid-Stärke-Papier (Fluka, Neu-Ulm)
Membranfilter, Anotop 0,02 µm (Alltech, Unterhaching)
Pasteurpipetten, 150 mm (Roth, Karlsruhe)
pH-Indikatorstäbchen, Neutralit und Acilit (Merck, Darmstadt)
Pipettenspitzen, 1 - 100 µl und 100 - 1000 µl (Roth, Karlsruhe)
Szintillationsgefäße, 20 ml (Roth, Karlsruhe)

3 Chemikalien

3.1 Gase

HCl, Lasergas, 5 % HCl in He (Messer Griesheim, Düsseldorf)
Fluor, Lasergas, 5 % F_2 in He (Messer Griesheim, Düsseldorf)
Helium 5.0 (Messer Griesheim, Düsseldorf)
Krypton 4.7 (Messer Griesheim, Düsseldorf)
Sauerstoff, medizinisch (Messer Griesheim, Düsseldorf)
Xenon 4.0 (Messer Griesheim, Düsseldorf)

3.2 Lösungsmittel

Aceton, LiChrosolv, für die Chromatographie (Merck, Darmstadt)
Dichlormethan, für die Chromatographie (Merck, Darmstadt)
Diethylether, zur Analyse (Merck, Darmstadt)
Dimethoxyethan, Glyme, purum (Fluka, Neu-Ulm)
Ethanol, zur Analyse ACS, ISO (Merck, Darmstadt)
Ethylacetat, zur Analyse ACS, ISO (Merck, Darmstadt)
Hexan, zur Analyse ACS (Merck, Darmstadt)
Methanol, zur Analyse ACS, ISO (Merck, Darmstadt)
Petrolether, tiefsiedend, puriss. p.a. (Fluka, Neu-Ulm)
Toluol, zur Analyse ACS, ISO (Merck, Darmstadt)
Wasser, UV-behandelt, Leitfähigkeitswiderstand > 18 MΩ

3.3 Reagenzien

Aluminiumoxid, Typ 90 standardisiert (Merck, Darmstadt)
1-Amino-2- hydroxynaphthalin-4-sulfonsäure, purum p.a. (Fluka, Neu-Ulm)
Ammoniaklösung, 25 % zur Analyse (Merck, Darmstadt)
Ammoniumacetat, reinst (Merck, Darmstadt)
Ammoniumformiat, MicroSelect (Fluka, Neu-Ulm)
trans-Azobenzol, zur Synthese (Merck, Darmstadt)
1-Buten-3-ol, zur Synthese (Merck, Darmstadt)
Carbamoylharnstoff, puriss., ~ 99 % (Fluka, Neu-Ulm)
1-Chloranthrachinon, zur Synthese (Merck, Darmstadt)
Citronensäure-Monohydrat, zur Analyse (Merck, Darmstadt)
Cobalt(II)chlorid-Hexahydrat, purum p.a. (Fluka, Neu-Ulm)
2,6-Dimethylphenol, purum (Fluka, Neu-Ulm)
Dimethylsulfoxid-d_6, deuteriert, puriss. (Fluka, Neu-Ulm)
Dinatriumhydrogenphosphat-Dihydrat, MicroSelect (Merck, Darmstadt)
Eisen(III)chlorid, Hexahydrat, puriss. p.a. (Fluka, Neu-Ulm)
Eisessig, zur Analyse ACS, ISO (Merck, Darmstadt)
Gallium(III)nitrat-Nonahydrat, puriss. (Fluka, Neu-Ulm)
Harnstoff, puriss. p.a. ACS (Fluka, Neu-Ulm)
Kaliumbromid, für die IR-Spektroskopie (Fluka, Neu-Ulm)
Kaliumchlorid, puriss. p.a. (Fluka, Neu-Ulm)
Kaliumchromat, puriss. p.a. (Fluka, Neu-Ulm)
Kaliumcyanat, puriss. p.a. (Fluka, Neu-Ulm)
Kaliumdihydrogencitrat, purum p.a. (Fluka, Neu-Ulm)
Kaliumhexacyanoferrat(III), purum p.a. (Fluka, Neu-Ulm)
Kaliumnitrat, puriss. p.a. (Fluka, Neu-Ulm)
Kieselgel, Blaugel (Merck, Darmstadt)
Kupfer(II)sulfat, Pentahydrat, puriss. p.a. (Fluka, Neu-Ulm)
α-Naphthylamin, purum (Fluka, Neu-Ulm)
Natriumacetat, wasserfrei, puriss. p.a. ACS (Fluka, Neu-Ulm)
Natriumazid, purum p.a. (Fluka, Neu-Ulm)
Natriumbromat, zur Synthese (Merck, Darmstadt)
Natriumbromid, reinst (Merck, Darmstadt)
Natriumcarbonat, MicroSelect (Merck, Darmstadt)
Natriumcarbonat, wasserfrei, zur Analyse, ISO (Merck, Darmstadt)
Natriumchlorat, p.a. (Merck, Darmstadt)
Natriumchlorid, MicroSelect (Merck, Darmstadt)
Natriumchlorit, puriss. p.a. (Fluka, Neu-Ulm)
Natriumdihydrogenphosphat-Dihydrat, MicroSelect (Merck, Darmstadt)
Natriumformiat, puriss. p.a. ACS (Fluka, Neu-Ulm)
Natriumhydrogencarbonat, MicroSelect (Merck, Darmstadt)

Natriumhydrogencarbonat, zur Analyse, ISO (Merck, Darmstadt)
Natriumhypochlorit-Lösung, Javellewasser ~ 14 % (Fluka, Neu-Ulm)
Natriumnitrat, puriss. p.a. ACS (Fluka, Neu-Ulm)
Natriumnitrit, puriss. p.a. (Fluka, Neu-Ulm)
Natriumoxalat, puriss. p.a. ACS (Fluka, Neu-Ulm)
Natriumsalicylat, puriss. p.a. (Fluka, Neu-Ulm)
Natriumtetraborat-Decahydrat, puriss. p.a. ACS (Fluka, Neu-Ulm)
Natronlauge 1 mol/l, Titrisol für 1 N bzw. 2 N Maßlösung (Merck, Darmstadt)
Nickel(II)chlorid-Hexahydrat, purum p.a. (Fluka, Neu-Ulm)
Oxamidsäure Natriumsalz, ≥ 98 % (Fluka, Neu-Ulm)
Perchlorsäure 60 %, puriss. p.a. ACS (Fluka, Neu-Ulm)
Phosphorsäure, 85 %, puriss. p.a. ACS (Fluka, Neu-Ulm)
Platin(IV)chlorid, purum 58 % Pt (Fluka, Neu-Ulm)
Pufferlösung pH 5; Citrat-Natronlauge (Merck, Darmstadt)
Pufferlösung pH 6; Citrat-Natronlauge (Merck, Darmstadt)
Pufferlösung pH 7; Phosphat (Merck, Darmstadt)
Pufferlösung pH 8; Borat-Salzsäure (Merck, Darmstadt)
Pyridin, puriss. p.a. ACS (Fluka, Neu-Ulm)
Resorcin, puriss. (Fluka, Neu-Ulm)
Rinderserumalbumin, BSA (Serva, Deisenhofen)
Salpetersäure, 65 %ig, puriss. p.a. (Fluka, Neu-Ulm)
Salzsäure 1 mol/l, Titrisol für 1 L 1 N Maßlösung (Merck, Darmstadt)
Salzsäure 32 %, zur Analyse (Merck, Darmstadt)
Schwefelsäure 0,05 mol/l, Titrisol für 1 L 0,05 N Maßlösung (Merck, Darmstadt)
Schwefelsäure, 95 - 97 %, puriss. p.a. (Fluka, Neu-Ulm)
Sorbinsäure, Kaliumsalz, research grade (Sigma, Deisenhofen)
Sulfanilsäure, puriss. p.a. (Fluka, Neu-Ulm)
3,3'5,5'-Tetramethylbenzidin, research grade (Serva, Heidelberg)
$TiOSO_4 \cdot x\ H_2SO_4 \cdot x\ H_2O$ (Aldrich, Steinheim)
Titandioxid, P 25 (Degussa, Frankfurt)
Tween 20 (Fluka, Neu-Ulm)
Wasserstoffperoxid 30 %, puriss. p.a. ACS (Fluka, Neu-Ulm)
Zink(II)chlorid, puriss. p.a. ACS (Fluka, Neu-Ulm)
Zinn, purum, granuliert (Fluka, Neu-Ulm)

3.4 Farbstoffe

Carbostyril 124 (Aldrich, Steinheim)
Cumarin 2 (Lambdachrome, Göttingen)
Cumarin 307 (Lambdachrome, Göttingen)

Cumarin 540A (Lambdachrome, Göttingen)
2,7-Dichlorfluorescein (Aldrich, Steinheim)
1-(2,4-Dihydroxyphenylazo)-2-naphthol-4-sulfonsäure, SNAR (ICN, Meckenheim)
Fluorescein Natriumsalz, Uranin (Sigma, Deisenhofen)
Indigo-5,5',7-trisulfonsäure Trikaliumsalz (Fluka, Neu-Ulm)
Oxazin 170 (Aldrich, Steinheim)
Rhodamin 6 G, BioChemika (Fluka, Neu-Ulm)
Sulforhodamin G (Aldrich, Steinheim)

3.5 Pestizide und Derivate

Atrazin, 98.4 % (Riedel-de Haën, Seelze)
Cyanursäure, 98 % (Aldrich, Steinheim)
Desalkylatrazin, 96.9 % (Dr. Ehrenstorfer, Augsburg)
Desethylatrazin, 99 % (Riedel-de Haën, Seelze)
Desisopropylatrazin, 98.5 % (Riedel-de Haën, Seelze)
α-Endosulfan, > 99 % (Riedel-de Haën, Seelze)
Hydroxyatrazin, > 99 % (Riedel-de Haën, Seelze)
Hydroxydesethyldesisopropylatrazin, 98.5 % (Dr. Ehrenstorfer, Augsburg)
Pentachlorphenol (Na-Salz), Dowicide G, > 99 % (Fluka, Neu-Ulm), nicht mehr erhältlich

4 Präparative Methoden

4.1 Darstellung von *cis*- und *trans*-Azobenzol

Das handelsübliche Produkt *trans*-Azobenzol mit einem Gehalt > 99 % (GC) wurde ohne weitere Umkristallisation eingesetzt. Für die Darstellung von *cis*-Azobenzol wurden 0,052 g *trans*-Isomer in 3 ml tiefsiedendem Petrolether (30 - 40 °C) in einer 1 cm-Quarzküvette mit einem XeCl-Excimerlaser (λ = 308 nm) bestrahlt. Bei einer Repetitionsrate von 10 Hz und einer mittleren Pulsenergie von etwa 300 mJ/Puls wurde die Isomerisierung nach einer Bestrahlungsdauer von 60 min abgebrochen, um anschließend das Isomerengemisch unter Lichtausschluß durch Säulenchromatographie zu trennen. Als Säulenpackung wurde Al_2O_3 der Aktivität III (7 % Wassergehalt) verwendet, die Packungshöhe betrug 15 cm, der Säulendurchmesser 3 cm, und als Laufmittel diente tiefsiedender Petrolether. Hinsichtlich einer möglichst scharfen Trennung wurde die Zusammensetzung des Eluates dünnschicht-chromatographisch verfolgt. Hierzu wurden DC-Platten mit Fluoreszenzindikator sowie Petrolether als Laufmittel eingesetzt. Als erste Fraktion konnte bei der Säulenchromatographie reines *trans*-Azobenzol mit etwa 150 ml Petrolether bereits nach ca. 10 min abgetrennt werden, während sich der verbliebene orangerote Ring von *cis*-Azobenzol anschließend mit einem Petrolether/Methanol-Gemisch (Vol.-Verh. 24:1) von der Säule eluieren ließ. Danach wurde das Lösungsmittel unter Eiskühlung am Rotationsverdampfer abgezogen und der Rückstand in wenig Methanol aufgenommen. Reines *cis*-Azobenzol, das dünnschichtchromatographisch keine Verunreinigung durch *trans*-Azobenzol aufwies, kristallisierte bei -20 °C aus. Die Ausbeute an *cis*-Isomerem betrug etwa 30 % der zur Bestrahlung eingesetzten Menge Azobenzol.

4.2 Synthese von hetero-Coerdianthronendoperoxid

14,926 g Zinngranulat und 10,015 g 1-Chloranthrachinon (A) werden mit 15 Tropfen einer 0,03 M $PtCl_4$-Lösung in 75 ml Eisessig unter Rückfluß und ständigem Rühren erhitzt, so daß sich das Reaktionsgemisch bei etwa 70 °C unter vollständigem Lösen des Eduktes (A) dunkelbraun färbt. Nach dem Siedebeginn bei ca. 112 °C werden innerhalb von 80 min 24 ml 37 %ige Salzsäure zugetropft. Durch den aus der Reaktion von Zinn mit Salzsäure entstehenden naszierenden Wasserstoff findet dann die regioselektive Reduktion von A zu 4-Chlor-9-anthron statt. Die hellgelbe Lösung wird für mindestens 30 min bei einer Temperatur kanpp unterhalb des Siedepunktes gehalten. Das Rohprodukt wird durch Zusatz von Wasser ausgefällt und nach mehrmaligem Spülen mit Wasser und Absaugen durch eine Porzellanfilternutsche in 180 ml siedendem Ethanol gelöst. Nach dem Abnutschen der unlöslichen Bestandteile, im wesentlichen Zinn, kristallisiert das Rohprodukt beim Abkühlen auf Raumtemperatur aus, das im Exsikkator über Blaugel getrocknet wird. Die verbliebene ethanolhaltige Mutterlauge wird mit 50 ml Wasser versetzt, bis zum Lösen des Niederschlags unter Rückfluß gekocht und danach zum Auskristallisieren stehengelassen. Die Gesamtausbeute des Zwischenproduktes (B) der beiden Fraktionen betrug 90 %.

7,5 g des hergestellten Zwischenproduktes und 28,0 g $ZnCl_2$ werden mit 5 ml Pyridin als Brönsted-Base in einer Rückflußapparatur bei 120 °C geschmolzen, innerhalb von 20 min auf 245 °C erhitzt und 10 min bei dieser Temperatur belassen, wobei sich der Kolbeninhalt blaugrün verfärbt. Die drastischen Reaktionsbedingungen sind erforderlich, da die ablaufende Dimerisierung des 4-Chlor-9-anthrons kinetisch gehemmt ist. Anschließend wird das Reaktionsgemisch mit 100 ml 15 %iger Salzsäure versetzt, bis zum Sieden kurz erhitzt, danach mit Wasser und Ethanol gewaschen und das erhaltene Hydrochinon-Derivat im Exsikkator getrocknet. Bei der anschließenden Umkristallisation aus siedendem Pyridin erfolgt die Oxidation durch Luftsauerstoff zu hetero-Coerdianthron (HCD). Dieses addiert bei gleichzeitiger Einwirkung von sichtbarem Licht O_2 unter Bildung des Endoperoxids HCDPO. Das im Eisschrank auskristallisierende Endprodukt wird mit einem Büchnertrichter von der Lösung getrennt, mehrmals mit Methanol gewaschen und im Exsikkator getrocknet. Es wurden 3,2 g Endprodukt erhalten, entsprechend einer Ausbeute von 48 %.

4.3 Synthese von 1-(2,4-Dihydroxyphenylazo)-2-OH-naphthalin-4-sulfonsäure

1,57 g Natriumnitrit und 294 mg Kupfersulfat werden in 4 ml destilliertem Wasser gelöst und in einem 100 ml Rundkolben mit Eiswasser auf 10 - 15 °C gekühlt. Eine Suspension aus 5,0 g 1-Amino-2-hydroxynaphthalin-4-sulfonsäure in 20 ml dest. Wasser wird tropfenweise innerhalb etwa einer Stunde zugegeben, wobei sich die Lösung von dunkelgrün bis honiggelb verfärbt. Am Ende der Umsetzung tritt eine leichte Gasentwicklung auf; überschüssiges Natriumnitrit kann mit Kaliumiodid-Stärke-Papier nachgewiesen werden. Zur Isolation des Diazoniumsalzes wird das Reaktionsgemisch mit 10 ml 35 %iger Schwefelsäure versetzt, der ausfallende gelbliche Niederschlag abgesaugt, mit 5 %iger Schwefelsäure gewaschen und das Produkt bei 50 °C ca. drei Stunden getrocknet.

2,3 g Resorcin werden in 30 ml 2 N Natronlauge vorgelegt und im Eisbad auf 10 °C gekühlt. Die Kupplungsreaktion wird durch portionsweise Zugabe des Diazoniumsalzes eingeleitet, was sich durch die violette Färbung der Lösung bemerkbar macht. Nach vollständiger Zugabe des Zwischenproduktes werden zur Neutralisation 14 ml 4 N Salzsäure zugegeben; dabei bildet sich eine braune Suspension. Zum Absetzen wurde der Reaktionsansatz über Nacht stehengelassen, der pastöse Niederschlag abgenutscht und bei 50 °C etwa zwei Stunden getrocknet. Das Rohprodukt wird mit Ether gewaschen und im Exsikkator getrocknet. Zur weiteren Reinigung wird der Farbstoff in 250 ml dest. Wasser gelöst, mit 30 ml halbkonzentrierter Salzsäure ausgefällt, abgenutscht und erneut mit Ether gewaschen. Die Ausbeute des so erhaltenen Produktes, das sich bei Temperaturen > 300 °C allmählich zersetzt, beträgt 95 %.

Die Reinheit des Farbstoffes wird dünnschichtchromatographisch kontrolliert. Mit dem Laufmittel 1,2-Dimethoxyethan/Methanol im Volumenverhältnis 3:1 zeigte sich zwar ein einheitliches Produkt (R_f-Wert: 0,79), allerdings waren zur NMR-spektroskopischen Charakterisierung weitere Reinigungsschritte unerläßlich. Hierfür lassen sich zwei Methoden angeben:

i. 2,0 g Produkt werden in 50 ml destilliertem Wasser gelöst und anschließend zur Fällung des Farbstoffs mit 4 N Salzsäure versetzt. Der sich bildende sehr feinkörnige Niederschlag muß abzentrifugiert werden. Der Rückstand wird mit Ether gewaschen. Die Ausbeute beträgt 20 %.

ii. 1,5 g Produkt werden in 20 ml Ethanol gelöst und die Lösung mit Ether versetzt. Der Rückstand wird ebenfalls abzentrifugiert und mit Ether gewaschen. Die Ausbeute beträgt 27 %.

5 Meßapparaturen und Meßmethoden

5.1 Halb- und großtechnische Bestrahlungsexperimente

5.1.1 Bestrahlungsapparaturen

Die Bestrahlungsexperimente unter praxisrelevanten Bedingungen wurden mit der Pilotanlage SWO 70/UV unter halbtechnischen Bedingungen und mit der Großanlage LWO 1000 (Wedeco Umwelttechnologie, Herford) großtechnisch an einem Wasserwerk durchgeführt. Der prinzipielle Aufbau geht aus dem Blockschaltbild hervor, das beispielhaft für die Großanlage in Abbildung 5-1 gezeigt ist. Die Probenahmestelle erfolgte stets im Ablauf der Anlage nach der Bestrahlungseinheit und ist für die Großanlage ebenfalls aus Abbildung 5-1 ersichtlich. Im Unterschied zur gezeigten Bauweise ist die Pilotanlage nur mit einem Photoreaktor ausgerüstet (vgl. Abbildung 5-2), so daß sich die Einspeisung des mit Ozon beladenen Wassers in den Zulauf über mehrere Teilströme erübrigt. Nach der jeweiligen Bestrahlungseinheit, die in annularer Anordnung mit Hg-Mitteldruckstrahlern ausgestattet ist, verläßt ein Teil des behandelten Wassers als Ablauf den Aufbereitungsprozeß, während der restliche Teilstrom mit Hilfe einer Pumpe im Kreislauf geführt wird. Dieser Rücklaufstrom dient zur erneuten Aufnahme gasförmigen Ozons, das in einem Ozongenerator erzeugt und mit einem Injektor in die flüssige Phase gebracht wird. Die beiden darauffolgenden Verfahrensschritte, nämlich die Ozonabsorption und die Sauerstoffentgasung, werden bei der Großanlage gleichzeitig in einem Behälter und bei der Pilotanlage getrennt in zwei Behältern durchgeführt. Dieser ozonhaltige Rücklaufstrom wird schließlich mit dem Rohwasser vermischt.

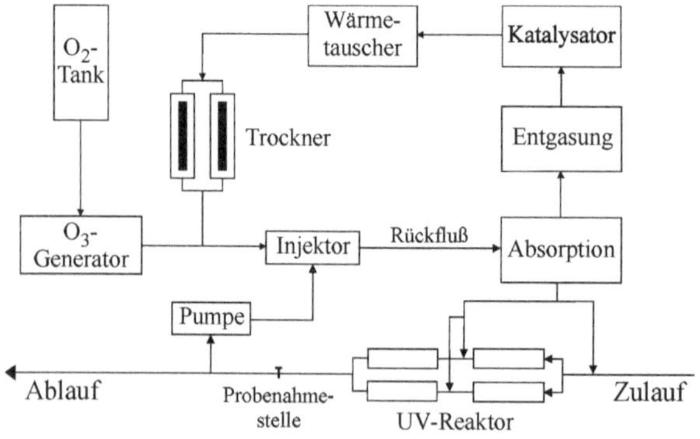

Abbildung 5-1: Blockschaltbild der UV/O_3-Großanlage.

5.1.2 Technische Betriebsdaten

Die technische Betriebsdaten sind in Tabelle 5-1 gegenübergestellt und beziehen sich jeweils auf die Bestrahlungseinheit, die Ozonerzeugung und die Hydrodynamik. Hierbei ist zu berücksichtigen, daß die variablen Betriebsparameter, also die Ozondosis und die Strahlerleistung, sowie alle davon abgeleiteten Größen als Maximalwerte zu verstehen sind.

Tabelle 5-1: Technische Betriebsdaten der Pilotanlage SWO 70/UV und der Großanlage LWO 1000[1].

Charakteristische Betriebsdaten	Pilotanlage	Großanlage
UV-Reaktor		
Hg-Mitteldruckstrahler, Typ[2]	UVH 4122	UVH 10022
Volumen des Photoreaktors	5,05 l	11,64 l
Belichtetes Volumen	1,95 l	9,37 l
Durchstrahlte Schichtdicke	22 mm	39 mm
Elektrische Leistung	4 kW	10 kW
Strahlungsleistung im UV-C	0,48 kW	1,2 kW
Strahlungsdichte im UV-C	0,25 kW/l	0,13 kW/l
Ozonerzeugung		
Produzierte Ozonmenge	70 g/h	1000 g/h
Ozonmenge im Gasgemisch	100 g/m^3	100 g/m^3
Ozonmenge pro Wasservolumen	47 g/m^3	11 g/m^3
Systemdruck	5 bar	5 bar
Hydrodynamik		
Volumenstrom des Zulaufs	3 m^3/h	70 m^3/h
Volumenstrom des Rücklaufs	1,5 m^3/h	20 m^3/h
Verweilzeit für belichtetesVolumen	4,68 s	0,37 s

[1]Wedeco Umwelttechnologie (Herford)

[2]Heraeus (Hanau)

5.1.3 Rohwasserbeschaffenheit

Die Bestrahlungsexperimente in der Pilotanlage wurden mit Leitungswasser aus dem Raum München durchgeführt (pH = 7,8; $c(HCO_3^-)$ = 4 mmol/l; DOC = 0,2 mg/l, berechnet als C). Der Nitratgehalt betrug 4,9 mg/l. Die Großanlage wurde mit Grundwasser aus einem kontaminierten Abwehrbrunnen der Trinkwassergewinnung beschickt (pH = 7,2; $c(HCO_3^-)$ = 7,6 mmol/l; DOC = 0,6 mg/l, berechnet als C). Die Pestizidkontamination des geförderten Grundwassers betrug für Atrazin 0,28 ± 0,02 µg/l und für Desethylatrazin 0,60 ± 0,04 µg/l (Zwiener 1995). Die Nitratbelastung des Rohwassers betrug 63 mg/l.

5.2 Sonstige Bestrahlungsexperimente

5.2.1 Monochromatische Laserphotolyse

Die monochromatischen, nicht heterogen katalysierten Bestrahlungsexperimente wurden ausnahmslos in Wasser als Lösungsmittel durchgeführt, allerdings mußte für α-Endosulfan Ethanol als Lösungsvermittler eingesetzt werden. Die Bestrahlungsapparatur und die Bedeutung der entsprechenden Betriebsgrößen gehen detailliert aus Kapitel IV.1.1 hervor. Die eingesetzten Konzentrationen sowie die angewandten Bestrahlungsstärken sind den jeweiligen Kapiteln zu entnehmen Als Reaktionsgefäße dienten die in Kapitel IV.4.2.2 beschriebenen, eigens für die chemische Aktinometrie konstruierten Filterküvetten.

5.2.2 Heterogene Katalyse

Zur Durchführung der heterogenkatalytischen Experimente mit monochromatischem Licht wurde ebenfalls der in Kapitel IV.1.1 beschriebene Aufbau verwendet. Die polychromatische Bestrahlung wurde völlig analog zur chemischen Aktinometrie durchgeführt. Dieser Sachverhalt wird in Kapitel VII.5.3 näher erläutert. Gemäß aktinometrischen Messungen betrugen hierfür die eingesetzten Bestrahlungsstärken $1{,}08 \cdot 10^{-6}$ E cm^{-2} s^{-1} bzw. $3{,}1 \cdot 10^{-7}$ E cm^{-2} s^{-1}, bezogen auf den UV-C-Bereich für 244 - 277 nm.

Für die Experimente werden 10, 25, 50 und 100 mg Titandioxid in einem Becherglas vorgelegt, 100 ml der entsprechenden Atrazinlösung zupipettiert und das Gemisch 3 min im Ultraschallbad suspendiert. Die erhaltenen Suspensionen werden anschließend 30 min mit Sauerstoff begast.

Die Analytik der bestrahlten Lösungen mittels ELISA und Ionenchromatographie erfordert das vorherige Abtrennen des Titandioxids. Hierzu werden die Suspensionen zentrifugiert (17000 rpm) und hernach der Überstand vorsichtig abpipettiert. Restliches Titandioxid wird von einem Membranfilter der Porengröße 20 nm zurückgehalten, und das Filtrat kann anschließend der Analytik unterzogen werden. Zur ionenchromatographischen Analyse war es zusätzlich erforderlich, die Filter vor ihrem Einsatz zweimal mit je 10 ml bidestilliertem Wasser zu spülen, um Kontaminationen durch das Filtermaterial zu vermeiden.

Für die gaschromatographische Bestimmung von Atrazin und der gebildeten Metaboliten, werden in einem Spitzkolben 3 ml der wässerigen Probe zur Extraktion mit 1 ml Dichlormethan versetzt und gut vermischt. Nach dem Trennen der Phasen wird die organische Phase abpipettiert und die Prozedur noch zweimal wiederholt. Die gesammelten Extrakte werden zum Trocknen mit Natriumsulfat versetzt und filtriert. Anschließend wird das leichtflüchtige Lösungsmittel abgeblasen, der Rückstand in Aceton aufgenommen und gaschromatographisch analysiert.

5.3 Aktinometrie

Die aktinometrischen Untersuchungen wurden an der halbtechnischen UV/Ozon-Anlage SWO 70/UV durchgeführt. Entsprechend der in Abbildung 5-2 gezeigten Bauweise handelt es sich bei der Bestrahlungseinheit (1) um einen Photoreaktor annularer Geometrie (Länge 890 mm, Außendurchmesser 85 mm), der mit einem Volumenstrom von 1,5 m^3/h durchströmt wird. Auf der Längsachse ist zentrisch ein Schutzrohr aus Quarzglas (2) mit einem Innendurchmesser von 32,4 mm und einer Wandstärke von 2,3 mm angeordnet, das zur Aufnahme des UV-Strahlers (3) dient und diesen vom Reaktionsraum (4) trennt. Letztgenannter besitzt in radialer Richtung von der Strahlerachse eine Schichtdicke von nur 22 mm und wird von dem UV-Strahler wegen der in den Reaktor hineinreichenden Teflonhalterungen (5) nur zu etwa 40 % durchstrahlt. Dadurch ergibt sich gemäß Tabelle 5-1 mit einem Reaktionsvolumen von etwa 5 l eine mittlere Verweilzeit der Fluidelemente im gesamten Photoreaktor von ca. 12 s und im belichteten Reaktionsraum von ca. 5 s. Mit der Austrittsöffnung (6) wurde das Experiment als externe Aktinometrie ausgelegt.

Als UV-Strahler wurde der Hg-Mitteldruckstrahler UVH 4122 der Firma Heraeus (Hanau) mit einer elektrischen Leistung von 4 kW und eine Leuchtlänge von etwa 420 mm verwendet. Das in Abbildung 5-3 gezeigte Emissionsspektrum gibt die spektrale Strahldichte als Strahlerleistung pro bestrahlter Fläche wieder und wurde von der Firma Ultralight (Schaanwald, Liechtenstein) aufgenommen. Der Abstand zwischen Strahlerachse und Detektor betrug 50 cm. Der Reaktionsraum des Reaktors wurde während der chemischen Aktinometrie mit Trinkwasser eines bekannten spektralen Absorptionsskoeffizienten ($A(254) = 0{,}4\ m^{-1}$) durchströmt, um für eine ausreichende Kühlung des Mitteldruckstrahlers zu sorgen.

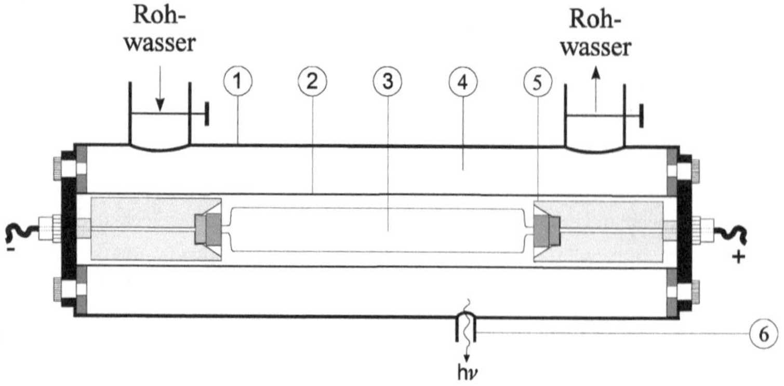

Abbildung 5-2: Schnittbild des Photoreaktors der halbtechnischen Anlage (die Kühlwasseranschlüsse sind nicht eingezeichnet). Erläuterungen im Text.

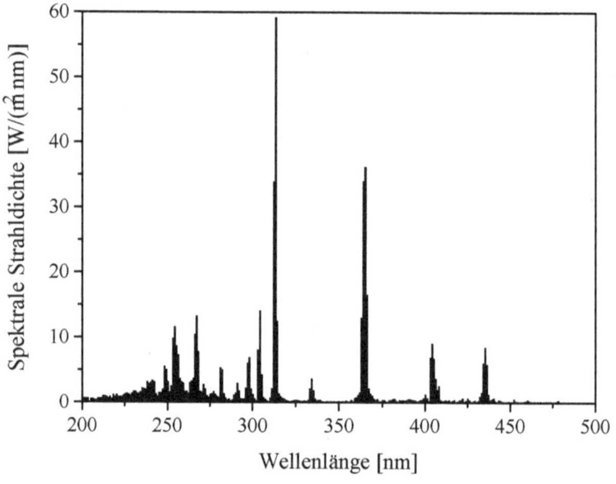

Abbildung 5-3: Spektrale Strahldichte des Hg-Mitteldruckstrahlers UVH 4122.

Die Einstellung der elektrischen Leistung des UV-Strahlers betrug 60 % (vgl. Kapitel IV 3.1.1, Tabelle 3-1). Das *cis*-Isomere wurde in Methanol mit einer Konzentration von $8{,}36 \cdot 10^{-4}$ mol/l eingesetzt, entsprechend der Bedingung einer vollständigen Absorption. Neben dieser Konzentration wurde das *trans*-Isomere mit $4{,}17 \cdot 10^{-5}$ mol/l auch als verdünnte Lösung verwendet, entsprechend der Bedingung einer teilweisen Absorption.

Die reaktionskinetische Verfolgung der Aktinometerreaktion erfolgte photometrisch durch Messung der Extinktion. Zur Aufnahme der Filterlösungen wurden spezielle Filterküvetten angefertigt und für das Photometer eine passende Küvettenhalterung konstruiert. Einzelheiten zum apparativen Aufbau und zur chemischen Zusammensetzung der verwendeten Filterlösungen sind Kapitel IV.4.2.2 zu entnehmen.

5.4 Bromatbestimmung

5.4.1 Diskontinuierliche Methode nach der Variante I

Für die Bromatbestimmung nach der Variante I werden die Farbstoffstammlösungen der Konzentration 10^{-3} mol/l entsprechend den Angaben in Tabelle 5-2 durch Lösen des Fluorophors im jeweiligen Lösungsmittel hergestellt. Ausgehend von diesen Stammlösungen werden die weiteren Meßlösungen durch entsprechende Verdünnung in den Konzentrationen 10^{-8}, 10^{-7} und 10^{-6} mol/l hergestellt. Als Verdünnungsmittel dient 0,2 N Salzsäure mit einem Bromidgehalt von 10000 ppm (12,8 g NaBr in 1 Liter Lösung).

Tabelle 5-2: Einwaagen und Lösungsmittel zur Herstellung der eingesetzten 10^{-3} M Farbstoffstammlösungen.

Farbstoff	Einwaage in g/l	Lösungsmittel
Carbostyril 124	0,174	0,01 N Salzsäure
Coumarin 2	0,217	Wasser/Ethanol (1:1)
Coumarin 307	0,271	Wasser/Ethanol (1:1)
Coumarin 540	0,309	Wasser/Ethanol (1:1)
Dichlorfluorescein	0,401	0,01 N Natronlauge
Oxazin 170	0,432	Wasser/Ethanol (1:1)
Sulforhodamin G	0,553	Wasser
Uranin	0,376	0,01 N Natronlauge

Die Pufferlösungen der pH-Werte 1, 2, 3, 4, 9 und 10, welche zur Untersuchung der pH-Abhängigkeit der Fluoreszenzintensität eingesetzt wurden, waren gemäß den Angaben in Tabelle 5-3 zugänglich. Hingegen waren die Lösungen für pH 5 bzw. pH 6 (Citrat-Natronlauge-Puffer), pH 7 (Phosphat-Puffer) und pH 8 (Borat-Salzsäure-Puffer) kommerziell erhältlich.

Die Stammlösung für Bromat mit einem Gehalt von 100 ppm wird unmittelbar vor jeder Meßreihe durch Lösen von 0,118 g Natriumbromat (≙ 0,1 g Bromat) in 1 Liter 0,2 N Salzsäure hergestellt. Daraus werden durch entsprechendes Verdünnen mit 0,2 N Salzsäure die erforderlichen Bromatmeßlösungen erhalten.

Grundsätzlich ist zu beachten, daß Bromat nicht vor Ablauf der Vervielfachungsreaktion mit den Farbstoffen in Kontakt gebracht werden darf, da diese in Gegenwart von Bromat vor allem bei Lichteinwirkung Zersetzungsreaktionen unterliegen. Daher werden für die „Ein-Topf-Reaktion" 10 ml der bromidhaltigen Farbstofflösungen in einem 20 ml Szintillationsgefäß vorgelegt und mit 1 ml der entsprechenden Bromatlösung unter Rühren versetzt. Nach einer Reaktionszeit von mindestens 3 min wird die Umsetzung durch Zugabe von 0,2 g Natriumcarbonat abgebrochen. Außerdem wird hierdurch der pH-Wert zur Detektion auf etwa 8 erhöht. Daraufhin wird die Reaktionsmischung nach mehrmaligem Spülen der Küvette mit der Meßlösung im Fluoreszenzspektrometer vermessen.

Tabelle 5-3: Zusammensetzung der verwendeten Puffer. Die Mengenangaben gelten für 1000 ml bidestilliertes Wasser.

pH-Wert	Mengenangaben	Puffersubstanzen
1	3,73 g	Kaliumchlorid
	134 ml	1 N Salzsäure
2	6,43 g	Citronensäure-Monohydrat
	3,58 g	Natriumchlorid
	8,2 ml	1 N Salzsäure
3	8,47 g	Citronensäure-Monohydrat
	3,49 g	Natriumchlorid
	20,6 ml	1 N Natronlauge
4	11,76 g	Citronensäure-Monohydrat
	2,57 g	Natriumchlorid
	68,0 ml	1 N Natronlauge
9	4,77 g	Natriumtetraborat-Decahydrat
	4,6 ml	1 N Salzsäure
10	4,77 g	Natriumtetraborat-Decahydrat
	18,3 ml	1 N Natronlauge

5.4.2 Bestimmung von Bromat nach der Variante II

5.4.2.1 Diskontinuierliche Bestimmung

Zur diskontinuierlichen Bromatbestimmung nach der Variante II wurden die Stammlösungen durch Auflösen der in Tabelle 5-4 für die relevanten Substanzen angegebenen Einwaagen in 250 ml Wasser hergestellt. Im Falle von Galliumnitrat bezieht sich die Einwaage jedoch auf 25 ml einer 0,316 M Perchlorsäure (860 µl 60%ige $HClO_4$ in 25 ml wässeriger Lösung). Die Stammlösungen für Bromat wurden analog zur Variante I (s. Kapitel VII.5.4.1) hergestellt, allerdings diente Wasser als Lösungsmittel, um einen hohen Chloridgehalt zu vermeiden.

Ausgehend von diesen Stammlösungen sind für SNAR und Bromat durch geeignetes Verdünnen die jeweiligen Meßlösungen zugänglich, wobei für die SNAR-Lösungen 0,316 M Perchlorsäure (34,4 ml 60%ige $HClO_4$ in 1 Liter wässeriger Lösung) mit einem Bromidgehalt von 10000 ppm (12,8 g NaBr in 1 Liter Lösung) und für die Bromatlösungen Wasser als Verdünnungsmittel dient. Die SNAR-Meßlösungen werden in Konzentrationen von 10^{-6} mol/l und $5 \cdot 10^{-7}$ mol/l hergestellt.

Tabelle 5-4: Angaben zur Herstellung der benötigten Stammlösungen für die diskontinuierliche Analyse (Volumenangaben s. Text).

Substanz	Einwaage [g]	Konzentration [mol/l]	Lösungsmittel
SNAR	0,090	10^{-3}	H_2O
Galliumnitrat	1,045	0,1	0,316 M $HClO_4$
Ammoniumacetat	96,35	5,0	H_2O

Für die Reaktion werden analog zur Variante I in einem 20 ml Szintillationsgefäß 10 ml der SNAR-Meßlösung mit 1 ml der entsprechenden Bromatmeßlösung versetzt. Nach einer Reaktionszeit von 3 min werden 0,1 ml der 0,1 M $Ga(NO_3)_3$-Lösung zugegeben und durch Zugabe von 1 ml einer 5 M NH_4Ac-Lösung sofort ein pH-Wert von 2,5 eingestellt. Dadurch kommt die Reaktion sehr rasch zum Erliegen. Die Lösung wird anschließend im Fluoreszenzspektrometer vermessen, wobei die Küvette vor jeder Bestimmung mehrmals mit der zu messenden Lösung zu spülen ist.

5.4.2.2 Kontinuierliche Bestimmung im Fließsystem

Für die Bromatdetektion im Fließsystem wurden in Kapitel IV.5.4.2.2 alle einzustellenden Betriebsparameter berechnet. In Tabelle 5-5 sind die Angaben über die eingesetzten Stammlösungen zusammengefaßt (s. Kapitel VII.1.5). Demnach werden zur Herstellung der Reagenzlösung 1 10 ml der SNAR-Stammlösung mit 990 ml der NaBr-Stammlösung versetzt. Die Konzentrationsreihe für Bromat wird analog Kapitel VII.5.4.2.1 durch Verdünnen einer 100 ppm Stammlösung mit Wasser auf die jeweiligen Konzentrationen von 0,1 bis 50 ppb hergestellt. Vor jeder Messung wird die gesamte Anlage 3 min mit dem IC-Eluenten gespült. Die zu untersuchende Probe wird über eine Einmalspritze in die Injektionsschleife (1000 µl) injiziert. Durch Umschalten des Ventils wird die Probe in den Hauptstrom gebracht. Gleichzeitig wird die Zeitmessung gestartet und über einen Zeitraum von 10 min die Intensität aufgezeichnet. Jede Konzentration wird sechsmal vermessen. Die Sechsfachmessung ermöglicht eine Mittelung der Schwankungen des Fluoreszenzsignals.

Tabelle 5-5: Angaben zur Herstellung der benötigten Stammlösungen für das Fließsystem.

Substanz	Einwaage [g/l]	Konzentration[mol/l]	Lösungsmittel
SNAR	0,360	10^{-3}	H_2O
Natriumbromid	129,93	1,26	3,19 M $HClO_4$ *)
Galliumnitrat	4,176	0,01	0,316 M $HClO_4$ *)
Ammoniumformiat	210,62	3,34	H_2O

*) 347,5 ml bzw. 34,4 ml 60%ige $HClO_4$ in 1 Liter wässeriger Lösung

5.4.3 Bestimmung der Dispersion

Die Dispersion des Fließsystems (ohne Trennsäule) wird mit einer Dichlorfluorescein-Lösung der Konzentration 10^{-8} M in Wasser bestimmt. Hierzu werden in den Hauptstrom aus Wasser 200 µl bzw. 400 µl der Farbstofflösung über ein Injektionsventil zudosiert. Mit der Injektion des Farbstoffs wird die Zeitmessung am Fluorimeter gestartet. Dabei wird jeweils über einen Zeitraum von 4 min die Intensität der Probe in der Durchflußküvette bei der optimalen Anregungs- und Emissionswellenlänge von Dichlorfluorescein bestimmt.

VIII. LITERATUVERZEICHNIS

Adams C.D. und Randtke J. (1992): Ozonation Byproducts of Atrazine in Synthetic and Natural Waters; *Environ. Sci. Technol.* **26**, 2218-2227.

Adams C.D., Scanlan P.A. und Secrist N.D. (1994): Oxidation and Biodegradability Enhancement of 1,4-Dioxane Using Hydrogen Peroxide and Ozone; *Environ. Sci. Technol.* **28**, 1812-1818.

Adick H.-J., Schmidt R. und Brauer H.-D. (1988): Two Wavelength-Independent Chemical Actinometers which together Cover the Range 334-500 nm; *J. Photochem. Photobiol. A: Chem.* **45**, 89-96.

Adick H.-J., Schmidt R. und Brauer H.-D. (1990): Chemical Actinometry between 670 nm and 795 nm; *J. Photochem. Photobiol. A: Chem.* **54**, 27-30.

Aires P., Gal E., Chamorro E. und Esplugas S. (1992): Photochemical Degradation of Malathion in Aqueous Solutions; *J. Photochem. Photobiol. A: Chem.* **68**, 121-129.

Aizawa H. (1982): Metabolic Maps of Pesticides; Triazines; H. Aizawa; New York, Academic Press, 194-201.

Alfano O.M., Romero R.L. und Cassano A.E. (1986): Radiation Field Modelling in Photoreactors - I. Homogeneous Media; *Chem. Eng. Sci.* **41**, 421-444.

Allemane H., Bourbigot M.M., Potter T.L. und Legube B. (1993): Oxidation of Selected Pesticides by the Ozone/Hydrogen Peroxide System; 11th World Congress of the International Ozone Association, San Francisco, USA, S. 41-59.

Allemane H., Delouane B., Paillard H. und Legube B. (1993): Comparative Efficiency of three Systems (O_3, O_3/H_2O_2 and O_3/TiO_2) for the Oxidation of Natural Organic Matter in Water; *Ozone Sci. Eng.* **15**, 419-432.

Amy G. und Siddiqui M. (1991): Ozone-Bromide Interactions in Water Treatment; *J. Am. Water Works Assoc.* **83**, 807-824.

André J.C., Roger M. und Villermaux J. (1985): Repartition de la Lumiere dans un Reacteur Photochimique de Symetrie Cylindrique; *Chem. Eng. J.* **31**, 199-208.

Andrews S.A. und Huck P.M. (1996): Using Fractionated Natural Organic Matter to Study Ozonation Byproduct Formation; *Disinfect. By-Prod. Water Treat.*, 411-447.

Andrews S.A., Huck P.M. und Coutts R.T. (1993): Detection and Determination of Products from Ozonization of Waters Containing Natural Organic Compounds; *Vom Wasser* **81**, 151-165.

Armstrong A.C. und Burt T.P. (1993): Nitrate Losses from Agricultural Land; *Nitrate: Processes, Patterns Manage*, 239-267.

Armstrong D.E. und Konrad J.G. (1974): Pesticides in Soil and Water; Non Biological Degradation of Pesticides; W.D. et al. Guenzi, Madison, Wisconsin; S. 123-131.

Artemjev Y.M., Artemjeva M.A., Kusmin G.N. und Kurganov S.V. (1993): Degradation of Aqueous Solutions of Pentachlorophenol in an Apparatus for Photolytic Ozonation; *Fiz. Khim.* **2**, 86-89.

Axelrod H., Bonelli J. und Lodge J. (1971): Fluorometric Determination of Bromine: Application to Measurement of Bromine Aerosols; *Environ. Sci. Technol.* **5**, 420-422.

Bahnemann D.W. (1993): Ultrasmall Metal Oxide Particles: Preparation, Photophysical Characterization and Photocatalytic Properties; *Israel J. Chem.* **33**, 115-136.

Bahnemann D.W. (1994): Solare Abwasserentgiftung; *Nachr. Chem. Tech. Lab.* **42**, 378-388.

Bahnemann D.W., Bockelmann D. und Goslich R. (1991): Photochemical System for the Removal of Poisons from Polluted Waters; *DECHEMA Monogr.* **124**, 261-281.

Bahnemann D.W., Cunningham J., Fox M.A., Pelizzetti E., Pichat P. und Serpone N. (1994): Photocatalytic Treatment of Water; *Aquat. Surf. Photochem.*, 261-316.

Baldauf G. (1992): Ist die Aufbereitung PBSM-belasteter Grundwässer für die Trinkwassernutzung ein Weg zur Problemlösung?; *gwf-Wasser/Abwasser* **133**, 187-195.

Baldauf G. (1993): Removal of Pesticides in Drinking Water Treatment; *Acta hydrochim. hydrobiol.* **21**, 203-208.

Baldes H.U. (1993): Aufbereitung von Deponiesickerwässern mit Ozon aus Sauerstoff; *WLB Wasser, Luft & Boden* **4**, 54-55.

Barbeni M., Morello M., Pramauro E., Pelizetti E., Vincenti M., Borgarello E. und Serpone N. (1987): Sunlight Photodegradation of 2,4,5-Trichlorophenoxy-Acetic Acid and 2,4,5-Trichlorophenol on TiO_2. Identification of Intermediates and Degradation Pathway; *Chemosphere* **16**, 1165-1179.

Barceló D., Durand G. und de Bertrand N. (1993): Photodegradation of the Organophosphorus Pesticides Chlorpyrifos, Fenamiphos and Vamidothion in Water; *Tox. Environ. Chem.* **38**, 183-199.

Baumann H., Behrmann K., Jahnke H., Ortmann W. und Waldmann G. (1983): Automatisierte spektralphotometrische Quantenausbeutenbestimmung mit einem elektronischen Aktinometer; *J. Signalaufz.-Mater.* **11**, 385-394.

Baumgardt W., Weber A., Schmidt W., Wricke B. und Kühn W. (1995): The Application of Ozone for the Treatment of Bromide Containing Surface Water; 12th World Congress of the International Ozone Association, Lille, France, May, 15th to 18th, Vol. 1, S. 251-261.

Bayer. Staatsministerium für Landesentwicklung und Umweltfragen (1994a): Wasserwirtschaftlicher Rahmenplan Main; Wolnzach, Kastner.

Bayer. Staatsministerium für Landesentwicklung und Umweltfragen (1994b): Grundwasser; Heft 28 der Schriftenreihe Wasserwirtschaft in Bayern; München, S. 40.

Behrmann K., Fanghänel E. und Kyziol J. (1983): Bestimmung der Quantenausbeuten von Photoisomerisierungen unter Verwendung eines elektronischen Aktinometers; *Z. Chem.* **24**, 20-21.

Beltrán F.G., Alvatez P.M., Legube B. und Allemane H. (1995): Chemical Degradation of Aldicarb in Water Using Ozone; *J. Chem. Technol. Biotechnol.* **62**, 272-278.

Beltrán F.G., Garcia-Araya J.F. und Acedo B. (1994a): Advanced Oxidation of Atrazine in Water. I. Ozonation; *Water Res.* **28**, 2153-2164.

Beltrán F.G., Garcia-Araya J.F. und Acedo B. (1994b): Advanced Oxidation of Atrazine in Water. II. Ozonation Combined with Ultraviolet Radiation; *Water Res.* **28**, 2165-2174.

Beltrán F.G., Ovejero G. und Acedo B. (1993): Oxidation of Atrazine in Water by Ultraviolet Radiation Combined with Hydrogen Peroxide; *Water Res.* **27**, 1013-1021.

Benitez F.J., Beltran-Heredia J. und Gonzalez T. (1994): Kinetic Study of Propoxur Oxidation by UV Radiation and Combined O_3/UV Radiation; *Ind. Eng. Chem. Res.* **33**, 1264-1270.

Benitez F.J., Beltran-Heredia J., Gonzalez T. und Acero J.L. (1995): Advanced Oxidation Processes in the Degradation of Cyanazine; *Ozone Sci. Eng.* **17**, 237-258.

Bernardin F.E. (1990): UV/Peroxidation Destroys Organics in Groundwater; 83rd Ann. Meeting & Exhib., Pittsburgh.

Bernhardt H., Hoyer O., Hengesbach B., Schoenen D., Karanis P., Moriske H.-J. und von Sonntag C. (1992): Desinfektion aufbereiteter Oberflächenwässer mit UV-Strahlen - erste Ergebnisse des Forschungsvorhabens; *gwf-Wasser/Abwasser* **12**, 632-643.

Boehm H.P. und Hermann H. (1967): Bestimmung des aktiven Sauerstoffs, thermische Entwässerung und Rehydroxylierung; *Z. anorg. allg. Chem.* **352**, 156-167.

Böhme U., Schmidt W., Dietrich P.G., Matschi A., Sacher F. und Brauch H.-J. (1997): Trace Analysis of Bromate and Bromide with Ion Chromatography on Coated Reversed Phase Material; *Fresenius J. Anal. Chem.* **357**, 629-634.

Bollag J.M., Myers C.J. und Minard R.D. (1992): Biological and Chemical Interactions of Pesticides with Soil Organic Matter; *Sci. Total Environ.* **123**, 205-217.

Bolzacchini E., Brambilla A., Orlandi M., Polesello S. und Rindone B. (1994): Oxidative Pathways in the Degradation of Triazine Herbicides; *Water Sci. Technol.* **30**, 129-136.

Borderie B., Lavabre D. und Levy G. (1991): Single Run Benzophenone-Benzhydrol Actinometry in an Exponential Dilution Photochemical Microreactor; *J. Photochem. Photobiol. A: Chem.* **56**, 13-23.

Boule P. und Pilichowski J.F. (1993): Comments about the Use of Aberchrome™ 540 in Chemical Actinometry; *J. Photochem. Photobiol. A: Chem.* **71**, 51-53.

Brackmann U. (1994): Lambdachrome Laser Dyes; Göttingen, Lambda Physik GmbH.

Brauer H.-D. und Schmidt R. (1983): A New Reusable Chemical Actinometer for UV Irradiation in the 248 - 334 nm Range; *Photochem. Photobiol.* **37**, 587-591.

Braun A.M. und do Nascimento C.A.O. (1991): Angewandte (präparative) Photochemie; *Nachr. Chem. Tech. Lab.* **39**, 515-526.

Braun A.M., Jakob L. und Oliveros E. (1993): Advanced Oxidation Processes - Concepts of Reactor Design; *J. of Water SRT - Aqua* **42**, 166-173.

Bray W.C. und Liebhafsky H.A. (1935): The Kinetic Salt Effect in the Fourth Order Reaction $BrO_3^- + Br^- + 2H^+$ ->. Ionization Quotients for HSO_4^- at 25°C; *J. Am. Chem. Soc.* **57**, 51-56.

Bull R.J. (1993): Disinfection Dilemma: Microbiological Control Versus By-Products; Haloacetates and Bromate: Byproducts that may Critically Affect Drinking Water Disinfection; *Am. Water Works Assoc.*, 221-239.

Bünau G. und Wolff T. (1987): Photochemie - Grundlagen, Methoden, Anwendungen; Weinheim, Verlag Chemie.

Bunce N.J. (1981): On the Determination of Quantum Yields of Reaction in Solution; *J. Photochem.* **15**, 1-11.

Bundesgesundheitsamt (1990): Verordnung über Trinkwasser und Wasser für Lebensmittelbetriebe vom 12.12.1990; BGBl I, S. 2613-2629.

Bundesgesundheitsamt: Verordnung über die Behandlung von Lebensmitteln mit Elektronen-, Gamma- und Röntgenstrahlen oder ultravioletten Strahlen (s. Lebensmittelverordnung) vom 19.12.1959, BGBl. I, S. 761, geändert durch die Verordnung vom 16.5.1975; BGBl. I, S. 1281, Ber. S.1859.

Buoillot P., Fauquez S., Benezet M. und Trancart J.L. (1991): Summary Account of Atrazine Removal in a Potable Water Works; *Water Supply* **9**, SS11/10-SS11/14.

Burt T.P. und Trudgill S.T. (1993): Nitrate in Groundwater; *Nitrate: Processes, Patterns Manage*, 213-238.

Buxton G.V. und Greenstock C.L. (1988): Critical Review of Rate Constants for Reactions of Hydrated Electrons, Hydrogen Atoms and Hydroxyl Radicals ($^{\cdot}OH/^{\cdot}O^{-}$) in Aqueous Solution; *J. Phys. Chem. Ref. Data* **17**, 513-886.

Cadenhead D.A. und Danielli J.F. (1976): Progress in Surface and Membrane Science; The Surface of Titanium Dioxide, Academic Press, Vol. 11, 181-129.

Calvert J.G. und Pitts Jr. J.N. (1966): Photochemistry; New York, Wiley & Sons.

Carbonnier F., Prados M. und Scalan F.P. (1992): Atrazine in Water: Trace Analysis and Treatment Methods; *Eau, Ind., Nuisances* **153**, 50-53.

Carnimeo D., Marino R.D., Donadio F., Liberti L., Ranieri E. und Pitzurra M. (1995): Comparison between H_2O_2/UV and ClO_2 Disinfection of Drinking Water; *Water Supply* **13**, 159-169.

Cassano A.E. und Smith J.M. (1966): Photochlorination in a Tubular Reactor; *A.I.Ch.E.J.* **12**, 1124-1133.

Cassano A.E., Silveston P.L. und Smith J.M. (1967): Photochemical Reaction Engineering; *Ind. Eng. Chem.* **59**, 18-38.

Cavanagh J.E., Weinberg H.S., Gold A., Sangaiah R., Marbury D., Glaze W.H., Collette T.W., Richardson S.D. und Thruston A.D., Jr. (1992): Ozonation Byproducts: Identification of Bromohydrins from the Ozonation of Natural Waters with Enhanced Bromide Levels; *Environ. Sci. Technol.* **26**, 1658-1662.

Cermak O. und Cermakova M. (1992): Treatment of Atrazine and Other Pesticides - Laboratory Studies; *Water Supply* **10**, 171-176.

Charles L., Pépin D. und Casetta B. (1996): Electrospray Ion Chromatography - Tandem Mass Spectometry of Bromat at Sub-ppb Levels in Water; *Anal. Chem.* **68**, 2554-2558.

Chelkowska K., Grasso D., Fabian I. und Gordon G. (1992): Numerical Simulations of Aqueous Ozone Decomposition; *Ozone Sci. Eng.* **14**, 33-49.

Chiou C.T., Malcolm R.L., Brinton T.I. und Kile D.E. (1986): Water Solubility Enhancement of some Organic Pollutants and Pesticides by Dissolved Humic and Fulvic Acids; *Environ. Sci. Technol.* **20**, 502-508.

Chramosta N., de Laat J., Doré M., Suty H. und Puillot M. (1993a): Rate Constants for Reaction of Hydroxyl Radicals with s-Triazines; *Environ. Technol.* **14**, 215-26.

Chramosta N., de Laat J., Doré M., Suty H. und Puillot M. (1993b): Etude de la Dégradation de Triazines par O_3/H_2O_2 et O_3 Cinétique et Sous-Produits d´Oxydation; *Water Supply* **11**, 177-185.

Collette T.W., Richardson S.D. und Thruston J., A.D. (1994): Identification of Bromohydrins in Ozonated Waters; *Appl. Spectr.* **48**, 1181-1192.

Commission of the European Communities (1994): Proposal for a Council Directive Concerning the Quality of Water Intended for Human Consumption.

Crank G. und Mursyidi A. (1992): Photochemistry of some Organosulfur Pesticides; *J. Photochem. Photobiol. A: Chem.* **68**, 289-297.

Croll B.T. (1991): Pesticides in Surface Waters and Groundwaters; *J. Inst. Water Environ. Manage.* **5**, 389-395.

Crosby D.G. und Wong A.S. (1973): Photodecomposition of 2,4,5-Trichlorophenoxyacetic Acid (2,4,5-T) in Water; *J. Agric. Food Chem.* **21**, 1052-1054.

Croué J.P., Koudjonou B.K. und Legube B. (1996): Parameters Affecting the Formation of Bromate During Ozonation; *Ozone Sci. Eng.* **18**, 1-18.

D'Oliveira J.-C., Al-Sayyed G. und Pichat P. (1990): Photodegradation of 2- and 3-Chlorophenol in TiO_2 Aqueous Suspensions; *Environ. Sci. Technol.* **24**, 990-996.

D'Oliveira J.-C., Guillard C., Maillard C. und Pichat P. (1993): Photocatalytic Destruction of Hazardous Chlorine- or Nitrogen-Containing Aromatics Water; *J. Environ. Sci. Health* **A28**, 941-962.

D'Oliveira J.-C., Minero C., Pelizzetti E. und Pichat P. (1993): Photodegradation of Dichlorophenols and Trichlorophenols in TiO_2 Aqueous Suspensions: Kinetic Effects of the Positions of the Cl Atoms and Identification of the Intermediates; *J. Photochem. Photobiol. A: Chem.* **72**, 261-267.

Daniel P.A., Zafer M.A. und Meyerhofer P.F. (1993): Bromate Control: Water Quality, Engineering and Operational Considerations; Int. Workshop Bromate and Water Treatment, Paris, November 22-24, J. Lindenbaum & E. Weitz, S. 181-188.

Das S., Muneer M. und Gopidas K.R. (1994): Photocatalytic Degradation of Wastewater Pollutants. Titanium-Dioxide-Mediated Oxidation of Plynuclear Aromatic Hydrocarbons; *J. Photochem. Photobiol. A: Chem.* **77**, 83-88.

Davis S.N. und de Wiest R.J.M. (1967): Hydrogeology; New York, Wiley & Sons.

de Bertrand N. und Barceló D. (1991): Photodegradation of the Carbamate Pesticides Aldicarb, Carbaryl and Carbofuran in Water; *Anal. Chim. Acta* **254**, 235-244.

de Laat J., Chamostra N., Doré M., Suty H. und Pouillot M. (1994): Rate Constants for Reaction of Hydroxyl Radicals with some Degradation Byproducts of Atrazine by O_3 or O_3/H_2O_2; *Environ. Technol.* **15**, 419-428.

de Montigny P., Stobaugh J.F., Givens R.S., Carlson R.G., Srinivasachar K., Sternson L.A. und Higuchi T. (1987): Naphthalene-2,3-dicarboxaldehyde/Cyanide Ion: A Rationally Designed Fluorogenic Reagent for Primary Amines; *Anal. Chem.* **59**, 1096-1101.

de Silva M., Dullin J. und Thiemann W. (1992): Versuche zur Elimination von Lindan und Fluoranthen in Sickerwässern durch kombinierten Einsatz von UV-Licht und Wasserstoffperoxid; *Vom Wasser* **79**, 333-353.

Demtröder W. (1991): Laserspektroskopie; Berlin, Heidelberg, New York, Springer-Verlag.

Denis M., Minon G. und Masschelein W.J. (1992): Experimantal Evidence of Gas-Liquid Boundary Controlled Reactions in UV-Ozone Systems; *Ozone Sci. Eng.* **14**, 215-230.

Dieter H.H. (1988): Probleme der humantoxikologischen Verträglichkeit von Wasserstoffperoxid in Bade- und Trinkwasser aus biochemischer und pharmakokinetischer Sicht; *Z. Wasser Abwasser Forsch.* **21**, 133-140.

DIN 2000 (1973): Zentrale Trinkwasserversorgung: Leitsätze für Anforderungen an Trinkwasser; Planung, Bau und Betrieb der Anlagen. Berlin, Beuth.

DIN 38 405-D9-2 (1987): Deutsche Einheitsverfahren zur Wasser-, Abwasser- und Schlammuntersuchung; Anionen (Gruppe D). Berlin, Beuth.

DIN 38 406-E23-1 (1993): Deutsche Einheitsverfahren zur Wasser-, Abwasser- und Schlammuntersuchung; Kationen (Gruppe E). Berlin, Beuth.

DIN 38 408-G3-3 (1991): Deutsche Einheitsverfahren zur Wasser-, Abwasser- und Schlammuntersuchung; gasförmige Bestandteile (Gruppe G). Berlin, Beuth.

DIN 38 409-H15 (1987): Deutsche Einheitsverfahren zur Wasser-, Abwasser- und Schlammuntersuchung; summarische Wirkungs- und Stoffkenngrößen (Gruppe H). Berlin, Beuth.

Doerffel K., Geyer R. und Müller H. (1994): Analytikum; Leipzig, Deutscher Verlag für Grundstoffindustrie.

Doerffel K., Müller H. und Uhlmann (1986): Prozeßanalytik; Leipzig, Deutscher Verlag für Grundstoffindustrie.

Domsch K.H. (1992): Pestizide im Boden; Weinheim, VCH.

Duguet J.P., Anselme C., Bernazeau F., Baudin I. und Mallevialle J. (1992): Removal of Pesticides by New Methods; *Eau, Ind., Nuisances* **153**, 41-44.

Durand A.-P.Y., Brattan D. und Brown R.G. (1992): Mechanism of the Primary Photoreaction in the Aqueous Photochemistry of 4-Chlorophenol; *Chemosphere* **25**, 783-792.

Eckenfelder W.W. (1990): Industrial Water Pollution Control; New York, McGraw-Hill Book.

Edwards D. (1993): UV Oxidation in Ground Water Remediation; *Chem. Eng.* **5**, 17-22.

Fawell J.K. und O'Neill G. (1993): Toxicity and Risk Assessment of Bromate; Int. Workshop Bromate and Water Treatment, Paris, November 22-24, J. Lindenbaum & E. Weitz, S. 33-37.

Ferrando M.D., Alarcon V., Fernandez-Casalderrey A., Gamon M. und Andreu-Moliner E. (1992): Persistence of some Pesticides in the Aquatic Environment; *Bull. Environ. Contam. Toxicol.* **48**, 747-755.

Fielding M. und Hutchison J. (1993): Formation of Bromate and Other Ozonation Byproducts in Water Treatment; Int. Workshop Bromate and Water Treatment, Paris, November 22-24, J. Lindenbaum & E. Weitz, S. 81-84.

Fielding M. und Hutchison J. (1995): Formation of Bromate and Other Ozonation Byproducts in Water Treatment; *Water Supply* **13**, 71-84.

Findeling C., Viriot M.L., Carre M.C. und Andre J.C. (1993): Industrial Photochemistry XXII: The Best Use of Photons in Water Purification; *J. Photochem. Photobiol. A: Chem.* **71**, 191-193.

Fischer M. und Barzynski H. (1973): Ullmanns Enzyclopädie der Technischen Chemie; Photoreaktionen, Band 3, S. 305-314.

Flury M. und Papritz A. (1993): Bromide in the Natural Environment: Occurrence and Toxicity; *J. Environ. Qual.* **22**, 747-758.

Foster D.M., Rachwal A.J. und S.L. W. (1991): New Treatment Processes for Pesticides and Chlorinated Organics Control in Drinking Water; *J. Inst. Water Environ. Manage.* **5**, 466-477.

Fotou G.P., Vemury S. und Pratsinis S.E. (1994): Synthesis and Evaluation of Titania Powders for Photodestruction of Phenol; *Chem. Eng. Sci.* **49**, 4939-4948.

Fox M.A. und Dulay M.T. (1993): Heterogeneous Photocatalysis; *Chem. Rev.* **93**, 341-357.

Francis P. (1988): The Use of Ultraviolet Light and Ozone to Remove Dissolved Organic Contaminants in Ultra Pure Water; Order No. PB. 88-220587, avail. NTIS, Capenhurst, The Electricity Council Research Centre.

Frank R. und Gauglitz G. (1978): Messung von Bestrahlungsstärken mit chemischen Aktinometern; *Chem. Anl. Verf.* **7**, 19-22.

Fresenius W., Quentin K.E. und Schneider W. (1988): Water Analysis; Berlin, Springer-Verlag.

Friesen K.J., Muir D.C. und Webster G.R. (1990): Evidence of Sensitized Photolysis of Polychlorinated Dibenzo-p-Dioxins in Natural Waters under Sunlight Conditions; *Environ. Sci. Technol.* **24**, 1739-1744.

Frimmel F.H., Fritsch W.O. und Scheck C.K. (1992): Photochemische Oxidation von Fluoranthen durch UV-Strahlung/Wasserstoffperoxid; *Vom Wasser* **79**, 101-110.

Gal E., Aires P., Chamarro E. und Esplugas S. (1992): Photochemical Degradation of Parathion in Aqueous Solutions; *Water Res.* **26**, 911-915.

Galey C. und Paslawski D. (1993): The Use of Ozone and Hydrogen Peroxide to Remove Trace Pollutants from Drinking Water Supplies; *Eau, Ind., Nuisances* **161**, 46-49.

Gauglitz G. (1989): Spektroskopie im Ultravioletten und Sichtbaren (UV/Vis-Spektroskopie); *Nachr. Chem. Tech. Lab.* **37**, 127-132.

Gauglitz G. und Hubig S. (1981): Azobenzene as a Convenient Actinometer: Evaluation Values for UV Mercury Lines and for the N_2 Laser Line; *J. Photochem.* **15**, 255-257.

Gauglitz G. und Hubig S. (1984): Photokinetische Grundlagen moderner chemischer Aktinometer; *Z. Phys. Chem. N.F.* **139**, 237-246.

Gauglitz G. und Hubig S. (1985): Chemical Actinometry in the UV by Azobenzene in Concentrated Solution: A Convenient Method; *J. Photochem.* **30**, 121-125.

Giessl H. und Hurle K. (1984): Pflanzenschutzmittel und Grundwasser; *Agrar- und Umweltforschung in Baden-Württemberg* **8**, 80 S.

Gilbert E. (1984): Ozonanwendung in der Wasseraufbereitung; Anwendung von Ozon in der Trinkwasseraufbereitung; G.E. Kurzmann; Grafenau, Expert Verlag, S. 34-52.

Gilbert E. (1991): Kombination von Ozon/Wasserstoffperoxid zur Elimination von Chloressigsäure; *Vom Wasser* **77**, 263-275.

Gilbert E., von Hodenberg S., Klinger J. und Eberle S.H. (1995): Oxidation of Nitrogen Containing Saturated Heterocycles by Ozone and Ozone/Hydrogenperoxide; 12th World Congress of the International Ozone Association, Lille, France, May, 15th to 18th, Vol. 1, S. 385-393.

Gladilovich D.B. (1991): Fluorimetric Determination of Traces of Bromate and Bromide Ions; *Zhurnal analiticheskoi Khimii* **46**, 1159-1162.

Glaze W.H., Peyton G.R., Lin S., Huang R.Y. und Burleson J.L. (1982): Destruction of Pollutants in Water with Ozone in Combination with Ultraviolet Radiation. 2. Natural Trihalomethane Precursors; *Environ. Sci. Technol.* **16**, 454-458.

Godart H. (1993): Treatment of Triazines - A Vast Field of Interest; *Water Supply* **11**, 197-207.

Gonce N. und Voudrias E.A. (1994): Removal of Chlorite and Chlorate Ions from Water Using Granular Activated Carbon; *Water Res.* **28**, 1059-1069.

Gong G., Zhu Q., Qu Y. und Wang H. (1994): A Fluorescence Quenching Method for the Determination of Bromide Ion in Synthetic Brine with 2,3,7-Trihydroxy-9-dibromohydroxyphenylfluorone; *Fenxi Shiyanshi* **13**, 49-50.

Gonzalez M.C., Braun A.M., Prevot A.B. und Pelizzetti E. (1994): Vacuum-Ultraviolet (VUV) Photolysis of Water: Mineralization of Atrazine; *Chemosphere* **28**, 2121-2127.

Gonzalez M.C., Hashem T.M., Tarek M., Jakob L. und Braun A.M. (1995): Oxidative Degradation of Nitrogen-Containing Organic Compounds: Vacuum-Ultraviolet (VUV) Photolysis of Aqueous Solutions of 3-Amino-5-methylisoxazole; *Fresenius J. Anal. Chem.* **351**, 92-97.

Gordon G. (1995): The Chemical Aspects of Bromate Ion Control in Ozonated Drinking Water Containing Bromide Ion; *Water Supply* **13**, 35-43.

Gordon G., Bubnis B., Sweetin D. und Kuo C. (1994): A Flow Injection, Non-Ion Chromatographic Method for Measuring Low Level Bromate Ion in Ozone Treated Waters; *Ozone Sci. Eng.* **16**, 79-87.

Governal R.A. und Shadman F. (1992): Oxidation and Removal of Organic Particles in High-Purity Water Systems Using Ozone and UV; *Ultrapure Water* **9**, 44-46, 48-50.

Greenwood N.N. und Earnshaw A. (1988): Chemie der Elemente; Weinheim, VCH.

Gschloel T. (1994): UV-Disinfection of Treated Wastewater: Possible Effects on Surface Waters; *Water Sci. Technol.* **29**, 255-266.

Guittonneau S., de Laat J. und Doré M. (1990a): Kinetic Study of the Photodecomposition Rate of Aqueous Ozone by U.V. Irradiation at 253.7 nm; *Env. Technol. Letters* **11**, 477-490.

Guittonneau S., de Laat J., Duguet J.P., Bonnel C. und Doré M. (1990b): Oxidation of Parachloronitrobenzene in Dilute Aqueous Solution by O_3 + UV and H_2O_2 + UV: A Comparative Study; *Ozone Sci. Eng.* **12**, 73-93.

Guittonneau S., Glaze W.H., Duguet J.P., Wable O. und Malleville O. (1992): Characterization of Natural Water for Potential to Oxidize Organic Pollutants with Ozone; *Ozone Sci. Eng.* **14**, 185-196.

Gustafson D.I. (1993): Pesticides in Drinking Water; New York, Van Nostrand Reinhold.

Haag W.R. (1994): Photooxidation of Organic Compounds in Water and Air Using Low-Wavelength Pulsed Xenon Lamps; *Aquat. Surf. Photochem.*, 517-530.

Haag W.R. und Hoigné J. (1983): Ozonation of Bromide Containing Waters: Kinetics of the Formation of Hypobromous Acid and Bromate; *Environ. Sci. Technol.* **17**, 261-267.

Haag W.R. und Yao C.C.D. (1992): Rate Constants for Reaction of Hydroxyl Radicals with Several Drinking Water Contaminants; *Environ. Sci. Technol.* **26**, 1005-1013.

Hahn H.H. (1987): Wassertechnologie: Fällung - Flockung - Separation; Berlin, Springer-Verlag.

Haist-Gulde B., Baldauf G. und Brauch H.-J. (1993): Removal of Pesticides from Raw Waters; *Water Supply* **11**, 187-196.

Hall T. und Croll B.T. (1993): Treatment Processes for Nitrate Removal from Water Supplies; *Nitrate: Processes, Patterns Manage*, 369-385.

Hartig H. (1970): Einfache Dimensionierung photochemischer Reaktoren; *Chemie-Ing.-Techn.* **42**, 1241-1292.

Hassall K.A. (1982): The Chemistry of Pesticides; Principle of Pesticide Metabolism; K. A. Hassall; London, The Macmillan Press Ltd., S. 46-66.

Hassink J., Klein A., Kördel W. und Klein W. (1994): Behaviour of Herbicides in Non-Cultivated Soils; *Chemosphere* **28**, 285-295.

Hasty R.A., Lima F.J. und Ottaway J.M. (1981): Bromate Oxidation of Methyl Orange II Effect of Bromide and Application to the Determination of Bromide; *Analyst* **106**, 76-84.

Hatchard C.G. und Parker C.A. (1956): A New Sensitive Chemical Actinometer. II. Potassium Ferrioxalate as a Standard Chemical Actinometer; *Proc. Roy. Soc. (London)* **A235**, 518-536.

Hautman D.P. und Bolyard M. (1992): Analysis of Oxyhalide Disinfection By-Products and Other Anions of Interest in Drinking Water by Ion Chromatography; *J. Chromatogr.* **602**, 65-74.

Heathwaite A.L., Burt T.P. und Trudgill S.T. (1993a): Nitrate: Future Problems - Future Solutions?; *Nitrate: Processes, Patterns Manage*, 417-429.

Heathwaite A.L., Burt T.P. und Trudgill S.T. (1993b): Overview - the Nitrate Issue; *Nitrate: Processes, Patterns Manage*, 3-21.

Hengesbach B., Schoenen D., Hoyer O., Bernhardt H., Mark G., Schuchmann H.P. und von Sonntag C. (1993): UV Desinfection of Drinking Water - The Question of Bacterial Regrowth and the Photolytic Degradation of Biogenic High-Molecular-Weight Substances; *J. Water SRT - Aqua* **42**, 13-22.

Herrmann B.H. (1989): Umwelt in der Geschichte: Beiträge zur Umweltgeschichte; Göttingen, Vandenhoeck & Ruprecht.

Herzel F. und Schmidt G. (1988): Zum Einfluß der Bodeneigenschaften auf das Abbauverhalten von Pflanzenschutzmitteln; *Wasser & Boden* **4**, 174-177.

Hessler D.P., Gorenflo V. und Frimmel F.H. (1993): UV Degradation of Atrazine and Metazachlor in the Absence and Presence of H_2O_2, Bicarbonate and Humic Substances; *J. Water SRT - Aqua* **42**, 8-12.

Heymann E. und Nissing W. (1993): Eliminierung von PBSM mittels Aktivkohlepulver; *bbr* **4**, 154-161.

Hidaka H., Jou H., Nohara K. und Zhao J. (1992): Photocatalytic Degradation of the Hydrophobic Pesticide Permethrin in Fluoro Surfactant / TiO_2 Aqueous Dispersions; *Chemosphere* **25**, 1589-1597.

Hoerold S., Tacke T. und Vorlop K.-D. (1993): Catalytic Removal of Nitrate and Nitrite from Drinking Water: 1. Screening for Hydrogenation Catalysts and Influence of Reaction Conditions on Activity and Selectivity; *Environ. Technol.* **14**, 931-939.

Hoertig W. (1993): Pesticides in Drinking Water and Food; *Acta Hydrochim. Hydrobiol.* **21**, 197-202.

Hoffmann R. (1987): Die Begegnung von Chemie und Physik im Festkörper; *Angew. Chem.* **99**, 871-906.

Hofstadler K., Bauer R., Novalic S. und Heisler G. (1994): New Reactor Design for Photocatalytic Wastewater Treatment with TiO_2 Immobilized on Fused-Silica Glass Fibers: Photomineralization of 4-Chlorophenol; *Environ. Sci. Technol.* **28**, 670-674.

Hoigné J. und Bader H. (1994): Kinetics of Reactions of Chlorine Dioxide (OClO) in Water - I. Rate Constants for Inorganic and Organic Compounds; *Water Res.* **28**, 45-55.

Hoyer O., Kryschi R., Piecha I., Mark G., Schuchmann H.-P., Schuchmann M.N. und von Sonntag C. (1992): UV Fluence Rate Determination of the Low-Pressure Mercury-Arc in the UV Disinfection of Drinking Water; *J. Water SRT - Aqua* **41**, 75-81.

Huber N. (1996): Entwicklung eines spurenanalytischen Verfahrens zur fluorimetrischen Detektion von Bromat durch Nachsäulenderivatisierung im Fließsystem; Diplomarbeit, Institut für Wasserchemie der TU München.

Huber S.A., Scheunert I., Doerfler U. und Frimmel F.H. (1992): Interaction of Dissolved Organic Carbon (DOC) with some Pesticides in Aqueous Systems; *Acta Hydrochim. Hydrobiol.* **20**, 74-81.

Hurle K., Giessl J. und Kirchhoff J. (1987): Über das Vorkommen einiger ausgewählter Pflanzenschutzmittel im Grundwasser; *Schriftenr. Ver. WaBoLu* **68**, 169-190.

Iatridis D., Yue P.L., Rizzuti L. und Brucato A. (1990): The Absorption of Light Energy in Flat Fluidized Photoreactors; *Chem. Eng. J.* **45**, 1-8.

Industrieverband Agrar (1990): Wirkstoffe in Pflanzenschutz- und Schädlingsbekämpfungsmitteln: Physikalisch-chemische und toxikologische Daten; München, BLV.

Jardim W.F., Alberici R.M., Takiyama M.M.K. und Huang C.P. (1994): Gas-Phase Photocatalytic Destruction of Trichloroethylene (TCE) Using UV/TiO_2; *Hazard. Ind. Wastes* **26**, 230-238.

Johnes P.J. und Burt T.P. (1993): Nitrate in Surface Waters; *Nitrate: Processes, Patterns Manage*, 269-317.

Joyce R.J. und Dhillon H.S. (1993): Lowering the Limits for the Determination of Bromate in Ozonated Drinking Water Using Ion Chromatography; Sunnyvale, CA U.S.A, Dionex Corporation.

Joyce R.J. und Dhillon H.S. (1994): Trace-Level Determination of Bromate in Ozonated Drinking-Water Using Ion Chromatography; *J. Chromatogr. A* **671**, 165-171.

Kaplan N. und Magaritz M. (1986): A Nitrogen-Isotope Study of the Sources of Nitrate Contamination in Groundwater of the Pleistocene Coastal Plain Aquifer; *Water Res.* **20**, 131-135.

Kawaguchi H. (1993a): Photo-Oxidation of 2-Propanol in Aqueous Solution in the Presence of Hydrogen Peroxide; *Chemosphere* **27**, 577-584.

Kawaguchi H. (1993b): Photo-Oxidation of Formic Acid in Aqueous Solution in the Presence of Hydrogen Peroxide; *Chemosphere* **26**, 1965-1970.

Kearney P.C., Muldoon M.T. und Somich C.J. (1987): UV-Ozonation of Eleven Major Pesticides as a Waste Disposal Pretreatment; *Chemosphere* **16**, 2321-2330.

Klessinger M. und Michl J. (1989): Lichtabsorption und Photochemie organischer Moleküle; Weinheim, VCH.

Kochany J. und Maguire R.J. (1994): Photodegradation of Quinoline in Water; *Chemosphere* **28**, 1097-1100.

Koga M., Akiyama T. und Glaze W.H. (1991): Analysis of Ozonation By-Products Produced in Drinking Water Treatment; *Toxicol. Ind. Health* **7**, 423-432.

Kogelschatz U. (1992): Silent-Discharge Driven Excimer UV Sources and Their Applications; *Appl. Surf. Sci.* **54**, 410-423.

Krasner S.W., Sclimenti M.J., Chinn R., Chowdhury Z.K. und Owen D.M. (1996): The Impact of TOC and Bromide on Chlorination Byproduct Formation; *Disinfect. By-Prod. Water Treat.*, 59-60.

Kruithof J.C. und Meijers R.T. (1993): Presence and Formation of Bromate in Dutch Drinking Water Treatment; Int. Workshop Bromate and Water Treatment, Paris, November 22-24, J. Lindenbaum & E. Weitz, S. 125-133.

Kruithof J.C. und Meijers R.T. (1995): Bromate Formation by Ozonation and Advanced Oxidation and Potential Options in Drinking Water Treatment; *Water Supply* **13**, 93-103.

Kruithof J.C., Meijers R.T. und Schippers J.C. (1993): Formation, Restriction of Formation and Removal of Bromate; *Water Supply* **11**, 331-342.

Kruithof J.C. und Schippers J.C. (1993): The Formation and Removal of Bromate; *Water Supply* **11**, 149-155.

Kruithof J.C., Oderwald-Muller E.J. und Meijers R.T. (1995): Control Strategies for the Restriction of Bromate Formation; 12th World Congress of the International Ozone Association, Lille, France, May, 15th to 18th, Vol. 1, S. 209-221.

Kryschi R., Gürtler K.R. und Perkampus H.-H. (1988): Photochemische Bestimmung der Strahlungsleistung von UV-Strahlern für die Wasserdesinfektion; *Vom Wasser* **70**, 197-207.

Kuhn H.J., Braslavsky S.E. und Schmidt R. (1989): Chemical Actinometry; *Pure & Appl. Chem.* **61**, 187-210.

Kung H. H. (1989): Transition Metal Oxides: Surface Chemistry and Catalysis; **Vol. 45**, Amsterdam, Elsevier.

Kurz K. (1991): Pesticides in Groundwater. Occurrence and Removal Processes; *Schriftenr. des WAR* **55**, 193-228.

Kusakabe K., Aso S., Hayashi J.I., Isomura K. und Morooka S. (1990): Decomposition of Humic Acid and Reduction of Trihalomethane Formation Potential in Water by Ozone with U.V. Irradiation; *Water Res.* **24**, 781-785.

Lai M.-S., Jensen J.N. und Weber A.S. (1995): Oxidation of Simazine: Ozone, Ultraviolet and Combined Ozone/Ultraviolet Oxidation; *Water Environ. Res.* **67**, 340-346.

Lai M.-S., Weber A.S. und Jensen J.N. (1995): Oxidation of Simazine: Biological Oxidation of Simazine and its Chemical Oxidation Products; *Water Environ. Res.* **67**, 347-354.

Lambert S.D., Graham N.J.D. und Croll B.T. (1993): Ozone Degradation of Selected Non-Agricultural Herbicides; *Ozone Sci. Eng.* **15**, 457-464.

Lamoureux G.L., Stafford L.E., Shimabukuro R.H. und Zaylskie R.G. (1973): Atrazine Metabolism in Sorghum: Catabolism of the Glutathione Conjugate of Atrazine; *J. Agric. Food Chem.* **21**, 1020-1036.

Laplanche A., Martin G., Orta de Velasquez M.T., Boisdon V. und Martin N. (1993): Modelling Removal of Micropollutants by Ozonization or by Radical Oxidation (H_2O_2/O_3); *Recents Prog. Genie Procedes* **7**, 55-61.

Lee S.H. und Field L.R. (1984): Postcolumn Fluorescence Detection of Nitrite, Nitrate, Thiosulfate, and Iodide Anions in High-Performance Liquid Chromatography; *Anal. Chem.* **56**, 2647-2653.

Lefebvre E., Racaud P., Parpaillon T. und Deguin A. (1995): Results of Bromide and Bromate Monitoring at Several Water Treatment Plants; *Ozone Sci. Eng.* **17**, 311-327.

Legrini O., Oliveros E. und Braun A.M. (1993): Photochemical Processes for Water Treatment; *Chem. Rev.* **93**, 671-698.

Legube B. und Koudjonou B.K. (1995): Influence of the Presence of Natural Organic Matter on Bromate Formation by Ozonation; *Water Supply* **13**, 51-59.

Legube B., Bourbigot M.M., Bruchet A., Deguin A., Montiel A. und Matia L. (1993): Bromide/Bromate Survey on Different European Water Utilities; Int. Workshop

Bromate and Water Treatment, Paris, November 22-24, J. Lindenbaum & E. Weitz, S. 135-149.

Leitner N., Vel Karpel N., de Laat J. und Doré M. (1996): The Use of ClO_2 in Drinking Water Treatment: Formation and Control of Inorganic Byproducts (ClO_2^-, ClO_3^-); *Disinfect. By-Prod. Water Treat.*, 393-407.

Leitzke O. (1992): Aufbereitung kontaminierter Grundwässer mit der Ozon/UV-Kombination; *bbr* **43**, 518-524.

Lev O. und Regli S. (1992): Evaluation of Ozone Disinfection Systems: Characteristic Concentration; *J. Environ. Eng.* **118**, 477-494.

Lewin M. und Avrahami M. (1955): Gmelin Handbook Br Suppl. Vol. B2; Reactions with Hydrogen, Oxygen and Halogens, 133-144.

Li J. (1994): Degradation of PCBs in Aqueous Solution by Processes Involving Ultraviolet Light, Hydrogen Peroxide, Iron(III) and Iron(II). Dissertation, Universität Wisconsin, Madison, USA.

Lingamurthy S., Bhanumathi V. und Sethuram B. (1992): Photoelectrochemical (PEC) Cell: Riboflavin-Na_2EDTA System as an Actinometer; *J. Photochem. Photobiol. A: Chem.* **68**, 395-399.

Lopez S., Mascolo G., Foldenyi R., Tiravanti G. und Santori M. (1995): Prometryne Degradation during Water Disinfection by Hypochlorite; *Water Supply* **13**, 265-274.

Lu M.C., Roam G.D., Chen J.N. und Huang C.P. (1993): Toxicity and Oxidation of Pesticides in Water with Near-UV Illuminated Titanium Dioxide; *Hazard. Ind. Wastes* **25**, 266-274.

Lubkowski J., Janiak T., Rak J. und Blazejowski J. (1991): Photochemistry of Chloroorganic Pesticides in the UV and Visible Region; *Environ. Sci. Res.* **42**, 599-608.

Lunák S. und Sedlák P. (1992): Photoinitiated Reactions of Hydrogen Peroxide in the Liquid Phase; *J. Photochem. Photobiol. A: Chem.* **68**, 1-33.

Magnard C., Emmelin C. und Meallier P. (1990): Étude de la Concentration en Eau Oxygène lors Photolyse de l'Isoproturon en Milieu Alcoolique; *Chemosphere* **21**, 1095-1099.

Maillard C., Guillard C. und Pichat P. (1992): Comparative Effects of the TiO_2-UV, H_2O_2-UV, H_2O_2-Fe^{2+} Systems on the Disappearance Rate of Benzamide and 4-Hydroxybenzamide in Water; *Chemosphere* **24**, 1085-1094.

Mandelbaum R.T., Wackett L.P. und Allan D.L. (1993): Rapid Hydrolysis of Atrazine to Hydroxyatrazine by Soil Bacteria; *Environ. Sci. Technol.* **27**, 1943-1946.

Marbaha T.F. und Medlar S.J. (1994): Treatment of Drinking Water Containing Bromate and Bromide Ions; *Crit. Issues Water Wastewater Treat. Proc. Natl. Conf. Environ. Eng.*, 476-483.

Mark G., Schuchmann M.N., Schuchmann H.-P. und von Sonntag C. (1990a): A Chemical Actinometer for Use in Connection with UV Treatment in Drinking-Water Processing; *J. Water SRT - Aqua* **39**, 309-313.

Mark G., Schuchmann M.N., Schuchmann H.-P. und von Sonntag C. (1990b): The Photolysis of Potassium Peroxodisulphate in Aqueous Solution in the Presence of tert-Butanol: A simple Actinometer for 254 nm Radiation; *J. Photochem. Photobiol. A: Chem.* **55**, 157-168.

Martin-Neto L., Vieira E.M. und Sposito G. (1994): Mechanism of Atrazine Sorption by Humic Acids: A Spectroscopic Study; *Environ. Sci. Technol.* **28**, 1867-1873.

Massholder K.F. und Kohimeiler E. (1993): Catalytic UV Oxidation for the Treatment of Groundwater; *WLB, Wasser, Luft, Boden* **37**, 90-92.

Masten S.J. und Davies S.H.R. (1994): The Use of Ozonation to Degrade Organic Contaminants in Wastewaters; *Environ. Sci. Technol.* **28**, 180-185.

Masten S.J. und Hoigné J. (1992): Comparison of Ozone and Hydroxyl Radical-Induced Oxidation of Chlorinated Hydrocarbons in Water; *Ozone Sci. Eng.* **14**, 197-214.

Matsuura T. und Smith J.M. (1970a): Light Distribution in Cylindrical Photoreactors; *A.I.Ch.E.J.* **16**, 321-324.

Matsuura T. und Smith J.M. (1970b): Photodecomposition Kinetics of Formic Acid in Aqueous Solution; *A.I.Ch.E.J.* **16**, 1064-1071.

Mauser H. (1974): Formale Kinetik; Düsseldorf, Bertelsmann Universitätsverlag.

Mauser H. (1975): Zur Berechnung des Stoffumsatzes bei Photoreaktionen; *Z. Naturforsch.* **30C**, 309-313.

Meijers R.T., Muller E.J. und Kruithof J.C. (1993): Degradation of Pesticides by Ozonation and Advanced Oxidation; 11th World Congress of the International Ozone Association, San Francisco, USA.

Meijers R.T., Oderwald-Muller E.J., Nuhn P.A.N.M. und Kruithof J.C. (1995): Degradation of Pesticides by Ozonation and Advanced Oxidation; *Ozone Sci. Eng.* **17**, 673-686.

Meijers R.T., Van der Veer A.J. und Kruithof J.C. (1993): Degradation of Pesticides by Ozonation and Advanced Oxidation; *Water Supply* **11**, 309-320.

Mellor J.W. (1922): A Comprehensive Treatise on Inorganic and Theoretical Chemistry; Wasserstoff und die Zusammensetzung des Wassers; London, Longmans Green, Band 1, Kap. 3, S. 122-146.

Mialocq J.C., Armand X. und Marguet S. (1993): A New Sensitive Chemical Actinometer for Time-Resolved and Continuous Photochemistry: The DCM Styrene Dye; *J. Photochem. Photobiol.* **69**, 351-356.

Midoux N., Roizard C. und Andre J.-C. (1989): Industrial Photochemistry XV: Interests and Limits of the Buckingham Theorem for the Design of Industrial Photoreactors; *J. Photochem. Photobiol. A: Chem.* **50**, 83-102.

Miller J., Snoeyink V.L. und Harrell S. (1996): The Effect of Granular Activated Carbon Surface Chemistry on Bromate Reduction; *Disinfect. By-Prod. Water Treat.*, 293-309.

Miller J.C. und Miller J.N. (1985): Statistics for Analytical Chemistry; Chichester, Ellis Horwood Limited, Halsted Press.

Mills A., Morris S. und Davies R. (1993): Photomineralisation of 4-Chlorophenol Sensitized by Titanium Dioxide: A Study of the Intermediates; *J. Photochem. Photobiol. A: Chem.* **70**, 183-191.

Mills G. und Hoffmann M.R. (1993): Photocatalytic Degradation of Pentachlorophenol on TiO_2 Particles: Identification of Intermediates and Mechanism; *Environ. Sci. Technol.* **27**, 1681-1689.

Mills M.S. und Thurman E.M. (1994): Preferential Dealkylation Reactions of s-Triazine Herbicides in the Unsaturated Zone; *Environ. Sci. Technol.* **28**, 600-605.

Minero C., Pramauro E., Pelizzetti E., Dolci M. und Marchesini A. (1992): Photosensitized Transformations of Atrazine under Simulated Sunlight in Aqueous Humic Acid Solution; *Chemosphere* **24**, 1597-1606.

Mitzner R., Dorst H. und Frosch D. (1977): Verfahren zur Bestimmung von Quantenausbeuten; *Z. Phys. Chem.* **258**, 857-863.

Montgomery J.H. (1993): Agrochemicals Desk Reference: Environmental Data; Boca Raton, Lewis Publishers.

Moore W.J. und Hummel D.O. (1983): Physikalische Chemie; Berlin, Walter de Gruyter.

Moriske H.-J. und Rüden H. (1990): Photochemische Umsetzung polycyclischer aromatischer Kohlenwasserstoffe (PAH) bei der UV-Wasserdesinfektion: Chemische und biologische Untersuchungen; *DVGW-Schriftenreihe Wasser* **108**, 101-116.

Murata K., Yamaguchi Y. und Shizuka H. (1991): Chemical Actinometers in the 250-270 nm Region; *J. Photochem. Photobiol. A: Chem.* **60**, 207-214.

Najm I.N. und Krasner S.W. (1994): Effects of Bromide and Natural Organic Matter on the Formation of Ozonation Byproducts; *Proc. - Annu. Conf. A. Water Works Assoc.* **86,** 861-880.

Navio J.A., Marchena F.J., Cerillos C. und Pablos F. (1993): UV Photolytic Degradation of Butyltin Chlorides in Water; *J. Photochem. Photobiol. A: Chem.* **71**, 97-102.

Neta P., Huie R.E. und Ross A.B. (1988): Rate Constants for Reactions of Inorganic Radicals in Aqueous Solution; *J. Phys. Chem. Ref. Data* **17**, 1027-1247.

Nick K., Schöler H.F., Mark G., Söylemez T., Akhlaq M.S., Schuchmann H.-P. und von Sonntag C. (1992): Degradation of Some Triazine Herbicides by UV Radiation such as Used in the UV Disinfection of Drinking Water; *J. Water SRT - Aqua* **41**, 82-87.

Nieder H. (1985): Nitrat im Grundwasser - Herkunft, Wirkungen, Vermeidung; Weinheim, VCH.

Nohr R.S., MacDonald J.G., Kogelschatz U., Mark G., Schuchmann H.P. und von Sonntag C. (1994): Application of Excimer Incoherent-UV Sources as a New Tool in Photochemistry: Photodegradation of Chlorinated Dibenzodioxins in Solution and Adsorbed on Aqueous Pulp Sludge; *J. Photochem. Photobiol. A: Chem.* **79**, 141-149.

Ohura H., Imato T., Yamasaki S. und Ishibashi N. (1996): Potentiometric Flow-Injection Determination of Trace Hydrogen Peroxide Based on its Induced Reaction in Iron(III)-Iron(II) Potential Buffer Containing Bromide and Molybdenum(VI); *Talanta* **43**, 943-950.

Okumura T. (1992): Degradation of Pesticides in Aqueous Chlorine and Ozone; *Mizu Kankyo Gakhaishi* **15**, 62-69.

Onari Y. (1994): Spectrophotometric Determination and FIA of Aqueous Ozone Based on the Ozone Decoloration Reaction of 2-(5-Bromo-2-pyridylazo)-5-(N-propyl-N-sulfopropylamino)-aniline-iron(II) Complex; *Bunseki Kagaku* **43**, 635-639.

Onodera S., Machida M., Yamao K., Iwasaki T., Nishikori K. und Arai K. (1993): Destruction of Trace Organophosphorus Pesticides in Water by Ozonation with a Combination of Ultraviolet Irradiation; *J. Environ. Chem.* **2**, 261-270.

Oosting M. und Reijnders H.F.R. (1980): Spectrophotometric Determination of Bromide in Aqueous Solutions; *Fresenius J. Anal. Chem.* **301**, 28-29.

Oppenländer T. und Baum G. (1995a): CKW-Eliminierung aus Wasser durch Vakuum-UV- und UV-Photolyse in Excimer-Durchflußreaktoren; *Chem. Ing. Tech.* **67**, 96-99.

Oppenländer T., Baum G., Egle W. und Hennig T. (1995b): Novel Vacuum-UV-(VUV) and UV-Excimer Flow-Through Photoreactors for Waste Water Treatment and for Wavelength-Selective Photochemistry; *Proc. - Indian Acad. Sci., Chem. Sci.* **107**, 321-336.

Paillard H., Legube B., Allemanne E. und Doré M. (1992): Oxidation of Atrazine and Simazine by Combined Ozone/Hydrogen Peroxide Process; *Proc. Water Quality Technology Conference 1991*, 609-622.

Parys S. (1996): German Studies of the Effectiveness of Surface Water Disinfection by UV Irradiation; *Gaz, Woda Tech. Sanit.* **70**, 108-110.

Pelizzetti E., Borgarello M., Minero C., Pramauro E., Borgarello E. und Serpone N. (1988): Photocatalytic Degradation of Polychlorinated Dioxins and Polychlorinated Biphenyls in Aqueous Suspensions of Semiconductors Irradiated with Simulated Solar Light; *Chemosphere* **17**, 499-510.

Pelizzetti E., Carlin V., Minero C., Pramauro E. und Vincenti M. (1992): Degradation Pathways of Atrazine under Solar Light and in the Presence of TiO_2 Colloidal Particles; *Sci. Total Environ.* **123**, 161-169.

Pelizzetti E., Minero C., Borgarello E., Tinucci L. und Serpone N. (1993a): Photocatalytic Activity and Selectivity of Titania Colloids and Particles Prepared by the Sol-Gel Technique: Photooxidation of Phenol and Atrazine; *Langmuir* **9**, 2995-3001.

Pelizzetti E., Minero C., Sega M. und Vincenti M. (1993b): Formation and Disappearance of Biphenyl Derivatives in the Photocatalytic Transformation of 1,2,4-Trichlorobenzene on Titanium Dioxide; *Trace Met. Environ.* **3**, 291-300.

Perkampus H.-H. und Kaufmann R. (1991): Kinetische Analyse mit Hilfe der UV-VIS-Spektrometrie; Weinheim, VCH.

Pestemer W. und Nordmeyer H. (1993): Abschätzung potentieller Grundwassergefährdung durch Pflanzenschutzmittel; *Wasser & Boden* **2**, 70-76.

Peterson D., Watson D. und Winterlin W. (1990): Destruction of Pesticides and their Formulations in Water Using short Wavelength UV Light; *Bull. Environ. Contam. Toxicol.* **44**, 744-750.

Petri H. (1976): Die Trinkwasserverordnung: Nitrate und die Trinkwasserverordnung; K. Aurand et al.; Berlin, Erich Schmidt Verlag, Berlin, S. 75-91.

Petri H. (1991): Die Trinkwasserverordnung: Nitrat und Nitrit (einschl. N-Nitroso-Verbindungen); K. Aurand et al.; Berlin, Erich Schmidt Verlag, Berlin, S. 221-258.

Petri M. und Stabel H.-H. (1994): Bildung bromhaltiger Trihalogenmethane in gechlortem Trinkwasser aus dem Bodensee; *Vom Wasser* **82**, 253-267.

Peyton G.R. und Glaze W.H. (1987): Mechanism of Photolytic Ozonation; Washington, DC, ACS Symp.

Peyton G.R. und Glaze W.H. (1988): Destruction of Pollutants in Water with Ozone in Combination with Ultraviolet Radiation. 3. Photolysis of Aqueous Ozone; *Environ. Sci. Technol.* **22**, 761-767.

Peyton G.R., Huang F.Y., Burleson J.L. und Glaze W.H. (1982): Destruction of Pollutants in Water with Ozone in Combination with Ultraviolet Radiation. 1. General Principles and Oxidation of Tetrachloroethylene; *Environ. Sci. Technol.* **16**, 448-453.

Pfeiffer W. (1991): Abwasser-Desinfektion durch UV-Bestrahlung; *Abwassertechnik* **3**, 27-34.

Pignatello J.J. (1992): Dark and Photoassisted Fe^{3+}-Catalyzed Degradation of Chlorophenoxy Herbicides by Hydrogen Peroxide; *Environ. Sci. Technol.* **26**, 944-951.

Pignatello J.J. und Chapa G. (1994): Degradation in PCBs by Ferric Ion, Hydrogen Peroxide and UV Light; *Environ. Toxicol. Chem.* **13**, 423-427.

Pilipenko A.T., Terletskaya A.V. und Zui O.V. (1989): Determination of Iodide and Bromide by Chemiluminescence Methods Moupled with Dynamic Gas Extraction; *Fresenius Z. Anal. Chem.* **335**, 45-48.

Pilipenko A.T., Zui O.V. und Terletskaya A.V. (1982): Chemiluminescence Determination of Bromine and Bromides in Water; *Zhurnal analiticheskoi Khimii* **38**, 1408-1414.

Polster J. (1995): Reaktionskinetische Auswertung spektroskopischer Meßdaten; Braunschweig/Wiesbaden, Vieweg & Sohn.

Prados M., Pillard H. und Roche P. (1993): Hydroxyl-Radical Oxidation Processes for the Elimination of Triazines from Natural Water; Int. Symp. Ozone-Oxidation Meth. Water Wastewater Treat., International Ozone Association, Berlin, I.2.1-16.

Pradoz-Ramirez M.J., Ciba N. und Bourbigot M.M. (1995): Available Techniques for Reducing Bromate in Drinking Water; *Water Supply* **13**, 61-70.

Priddle M.W., Jackson R.E., Crowe A.S. und Mutch J.P. (1988): Aldicarb and Nitrogen Residues in a Sandstone Aquifer; *Nat. Water Well Assoc., Conf. Proc., Agricultural Impacts on Groundwater*, 191-210.

Pritchard J.B. (1993): Aquatic Toxicology: Past, Present and Prospects; *Environ. Health Perspect.* **100**, 249-257.

Rehberg K., Mannschott M., Erdinger L., Sonntag H.-G. und Schramm B. (1994): Atrazinabbau durch UV-Oxidation und Identifizierung der Photoabbauprodukte; *Vom Wasser* **83**, 139-156.

Reißig H. und Fischer R. (1991): Behandlung industrieller Abwässer mit UV-Licht, Wasserstoffperoxid und Ozon in Kombination mit dem Belebtschlammverfahren; *Kommunalwirtschaft* **9**, 337-341.

Roche P. und Prados M. (1995): Removal of Pesticides by Use of Ozone or Hydrogen Peroxide/Ozone; *Ozone Sci. Eng.* **17**, 537-572.

Roger M. und Villermaux J. (1979): Modelling of Light Absorption in Photoreactors Part I. General Formulation Based on the Laws of Photometry; *Chem. Eng. J.* **17**, 219-226.

Romero R.L., Alfano O.M., Marchetti J.L. und Cassano A.E. (1983): Modelling and Parametric Sensitivity of an Annular Photoreactor with Complex Kinetics; *Chem. Eng. Sci.* **38**, 1593-1605.

Roth M. (1987): Grundwasserbelastung durch Pflanzenschutzmittel in Baden-Württemberg - Konzeption, Ergebnisse, Ausblick; *Schriftenr. Ver. WaBoLu* **68**, 143-148.

Roustan M., Deguet J.-P., Laine J.-M., Do-Quang Z. und Mallevialle J. (1996): Bromate Ion Formation: Impact of Ozone Contactor Hydraulics and Operating Conditions; *Ozone Sci. Eng.* **18**, 87-97.

Ruppert G., Bauer R. und Heisler G. (1994): UV-O_3, UV-H_2O_2, UV-TiO_2 and the Photo-Fenton Reaction - Comparison of Advanced Oxidation Processes for Wastewater Treatment; *Chemosphere* **28**, 1447-1454.

Ruppert G., Bauer R. und Heisler G. (1993a): The Photo-Fenton Reaction - An Effective Photochemical Wastewater Treatment Process; *J. Photochem. Photobiol. A: Chem.* **73**, 75-78.

Ruppert G., Bauer R., Heisler G. und Novalic S. (1993b): Mineralization of Cyclic Organic Water Contaminants by the Photo-Fenton Reaction - Influence of Structure and Substituents; *Chemosphere* **27**, 1339-1347.

Ruzicka J. und Hansen E. (1988): Flow Injection Analysis; New York, John Wiley & Sons.

Salinas F., Munoz-de-la-Pena A. und Murillo J.A. (1984): Spectrofluorimetric Determination of Bromate by Oxidation of 1,3,4-Trihydroxyanthraquinone-2-carboxylic Acid; *Mikrochim. Acta* **2**, 75-83.

Sánchez F.G., Diaz A.N. und Navas M.S. (1989): Photometric and Fluorimetric Methods for the Determination of Bromate in Bread; *Analyst* **114**, 743-745.

Sato K. (1993): Advanced Water Purification Technology; *Sumitomo Jukikai Giho* **41**, 9-12.

Schenk G.O. (1957): Aufgaben und Möglichkeiten der präparativen Strahlenchemie; *Angew. Chem.* **69**, 579-626.

Scheunert I. (1993): Verhalten von Pestiziden in Pflanzen und Boden; *Labor 2000* **1**, 32-41.

Schmidt M., Seikel K., Brueckmann G. und Trageser M. (1993): Removal of Chlorinated Hydrocarbons form Groundwater by UV-induced Oxidation; *WLB, Wasser, Luft, Boden* **37**, 48-51.

Schmidt W., Dietrich P.G., Böhme U. und Brauch H.-J. (1995): Systematische Untersuchungen zur Bildung von Bromat und bromorganischen Verbindungen bei der Aufbereitung bromidhaltiger Rohwässer in den neuen Bundesländern; *Vom Wasser* **85**, 109-122.

Schneider R.J., Weil L. und Niessner R. (1992): Screening and Monitoring of Herbicides Behaviour in Soils by Enzyme Immunoassay; *Intern. J. Environ. Anal. Chem.* **46**, 129-140.

Schoenen D., Zemke V., Hengesbach B. und Karanis P. (1990): Untersuchungen zur hygienischen Sicherheit der Trinkwasserdesinfektion mit UV-Strahlen; *DVGW-Schriftenreihe Wasser* **108**, 61-74.

Sclar M. und Riesch L.C. (1936): The Kinetic Salt Effect in the Fourth Order Reaction $BrO_3^- + Br^- + 2H^+$ ->; *J. Am. Chem. Soc.* **58**, 667-670.

Sell M., Bischoff M. und Bonse D. (1992): Catalytic Nitrate Reduction in Drinking Water. Results and Experience from Pilot Plant Experiments; *Vom Wasser* **79**, 129-144.

Serpone N., Terzian R., Lawless D., Pelletier A.-M., Minero C. und Pelizzetti E. (1994): Photocatalyzed Destruction of Water Contaminants: Mineralization of Aquatic Creosote Phenolics and Creosote by Irradiated Particulates of the White Paint Pigment Titania; *Aquat. Surf. Photochem.*, 387-398.

Shakir I.A. und Faizullah A. (1989): Determination of Bromide Using Flow Injection and Chemiluminescence Detection; *Analyst* **114**, 951-954.

Shukairy H.M., Miltner R.J. und Summers R.S. (1994): Bromide's Effect on DBP Formation, Speciation, and Control: Part 1. Ozonation; *J. Am. Water Works Assoc.* **86**, 72-87.

Siddiqui M. und Amy G. (1995): Bromate Formation During Ozonation: Effect of Ammonia Addition Compared to Other Minimization Options; 12th World Congress of the International Ozone Association, Lille, France, May, 15th to 18th, Vol. 1, S. 237-245.

Siddiqui M., Amy G. und Rice R. (1995): Bromate Ion Formation: A Critical Review; *J. Am. Water Works Assoc.* **87**, 45-50.

Siddiqui M., Amy G., Cooper W., Kuruz C. und Waite T. (1994): Removal of Bromate after Ozonation by Electron Beam Irridiation; *Crit. Issues Water Wastewater Treat. Proc. Natl. Conf. Environ. Eng.*, 654-661.

Siddiqui M., Amy G., Zhai W. und McCollum L. (1996): Removal of Bromate after Ozonation During Drinking Water Treatment; *Disinfect. By-Prod. Water Treat.*, 207-234.

Simmleit N. und Herrmann R. (1987): The Behavior of Hydrophobic, Organic Micropollutants in Different Karst Water Systems. I. Filtration Capacity of Karst Systems and Pollutant Sinks; *Water, Air, Soil Pollut.* **34**, 97-109.

Skrabal A. und Schreiner H. (1935): Die Reduktionsgeschwindigkeit der Chlorsäure und Bromsäure; *Monatshefte Chemie* **65**, 213-232.

Sobotka J. (1993): The Efficiency of Water Treatment and Disinfection by Means of Ultraviolet Radiation; *Water Sci. Technol.* **27**, 343-346.

Solomon C.L. und Powrie W. (1994): Contamination of Groundwater and the Risk to Human Health; *Int. J. Environ. Pollut.* **4**, 283-296.

Spalding R.F. und Exner M.E. (1993): Occurrence of Nitrate in Groundwater - A Review; *J. Environ. Qual.* **22**, 392-402.

Staehelin J. und Hoigné J. (1982): Decomposition of Ozone in Water: Rate of Initiation by Hydroxide Ions and Hydrogen Peroxide; *Environ. Sci. Technol.* **16**, 676-681.

StBA (1992): Statistisches Jahrbuch für die Bundesrepublik Deutschland 1992; Mainz, Kohlhammer.

Steensen M. (1993): Chemische Naßoxidation zur weitergehenden Sickerwasserreinigung; *Korresp. Abwasser* **3**, 308-316.

Stock R., Friesel P. und Milde G. (1987): Grundwasserkontaminationen durch Pflanzenbehandlungsmittel in der niederen Geest Schleswig-Holsteins und im Emsland; *Schriftenr. Ver. WaBoLu* **68**, 209-223.

Sun Y. und Pignatello J.J. (1993): Activation of Hydrogen Peroxide by Iron(III)-Chelates for Abiotic Degradation of Herbicides and Insecticides in Water; *J. Agric. Food Chem.* **41**, 308-312.

Symons J.M., Krasner S.W., Sclimenti M.J., Simms L.A., Sorensen H.W., Speitel G.E. und Diehl A.C. (1996): Influence of Bromide Ion on Trihalomethane and Haloacetic Formation; *Disinfect. By-Prod. Water Treat.*, 91-130.

Symons J.M., Roberts D.J., Worley K.L. und Kirkpatrick C.C. (1994a): Evaluation of the H_2O_2/VIS-UV Advanced Oxidation Process for Controlling DBP Precursors and Providing Disinfection for Small Systems; *J. Am. Water Works Assoc.*, **86**, 907-927.

Symons J.M., Speitel G.E., Diehl A.C. und Sorensen H.W. (1994b): Precursor Control in Waters Containing Bromide; *J. Am. Water Works Assoc.* **86**, 48-60.

Tace E., de Laat J. und Doré M. (1992): Photodegradation of Atrazine by UV-Irradiation in the Absence and in the Presence of Hydrogen Peroxide; *J. Fr. Hydrol.* **23**, 233-249.

Tacke T. und Vorlop K.-D. (1993): Kinetische Charakterisierung von Katalysatoren zur selektiven Entfernung von Nitrat und Nitrit aus Wasser; *Chem. Ing. Tech.* **65**, 1500-1502.

Taglauer A. (1995): Detektion von Bromat im Spurenbereich durch Ionenchromatographie und Vervielfachungsreaktion; Diplomarbeit, Institut für Wasserchemie der TU München.

Tanaka K., Abe K., Sheng C.Y. und Hisanaga T. (1992): Photocatalytic Wastewater Treatment Combined with Ozone Pretreatment; *Environ. Sci. Technol.* **26**, 2534-2536.

Tanaka K., Rivera A.P., Capule M.F.V. und Hisanaga T. (1996): Photocatalytic Degradation of Halogenated Organic Compounds; *Yosui to Haisui* **38**, 290-296.

Taube H. (1957): Photochemical Reactions of Ozone in Solution; *Trans. Faraday Soc.* **53**, 656-665.

Theisen M. (1995): Detektion von Bromat im Spurenbereich durch Vervielfachungsreaktion und Fluoreszenzdetektion; Diplomarbeit, Institut für Wasserchemie der TU München.

Tomás P.-R., Carmen M.-L., Virginia T. und Rocio C. (1995): Flow Injection Fluorimetric Determination of Thiourea; *Talanta* **42**, 391-394.

Topudurti K.V., Lewis N.M. und Hirsh S.R. (1993): The Applicability of UV/Oxidation Technologies to Treat Contaminated Groundwater; *Environ. Prog.* **12**, 54-60.

Trageser M. und Seikl K. (1993): Altlasten, Deponierungstechnik, Kompostierung; Einsatz optimierter UV-Systeme UVITOX zur Sanierung belasteter Grundwässer; L. Schimmelpfeng; St. Augustin, Academia Verlag, 542-555.

Tratnyek P.G. und Hoigné J. (1994): Kinetics of Reactions of Chlorine Dioxide (OClO) in Water - II. Quantitative Structure-activity Relationships for Phenolic Compounds; *Water Res.* **28**, 57-66.

Umweltbundesamt (1992): Daten zur Umwelt 1990/91; Berlin, Erich Schmidt Verlag.

Vaeth E., Sladek P. und Kenar K. (1987): Ionenchromatographie von Polyphosphaten und Phosphonaten; *Fresenius Z. Anal. Chem.* **329**, 584.

Valcarcel M. und Luque de Castro M.D. (1988): Automatic Methods of Analysis; Amsterdam, Elsevier.

van der Verr B., Schers G.-J. und Wilkes D.R. (1994): Optimization of Ozonation System Design to Achive Disinfection and Oxidation; *J. Am. Water Works Assoc.* **86**, 799-821.

Viehweg T. und Thiemann W. (1992): Die photochemische Elimination von Atrazin und seinen Metaboliten in Wasserproben; *Vom Wasser* **79**, 355-362.

Vollmuth S., Zajc A. und Niessner R. (1994): Formation of Polychlorinated Dibenzo-p-Dioxins and Polychlorinated Dibenzofurans During the Photolysis of Pentachlorophenol-Containing Water; *Environ. Sci. Technol.* **28**, 1145-1149.

von Gunten U. und Hoigné J. (1992): Factors Controlling for Formation of Bromate During Ozonation of Bromide-Containing Waters; *J. Water SRT - Aqua* **41**, 299-304.

von Gunten U. und Hoigné J. (1994): Bromate Formation During Ozonation of Bromide Containing Waters: Interaction of Ozone and Hydroxyl Radical Reactions; *Environ. Sci. Technol.* **28**, 1234-1242.

von Gunten U. und Hoigné J. (1996): Ozonation of Bromide-Containing Waters: Bromate Formation through Ozone and Hydroxyl Radicals; *Disinfect. By-Prod. Water Treat.*, 187-206.

von Gunten U., Bruchet A. und Costentin E. (1996): Bromate Formation in Advanced Oxidation Processes; *J. Am. Water Works Assoc.* **88**, 53-65.

von Gunten U., Hoigné J. und Bruchet A. (1995): Bromate Formation During Ozonation of Bromide Containing Waters; *Water Supply* **13**, 45-50.

von Moos A.-G. (1993): Atrazine in Groundwater. A Model Study; *Gas, Wasser, Abwasser* **73**, 438-446.

von Sonntag C. (1990): Untersuchungen zur hygienischen Sicherheit der Trinkwasserdesinfektion mit UV-Strahlen. Photochemische und aktinometrische Untersuchungen; *DVGW-Schriftenr. Wasser* **108**, 47-60.

von Sonntag C. (1996): Degradation of Aromatics by Advanced Oxidation Processes in Water Remediation; *J. Water SRT - Aqua* **45**, 84-91.

von Sonntag C. und Schuchmann H.-P. (1991): The Elucidation of Peroxyl Radical Reactions in Aqueous Solution with the Help of Radiation-Chemical Methods; *Angew. Chem. Int. Ed. Engl.* **30**, 1229-1253.

von Sonntag C. und Schuchmann H.-P. (1992): UV Disinfection of Drinking-Water and By-Product Formation: Some Basic Considerations; *J. Water SRT - Aqua* **41**, 67-74.

von Sonntag C., Mark G., Mertens R., Schuchmann M.N. und Schuchmann H.-P. (1993): UV Radiation and/or Oxidants in Water Pollution Control; *J. Water SRT - Aqua* **42**, 201-211.

Voudrais E.A. und Reinhard M. (1986): Geochemical Processes at Mineral: Abiotic Reaction at Mineral Surfaces; *Amer. Chem. Soc. Symp. Ser.* **323**, J.A. Davis und K.F. Hayes, Washington, D.C., S. 462-486.

Wang W., Chen Y. und Wu M. (1984): Complementary Analytical Methods for Cyanides, Sulfides, Certain Transition Metals and Lanthanides in Ionchromatography; *Analyst* **109**, 281-286.

Weil L. und Haberer K. (1992): Verhalten von Pflanzenschutzmitteln bei der Untergrundpassage; *Vom Wasser* **78**, 273-280.

Weinberg H.S. (1994): Pre-Concentration Techniques for Bromate Analysis in Ozonated Waters; *J. Chromatogr. A* **671**, 141-149.

Weinberg H.S. und Glaze W.H. (1996): An Overview of Ozonation Disinfection Byproducts; *Disinfect. By-Prod. Water Treat.*, 165-186.

Weir B.A. und Sundstrom D.W. (1993): Destruction of Trichloroethylene by UV Light-Catalyzed Oxidation with Hydrogen Peroxide; *Chemosphere* **27**, 1279-1291.

Weiß J. (1987): Ionenchromatographische Analyse anorganischer und organischer Komplexbildner; *Fresenius Z. Anal. Chem.* **328**, 46-50.

Weiß J. (1991): Ionenchromatographie; Weinheim, VCH.

Wekhof A., Folsom E.N. und Halpern Y. (1992): Treatment of Groundwater with UV-Flashlamps - The Third Generation UV-Systems; *Haz. Mat. Contr.* **5**, 48-54.

Weller M.G. (1992): Strukturelle und kinetische Untersuchungen zur Entwicklung und Optimierung von Hapten-Enzymimmunoassays (ELISAs) am Beispiel der Bestimmung von Triazinherbiziden; Dissertation, Institut für Wasserchemie der Technischen Universität München.

Werner G. (1987): Strategien und Ergebnisse der Überwachung der Rohwasserqualität von Grundwasserförderanlagen auf Kontaminationen durch Pflanzenbehandlungsmittel; *Schriftenr. Ver. WaBoLu* **68**, 149-167.

Westerhoff P., Amy G., Song R. und Minear R. (1996): Evaluation of Bromate Formation and Ozone Decomposition Kinetics; *Disinfect. By-Prod. Water Treat.*, 255-281.

Westerhoff P., Siddiqui M., Debroux J., Zhai W., Ozekin K. und Amy G. (1994): Nationwide Bromide Occurrence and Bromate Formation Potential in Drinking Water Supplies; *Crit. Issues Water Wastewater Treat. Proc. Natl. Conf. Environ. Eng.*, 670-677.

Wilbourn J. (1993): Toxicity of Bromate and some Other Brominated Compounds in Drinking Water; Int. Workshop Bromate and Water Treatment, Paris, November 22-24, J. Lindenbaum & E. Weitz, S. 3-12.

Wolfe R.L. (1990): Ultraviolet Disinfection of Potable Water. Current Technology and Research Needs; *Environ. Sci. Technol.* **24**, 768-773.

Wolfrum E.J. und Ollis D.F. (1994): Hydrogen Peroxide in Heterogeneous Photocatalysis; *Aquat. Surf. Photochem.*, 451-465.

World Health Organization (1985): Health Hazards from Nitrates in Drinking Water. Copenhagen, Regional Off. f. Europe.

World Health Organization (1989): Toxicological Evaluation of Certain Food Additives and Conatminants, International Programme on Chemical Safety; The 33rd Meeting of the Joint FAO/WHO Expert Commitee on Food Additives; WHO Food Additives Series: 24, S. 25-36.

World Health Organization (1993): Guidelines for Drinking Water Quality, Geneva.

Wright E.R., Smith R.A. und Messick R.A. (1978): Chemical Analysis - Colorimetric Determination of Nonmetals; Bromine, Referenz F.L. Hahn (1935); J.A. Howell D.F. Boltz; New York, Wiley & Sons, S. 39-56.

Wrońska M. und Wawrzeńczyk M. (1972): Influence of High Concentrations of Salts on the Kinetics of the Reaction of Bromide with Bromate in Acid Medium; *Z. Phys. Chem.* **250**, 129-136.

Wrońska M. und Wawrzeńczyk M. (1975): Activation Energy and Entropy of the Reaction between Bromate and Bromide in the Presence of High Neutral Salt Concentrations; *Z. Phys. Chem.* **256**, 183-189.

Xiong F. und Graham N.J.D. (1992): Removal of Atrazine through Ozonation in the Presence of Humic Substances; *Ozone Sci. Eng.* **14**, 263-268.

Xiong F., Croué J.P. und Legube B. (1992): Long-Term Ozone Consumption by Aquatic Fulvic Acids Acting as Precursors of Radical Chain Reactions; *Environ. Sci. Technol.* **26**, 1059-1064.

Yan D.-R. und Schwedt G. (1987): Optimization of Ion Chromatographic Trace Analysis for Heavy and Earth Alkali Metals by Postchromatographic Derivatization; *Fresenius Z. Anal. Chem.* **327**, 503-508.

Yao C.C.D. und Haag W.R. (1991): Rate Constants for Direct Reactions of Ozone with Several Drinking Water Contaminants; *Wat. Res.* **25**, 761-773.

Yates R.S. und Stenstrom M.K. (1993): Bromate Production in Ozone Contactors; *Proc. Annu. Conf., Am. Water Works Assoc.* **85**, 475-499.

Young H.A. und Bray W.C. (1932): The Rate of the Fourth Order Reaction Between Bromic and Hydrobromic Acids. The Kinetic Salt Effect; *J. Am. Chem. Soc.* **54**, 4284-4296.

Yue P.L. (1992): Degradation of Organic Pollutants by Advanced Oxidation; *Process Saf. Environ. Prot.* **70**, 145-148.

Yue P.L. und Legrini O. (1992): Photochemical Degradation of Organics in Water; *Water Poll. Res. J. Canada* **27**, 123-137.

Zeff J.D. und Barich J.T. (1990): UV/Oxidation of Organic Contaminants in Ground, Waste and Leachate Waters; *Proc. Symp. Adv. Oxid. Processes Treat. Contam. Water Air*, 1-20.

Zemke V. und Schoenen D. (1989): UV Disinfecting Experiments with E.Coli and Actinometric Determination of the Irradiation Intensity; *Zbl. Hyg.* **188**, 380-384.

Zepp R.G. (1991): Photochemical Fate of Agrochemicals in Natural Waters; Weinheim, VCH.

Zepp R.G., Baugham G.L. und Schlotzhauer P.F. (1981): Comparison of Photochemical Behavior of Various Humic Substances in Water: II. Photosensitized Oxygenation; *Chemosphere* **10**, 119-126.

Zhang Y., Crittenden J.C., Hand D.W. und Perram W.L. (1994): Fixed-Bed Photocatalysts for Solar Decontamination of Water; *Environ. Sci. Technol.* **28**, 435-442.

Zwiener C. (1995): Abbauverhalten von Pflanzenschutzmitteln bei der Trinkwasseraufbereitung mit UV-Licht und UV/Ozon - Metabolitenanalytik mit GC/MS; Dissertation, Institut für Wasserchemie der Technischen Universität München.

Zwiener C., Weil L. und Niessner R. (1994): UV-Photolysis of Parathion-Methyl in Aqueous Solution - By-Product Formation by GC/MS; *Vom Wasser* **83**, 425-442.

Zwiener C., Weil L. und Niessner R. (1995a): Atrazine and Parathion-Methyl Removal by UV and UV/O_3 in Drinking Water Treatment; *Intern. J. Environ. Anal. Chem.* **58**, 247-264.

Zwiener C., Weil L. und Niessner R. (1995b): UV- und UV/Ozon-Abbau von Triazinherbiziden in einer Pilotanlage - Bestimmung von Ratenkonstanten and Quantenausbeuten der UV-Photolyse; *Vom Wasser* **84**, 47-60.

Kolibri 360 GmbH
Ferdinand-Jühlke-Straße 7
99095 Erfurt, Deutschland
produktsicherheit@kolibri360.de